高等职业教育教学用书

# 高等应用数学

GAODENG YINGYONG SHUXUE


主　编　邓瑞娟　黄家云

副主编　李艳午　刘有新　胡克弟　施吕蓉　陈倩倩

参　编　孔生林　谢　超　吕　嫄　袁　力　熊梦迟

中国教育出版传媒集团

高等教育出版社·北京

## 内容提要

本书是高等职业教育质量工程项目成果，是由教学经验丰富的骨干教师编写而成的。

本书包括微积分、线性代数、概率论与统计初步、离散数学4个模块，共计15章内容。全书取材得当、结构合理，每章都配有习题，便于学生的复习和巩固。同时，本书提供同步习题集，方便学生更好地掌握高等数学的基本知识、基本计算和基本方法。

本书为新形态教材，以二维码链接形式提供了微课、课外阅读材料、互动练习等资源，满足不同学生的学习需求。

本书可作为高等职业教育高等数学课程教材，也可作为专升本的教材。

图书在版编目(CIP)数据

高等应用数学 / 邓瑞娟，黄家云主编. -- 北京 :
高等教育出版社，2024. 8. -- ISBN 978-7-04-062860-9

Ⅰ.029

中国国家版本馆 CIP 数据核字第 2024QE1191 号

策划编辑 万宝春　责任编辑 谢永铭　田一彤　封面设计 张文豪　责任印制 高忠富

| | | | |
|---|---|---|---|
| 出版发行 | 高等教育出版社 | 网　　址 | http://www.hep.edu.cn |
| 社　　址 | 北京市西城区德外大街4号 | | http://www.hep.com.cn |
| 邮政编码 | 100120 | 网上订购 | http://www.hepmall.com.cn |
| 印　　刷 | 上海新艺印刷有限公司 | | http://www.hepmall.com |
| 开　　本 | 787 mm×1092 mm　1/16 | | http://www.hepmall.cn |
| 印　　张 | 23.5 | | |
| 字　　数 | 542千字 | 版　　次 | 2024年8月第1版 |
| 购书热线 | 010-58581118 | 印　　次 | 2024年8月第1次印刷 |
| 咨询电话 | 400-810-0598 | 定　　价 | 69.00元(含习题集) |



物 料 号　62860-00

# 配套学习资源及教学服务指南

## 二维码链接资源

本书配套微课、动画、知识拓展、课外阅读材料等学习资源，在书中以二维码链接形式呈现。使用手机扫描书中的二维码即可查看，随时随地获取学习内容，享受学习新体验。

## 在线自测

本书提供在线交互自测，在书中以二维码链接形式呈现。使用手机扫描书中对应的二维码即可进行自测，根据提示选填答案，完成自测确认提交后即可获得参考答案。自测可重复进行。

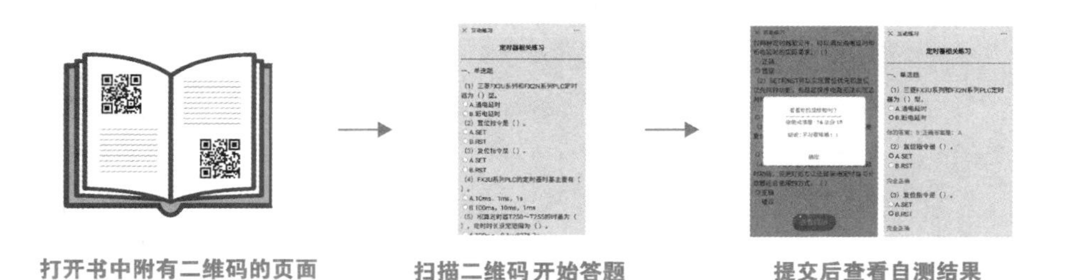


## 教师教学资源索取

本书配有与课程相关的教学资源，例如，教学设计、电子教案、习题及参考答案等。选用教材的教师，可扫描以下二维码，关注微信公众号“高职智能制造教学研究”，点击“教学服务”中的“资源下载”，或在电脑端访问地址（101.35.126.6），注册认证后下载相关资源。

★如您有任何问题，可加入职业教育数学教师交流QQ群：820859236。

# 本书二维码资源列表

| 章节 | 页码 | 资源类型 | 内容 |
| --- | --- | --- | --- |
| 1 | 1 | 微课 | 函数的定义与两要素 |
| | 2 | 互动练习 | 函数 |
| | 4 | 思考题 | 反函数 |
| | 6 | 微课 | 函数的复合与初等函数 |
| | 8 | 动画 | 自变量趋于无穷大时函数极限的定义 |
| | 9 | 微课 | 函数极限的定义 |
| | 11 | 微课 | 极限的四则运算法则 |
| | 13 | 动画 | 重要极限一的证明 |
| | 14 | 微课 | 两个重要极限之二 |
| | 15 | 互动练习 | 两个重要极限 |
| | 17 | 微课 | 无穷小的运算性质 |
| | 20 | 互动练习 | 无穷小量 |
| | 21 | 微课 | 函数的连续性 |
| | 23 | 动画 | 零点定理 |
| | 25 | 课外阅读材料 | 极限的产生与发展历程 |
| 2 | 27 | 动画 | 曲线的切线 |
| | 28 | 微课 | 导数的概念 |
| | 29 | 动画 | 导数的几何意义 |
| | 31 | 微课 | 导数的四则运算法则 |
| | 33 | 微课 | 复合函数的求导法则 |
| | 42 | 微课 | 微分的定义 |
| | 43 | 动画 | 微分的几何意义 |
| | 45 | 互动练习 | 函数的微分 |
| 3 | 49 | 微课 | 拉格朗日中值定理 |
| | 49 | 动画 | 拉格朗日中值定理 |
| | 52 | 微课 | 洛必达法则 |
| | 56 | 微课 | 单调区间与极值的判定 |
| | 57 | 互动练习 | 函数的单调性与极值 |
| | 61 | 动画 | 运输问题 |
| | 63 | 微课 | 凹凸区间与拐点的判定 |
| 4 | 75 | 数学家小传 | 祖冲之 |
| | 76 | 微课 | 不定积分的概念与性质 |
| | 78 | 动画 | 不定积分的几何意义 |
| | 81 | 互动练习 | 不定积分的基本公式和性质 |
| | 81 | 典型例题 | 原函数与不定积分概念与性质 |
| | 83 | 微课 | 第一换元积分法 |
| | 84 | 典型例题 | 第一类换元法练习 1 |
| | 85 | 典型例题 | 第一类换元法练习 2 |
| | 90 | 微课 | 第二换元积分法 |
| | 92 | 动画 | 例题求解 |
| 5 | 99 | 动画 | 求曲边梯形面积 |
| | 103 | 动画 | 定积分的几何意义 |
| | 104 | 微课 | 定积分的运算性质 |
| | 108 | 典型例题 | 微积分基本公式 |
| | 109 | 微课 | 微积分基本公式 |
| | 111 | 微课 | 定积分的换元积分法 |
| | 113 | 互动练习 | 定积分的换元积分法与分部积分法 |
| | 116 | 动画 | 无穷限的反常积分的定义 |
| | 120 | 微课 | 平面图形的面积 |
| | 122 | 数学家小传 | 刘徽 |
| | 123 | 动画 | 直角坐标系下求旋转体体积 |
| | 124 | 动画 | 平面曲线的弧长 |
| | 129 | 课外阅读材料 | 积分的发展 |

续　表

| 章节 | 页码 | 资源类型 | 内　　容 |
|---|---|---|---|
| 6 | 130 | 课外阅读材料 | 天气预报中的微分方程 |
| | 131 | 微课 | 微分方程的基本概念 |
| | 133 | 微课 | 可分离变量的微分方程 |
| | 135 | 互动练习 | 齐次方程 |
| | 139 | 微课 | 一阶非齐次线性微分方程的解法 |
| | 140 | 课外阅读材料 | 微分方程的应用—传染病模型 |
| | 145 | 课外阅读材料 | 胡克定律 |
| 7 | 151 | 微课 | 等比级数的敛散性 |
| | 152 | 互动练习 | 常数项级数的概念和性质 |
| | 153 | 思考题 | 级数的敛散性 |
| | 155 | 思考题 | $p$ 级数的敛散性 |
| | 156 | 微课 | 正项级数的比较审敛法 |
| | 157 | 释疑解难 | 比值敛散法 |
| | 161 | 微课 | 幂级数的收敛半径和收敛域 |
| | 167 | 微课 | 函数展开成幂级数的直接展开法 |
| | 172 | 课外阅读材料 | 群星闪耀的伯努利家族 |
| 8 | 174 | 动画 | 二元函数的几何意义 |
| | 175 | 微课 | 二元函数极限的定义 |
| | 178 | 动画 | 二元函数偏导数的几何意义 |
| | 179 | 互动练习 | 偏导数的求法 |
| | 180 | 释疑解难 | 混合偏导数相等的充分条件 |
| | 181 | 动画 | 二元函数的链式法则 |
| | 181 | 微课 | 多元复合函数求偏导数 |
| | 182 | 释疑解难 | 多元复合函数求导法则 |
| 8 | 183 | 释疑解难 | 一个方程确定的隐函数存在定理及求导法 |
| | 185 | 拓展练习 | 二元函数的全微分 1 |
| | 186 | 互动练习 | 二元函数的全微分 2 |
| | 188 | 微课 | 二元函数求极值 |
| | 190 | 释疑解难 | 条件极值的概念及求法 |
| | 193 | 思考题 | 二重积分 |
| | 194 | 释疑解难 | 二重积分在直角坐标系下的计算 |
| | 194 | 微课 | 计算二重积分 |
| | 194 | 动画 | 累次积分练习 |
| | 197 | 动画 | 极坐标下的二次积分练习 |
| 9 | 199 | 课外阅读材料 | 行列式 |
| | 202 | 微课 | 三阶行列式的计算 |
| | 204 | 知识拓展 | 排列与行列式 |
| | 205 | 微课 | 行列式按行(列)展开法则 |
| | 208 | 数学实验 | 行列式的计算 |
| | 209 | 拓展练习 | 行列式的性质 |
| | 211 | 微课 | 例 9－11 解答 |
| | 215 | 微课 | 判断齐次线性方程组是否有解 |
| 10 | 218 | 知识拓展 | 矩阵的分类 |
| | 220 | 知识拓展 | 密码学 |
| | 221 | 知识拓展 | 转移模型 |
| | 222 | 微课 | 逆矩阵例题讲解 |
| | 225 | 微课 | 求矩阵的逆矩阵 |
| | 227 | 拓展练习 | 矩阵的初等变换及应用 |
| | 230 | 微课 | 解线性方程组 |
| | 235 | 知识拓展 | 线性代数补充习题 |
| 11 | 240 | 微课 | 随机现象及随机事件的概念 |
| | 243 | 思考题 | 对立事件与不相容事件 |

续　表

| 章节 | 页码 | 资源类型 | 内　容 |
|---|---|---|---|
| 11 | 244 | 互动练习 | 对立事件 |
| | 245 | 思考题 | 概率 |
| | 249 | 微课 | 占位问题 |
| | 250 | 思考题 | 实际推断原理 |
| | 254 | 微课 | 贝叶斯公式及趣味应用 |
| | 256 | 微课 | 事件独立性的概念和性质 |
| | 256 | 思考题 | 独立与互不相容 |
| | 257 | 课外阅读材料 | 贝叶斯和逆概率 |
| 12 | 259 | 微课 | 随机变量的概念 |
| | 261 | 微课 | 二项分布 |
| | 262 | 数学实验 | 二项分布概率计算的MATLAB实现 |
| | 263 | 数学家小传 | 泊松 |
| | 264 | 数学实验 | 泊松分布概率计算的MATLAB实现 |
| | 265 | 互动练习 | 随机变量的分布函数 |
| | 267 | 微课 | 概率密度函数及其计算 |
| | 269 | 知识拓展 | 均匀分布的应用 |
| | 271 | 数学家小传 | 高斯 |
| | 273 | 数学实验 | 正态分布概率计算的MATLAB实现 |
| | 275 | 互动练习 | 随机变量的函数及其分布 |
| | 276 | 知识拓展 | 期望的由来 |
| | 280 | 微课 | 方差的定义与计算 |
| | 281 | 互动练习 | 随机变量的数字特征 |
| | 281 | 知识拓展 | 期望与方差的应用 |
| 13 | 284 | 知识拓展 | 数理统计学的起源和发展 |
| | 286 | 知识拓展 | 常用统计量的分布 |
| | 287 | 数学家小传 | 皮尔逊 |
| 13 | 288 | 数学实验 | 样本均值和方差计算的MATLAB实现 |
| | 289 | 数学家小传 | 费希尔 |
| | 295 | 数学实验 | 点估计和置信区间的MATLAB实现 |
| | 298 | 数学家小传 | 奈曼 |
| 14 | 303 | 微课 | 集合及其基本概念 |
| | 305 | 互动练习 | 集合的运算 |
| | 307 | 数学家小传 | 笛卡儿 |
| | 310 | 知识拓展 | 关系的性质与对应的关系矩阵、关系图 |
| | 311 | 微课 | 关系的表示方法 |
| | 312 | 互动练习 | 等价关系 |
| | 313 | 知识拓展 | 悖论 |
| | 315 | 微课 | 析取 |
| | 322 | 微课 | 常用的基本蕴含式 |
| | 329 | 课外阅读材料 | 数理逻辑 |
| 15 | 331 | 数学家小传 | 欧拉 |
| | 333 | 微课 | 无向图的度和有向图的度 |
| | 335 | 互动练习 | 图的同构 |
| | 337 | 微课 | 点的连通性 |
| | 339 | 互动练习 | 割点、割边与割集 |
| | 340 | 微课 | 有向图连通性的判断 |
| | 342 | 知识拓展 | 死锁状态的判断 |
| | 344 | 微课 | 无向图的矩阵表示 |
| | 346 | 微课 | 有向图的矩阵表示 |
| | 353 | 知识拓展 | 旅行商问题 |
| | 355 | 微课 | 最小生成树 |
| | 357 | 课外阅读材料 | 四色问题 |

续 表

| 章节 | 页码 | 资源类型 | 内 容 | 章节 | 页码 | 资源类型 | 内 容 |
| --- | --- | --- | --- | --- | --- | --- | --- |
| 参考答案 | 358 | 参考答案 | 习题参考答案 | 附录 | 360 | 数学实验 | 数学实验 4:求解常微分方程 |
| 附录 | 359 | 函数图像 | 基本初等函数图像 | 附录 | 360 | 数学实验 | 数学实验 5:级数与泰勒展开 |
| 附录 | 359 | 数学分布 | 泊松分布 | 附录 | 360 | 数学实验 | 数学实验 6:多元函数微积分 |
| 附录 | 359 | 数学分布 | 正态分布 | 附录 | 360 | 数学实验 | 数学实验 7:矩阵的初等运算与线性方程组的求解 |
| 附录 | 359 | 数学分布 | $t$ 分布 | 附录 | 360 | 数学实验 | 数学实验 8:频率与概率 |
| 附录 | 359 | 数学分布 | 卡方分布 | 附录 | 360 | 数学实验 | 数学实验 9:概率分布与随机变量的数字特征 |
| 附录 | 359 | 数学实验 | MATLAB 基本知识 | 附录 | 360 | 数学实验 | 数学实验 10:数理统计初步 |
| 附录 | 359 | 数学实验 | 数学实验 1:函数图像描绘与极限求法 | 附录 | 360 | 数学实验 | 数学实验 11:最小生成树与最短路径 |
| 附录 | 359 | 数学实验 | 数学实验 2:导数及其应用 | | | | |
| 附录 | 360 | 数学实验 | 数学实验 3:计算不定积分与定积分 | | | | |

# 前 言

为了推进新时代职业教育的提质培优、赋能增效，党的二十大之后，中共中央办公厅、国务院办公厅印发了《关于深化现代职业教育体系建设改革的意见》。该指导性文件体现了党对职业教育的高度重视和职业教育在整个教育体系中的重要地位，提出了一体化推进教育、科技和人才三大强国建设的宏阔目标，深化现代职业教育体系建设改革的伟大任务。在此背景下，数学作为基础学科，其教材和教师都必然面临着一场革故鼎新的变革。如何打造体现基础性、应用性、职业性和发展性的特色教材，并以此为载体建设一支“双师型”的数学教师队伍，是当前职业院校数学教学团队面临的一个挑战。

作为全国首批、安徽省首所国家示范性高等职业院校，国家高职高专人才培养工作水平评估优秀院校和全国首批入选“双高”建设的高职院校，芜湖职业技术学院历来重视基础学科的教学和改革工作。早在2012年，我校数学教学团队就编写了《应用数学基础》，其知识体系完备、内容编排合理、习题案例实用，充分契合了当时高职院校的校情和学情，不仅满足了高职院校各专业日常教学对数学知识模块的灵活性需求，也满足了学有余力的学生进一步学习数学、实现专升本深造的深层次需求。

2024年6月，在深化职业教育“三教”改革精神的指引下，结合课程思政立德树人的基本思想，我们再次组织教学团队骨干教师对教材实施改编和升级。力求使改版后的教材更加契合新时代和新形势下高职院校的情况，教材内容、体例焕然一新。具体特色如下：

1. 学以致用，注重经典概念引入的背景介绍，增加了与专业契合度较高的案例，突出了数学建模思想，体现工学结合、教学做一体化的理念。

2. 立德树人，结合数学史和数学家的有关知识，弘扬数学文化，启迪数学思想，实现课程思政目标。

3. 丰富资源，精心打造与教材一体化设计的数字化资源，利用二维码为学生提供知识拓展、微课、数学实验、释疑解难、互动练习等资源，满足不同学生的学习需求。

4. 突出重点，编写与教材同步的习题集，以便学生更好地掌握高等数学的基本知识、基本计算、基本方法。本书中带“*”号的部分为选学、选讲、选做内容，可供不同专业、不同层次教学选用。

本教材共15章，内容包括微积分、线性代数、概率论与统计初步、离散数学4个模块。主编为邓瑞娟、黄家云，副主编为李艳午、刘有新、胡克弟、施吕蓉、陈倩倩，参编人员为孔生林、谢超、吕嫄、袁力、熊梦迟。

在本教材付梓之际，我们由衷感谢高等教育出版社对编写组的信任；感谢芜湖职业技术学院提供的政策支持和良好环境；感谢使用教材的教师同行们提出的宝贵意见和建议，给我们提供了进步改进的思路和具体的完善细节；感谢安徽省2020年质量工程项目(编号:2020jxtd281)、安徽省2021年质量工程项目(编号:2021jyxm1698)的支持和资助。

由于编者水平所限，教材中疏漏在所难免，我们恳请专家、同行批评指正。各兄弟院校如需使用与本教材配套的信息化教学资源，欢迎与我们联系。

编写组

CONTENTS

# 目 录

## 第一模块 微积分

## 第二模块 线性代数



## 第三模块 概率论与统计初步

# 第一模块　微积分

CHAPTER 1

# 第1章 函数、极限和连续性

数者，十百千万，推之不尽，穷于天地，亘于古今，为道之纲纪也．

——葛洪

学习要求

- 理解函数的定义，了解函数的定义域和对应法则，会求一般函数的定义域；
- 了解复合函数及函数复合的概念，会把复合函数分解成基本初等函数；
- 了解极限的有关性质，掌握极限的四则运算法则，会利用四则运算法则计算极限；
- 了解两个重要极限及其模型，会利用“两个重要极限及其模型”计算有关的极限；
- 理解函数连续的概念，掌握函数在一点处连续的定义，会判断间断点的类型；
- 了解连续函数的性质和初等函数的连续性，了解闭区间上连续函数的性质．

中学已学过函数的有关知识，本章旨在深入理解函数的概念和性质，掌握极限的四则运算与两个重要极限，学会利用函数的连续性求极限．

## 1.1 函数

### 1.1.1 函数的有关概念

1. 函数的定义

**定义 1－1**　设 $x$ 和 $y$ 是两个变量，如果变量 $x$ 在非空数集 $D$ 内任取一个值时，变量 $y$ 按照某个对应法则 $f$，都有唯一确定的值与之对应，那么称 $f$ 为定义在集合 $D$ 上的 $x$ 的**函数**，其中 $x$ 称为**自变量**，$y$ 称为**因变量**[记为 $y=f(x)$]，$D$ 称为函数的**定义**

微课

函数的定义与两要素

**域**，$W=\{y \mid y=f(x),\ x\in D\}$ 称为函数的**值域**.

$f$ 是函数，$f(x)$是函数值，但为了叙述的方便，常用符号 $f(x)$或 $y=f(x)$ 来表示函数.

理论上，函数的定义域就是使函数的解析式有意义的自变量取值的集合，比如 $y=f(x)=\sqrt{x+1}$，其定义域为 $D=[-1,+\infty)$. 但在实际问题中，函数的定义域需根据问题的实际背景来确定.比如半径为 $r$ 的圆的面积 $S=\pi r^2$，其定义域为 $D=(0,+\infty)$.

$x$ 和 $y$ 只是变量的符号，故 $y=f(x)=x^2+2x-3$ 也可记为 $\square=f(\triangle)=\triangle^2+2\triangle-3$，如果两个函数具有相同的定义域和对应法则，那么它们表示的是同一函数.

例如，函数 $y=2\ln x$ 与 $y=\ln x^2$，它们的定义域不同，所以不是同一个函数；函数 $y=3\ln x$ 与 $y=\ln x^3$，它们的定义域和对应法则完全相同，所以它们是同一个函数.

**【例 1 - 1】** 已知 $f(x)=2x-1$，求 $f(1)$，$f(a+1)$，$f[f(x)]$，$f\left[\dfrac{1}{f(x)}\right]$.

**解:**由题意得 $f(\triangle)=2\triangle-1$，即

$$f(1)=2\times1-1=1,$$
$$f(a+1)=2(a+1)-1=2a+1,$$
$$f[f(x)]=2f(x)-1=2(2x-1)-1=4x-3,$$
$$f\left[\frac{1}{f(x)}\right]=2\cdot\frac{1}{f(x)}-1=\frac{2}{2x-1}-1=\frac{3-2x}{2x-1}.$$

互动练习

函数

**【例 1 - 2】** 求下列函数的定义域.

(1) $y=\sqrt{x^2-1}$； (2) $y=\dfrac{\ln(4-2x)}{x+1}$.

**解:**(1) 偶次根式被开方数须大于等于零，即 $x^2-1\geqslant0$，解之得 $x\geqslant1$ 或 $x\leqslant-1$，所以函数定义域为 $(-\infty,-1]\cup[1,+\infty)$.

(2) 要使函数的解析式有意义，则

$$\begin{cases}4-2x>0,\\x+1\neq0.\end{cases}$$

解此不等式组得 $x<2$ 且 $x\neq-1$，即函数定义域为 $(-\infty,-1)\cup(-1,2)$.

**注意:** 集合 $\{x \,\|\, x-x_0\,|<\delta,\ \delta>0\}$ 称为点 $x_0$ 的一个 $\delta$ 邻域，它表示一个以 $x_0$ 为中心，以 $\delta$ 为半径的开区间 $(x_0-\delta,\ x_0+\delta)$，简记为$U(x_0,\ \delta)$.集合 $\{x \mid 0<|x-x_0|<\delta,\ \delta>0\}$，表示以 $x_0$ 为中心，以 $\delta$ 为半径的去心邻域，记作 $(x_0-\delta,\ x_0)\cup(x_0,\ x_0+\delta)$，简记为$\mathring{U}(x_0,\ \delta)$.

2. 分段函数

分段函数是数学中常见的一种函数，在日常的生产、生活中有着广泛的应用.

**定义 1 - 2** 在自变量的不同取值范围内，对应法则可用不同式子来表示，这样的函数称为**分段函数**.

**注意:**分段函数是一个函数，而不是多个函数.分段函数的定义域是各段函数定义域的并集，值域也是各段函数值域的并集.

例如，绝对值函数可以表示为 $y=|x|=\begin{cases} x, & x\geqslant 0, \\ -x, & x<0, \end{cases}$ 它就是一个定义在 $\mathbf{R}$ 上的分段函数.

又如，符号函数

$$y=\operatorname{sgn} x=\begin{cases} 1, & x>0, \\ 0, & x=0, \\ -1, & x<0, \end{cases}$$

它的定义域为 $D=(-\infty,+\infty)$，也是一个分段函数.值域为 $W=\{-1,0,1\}$，图像如图 1-1 所示.

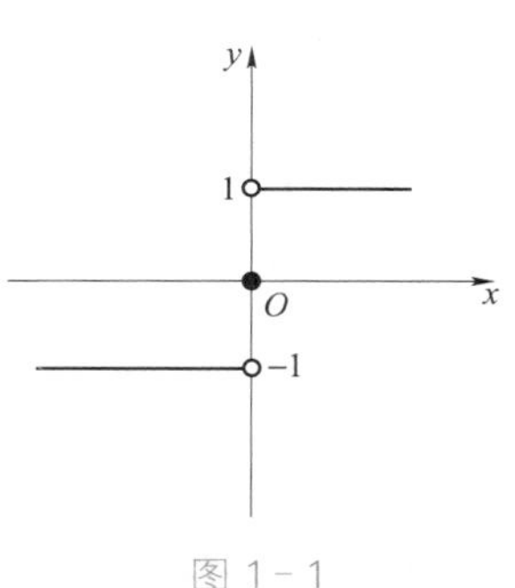


图 1-1

**【例 1-3】** 设函数

$$f(x)=\begin{cases} \cos x, & -4\leqslant x<1, \\ 2, & 1\leqslant x<3, \\ \sin x, & x\geqslant 3, \end{cases}$$

求 $f(-\pi)$，$f\left(\frac{\pi}{2}\right)$，$f(\pi)$ 及函数的定义域.

**解:** 因为 $-\pi\in[-4,1)$，所以 $f(-\pi)=\cos(-\pi)=-1$. 同理 $\frac{\pi}{2}\in[1,3)$，所以 $f\left(\frac{\pi}{2}\right)=2$；$\pi\in[3,+\infty)$，所以 $f(\pi)=\sin\pi=0$. 依题意可知函数的定义域为 $[-4,+\infty)$.

**注意:** (1) 在求分段函数的函数值时，要弄清楚其自变量的取值区间；

(2) 分段函数的定义域是各段自变量取值区间的并集；

(3) 分段函数的"分段点"是函数的解析式改变的临界点.

3. 反函数

**定义 1-3** 设函数 $y=f(x)$ 的定义域为 $D$，值域为 $W$，如果对任意的 $y\in W$，都有唯一确定的 $x\in D$ 按照 $f(x)=y$ 与之对应，就得到一个以 $y$ 为自变量(定义在 $W$ 上的)，以 $x$ 为因变量(定义在 $D$ 上)的函数，称之为函数 $y=f(x)$ 的**反函数**，记作 $x=f^{-1}(y)$.

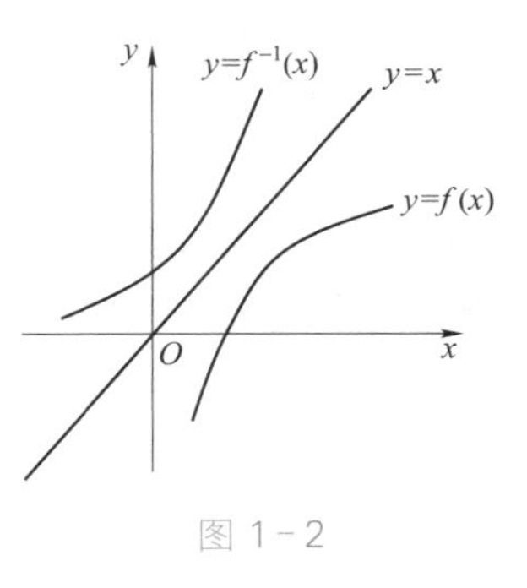


图 1-2

函数 $y=f(x)$ 与 $x=f^{-1}(y)$ 两者的图像是相同的.但习惯上常用 $x$ 表示自变量，用 $y$ 表示因变量，所以 $y=f(x)$ 的反函数 $x=f^{-1}(y)$ 用 $y=f^{-1}(x)$ 表示，这时 $y=f(x)$ 与 $y=f^{-1}(x)$ 的图像关于直线 $y=x$ 对称，如图 1-2 所示.

**注意:** 互为反函数的两个函数具有以下关系:

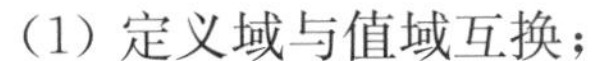

(1) 定义域与值域互换；

(2) $f^{-1}(f(x))=x$ 和 $f(f^{-1}(x))=x$；

(3) 单调性一致.

例如，$y=e^x$ 的反函数是 $y=\ln x(x>0)$，则 $e^{\ln x}=x$，$\ln e^x=x$.

思考题

反函数

【例 1-4】 求函数 $y=2^x-1$ 的反函数.

解：由 $y=2^x-1$ 可解得 $x=\log_2(y+1)$，把 $x$ 改写成 $y$，$y$ 改写成 $x$，则所求的反函数为 $y=\log_2(x+1)$，定义域为 $x>-1$.

**思考题：**如何求 $y=\dfrac{e^x}{e^x+1}$ 的反函数？如何求其反函数的定义域？

## 1.1.2 函数的几种性质

1. 函数的奇偶性

**定义 1-4** 设函数 $y=f(x)$ 的定义域 $D$ 关于原点对称，如果对于任意的 $x\in D$，都有 $f(-x)\equiv -f(x)$［或 $f(-x)\equiv f(x)$］，那么称函数 $y=f(x)$ 为**奇(或偶)函数**.既不是奇函数也不是偶函数的函数，称为**非奇非偶函数**.

**注意：**(1) 定义域关于原点对称是函数为奇(或偶)函数的前提；

(2) 奇函数的图像关于原点对称，偶函数的图像关于 $y$ 轴对称.

例如，$y=\sin x$ 在区间 $\left(-\dfrac{\pi}{2},\ \dfrac{\pi}{2}\right)$ 内是奇函数；$y=x^2$ 在区间 $(-\infty,\ +\infty)$ 内是偶函数；而 $y=x^2+x$ 在区间 $(-\infty,\ +\infty)$ 内是非奇非偶函数.

【例 1-5】 讨论函数 $f(x)=\ln(x+\sqrt{x^2+1})$ 的奇偶性.

解：因为 $f(x)$ 的定义域为 $(-\infty,\ +\infty)$，关于原点对称，又因为

$$f(-x)=\ln(-x+\sqrt{x^2+1})=\ln\left[\frac{(\sqrt{x^2+1}-x)(\sqrt{x^2+1}+x)}{(\sqrt{x^2+1}+x)}\right]$$

$$=\ln\frac{1}{\sqrt{x^2+1}+x}=-\ln(\sqrt{x^2+1}+x)=-f(x),$$

所以函数 $f(x)=\ln(x+\sqrt{x^2+1})$ 是奇函数.

**想一想：**函数 $y=x^2$ 在区间 $(-3,\ 4)$ 内是偶函数吗？

2. 单调性

**定义 1-5** 设函数 $y=f(x)$ 在区间 $I$ 内有定义，如果对 $I$ 内的任意两点 $x_1$ 和 $x_2$，当 $x_1<x_2$ 时，都有 $f(x_1)<f(x_2)$［$f(x_1)>f(x_2)$］，那么称函数 $y=f(x)$ 在区间 $I$ 内是单调递增(减)的.

单调递增和单调递减的函数统称为**单调函数**；函数单调递增和单调递减的区间统称为**单调区间**.

**注意：**在说明某个函数的单调性时，必须指明函数的单调区间.因为函数在整个定义域内可能不具有单调性，但在定义域内的某些(个)区间内具有单调性.

例如，函数 $y=\sin x$，在定义域 $(-\infty,\ +\infty)$ 内是不具有单调性的，但它在 $\left(-\dfrac{\pi}{2},\ \dfrac{\pi}{2}\right)$ 内是单调递增的.

单调递增函数的图像是一条上升的曲线，单调递减的函数的图像是一条下降的曲线.

3. 周期性

**定义 1-6** 设函数 $y=f(x)$ 的定义域为 $D$，如果存在一个常数 $T\neq 0$，使得对任意 $x\in D$，都有 $x+T\in D$，且 $f(x+T)=f(x)$，那么称函数 $y=f(x)$ 为**周期函数**. 满足该条件的最小正数 $T$ 称为函数 $y=f(x)$ 的**最小正周期**. 通常情况下所说的周期均为最小正周期.

例如：$y=\sin x$ 和 $y=\cos x$ 的周期均为 $2\pi$；$y=\tan x$ 和 $y=\cot x$ 的周期均为 $\pi$；而 $y=\sin(ax+b)$ 的周期为 $T=\frac{2\pi}{|a|}$，这里 $a\neq 0$.

4. 有界性

**定义 1-7** 设函数 $y=f(x)$ 的定义域为 $D$，数集 $X\subset D$，如果存在一个正数 $M$，使得对任意的 $x\in X$，恒有 $|f(x)|\leqslant M$，那么称函数 $y=f(x)$ 在 $X$ 上**有界**. 如果这样的 $M$ 不存在，则称函数 $y=f(x)$ 在 $X$ 上**无界**.

例如，$y=\tan x$ 在 $\left(-\frac{\pi}{2},\frac{\pi}{2}\right)$ 内是无界的，但在 $\left(-\frac{\pi}{4},\frac{\pi}{4}\right)$ 内是有界的.

### 1.1.3 初等函数

1. 基本初等函数

在初等数学中已经学习过的函数有：

(1) 幂函数 $y=x^{a}\ (a\in\mathbf{R})$.

(2) 指数函数 $y=a^{x}\ (a>0,\ a\neq 1)$.

(3) 对数函数 $y=\log_{a}x\ (a>0,\ a\neq 1)$，当 $a=\mathrm{e}$ 时，则 $y=\ln x$，称之为自然对数，当 $a=10$ 时，则 $y=\lg x$，称之为常用对数.

(4) 三角函数

$$y=\sin x,\ y=\cos x,\ y=\tan x,\ y=\cot x,$$

$$y=\sec x=\frac{1}{\cos x},\ y=\csc x=\frac{1}{\sin x}.$$

(5) 反三角函数

$$y=\arcsin x\ (-1\leqslant x\leqslant 1),$$

$$y=\arccos x\ (-1\leqslant x\leqslant 1),$$

$$y=\arctan x\ (-\infty<x<+\infty),$$

$$y=\operatorname{arccot} x\ (-\infty<x<+\infty).$$

以上五类函数统称为**基本初等函数**.

2. 复合函数

在很多实际问题中，两个变量的相互依存关系有时不是直接的，而要通过其他变量间接表示出来，这就形成了复合函数. 弄清楚一个函数是由哪几个函数复合而成的，对后面的复合函数求导和积分是很重要的.

微课

函数的复合与初等函数

**定义 1-8** 设函数 $y=f(u)$，$u=\varphi(x)$，如果 $u=\varphi(x)$ 的值域与 $y=f(u)$ 的定义域的交集是非空集合，那么通过变量 $u$ 构成变量 $y$ 与变量 $x$ 的函数 $y=f[\varphi(x)]$，称为由函数 $f$ 和 $\varphi$ 复合而成的**复合函数**，其中 $x$ 是自变量，$y$ 是因变量，$u$ 是中间变量.

**注意：**(1) 不是任意两个函数都能构成复合函数的，例如 $y=\ln u$ 和 $u=-(x^2+2)$ 就不能构成复合函数；

(2) 复合函数通常不一定是由纯粹的基本初等函数复合而成的，而是由基本初等函数经过有限次四则运算构成的；

(3) 复合函数的分解原则：由外到里层层分解，分解到基本初等函数或简单函数为止.

**【例 1-6】** 将下列各题中的 $y$ 表示成 $x$ 的函数.

(1) $y=\sqrt{u}$，$u=\sin v$，$v=3x$；　(2) $y=\sin u$，$u=\ln v$，$v=x+1$.

**解：**分别代入得(1) $y=\sqrt{\sin 3x}$；(2) $y=\sin\ln(x+1)$.

**【例 1-7】** 试将下列函数分解为几个简单函数：$y=\mathrm{e}^{-2x}$，$y=\mathrm{e}^{\arcsin(x+1)}$，$y=\sin^2\ln(x+2^x)$，$y=\ln\sin(x+1)$.

**解：** $y=\mathrm{e}^{-2x}$ 是由 $y=\mathrm{e}^u$，$u=-2x$ 复合而成的.

$y=\mathrm{e}^{\arcsin(x+1)}$ 是由 $y=\mathrm{e}^u$，$u=\arcsin v$，$v=x+1$ 复合而成的.

$y=\sin^2\ln(x+2^x)$ 是由 $y=u^2$，$u=\sin v$，$v=\ln w$，$w=x+2^x$ 复合而成的.

$y=\ln\sin(x+1)$ 是由 $y=\ln u$，$u=\sin v$，$v=x+1$ 复合而成的.

3. 初等函数

由基本初等函数经过有限次的四则运算及有限次的复合，并用一个式子表示的函数称为**初等函数**.

例如，$y=\ln\sin(x+1)$，$y=\ln\cos x+\sqrt{\tan x+2}$ 都是初等函数.而 $y=\operatorname{sgn}x=\begin{cases}1, & x>0,\\ 0, & x=0,\\ -1, & x<0\end{cases}$ 与 $y=\sum\limits_{n=1}^{\infty}x^n$ 就不是初等函数.

## 习题 1.1

1. 求下列函数的定义域.

(1) $y=\ln(x^2-1)$；　(2) $y=\sqrt{\dfrac{x}{x+1}}$.

2. 判断下列函数的奇偶性.

(1) $y=2x^2-x^4$；　(2) $y=\sin x\cos x$.

3. 求下列函数的反函数.

(1) $y=\sqrt[3]{x+1}$；　(2) $y=\dfrac{1+x}{1-x}$.

4. 指出下列复合函数的复合过程.

(1) $y=e^{x+1}$;　　(2) $y=\sin\sqrt{x+2}$.

5. 一批物品需要通过快递公司发往异地,甲公司的收费标准是起步价 10 元再加 2 元/kg,乙公司的收费标准是起步价 20 元再加 1.2 元/kg.试根据快递物品的重量,选择较便宜的快递公司.

6. 已知某市 2022 年 GDP 总量约为 4 502 亿元,市政府希望 5 年后 GDP 总量达 8 000 亿.请问要实现这一目标,本市未来 5 年 GDP 的年均增长率约为多少?

# 1.2 极限

极限的概念是由求某些实际问题的精确解而引出的,许多问题的精确解仅仅通过有限次的运算是无法获得的,必须考虑到自变量取值趋于无限逼近的情况,由此便产生了极限的思想、理论与方法.

## 1.2.1 数列的极限

《庄子 · 天下篇》记载:"一尺之棰,日取其半,万世不竭."意思是说,一尺长的木棰,每天取它的一半,永远取不尽,把每天取后剩下的部分记为:

$$\frac{1}{2},\ \frac{1}{4},\ \frac{1}{8},\ \cdots,\ \frac{1}{2^n},\ \cdots.$$

像这样按 $n$ 由小到大的顺序排成的一列数 $u_1,\ u_2,\ \cdots,\ u_n,\ \cdots$ 称为**数列**,简记为 $\{u_n\}$.数列中每一个数称为数列的**项**,第 $n$ 项 $u_n$ 称为数列的**通项**或**一般项**.数列也可看成是自变量定义在正整数集上的函数,即 $u_n=f(n)$. 例如:

(1) $u_n=\dfrac{n}{n+1}$, 即 $\dfrac{1}{2},\ \dfrac{2}{3},\ \dfrac{3}{4},\ \cdots,\ \dfrac{n}{n+1},\ \cdots$;

(2) $u_n=(-1)^n$, 即 $-1,\ 1,\ -1,\ \cdots,\ (-1)^n,\ \cdots$;

(3) $u_n=\dfrac{1+(-1)^n}{n}$, 即 $0,\ 1,\ 0,\ \dfrac{1}{2},\ 0,\ \dfrac{1}{3},\ \cdots,\ \dfrac{1+(-1)^n}{n},\ \cdots$;

(4) $u_n=n^2$, 即 $1,\ 4,\ 9,\ \cdots,\ n^2,\ \cdots$.

通过观察上述四个数列会发现,当 $n$ 无限增大时,数列通项的变化趋势有两种情况,要么无限地趋向于某个确定的常数,要么无法趋向于某个确定的常数.对此抽象概括,可得到如下描述性定义.

**定义 1-9** 对于数列$\{u_n\}$,若通项 $u_n$ 能无限地趋向于某个确定的常数 $A$,则称 $A$ 为数列$\{u_n\}$的**极限**,记作 $\lim\limits_{n\to+\infty} u_n = A$ 或 $u_n \to A(n\to+\infty)$,此时称数列$\{u_n\}$是**收敛的**.如果数列$\{u_n\}$没有极限,即 $\lim\limits_{n\to+\infty} u_n$ 不存在,就称数列$\{u_n\}$是**发散的**.

**【例 1-8】** 求下列数列的极限.

(1) $u_n = \cos\dfrac{1}{n}$; (2) $u_n = 1-\dfrac{1}{n^2}$.

**解:**(1) 通过观察,随着 $n$ 无限增大,$\dfrac{1}{n}\to 0$,从而 $\cos\dfrac{1}{n}\to 1$,所以 $\lim\limits_{n\to+\infty}\cos\dfrac{1}{n}=1$;

(2) 通过观察,随着 $n$ 无限增大,$\dfrac{1}{n^2}\to 0$,从而 $1-\dfrac{1}{n^2}\to 1$,所以 $\lim\limits_{n\to+\infty}\left(1-\dfrac{1}{n^2}\right)=1$.

## 1.2.2 函数的极限

数列可以看作是定义在正整数集上的特殊函数.下面将数列的极限概念推广到函数的极限概念.一般地,根据自变量的不同变化趋势,分下列两种情况讨论函数的极限.

1. 当 $x\to\infty$ 时,函数 $f(x)$ 的极限

考察函数 $f(x)=\dfrac{1}{x}$,从图 1-3 中可以看出,当$|x|$无限增大时,函数 $f(x)=\dfrac{1}{x}$ 无限趋于常数 0,此时称常数 0 为函数 $f(x)=\dfrac{1}{x}$ 当 $x\to\infty$ 时的极限.一般地,下面给出当自变量 $x\to\infty$ 时函数的极限定义.

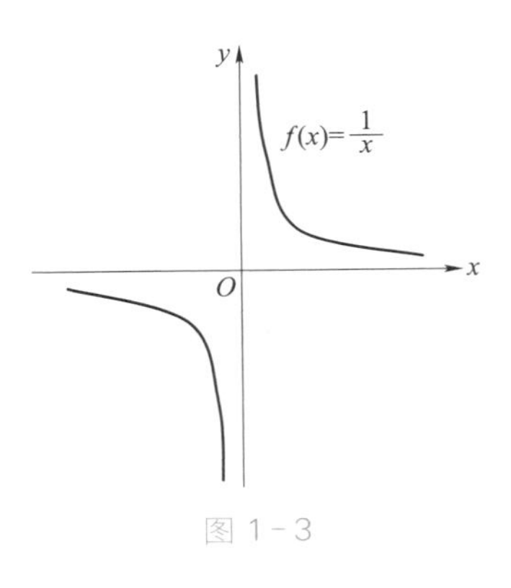

图 1-3

**定义 1-10** 如果当自变量 $x$ 的绝对值无限增大时,函数 $f(x)$能无限趋向于某个确定的常数 $A$,那么称常数 $A$ **为函数 $f(x)$当 $x\to\infty$ 时的极限**,记作:

$$\lim_{x\to\infty} f(x)=A \quad 或 \quad f(x)\to A(x\to\infty),$$

由此定义可知 $\lim\limits_{x\to\infty}\dfrac{1}{x}=0$.

动画

自变量趋于无穷大时函数极限的定义

**定义 1-10′** 如果当 $x>0$ 且 $x\to\infty$(记作 $x\to+\infty$)时,函数 $f(x)$无限趋向于常数 $A$,则称 $A$ **为函数 $f(x)$当 $x\to+\infty$ 时的极限**,记作:

$$\lim_{x\to+\infty} f(x)=A \quad 或 \quad f(x)\to A(x\to+\infty).$$

**定义 1-10″** 如果当 $x<0$ 且 $x\to\infty$(记作 $x\to-\infty$)时,函数 $f(x)$无限趋向于常数 $A$,则称 $A$ **为函数 $f(x)$当 $x\to-\infty$ 时的极限**,记作:

$$\lim_{x\to-\infty} f(x)=A \quad 或 \quad f(x)\to A(x\to-\infty).$$

关于 $x\to+\infty$, $x\to-\infty$, $x\to\infty$ 时函数 $f(x)$的极限,有如下关系:

**定理 1-1** $\lim\limits_{x\to\infty}f(x)=A$ 当且仅当 $\lim\limits_{x\to+\infty}f(x)=\lim\limits_{x\to-\infty}f(x)=A$.

**【例 1-9】** 设函数 $f(x)=\arctan x$，讨论其当 $x\to+\infty$，$x\to-\infty$，$x\to\infty$ 时的极限.

**解:** 由图 1-4 可知，$\lim\limits_{x\to+\infty}\arctan x=\frac{\pi}{2}$，$\lim\limits_{x\to-\infty}\arctan x=-\frac{\pi}{2}$，从而 $\lim\limits_{x\to\infty}\arctan x$ 不存在.

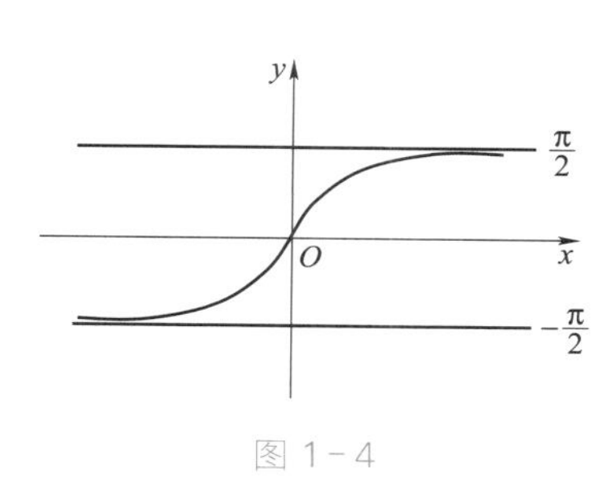

图 1-4

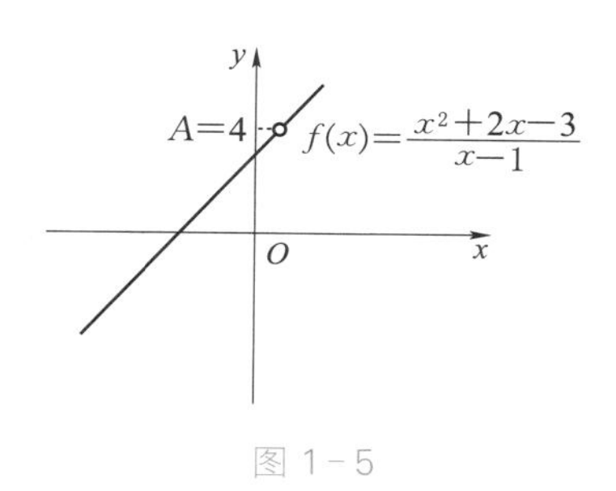

图 1-5

2. 当 $x\to x_0$ 时，函数 $f(x)$ 的极限

考察函数 $f(x)=\frac{x^2+2x-3}{x-1}$，从图 1-5 可以看出，当 $x\to1$ 时，函数 $f(x)=\frac{x^2+2x-3}{x-1}$ 的值无限地趋向于常数 $A=4$.

**定义 1-11** 设函数 $f(x)$ 在 $x_0$ 的某邻域内有定义($x_0$ 可以除外).如果当自变量 $x$ 无限趋向于 $x_0(x\neq x_0)$ 时，函数 $f(x)$ 的值无限趋向于某个确定的常数 $A$，那么称常数 $A$ 为函数 $f(x)$ 当 $x\to x_0$ 时的极限，记作：

$$\lim_{x\to x_0}f(x)=A \quad 或 \quad f(x)\to A(x\to x_0),$$

显然 $\lim\limits_{x\to x_0}x=x_0$，$\lim\limits_{x\to x_0}C=C$.

微课
函数极限的定义

**注意:** (1) $x\to x_0$ 时，$x\neq x_0$.

(2) 当 $x\to x_0$ 时，$f(x)$ 的极限是否存在，与 $f(x)$ 在点 $x_0$ 处有无定义以及在点 $x_0$ 处的函数值均无关.

**定义 1-11′** 如果当 $x>x_0$ 且 $x\to x_0$(记作 $x\to x_0^+$)时，函数 $f(x)$ 无限趋向于常数 $A$，则称 $A$ 为函数 $f(x)$ 当 $x\to x_0$ 时的右极限，记作：

$$\lim_{x\to x_0^+}f(x)=A \quad 或 \quad f(x)\to A(x\to x_0^+).$$

**定义 1-11″** 如果当 $x<x_0$ 且 $x\to x_0$(记作 $x\to x_0^-$)时，函数 $f(x)$ 无限趋向于常数 $A$，则称 $A$ 为函数 $f(x)$ 当 $x\to x_0$ 时的左极限，记作：

$$\lim_{x\to x_0^-}f(x)=A \quad 或 \quad f(x)\to A(x\to x_0^-).$$

关于 $x\to x_0^+$，$x\to x_0^-$，$x\to x_0$ 时函数 $f(x)$ 的极限，有如下关系：

**定理 1-2** $\lim\limits_{x \to x_0} f(x)=A$ 当且仅当 $\lim\limits_{x \to x_0^+} f(x)=\lim\limits_{x \to x_0^-} f(x)=A$.

该定理常用于讨论分段函数在分段点处的极限情况.

**【例 1-10】** 讨论函数 $f(x)=\begin{cases} x-1, & x<-1, \\ 2, & -1 \leqslant x<1, \\ x+1, & x \geqslant 1, \end{cases}$ 在 $x=-1$，$x=1$ 处的极限是否存在.

**解**：因为

$$\lim_{x \to -1^-} f(x)=\lim_{x \to -1^-}(x-1)=-2, \quad \lim_{x \to -1^+} f(x)=\lim_{x \to -1^+} 2=2,$$

于是 $\lim\limits_{x \to -1^-} f(x) \neq \lim\limits_{x \to -1^+} f(x)$，所以 $\lim\limits_{x \to -1} f(x)$ 不存在.

而

$$\lim_{x \to 1^-} f(x)=\lim_{x \to 1^-} 2=2, \quad \lim_{x \to 1^+} f(x)=\lim_{x \to 1^+}(x+1)=2,$$

于是 $\lim\limits_{x \to 1^-} f(x)=\lim\limits_{x \to 1^+} f(x)=2$，所以 $\lim\limits_{x \to 1} f(x)=2$.

### 习题 1.2

1. 观察下列数列 $u_n$ 当 $n \to +\infty$ 时的变化趋势，对于收敛数列，求出其极限.

(1) $u_n=\dfrac{1}{3^n}$；　　(2) $u_n=2-\dfrac{1}{n^2}$.

2. 证明：当 $x \to 0$ 时函数 $f(x)=|x|$ 的极限为 0.

3. 当 $x \to 0$ 时，下列函数的极限是否存在. 若存在求出极限值，若不存在说明理由.

(1) $f(x)=\dfrac{1}{x}$；　　(2) $f(x)=2^x$.

## 1.3 极限的运算法则

本节讨论极限的运算法则，主要是建立极限的四则运算法则和复合函数极限的运算法则. 在讨论中用符号“lim”表示自变量 $x$ 的取值趋近于下列情况之一：$x \to x_0$，$x \to x_0^+$，$x \to x_0^-$，$x \to \infty$，$x \to +\infty$，$x \to -\infty$. 在同一命题中，自变量 $x$ 的变化趋势是一样的.

## 1.3.1 极限的四则运算法则

极限的四则运算法则

**定理 1-3** 若 $\lim f(x)=A$，$\lim g(x)=B$，则

(1) $\lim[f(x)\pm g(x)]=A\pm B$.

(2) $\lim[f(x)\cdot g(x)]=A\cdot B$.

特别地，若 $g(x)\equiv C$，则有 $\lim[C\cdot f(x)]=C\lim f(x)=CA$；若 $g(x)\equiv f(x)$，则有 $\lim[f(x)]^2=[\lim f(x)]^2=A^2$.

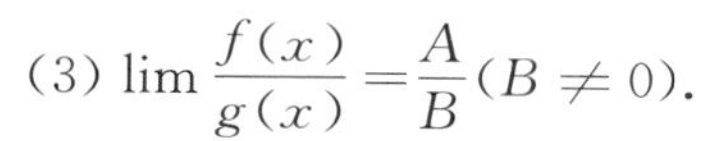
(3) $\lim \dfrac{f(x)}{g(x)}=\dfrac{A}{B}(B\neq 0)$.

**注意：**(1) 法则要求每个参与运算的函数的极限都存在；

(2) 定理中的前两条可推广到有限个函数的情形.

**【例 1-11】** 求 $\lim\limits_{x\to 1}(x^3+2x+2)$.

**解：**当 $x\to 1$ 时，$x^3$，$2x$，2 都有极限，因此根据极限的四则运算法则可得

$$\lim_{x\to 1}(x^3+2x+2)=\lim_{x\to 1}x^3+2\lim_{x\to 1}x+\lim_{x\to 1}2=5.$$

**注意：**当求多项式函数在 $x_0$ 处的极限时，此极限就等于该函数在 $x_0$ 处的函数值，即

$$\lim_{x\to x_0}(a_0x^n+a_1x^{n-1}+\cdots+a_n)=a_0x_0^n+a_1x_0^{n-1}+\cdots+a_n.$$

**【例 1-12】** 求 $\lim\limits_{x\to 2}\dfrac{x^2+x-5}{x-1}$.

**解：**当 $x\to 2$ 时，分子、分母极限都不为零，故有

$$\lim_{x\to 2}\frac{x^2+x-5}{x-1}=\frac{\lim\limits_{x\to 2}(x^2+x-5)}{\lim\limits_{x\to 2}(x-1)}=\frac{2^2+2-5}{2-1}=1.$$

当遇到有理分式在 $x_0$ 处的极限时，若分母的极限不为零，则此极限就等于该函数在 $x_0$ 处的函数值，即为 $\lim\limits_{x\to x_0}\dfrac{f(x)}{g(x)}=\dfrac{f(x_0)}{g(x_0)}[\lim\limits_{x\to x_0}g(x)\neq 0]$.

**【例 1-13】** 求 $\lim\limits_{x\to 1}\dfrac{x^2-3x+2}{x-1}$.

**解：**因为当 $x\to 1$ 时，分子、分母的极限都为零，所以不能直接运用极限运算的商的法则，但注意到分子分母都有因式 $(x-1)$，而当 $x\to 1$ 时，由于 $x\neq 1$ 即 $x-1\neq 0$，因而分子、分母可同时约掉公因子 $(x-1)$，于是

$$\lim_{x\to 1}\frac{x^2-3x+2}{x-1}=\lim_{x\to 1}\frac{(x-1)(x-2)}{(x-1)}=\lim_{x\to 1}(x-2)=-1.$$

**注意：**当一个分式函数在自变量的某种变化趋势下，分子、分母的极限都为零，常称此类极限为“$\dfrac{0}{0}$”型.求解此类极限时，不能直接运用极限的运算法则，而应先对函数本身进

行变换，使得分母的极限不为零后，再运用极限的运算法则求解.

【例 1-14】 求 $\lim\limits_{x\to 0}\dfrac{\sqrt{x+4}-2}{x}$.

解：因为当 $x\to 0$ 时，分子、分母的极限都为零，故利用分子有理化得

$$\lim_{x\to 0}\frac{\sqrt{x+4}-2}{x}=\lim_{x\to 0}\left[\frac{(\sqrt{x+4}-2)(\sqrt{x+4}+2)}{x(\sqrt{x+4}+2)}\right]$$

$$=\lim_{x\to 0}\frac{x}{x(\sqrt{x+4}+2)}=\lim_{x\to 0}\frac{1}{\sqrt{x+4}+2}=\frac{1}{4}.$$

【例 1-15】 求 $\lim\limits_{x\to\infty}\dfrac{2x^2-1}{x^2-x+2}$.

解：当 $x\to\infty$ 时，分子、分母的极限都趋向于无穷大，此类极限称为“$\dfrac{\infty}{\infty}$”型，求解此类极限时，也不能直接用极限的运算法则来求解，用 $x^2$ 同除分子、分母，得

$$\lim_{x\to\infty}\frac{2x^2-1}{x^2-x+2}=\lim_{x\to\infty}\frac{2-\dfrac{1}{x^2}}{1-\dfrac{1}{x}+\dfrac{2}{x^2}}=\frac{2-0}{1-0+0}=2.$$

【例 1-16】 求 $\lim\limits_{n\to+\infty}n(\sqrt{n^2+1}-\sqrt{n^2-1})$.

解：将根式有理化，有

$$\lim_{n\to+\infty}n(\sqrt{n^2+1}-\sqrt{n^2-1})=\lim_{n\to+\infty}n\frac{(\sqrt{n^2+1}-\sqrt{n^2-1})(\sqrt{n^2+1}+\sqrt{n^2-1})}{\sqrt{n^2+1}+\sqrt{n^2-1}}$$

$$=\lim_{n\to+\infty}\frac{2n}{\sqrt{n^2+1}+\sqrt{n^2-1}}=\lim_{n\to+\infty}\frac{2}{\sqrt{1+\dfrac{1}{n^2}}+\sqrt{1-\dfrac{1}{n^2}}}$$

$$=1.$$

用类似的方法可得到下面一般性的结论：即当 $a_0\neq 0$, $b_0\neq 0$, $m$ 和 $n$ 为非负整数时，有

$$\lim_{x\to\infty}\frac{a_0x^n+a_1x^{n-1}+\cdots+a_n}{b_0x^m+b_1x^{m-1}+\cdots+b_m}=\begin{cases}\dfrac{a_0}{b_0} & n=m,\\ 0, & n<m.\end{cases}$$

当 $n>m$ 时，以后讨论.

## 1.3.2 复合函数的极限

**定理 1-4(复合函数的极限运算法则)** 设 $\lim\limits_{u\to u_0}f(u)=A$，函数 $u=\varphi(x)$ 且 $u\neq u_0$. 当

$x \to x_0$，$\lim\limits_{x \to x_0} \varphi(x) = u_0$ 时，则称复合函数 $f[\varphi(x)]$ 的极限也存在，且有 $\lim\limits_{x \to x_0} f[\varphi(x)] = \lim\limits_{u \to u_0} f(u) = A$.

上式表明：在求 $\lim\limits_{x \to x_0} f[\varphi(x)]$ 时，先令 $u = \varphi(x)$ 并求 $\lim\limits_{x \to x_0} \varphi(x) = u_0$，就可将 $\lim\limits_{x \to x_0} f[\varphi(x)]$ 转化为求 $\lim\limits_{u \to u_0} f(u)$.

**【例 1-17】** 求 $\lim\limits_{x \to 0} \ln(x + \mathrm{e})$.

**解**：令 $u = x + \mathrm{e}$，则 $\lim\limits_{x \to 0}(x + \mathrm{e}) = \mathrm{e}$，故

$$\lim_{x \to 0} \ln(x + \mathrm{e}) = \lim_{u \to \mathrm{e}} \ln u = 1.$$

**习题 1.3**

求下列极限.

(1) $\lim\limits_{x \to 2} \dfrac{x^2 + 3x + 1}{x + 2}$；

(2) $\lim\limits_{x \to \infty} \dfrac{3x^2 + 2x - 1}{7x^2 - 3x + 2}$；

(3) $\lim\limits_{x \to 1} \dfrac{x^2 - x}{x^2 - 1}$；

(4) $\lim\limits_{x \to 2} \dfrac{x^3 + 2x^2}{x - 1}$.

# 1.4 两个重要极限

## 1.4.1 极限存在的准则

为了更好地理解两个重要极限公式，先给出两个判定极限存在的准则.

**准则 1-1（两边夹定理）** 如果函数 $h(x)$，$f(x)$，$g(x)$ 在自变量 $x$ 的同一变化过程中满足 $h(x) \leqslant f(x) \leqslant g(x)$，且 $\lim h(x) = \lim g(x) = A$，那么 $\lim f(x) = A$.

**准则 1-2（单调有界性准则）** 单调有界数列必有极限.

## 1.4.2 两个重要极限

动画
重要极限一的证明

1. $\lim\limits_{x \to 0} \dfrac{\sin x}{x} = 1$

先考察当 $|x| \to 0$ 时，函数 $\dfrac{\sin x}{x}$ 的变化趋势，见表 1-1.

表 1-1

| $x$ | $\pm\frac{\pi}{4}$ | $\pm\frac{\pi}{8}$ | $\pm\frac{\pi}{16}$ | $\pm\frac{\pi}{32}$ | $\pm\frac{\pi}{64}$ | … | $\to 0$ |
|---|---|---|---|---|---|---|---|
| $\frac{\sin x}{x}$ | 0.900 316 | 0.974 495 | 0.993 586 | 0.998 394 | 0.999 598 | … | $\to 1$ |

此极限可记为：$\lim\limits_{\triangle\to 0}\dfrac{\sin\triangle}{\triangle}=1$ 或 $\lim\limits_{\triangle\to 0}\dfrac{\triangle}{\sin\triangle}=1$（△表示同一变量）

**【例 1-18】** 求 $\lim\limits_{x\to 0}\dfrac{\tan x}{x}$.

**解：** $\lim\limits_{x\to 0}\dfrac{\tan x}{x}=\lim\limits_{x\to 0}\dfrac{\sin x}{\cos x}\cdot\dfrac{1}{x}=\lim\limits_{x\to 0}\dfrac{\sin x}{x}\cdot\lim\limits_{x\to 0}\dfrac{1}{\cos x}=1.$

**【例 1-19】** 求 $\lim\limits_{x\to 0}\dfrac{\arcsin x}{x}$.

**解：** 设 $u=\arcsin x$，则 $\sin u=\sin(\arcsin x)=x$，当 $x\to 0$ 时，$u\to 0$，所以

$$\lim_{x\to 0}\frac{\arcsin x}{x}=\lim_{u\to 0}\frac{u}{\sin u}=1.$$

**【例 1-20】** 求 $\lim\limits_{x\to 0}\dfrac{1-\cos x}{x^2}$.

**解法 1：** 
$$\lim_{x\to 0}\frac{1-\cos x}{x^2}=\lim_{x\to 0}\frac{1-\left(1-2\sin^2\frac{x}{2}\right)}{x^2}=\lim_{x\to 0}\frac{2\sin^2\frac{x}{2}}{x^2}$$
$$=\lim_{x\to 0}\frac{\sin^2\frac{x}{2}}{\left(\frac{x}{2}\right)^2}\cdot\frac{1}{2}=\frac{1}{2}\lim_{x\to 0}\left(\frac{\sin\frac{x}{2}}{\frac{x}{2}}\right)^2=\frac{1}{2}.$$

**解法 2：** 
$$\lim_{x\to 0}\frac{1-\cos x}{x^2}=\lim_{x\to 0}\left[\frac{1-\cos x}{x^2}\cdot\frac{1+\cos x}{1+\cos x}\right]$$
$$=\lim_{x\to 0}\frac{\sin^2 x}{x^2(1+\cos x)}=\left[\lim_{x\to 0}\frac{\sin x}{x}\right]^2\cdot\lim_{x\to 0}\frac{1}{1+\cos x}=\frac{1}{2}.$$

2. $\lim\limits_{x\to\infty}\left(1+\dfrac{1}{x}\right)^x=\mathrm{e}$

微课

两个重要极限之二

这里 e 是一个无理数 2.718 281 828 450 9….考察当 $x\to+\infty$ 时，函数 $\left(1+\dfrac{1}{x}\right)^x$ 的变化趋势，见表 1-2.

表 1-2

| $x$ | 1 | 5 | 10 | 100 | 1 000 | 10 000 | … | $\to+\infty$ |
|---|---|---|---|---|---|---|---|---|
| $\left(1+\frac{1}{x}\right)^x$ | 2 | 2.49 | 2.59 | 2.705 | 2.717 | 2.718 | … | $\to \mathrm{e}$ |

当 $x\to+\infty$ 时，函数 $\left(1+\dfrac{1}{x}\right)^{x}$ 的值无限趋近于一个确定的常数 2.718 281….同样可以说明当 $x\to-\infty$ 时，函数 $\left(1+\dfrac{1}{x}\right)^{x}$ 的值也无限趋近于同一个确定的常数 2.718 281…，即

$$\lim_{x\to-\infty}\left(1+\frac{1}{x}\right)^{x}=\lim_{x\to+\infty}\left(1+\frac{1}{x}\right)^{x}=\mathrm{e}$$

从而说明 $\lim\limits_{x\to\infty}\left(1+\dfrac{1}{x}\right)^{x}=\mathrm{e}$.

此极限也可以记为 $\lim\limits_{\triangle\to\infty}\left(1+\dfrac{1}{\triangle}\right)^{\triangle}=\mathrm{e}$（△表示同一变量）.

**注意：**如果令 $t=\dfrac{1}{x}$，则当 $x\to\infty$ 时，$t\to0$，从而有 $\lim\limits_{t\to0}(1+t)^{\frac{1}{t}}=\mathrm{e}$，也可以记为 $\lim\limits_{\square\to0}(1+\square)^{\frac{1}{\square}}=\mathrm{e}$.（□表示同一变量）

**【例 1－21】** 求 $\lim\limits_{x\to\infty}\left(1-\dfrac{2}{x}\right)^{x}$.

**解：**因为 $1-\dfrac{2}{x}=1+\dfrac{1}{-\dfrac{x}{2}}$，令 $t=-\dfrac{x}{2}$，由于当 $x\to\infty$ 时，$t\to\infty$，所以

$$\lim_{x\to\infty}\left(1-\frac{2}{x}\right)^{x}=\lim_{x\to\infty}\left[\left(1+\frac{1}{-\frac{x}{2}}\right)^{-\frac{x}{2}}\right]^{-2}=\lim_{t\to\infty}\left[\left(1+\frac{1}{t}\right)^{t}\right]^{-2}=\mathrm{e}^{-2}.$$

**【例 1－22】** 求 $\lim\limits_{x\to0}(1+2x)^{\frac{1}{x}}$.

**解法 1：**令 $t=2x$，$x=\dfrac{1}{2}t$，当 $x\to0$ 时，$t\to0$，所以

$$\lim_{x\to0}(1+2x)^{\frac{1}{x}}=\lim_{t\to0}(1+t)^{\frac{2}{t}}=\lim_{t\to0}\left[(1+t)^{\frac{1}{t}}\right]^{2}=\mathrm{e}^{2}.$$

**解法 2：** $\lim\limits_{x\to0}(1+2x)^{\frac{1}{x}}=\lim\limits_{x\to0}(1+2x)^{\frac{1}{2x}\cdot2}=\lim\limits_{x\to0}\left[(1+2x)^{\frac{1}{2x}}\right]^{2}=\mathrm{e}^{2}.$

**【例 1－23】** 求 $\lim\limits_{x\to\infty}\left(\dfrac{x+1}{x-1}\right)^{x}$.

**解法 1：**

$$\begin{aligned}\lim_{x\to\infty}\left(\frac{x+1}{x-1}\right)^{x}&=\lim_{x\to\infty}\left(\frac{x-1+2}{x-1}\right)^{x}=\lim_{x\to\infty}\left(1+\frac{2}{x-1}\right)^{x}\\&=\lim_{x\to\infty}\left(1+\frac{2}{x-1}\right)^{\frac{x-1}{2}\cdot2+1}\\&=\lim_{x\to\infty}\left\{\left(1+\frac{2}{x-1}\right)^{\frac{x-1}{2}\cdot2}\left(1+\frac{2}{x-1}\right)\right\}\\&=\lim_{x\to\infty}\left\{\left(1+\frac{2}{x-1}\right)^{\frac{x-1}{2}}\right\}^{2}\lim_{x\to\infty}\left(1+\frac{2}{x-1}\right)=\mathrm{e}^{2}.\end{aligned}$$

**解法 2**:分式 $\dfrac{x+1}{x-1}$ 的分子、分母同除以 $x$,得 $\dfrac{1+\dfrac{1}{x}}{1-\dfrac{1}{x}}$,故

$$\lim_{x\to\infty}\left(\frac{x+1}{x-1}\right)^{x}=\lim_{x\to\infty}\left[\frac{1+\dfrac{1}{x}}{1-\dfrac{1}{x}}\right]^{x}=\frac{\lim\limits_{x\to\infty}\left(1+\dfrac{1}{x}\right)^{x}}{\lim\limits_{x\to\infty}\left(1-\dfrac{1}{x}\right)^{x}}=\frac{\mathrm{e}}{\mathrm{e}^{-1}}=\mathrm{e}^{2}.$$

**想一想**:当 $a$, $b$, $c$ 为常数且 $ab\neq 0$ 时,等式 $\lim\limits_{x\to\infty}\left(1+\dfrac{a}{x}\right)^{bx+c}=\mathrm{e}^{ab}$ 是否成立?

**习题 1.4**

1. 求下列极限.

(1) $\lim\limits_{x\to 0}\dfrac{\sin 5x}{x}$;

(2) $\lim\limits_{x\to 0}\dfrac{\tan 2x}{x}$;

(3) $\lim\limits_{n\to+\infty}2^{n}\sin\dfrac{x}{2^{n}}$.

2. 求下列极限.

(1) $\lim\limits_{x\to 0}(1+2x)^{\frac{1}{x}}$;

(2) $\lim\limits_{x\to 0}(1-x)^{\frac{3}{x}}$;

(3) $\lim\limits_{x\to 0}\dfrac{\ln(1+x)}{x}$;

(4) $\lim\limits_{x\to 0}\dfrac{\mathrm{e}^{x}-1}{x}$.

3. 证明:$\lim\limits_{n\to\infty}\left(\dfrac{1}{\sqrt{n^{2}+1}}+\dfrac{1}{\sqrt{n^{2}+2}}+\cdots+\dfrac{1}{\sqrt{n^{2}+n}}\right)=1$.

# 1.5 无穷小量与无穷大量

## 1.5.1 无穷小量

1. 无穷小量的定义

**定义 1-12** 若函数 $f(x)$ 当 $x\to x_{0}$(或 $x\to\infty$)时的极限为零,则称 $f(x)$ 为当 $x\to x_{0}$(或 $x\to\infty$)时的**无穷小量**,简称为**无穷小**,记为 $\lim\limits_{x\to x_{0}}f(x)=0$[或$\lim\limits_{x\to\infty}f(x)=0$].

例如,当 $x\to 0$ 时,函数 $\sin x$, $\ln(x+1)$, $\mathrm{e}^{x}-1$, $\tan x$, $\arcsin x$ 都是无穷小量.但是

当 $x \to \frac{\pi}{2}$ 时，函数 $\sin x$，$\ln(x+1)$ 却不是无穷小量.

**注意**：(1)无穷小量是以零为极限的“变量”，不能将其与很小(或极小)的“常数”相混淆.在所有常数中，零是唯一可以被看作无穷小量的常数；

(2) 无穷小量与自变量的变化过程或变化趋势有关，同一个函数在自变量的不同变化趋势下有时是无穷小量，有时却不是无穷小量.

无穷小量与函数极限有以下的关系：

**定理 1-5** 在自变量的某一变化过程中，函数 $f(x)$的极限为 $A$ 当且仅当

$$f(x)=A+\alpha,$$

其中，$\alpha$ 为自变量在这一变化过程中的无穷小量.即

$$\lim f(x)=A \Leftrightarrow f(x)=A+\alpha,$$

其中 $\lim \alpha=0$.

2. 无穷小量的性质

**定理 1-6** 在自变量的同一变化过程中，下列结论成立：

(1) 有限个无穷小量的代数和还是无穷小量；

(2) 有限个无穷小量的乘积还是无穷小量；

(3) 有界函数与无穷小量的乘积还是无穷小量；

(4) 常数与无穷小量的乘积还是无穷小量.

微课

无穷小的运算性质

**【例 1-24】** 求 $\lim\limits_{x \to 0} x\sin\frac{1}{x}$.

**解**：因为当 $x \to 0$ 时，$x$ 是无穷小，但当 $x \neq 0$ 时，$\left|\sin\frac{1}{x}\right| \leqslant 1$ 为有界变量，所以当 $x \to 0$ 时，$x\sin\frac{1}{x}$ 为无穷小，从而 $\lim\limits_{x \to 0} x\sin\frac{1}{x}=0$.

**想一想**：(1) $\lim\limits_{x \to \infty}\frac{\sin x}{x}$ 等于多少？(2) 通常哪类函数是有界的？

## 1.5.2 无穷大量

1. 无穷大量的定义

**定义 1-13** 若函数 $f(x)$在自变量 $x$ 的某一变化过程中，其绝对值 $|f(x)|$ 无限增大，则称函数 $f(x)$为自变量在此变化过程中的**无穷大量**，简称为**无穷大**，记为 $\lim f(x)=\infty$.

例如，当 $x \to 0$ 时，$\frac{1}{x}$ 是无穷大量，记为 $\lim\limits_{x \to 0}\frac{1}{x}=\infty$；当 $x \to \frac{\pi}{2}$ 时，$\tan x$ 是无穷大量，记为 $\lim\limits_{x \to \frac{\pi}{2}} \tan x=\infty$.

**注意**:(1) 无穷大量是指绝对值为无限增大的变量(动态量),既不能与很大的常数(静态量)相混淆,也不能与无界量相混淆,任何常数都不是无穷大,任何无界量也不一定是无穷大量;

(2) $\lim f(x)=\infty$ 表示无穷大,但不表明 $f(x)$的极限存在,此时它的极限是不存在的.为了便于叙述函数的这一变化趋势,可借用极限记号 $\lim f(x)=\infty$ 来表示它.

2. 无穷小量与无穷大量的关系

**定理 1-7** 在自变量的同一变化过程中,若 $f(x)$为无穷大量,则$\dfrac{1}{f(x)}$必为无穷小量;反之,若 $f(x)$为无穷小量且 $f(x)\neq 0$,则$\dfrac{1}{f(x)}$必为无穷大量.

例如,当 $x\to 0$ 时,$\dfrac{1}{x^3}$是无穷大量,则 $x^3$ 是无穷小量;

又如,当 $x\to\dfrac{\pi}{2}$ 时,$\tan x$ 是无穷大量,则 $\dfrac{1}{\tan x}=\cot x$ 是无穷小量.

**【例 1-25】** 求 $\lim\limits_{x\to 1}\dfrac{x+1}{x-1}$.

**解**:因为 $\lim\limits_{x\to 1}\dfrac{x-1}{x+1}=0$,所以由无穷小量与无穷大量的关系,得 $\lim\limits_{x\to 1}\dfrac{x+1}{x-1}=\infty$.

**【例 1-26】** 当 $a_0\neq 0$,$b_0\neq 0$,$m$ 和 $n$ 为非负整数时,讨论极限

$$\lim_{x\to\infty}\frac{a_0x^n+a_1x^{n-1}+\cdots+a_n}{b_0x^m+b_1x^{m-1}+\cdots+b_m}.$$

**解**:由前面已讨论的结果知

$$\lim_{x\to\infty}\frac{a_0x^n+a_1x^{n-1}+\cdots+a_n}{b_0x^m+b_1x^{m-1}+\cdots+b_m}=\begin{cases}\dfrac{a_0}{b_0}, & n=m,\\ 0, & n<m,\end{cases}$$

则 $n>m$ 时,$\lim\limits_{x\to\infty}\dfrac{b_0x^m+b_1x^{m-1}+\cdots+b_m}{a_0x^n+a_1x^{n-1}+\cdots+a_n}=0$,由无穷小量与无穷大量的关系,得

$$\lim_{x\to\infty}\frac{a_0x^n+a_1x^{n-1}+\cdots+a_n}{b_0x^m+b_1x^{m-1}+\cdots+b_m}=\infty.$$

所以
$$\lim_{x\to\infty}\frac{a_0x^n+a_1x^{n-1}+\cdots+a_n}{b_0x^m+b_1x^{m-1}+\cdots+b_m}=\begin{cases}0, & n<m,\\ \dfrac{a_0}{b_0}, & n=m,\\ \infty, & n>m.\end{cases}$$

**【例 1-27】** 求 $\lim\limits_{x\to\infty}\dfrac{x^3-20x+10}{x^2+1\,000}$.

**解**：因为在 $\lim\limits_{x\to\infty}\dfrac{x^3-20x+10}{x^2+1\,000}$ 中，有 $n=3$，$m=2$，即 $n>m$，所以，由前面的讨论可知

$$\lim_{x\to\infty}\frac{x^3-20x+10}{x^2+1\,000}=\infty.$$

## *1.5.3 无穷小量的比较

在无穷小量的运算中，有限个无穷小量的和、差、积仍是无穷小量，但两个无穷小量的商却会出现不同的情况.

例如，$x$，$\sin 2x$，$x^2$，$\ln(x+1)$，$x\cos\dfrac{1}{x}$ 等都是 $x\to 0$ 时的无穷小量，但当 $x\to 0$ 时它们的"商"却大相径庭：$\dfrac{x^2}{x}\to 0$，$\dfrac{x}{x^2}\to\infty$，$\dfrac{\sin 2x}{x}\to 2$，$\dfrac{\ln(x+1)}{x}\to 1$，而 $\dfrac{x\cos\dfrac{1}{x}}{x}$ 的极限不存在.这里，虽然 $x$ 和 $x^2$ 都是 $x\to 0$ 时的无穷小量，但能够想象到 $x^2$ 趋向于 0 的"速度"(或"节奏")比 $x$ 要"快"，而 $x$ 和 $\ln(x+1)$ 趋向于 0 的"速度"相近，于是引入无穷小量的比较的概念.

**定义 1-14** 设 $\alpha$ 和 $\beta$ 是自变量的同一变化过程中的两个无穷小量，且 $\beta\neq 0$，在此变化过程中：

(1) 若 $\lim\dfrac{\alpha}{\beta}=0$，则称 $\alpha$ 是 $\beta$ 的**高阶无穷小量**，记作 $\alpha=o(\beta)$；

(2) 若 $\lim\dfrac{\alpha}{\beta}=\infty$，则称 $\alpha$ 是 $\beta$ 的**低阶无穷小量**；

(3) 若 $\lim\dfrac{\alpha}{\beta}=C\neq 0$，$C$ 为常数，则称 $\alpha$ 与 $\beta$ 是**同阶无穷小量**.

特别地，若 $\lim\dfrac{\alpha}{\beta}=1$，则称 $\alpha$ 与 $\beta$ 是**等价无穷小量**，记作 $\alpha\sim\beta$.

例如，$\lim\limits_{x\to 0}\dfrac{x^2}{x}=0$，$\lim\limits_{x\to 0}\dfrac{x}{x^2}=\infty$，$\lim\limits_{x\to 0}\dfrac{\sin 2x}{x}=2$，$\lim\limits_{x\to 0}\dfrac{\ln(x+1)}{x}=1$，所以当 $x\to 0$ 时，$x^2$ 是 $x$ 的高阶无穷小量，或 $x$ 是 $x^2$ 的低阶无穷小量；$\sin 2x$ 与 $x$ 是同阶无穷小量；$\ln(x+1)$ 与 $x$ 是等价无穷小量.

而从上面几节的例子中可得出：

当 $x\to 0$ 时，有 $\tan x\sim x$，$1-\cos x\sim\dfrac{1}{2}x^2$，$\ln(x+1)\sim x$，$\mathrm{e}^x-1\sim x$，$(x+1)^\alpha-1\sim\alpha x$ 等.

**定理 1-8** 自变量的同一变化过程中，若 $\alpha$，$\alpha_1$，$\beta$，$\beta_1$ 都是无穷小量，且有 $\alpha\sim\alpha_1$，$\beta\sim\beta_1$，当 $\lim\dfrac{\alpha_1}{\beta_1}$ 存在(或为$\infty$)时，则 $\lim\dfrac{\alpha}{\beta}=\lim\dfrac{\alpha_1}{\beta_1}$.

**【例 1-28】** 求 $\lim\limits_{x\to 0}\dfrac{1-\cos x}{x\sin x}$.

**解**:因为当 $x\to 0$ 时

$$\sin x\sim x,\ 1-\cos x\sim\frac{1}{2}x^2,$$

所以

$$\lim_{x\to 0}\frac{1-\cos x}{x\sin x}=\lim_{x\to 0}\frac{\frac{1}{2}x^2}{x\cdot x}=\frac{1}{2}.$$

互动练习

无穷小量

**【例 1-29】** 求 $\lim\limits_{x\to 0}\dfrac{\tan x-\sin x}{\sin^3 x}$.

**解**:因为当 $x\to 0$ 时

$$\sin x\sim x,\ 1-\cos x\sim\frac{1}{2}x^2,$$

所以

$$\begin{aligned}\lim_{x\to 0}\frac{\tan x-\sin x}{\sin^3 x}&=\lim_{x\to 0}\frac{\sin x\cdot\dfrac{1-\cos x}{\cos x}}{\sin^3 x}\\&=\lim_{x\to 0}\frac{1-\cos x}{\sin^2 x}\lim_{x\to 0}\frac{1}{\cos x}=1\times\lim_{x\to 0}\frac{\frac{1}{2}x^2}{x^2}\\&=\frac{1}{2}.\end{aligned}$$

**注意**:只有在乘法运算和除法运算中才能直接用等价无穷小量替换,而在加法运算和减法运算中一般不能直接替换.

## 习题 1.5

1. 判断下列函数在自变量的指定变化趋势下,哪些是无穷小量,哪些是无穷大量.

(1) 当 $x\to 0$ 时,$\dfrac{x^2-1}{x}$;

(2) 当 $x\to 2$ 时,$\dfrac{x+3}{x^2-4}$;

(3) 当 $x\to 0$ 时,$\dfrac{\sin x}{2+\cos x}$;

(4) 当 $x\to 0$ 时,$x\cos\dfrac{1}{x}$.

2. 利用等价无穷小量的性质,求下列极限.

(1) $\lim\limits_{x\to 0}\dfrac{\ln(1+2x)}{\sin 3x}$;

(2) $\lim\limits_{x\to\frac{\pi}{2}}\left(\dfrac{\pi}{2}-x\right)\cos\left(\dfrac{\pi}{2}-x\right)$;

(3) $\lim\limits_{x\to 0}\dfrac{\sin 8x}{\tan 4x}$;

(4) $\lim\limits_{x\to 0}\dfrac{\sqrt{1-x^2}-1}{1-\cos 2x}$.

# 1.6 函数的连续性

## 1.6.1 函数的连续性

在现实中,许多量的变化都是连续的,如气温的升降、水位的涨落、生物的生长、股市行情的变化等.就水位的涨落而言,当时间的变化很微小时,水位的涨落也很小,这种现象在函数上的反映,就是函数的连续性.

1. 函数的增量

**定义 1-15** 设函数 $f(x)$在 $x_0$ 的某邻域内有定义,当自变量 $x$ 由 $x_0$(称为初值)变化到 $x$(称为终值)时,终值与初值之差 $x-x_0$ 称为自变量 $x$ 在 $x_0$ 处的增量或改变量,通常用 $\Delta x$ 表示,即 $\Delta x=x-x_0$. 相应地,函数值由 $f(x_0)$变到 $f(x)$,称 $f(x)-f(x_0)$ 为因变量 $y$ 在 $x_0$ 处的增量或改变量,记为 $\Delta y=f(x)-f(x_0)=f(x_0+\Delta x)-f(x_0)$.

几何上,因变量的增量表示为当自变量从 $x_0$ 变到 $x_0+\Delta x$ 时,曲线上对应点的纵坐标的增量,如图 1-6 所示.

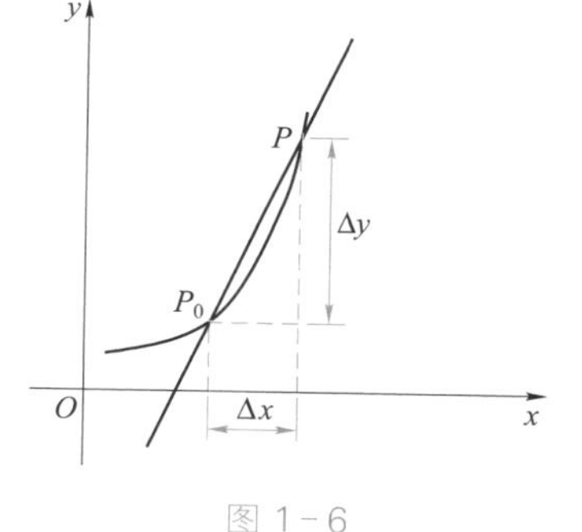


图 1-6

微课

函数的连续性

**【例 1-30】** 设函数 $f(x)=3x-1$, 当 $x$ 由 1.01 变到 1.02 时,求 $\Delta x$ 和 $\Delta y$.

**解:** $\Delta x=1.02-1.01=0.01$, $\Delta y=f(1.02)-f(1.01)=0.03$.

2. 函数 $f(x)$在 $x_0$ 处的连续性

函数在某点 $x_0$ 处连续,在几何上表现为函数的图像在 $x_0$ 处附近为一条连续不断的曲线;从图 1-6 中可以看出,其特点是当自变量的增量 $\Delta x$ 趋于零时,因变量的增量 $\Delta y$ 也趋于零.于是,给出函数在一点处连续的直观定义:

**定义 1-16** 设函数 $y=f(x)$ 在点 $x_0$ 处有定义,如果当自变量的增量 $\Delta x$ 趋于零时,因变量的增量 $\Delta y$ 也趋于零,即 $\lim\limits_{\Delta x\to 0}\Delta y=0$, 则称函数 $y=f(x)$ 在点 $x_0$ 处连续,点 $x_0$ 称为函数 $f(x)$的一个连续点.

在定义 1-16 中,若记 $x=x_0+\Delta x$, 则 $\Delta y=f(x)-f(x_0)$, 且当 $\Delta x\to 0$时,有 $x\to x_0$,若 $\Delta y=f(x)-f(x_0)\to 0$, 则由极限存在与无穷小量的关系知 $\lim\limits_{x\to x_0}f(x)=f(x_0)$, 于是又可以给出 $y=f(x)$ 在点 $x_0$ 处连续的定义:

**定义 1-17** 设函数 $y=f(x)$ 在点 $x_0$ 的某邻域内有定义,如果 $\lim\limits_{x\to x_0}f(x)=f(x_0)$, 则称函数 $y=f(x)$ 在点 $x_0$ 处连续.

**注意**：(1) 定义 1-16 是对函数在一点处连续的动态描述，可以很好地理解函数的连续性；而定义 1-17 则是对函数在一点处连续的静态描述，是判定函数是否连续和利用函数的连续性求极限的常用方法；

(2) 连续函数的图像是一条连续而不中断的曲线.

**定义 1-18** 若函数 $f(x)$满足 $\lim\limits_{x\to x_0^-}f(x)=f(x_0)$，则称函数 $y=f(x)$ 在点 $x_0$ 处**左连续**；若函数 $f(x)$满足 $\lim\limits_{x\to x_0^+}f(x)=f(x_0)$，则称函数 $y=f(x)$ 在点 $x_0$ 处**右连续**.

**定理 1-9** 函数 $y=f(x)$ 在点 $x_0$ 处连续的充要条件是 $y=f(x)$ 在点 $x_0$ 处左连续且右连续.即 $\lim\limits_{x\to x_0}f(x)=f(x_0)$，当且仅当 $\lim\limits_{x\to x_0^+}f(x)=\lim\limits_{x\to x_0^-}f(x)=f(x_0)$.

根据函数连续的定义可以得到极限与连续的关系：

(1) 若函数 $f(x)$在点 $x_0$ 处连续，则函数 $f(x)$在点 $x_0$ 处的极限一定存在，反之则不一定成立；

(2) 若函数 $f(x)$在点 $x_0$ 处连续，则 $\lim\limits_{x\to x_0}f(x)=f(x_0)$.

**【例 1-31】** 求 $\lim\limits_{x\to\frac{\pi}{2}}\sin x$ 和 $\lim\limits_{x\to\frac{\pi}{2}}\cos x$.

**解**：因为 $y=\sin x$ 与 $y=\cos x$ 在 $x=\dfrac{\pi}{2}$ 处连续，所以

$$\lim_{x\to\frac{\pi}{2}}\sin x=\sin\frac{\pi}{2}=1 \text{ 且} \lim_{x\to\frac{\pi}{2}}\cos x=\cos\frac{\pi}{2}=0.$$

**【例 1-32】** 已知函数

$$f(x)=\begin{cases} x+b, & x\leqslant 0, \\ \dfrac{\sin 2x}{x}, & x>0 \end{cases}$$

在点 $x=0$ 处连续，求 $b$ 的值.

**解**：因为 $f(x)$在 $x=0$ 处连续，所以 $\lim\limits_{x\to 0^+}f(x)=f(0)$. 而

$$f(0)=b,\ \lim_{x\to 0^+}f(x)=\lim_{x\to 0^+}\frac{\sin 2x}{x}=2,$$

所以 $b=2$.

**定义 1-19** 如果函数 $y=f(x)$ 在开区间$(a, b)$内的每一点都连续，则称**函数 $f(x)$ 在$(a, b)$内连续**；如果函数 $f(x)$在$(a, b)$内连续，且在左端点 $a$ 处右连续，在右端点 $b$ 处左连续，则称**函数 $f(x)$在$[a, b]$上连续**.

## 1.6.2 连续函数的性质

由函数在某点连续的定义以及极限的四则运算法则，可得：

**性质 1-1** 连续函数的和、差、积、商(分母不为零)仍是连续函数.

**性质 1-2** 基本初等函数在其定义域内是连续的.

**性质 1-3** 连续函数的复合函数是连续函数.

以上结论表明,**一切初等函数在其定义域内都是连续的.**

如初等函数 $f(x)=\sqrt{\ln x}$ 的定义域为$[1, +\infty)$,则 $f(x)$的连续区间是$[1, +\infty)$.

## 1.6.3 函数的间断点及其分类

设函数 $y=f(x)$ 在点 $x_0$ 的某个去心邻域内有定义,如果函数 $y=f(x)$ 在点 $x_0$ 处满足下列三种情况之一:

(1) $f(x)$在点 $x_0$ 处无定义;

(2) $f(x)$在点 $x_0$ 处有定义,但 $\lim\limits_{x\to x_0}f(x)$ 不存在;

(3) $f(x)$在点 $x_0$ 处有定义且$\lim\limits_{x\to x_0}f(x)$存在,但 $\lim\limits_{x\to x_0}f(x)\neq f(x_0)$.

则函数 $y=f(x)$ 在点 $x_0$ 处不连续,而点 $x_0$ 称为函数 $y=f(x)$ 的间断点.

**定义 1-20** 如果 $x_0$ 是函数 $f(x)$的间断点,并且函数 $f(x)$在点 $x_0$ 处的左、右极限都存在,则称点 $x_0$ 是函数 $f(x)$的**第一类间断点**;若函数 $f(x)$在点 $x_0$ 处的左、右极限至少有一个不存在,则称点 $x_0$ 是函数 $f(x)$的**第二类间断点**.

如 $x=0$ 是函数 $f(x)=\dfrac{\sin x}{x}$ 的第一类间断点,而 $x=0$ 是函数 $f(x)=\dfrac{1}{x}$ 的第二类间断点.

## 1.6.4 闭区间上连续函数的性质

闭区间上连续函数具有一些重要的性质,这些性质在理论上和实际应用中都有着广泛的应用,具体如下:

**定理 1-10(最值定理)** 如果函数 $f(x)$在闭区间$[a, b]$上连续,那么它在$[a, b]$上一定有最大值和最小值.

**定理 1-11(介值定理)** 设函数 $f(x)$在闭区间$[a, b]$上连续,$f(x)$的最大值为 $M$,最小值为 $m$,$C$ 为介于 $m$ 和 $M$ 之间的任意实数,则至少存在一点 $\xi\in[a, b]$,使得 $f(\xi)=C$.

在介值定理中,如果 $f(a)$和 $f(b)$异号,并取 $C=0$,则可得出如下结论:

**推论(根的存在性定理或零点定理)** 如果函数 $f(x)$在闭区间$[a, b]$上连续,且 $f(a)\cdot f(b)<0$,则至少存在一点 $\xi\in(a, b)$,使得 $f(\xi)=0$.

**【例 1-33】** 证明方程 $x^3-4x^2+1=0$ 在区间$(0, 1)$内至少有一个实根.

**证** 设 $f(x)=x^3-4x^2+1$,因为 $f(x)$在闭区间$[0, 1]$上连续,且 $f(0)=1>0$,$f(1)=-2<0$,即 $f(0)\cdot f(1)<0$.

故由根的存在性定理可知,在区间$(0, 1)$内至少有一点$\xi$,使得 $f(\xi)=0$ 即 $x=\xi$ 为方程 $f(x)=0$ 的一个实根.即方程 $x^3-4x^2+1=0$ 在区间$(0, 1)$内至少有一个实根.

动画

零点定理

## 习题 1.6

1. 讨论函数 $f(x)=x^2+1$ 在 $x=0$ 处的连续性.

2. 判断下列函数的间断点并指出其属于哪一类间断点.

(1) $f(x)=\begin{cases} x, & x\neq 1, \\ \dfrac{1}{2}, & x=1; \end{cases}$　　(2) $f(x)=\dfrac{1}{x-2}$.

3. 讨论函数 $f(x)=\begin{cases} \dfrac{\ln(1+x)}{x}, & x<0, \\ 1, & x=0, \\ \dfrac{x}{\sin x}, & x>0 \end{cases}$ 在 $x=0$ 处的连续性.

4. 证明方程 $\sin x+x+1=0$ 在开区间 $\left(-\dfrac{\pi}{2}, \dfrac{\pi}{2}\right)$ 内至少有一个根.

5. 已知 $f(x)=\dfrac{1}{(x+1)(x-2)}$，试指出其连续区间并求 $\lim\limits_{x\to 1} f(x)$.

## 拓展阅读

### 函数的发展史

函数概念是全部数学概念中最重要的概念之一，纵观 300 多年来函数概念的发展，众多数学家从几何、代数、对应、集合论的角度不断赋予函数概念以新的思想，从而推动了整个数学的发展.

**1. 早期函数概念——几何观念下的函数**

17 世纪伽利略在《关于两门新科学的对话》一书中，几乎从头到尾包含着函数或变量的关系这一概念，用文字和比例的语言表达函数的关系. 1637 年前后笛卡儿在他的解析几何中，已经注意到了一个变量对于另一个变量的依赖关系，但由于当时尚未意识到需要提炼一般的函数概念，甚至到 17 世纪后期，牛顿、莱布尼茨建立微积分的时候，数学家还没有明确函数的一般意义，绝大部分函数都是被当作曲线来研究的.

**2. 18 世纪函数概念——代数观念下的函数**

1718 年约翰·伯努利才在莱布尼茨函数概念的基础上，对函数概念进行了明确定义：由任一变量和常数的任一形式所构成的量.伯努利把变量 $x$ 和常量按任何方式构成的量叫“$x$ 的函数”，概念中所说的任一形式，包括代数式子和超越式子.

18 世纪中叶，欧拉给出了非常形象的，一直沿用至今的函数符号. 欧拉给出的定义是：一个变量的函数是由这个变量和一些数(即常数)以任何方式组成的解析表达式. 他把约翰·伯努利给出的函数定义称为解析函数，并进一步把它区分为代数函数(只有自变量间的代数运算)和超越函数(三角函数、对数函数以及变量的无理数幂所表示的函数)，还考虑了“随意函数”(表示任意画出曲线的函数)，不难看出，欧拉给出的函数定义比约翰·伯努利的定义更普遍、更具有广泛意义.

**3. 19世纪函数概念——对应关系下的函数**

1822年傅里叶发现某些函数可用曲线表示，也可用一个式子表示，或用多个式子表示.他的发现结束了函数概念是否以唯一一个式子表示的争论，把对函数的认识又推进了一个新的层次. 1823年柯西从定义变量开始给出了函数的定义，同时指出，虽然无穷级数是规定函数的一种有效方法，但是对函数来说不一定要有解析表达式，不过他仍然认为函数关系可以用多个解析式来表示，这是一个很大的局限，突破这一局限的是杰出数学家狄利克雷.

1837年狄利克雷认为怎样建立 $x$ 与 $y$ 之间的关系无关紧要，他拓宽了函数概念，指出:“对于每一个给定的 $x$ 值，都有一个唯一确定的 $y$ 值与之对应，那么 $y$ 叫作 $x$ 的函数.”狄利克雷的函数定义避免了以往函数定义中所有的关于依赖关系的描述，以简明精确的方式为所有数学家所接受. 至此可以说，函数概念、函数本质的定义已经形成，这就是人们常说的经典函数定义.

等到康托尔创立的集合论在数学中占有重要地位之后，维布伦用“集合”和“对应”的概念给出了近代函数定义，通过集合概念把函数的对应关系、定义域及值域进一步具体化了，且打破了“变量是数”的局限，变量可以是数，也可以是其他对象(点、线、面、体、向量、矩阵等).

**4. 现代函数概念——集合论下的函数**

1914年豪斯多夫在《集合论纲要》中用“序偶”来定义函数，其优点是避开了意义不明确的“变量”“对应”概念，其不足之处是又引入了不明确的概念“序偶”. 库拉托夫斯基于1921年用“集合概念”来定义“序偶”，即序偶$(a, b)$为集合$\{\{a\}, \{b\}\}$，这样就使豪斯多夫的定义更加严谨了. 1930年新的现代函数定义为:若对集合 $M$ 的任意元素 $x$，总有集合 $N$ 确定的元素 $y$ 与之对应，则称在集合 $M$ 上定义一个函数，记为 $y=f(x)$. 元素 $x$ 称为自变量，元素 $y$ 称为因变量.

函数概念的定义经过300多年的锤炼与变革，形成了函数的现代定义形式，但这并不意味着函数概念发展的历史终结.20世纪40年代，物理学研究发现了Dirac-δ函数，它只在一点处不为零，而在全直线上的积分却等于1，这在原来的函数和积分的定义下是不可思议的，但由于广义函数概念的引入，把函数、测度等概念统一了起来. 因此，随着以数学为基础的其他学科的发展，函数的概念还会继续扩展.

课外阅读材料

极限的产生与发展历程

# 第 2 章 CHAPTER 2
# 导数与微分

数学之所以能如此迅速发展，数学知识之所以能如此有效，就是因为数学使用了特制的符号语言.

——莱布尼茨

学习要求

- 理解导数的概念及其几何意义、物理意义，了解可导与连续的关系，了解用定义求函数导数的方法；
- 会求曲线上一点处的切线方程和法线方程；
- 熟练掌握导数的基本公式、四则运算法则及复合函数的求导方法；
- 了解反函数、隐函数和参数方程所确定的函数的求导方法，理解对数求导法；
- 了解高阶导数的概念，会求简单的函数的高阶导数；
- 理解微分的概念，了解可微与可导的关系，会求函数的一阶微分，了解微分在近似计算中的简单应用.

导数和微分是微分学最基本也是最重要的两个概念，本章将利用极限的思想和方法，研究函数的导数与微分.

## 2.1 导数的概念

本节先从变速直线运动的瞬时速度和曲线切线的斜率入手，引入导数的概念.

## 2.1.1 引例

1. 变速直线运动的瞬时速度

设一个运动物体作变速直线运动，其运动规律可以用 $s=f(t)$ 来描述，那么如何来求该物体在某一时刻的速度(瞬时速度)呢?

如图 2-1 所示，可以先考虑时间区间 $[t_0,\ t_0+\Delta t]$ 内的平均速度

$$\bar{v}=\frac{\Delta s}{\Delta t}=\frac{f(t_0+\Delta t)-f(t_0)}{\Delta t}.$$

$\Delta s$ $f(t_0)$ $f(t_0+\Delta t)$ $s$

图 2-1

当 $\Delta t\to 0$，如果平均速度 $\bar{v}$ 的极限存在，那么

$$v(t_0)=\lim_{\Delta t\to 0}\frac{f(t_0+\Delta t)-f(t_0)}{\Delta t}$$

是运动物体在时刻 $t_0$ 的瞬时速度.

2. 平面曲线的切线斜率

如图 2-2 所示，设点 $P(x_0,\ y_0)$ 是曲线 $y=f(x)$ 的一个定点，$Q(x_0+\Delta x,\ y_0+\Delta y)$ 是曲线 $y=f(x)$ 的一个动点，那么割线 $PQ$ 的斜率为

$$\tan\varphi=\frac{\Delta y}{\Delta x}=\frac{f(x_0+\Delta x)-f(x_0)}{\Delta x}.$$

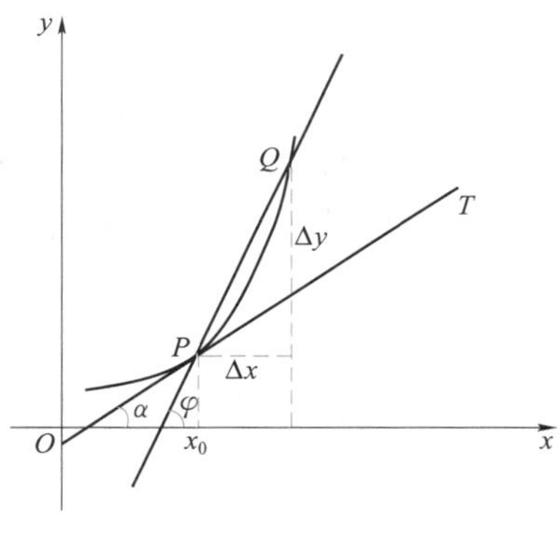

图 2-2

当动点 $Q$ 沿着曲线无限地接近于点 $P$ 时，有 $\Delta x\to 0$. 如果这时割线 $PQ$ 能够无限地接近于某条直线 $PT$ 的位置，那么就把直线 $PT$ 称为曲线 $y=f(x)$ 在点 $P$ 处的**切线**.切线 $PT$ 的斜率就等于

$$\begin{aligned}\tan\alpha&=\lim_{\varphi\to\alpha}\tan\varphi=\lim_{\Delta x\to 0}\frac{\Delta y}{\Delta x}\\&=\lim_{\Delta x\to 0}\frac{f(x_0+\Delta x)-f(x_0)}{\Delta x}.\end{aligned}$$

动画

曲线的切线

其中，$\frac{\Delta y}{\Delta x}$ 称为函数 $y=f(x)$ 的**平均变化率**; $\lim\limits_{\Delta x\to 0}\frac{\Delta y}{\Delta x}$ 称为函数 $y=f(x)$ 的**瞬时变化率**.

通过以上的分析，可以发现因变量增量 $\Delta y$ 与自变量增量 $\Delta x$ 之比 $\frac{\Delta y}{\Delta x}$ 的极限，具有重要的实践意义.

## 2.1.2 导数的定义

**定义 2-1** 设函数 $y=f(x)$ 在点 $x_0$ 的某个邻域内有定义(且点 $x_0+\Delta x$ 仍在该邻

域内),如果极限

$$\lim_{\Delta x \to 0} \frac{\Delta y}{\Delta x} = \lim_{\Delta x \to 0} \frac{f(x_0 + \Delta x) - f(x_0)}{\Delta x} \tag{2.1}$$

存在,那么称**函数 $y=f(x)$ 在点 $x_0$ 处可导**,并且称该极限值为函数 $y=f(x)$ 在点 $x_0$ 处的**导数**,记为

$$f'(x_0) \text{ 或 } y'|_{x=x_0},\ \left.\frac{\mathrm{d}y}{\mathrm{d}x}\right|_{x=x_0},\ \left.\frac{\mathrm{d}f}{\mathrm{d}x}\right|_{x=x_0}.$$

令 $x=x_0+\Delta x$, $\Delta y = f(x_0+\Delta x)-f(x_0)$,那么式(2.1)就可以改写为

$$f'(x_0) = \lim_{\Delta x \to 0} \frac{\Delta y}{\Delta x} = \lim_{x \to x_0} \frac{f(x) - f(x_0)}{x - x_0}, \tag{2.2}$$

所以导数 $f'(x_0)$是函数 $y=f(x)$ 在 $x_0$ 处关于 $x$ 的变化率.

如果式(2.1)或式(2.2)的极限不存在,那么称**函数 $y=f(x)$ 在点 $x_0$ 处不可导.**

若 $\lim\limits_{\Delta x \to 0^-} \dfrac{f(x_0+\Delta x)-f(x_0)}{\Delta x}$ 存在,则称其为 $f(x)$在点 $x_0$ 处的**左导数**,记作 $f'_-(x_0)$;

若 $\lim\limits_{\Delta x \to 0^+} \dfrac{f(x_0+\Delta x)-f(x_0)}{\Delta x}$ 存在,则称其为 $f(x)$在点 $x_0$ 处的**右导数**,记作 $f'_+(x_0)$.

微课

导数的概念

显然,左导数和右导数统称为**单侧导数**.函数在 $x_0$ 处可导的充要条件是在 $x_0$ 处的左导数和右导数都存在并且相等,即 $f'_+(x_0)=f'_-(x_0)$.

如果函数 $y=f(x)$ 在开区间$(a, b)$内的每一点处都可导,那么就称函数 $y=f(x)$ 在开区间$(a, b)$内可导.这时,对于任意一个 $x \in (a, b)$,都有 $y=f(x)$ 的一个确定的导数值与之相对应.这样就构成了一个新的函数关系,这个函数就叫作原来函数 $y=f(x)$ 的**导函数**(简称导数),记作 $f'(x)$,且

$$f'(x) = \lim_{\Delta x \to 0} \frac{f(x+\Delta x) - f(x)}{\Delta x}.$$

**注意:** $f'(x_0) = f'(x)|_{x=x_0}$.

## 2.1.3 求导举例

**【例 2-1】** 设函数 $f(x)=\log_a x$, 求 $f'(x)$.

**解:** 求增量

$$\begin{aligned}\Delta y &= f(x+\Delta x) - f(x) = \log_a(x+\Delta x) - \log_a x \\ &= \log_a\left(1+\frac{\Delta x}{x}\right) = \frac{\ln\left(1+\frac{\Delta x}{x}\right)}{\ln a}.\end{aligned}$$

算比值
$$\frac{\Delta y}{\Delta x} = \frac{1}{\ln a} \frac{\ln\left(1+\frac{\Delta x}{x}\right)}{\Delta x}.$$

取极限

$$f'(x)=\lim_{\Delta x\to 0}\frac{\Delta y}{\Delta x}=\frac{1}{\ln a}\lim_{\Delta x\to 0}\frac{\ln\left(1+\frac{\Delta x}{x}\right)}{\Delta x}$$

$$=\frac{1}{\ln a}\lim_{\Delta x\to 0}\frac{\frac{1}{x}\Delta x}{\Delta x}=\frac{1}{x\ln a}.$$

**【例 2-2】** 设函数 $f(x)=x^3$，求 $f'(x)$，$f'(2)$.

**解**：由导函数的定义求得

$$f'(x)=\lim_{\Delta x\to 0}\frac{f(x+\Delta x)-f(x)}{\Delta x}=\lim_{\Delta x\to 0}\frac{(x+\Delta x)^3-x^3}{\Delta x}$$

$$=\lim_{\Delta x\to 0}\frac{\Delta x[3x^2+3x\Delta x+(\Delta x)^2]}{\Delta x}=3x^2.$$

$$f'(2)=3\times 2^2=12.$$

为便于学习，先给出以下**基本初等函数的求导公式**：

(1) $(C)'=0$；　　(2) $(x^\alpha)'=\alpha x^{\alpha-1}$；

(3) $(a^x)'=a^x\ln a$；　　(4) $(\mathrm{e}^x)'=\mathrm{e}^x$；

(5) $(\log_a x)'=\dfrac{1}{x\ln a}$；　　(6) $(\ln x)'=\dfrac{1}{x}$；

(7) $(\sin x)'=\cos x$；　　(8) $(\cos x)'=-\sin x$；

(9) $(\tan x)'=\sec^2 x$；　　(10) $(\cot x)'=-\csc^2 x$；

(11) $(\sec x)'=\sec x\tan x$；　　(12) $(\csc x)'=-\csc x\cot x$；

(13) $(\arcsin x)'=\dfrac{1}{\sqrt{1-x^2}}$；　　(14) $(\arccos x)'=-\dfrac{1}{\sqrt{1-x^2}}$；

(15) $(\arctan x)'=\dfrac{1}{1+x^2}$；　　(16) $(\operatorname{arccot} x)'=-\dfrac{1}{1+x^2}$.

## 2.1.4 导数的几何意义

由导数定义，可知导数 $f'(x_0)$的几何意义就是曲线 $y=f(x)$ 在点$(x_0, f(x_0))$处的切线斜率.即

$$k=\tan\alpha=f'(x_0).$$

动画

导数的几何意义

所以曲线 $y=f(x)$ 在点$(x_0, f(x_0))$处的切线方程为

$$y-f(x_0)=f'(x_0)(x-x_0);$$

当 $f'(x_0)\neq 0$ 时，其法线方程为

$$y-f(x_0)=-\frac{1}{f'(x_0)}(x-x_0).$$

【例 2-3】 求曲线 $y=\mathrm{e}^x$ 在点(0, 1)处的切线方程和法线方程.

解:由导数的几何意义可知,切线的斜率为

$$k_1=(\mathrm{e}^x)'\big|_{x=0}=\mathrm{e}^x\big|_{x=0}=1;$$

法线斜率为

$$k_2=-\frac{1}{k_1}=-1;$$

于是所求的切线方程为

$$y=x+1;$$

法线方程为

$$y=-x+1.$$

## 2.1.5 函数的可导与连续的关系

**定理 2-1** 如果函数 $y=f(x)$在点 $x_0$ 处可导,那么它在点 $x_0$ 处一定连续,但反之不然.

【例 2-4】 讨论函数 $f(x)=|x|$ 在 $x=0$ 处的连续性与可导性,其图像如图 2-3 所示.

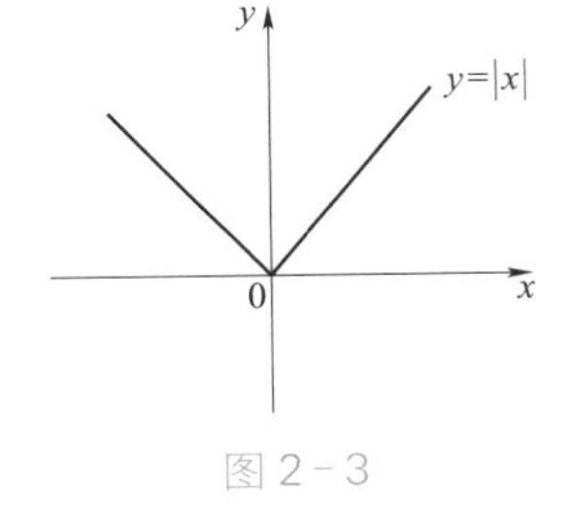

图 2-3

解:(1) 连续性

$$f(x)=|x|=\begin{cases}x, & x\geqslant 0,\\ -x, & x<0,\end{cases}$$

而 $f(0)=0$.

$$\lim_{x\to 0^-}f(x)=\lim_{x\to 0^-}-x=0=f(0),\ \lim_{x\to 0^+}f(x)=\lim_{x\to 0^+}x=0=f(0).$$

所以 $\lim\limits_{x\to 0}f(x)=f(0)$,即函数 $f(x)=|x|$ 在 $x=0$ 处连续.

(2) 可导性

$$f'_-(0)=\lim_{\Delta x\to 0^-}\frac{\Delta y}{\Delta x}=\lim_{\Delta x\to 0^-}\frac{f(0+\Delta x)-f(0)}{\Delta x}=\lim_{\Delta x\to 0^-}\frac{|\Delta x|}{\Delta x}=\lim_{\Delta x\to 0^-}\frac{-\Delta x}{\Delta x}=-1,$$

$$f'_+(0)=\lim_{\Delta x\to 0^+}\frac{\Delta y}{\Delta x}=\lim_{\Delta x\to 0^+}\frac{f(0+\Delta x)-f(0)}{\Delta x}=\lim_{\Delta x\to 0^+}\frac{|\Delta x|}{\Delta x}=\lim_{\Delta x\to 0^+}\frac{\Delta x}{\Delta x}=1,$$

即 $f'_-(0)\neq f'_+(0)$. 所以函数 $f(x)=|x|$ 在 $x=0$ 处不可导.

以上讨论表明:从直观上看,曲线连续只是没有断开,而可导不仅仅是连续的,而且需满足是光滑的,即不存在任何尖点.

**习题 2.1**

1. 根据导数的定义,求下列函数的导数.

(1) $y=2x^2+3$, 求 $f'(2)$;　　(2) $y=\frac{1}{x}$, 求 $f'(-1)$.

2. 求下列函数在指定点处的导数.

(1) $y=\sin x$, $x_0=\frac{\pi}{3}$;　　(2) $y=\ln x$, $x_0=\frac{1}{\mathrm{e}}$.

3. 求下列函数的导数.

(1) $f(x)=5$;　　(2) $f(x)=\frac{1}{x^2}$;

(3) $f(x)=\log_2 x$.

4. 求函数 $f(x)=x^3$ 在点(1, 1)处的切线方程.

5. 讨论函数 $f(x)$ 在 $x=0$ 处的连续性与可导性.

$$f(x)=\begin{cases} x^2\sin\frac{1}{x^2}, & x\neq 0, \\ 0, & x=0. \end{cases}$$

6. 为了使函数 $f(x)=\begin{cases} x^2, & x\leqslant 1, \\ ax+b, & x>1 \end{cases}$ 在 $x=1$ 处连续且可导,$a$, $b$ 应取什么值?

7. 设 $f(x)$ 在 $x_0$ 处可导,并且 $f(x_0)=0$, $f'(x_0)=3$, 求 $\lim\limits_{h\to\infty} h\cdot f\left(x_0-\frac{1}{h}\right)$.

# 2.2 求导法则

## 2.2.1 导数的四则运算法则

**定理 2-2**　设函数 $u(x)$, $v(x)$ 在点 $x$ 处可导,则 $u(x)\pm v(x)$, $u(x)v(x)$ 及 $\frac{u(x)}{v(x)}(v(x)\neq 0)$ 在点 $x$ 处也可导,且有

(1) $[u(x)\pm v(x)]'=u'(x)\pm v'(x)$;

(2) $[u(x)v(x)]'=u'(x)v(x)+u(x)v'(x)$;

(3) $\left[\frac{u(x)}{v(x)}\right]'=\frac{u'(x)v(x)-u(x)v'(x)}{v^2(x)}$.

微课

导数的四则运算法则

**推论 2-1** 和、差的导数可以推广到有限个函数的情形，即

$$[u_1(x)\pm u_2(x)\pm\cdots\pm u_n(x)]'=u_1'(x)\pm u_2'(x)\pm\cdots\pm u_n'(x).$$

**推论 2-2** 乘积求导公式中，当 $v(x)=c$ 时，则$[cu(x)]'=cu'(x)$.

**推论 2-3** 乘积求导公式可推广到有限个可导函数乘积.

例如，函数 $u(x)$，$v(x)$，$w(x)$在点 $x$ 处可导，则

$$[u(x)v(x)w(x)]'=u'(x)v(x)w(x)+u(x)v'(x)w(x)+u(x)v(x)w'(x).$$

**推论 2-4** 函数商的求导公式中，当 $u(x)=1$ 时，则 $\left[\dfrac{1}{v(x)}\right]'=-\dfrac{v'(x)}{v^2(x)}$.

**【例 2-5】** 求函数 $y=\sin x+x^3+\mathrm{e}$ 的导数.

**解：**

$$\begin{aligned}y'&=(\sin x+x^3+\mathrm{e})'=(\sin x)'+(x^3)+(\mathrm{e})'\\&=\cos x+3x^2.\end{aligned}$$

**【例 2-6】** 求函数 $y=x^3 2^x$ 的导数.

**解：**

$$y'=(x^3 2^x)'=(x^3)'2^x+x^3(2^x)'=3x^2 2^x+x^3 2^x\ln 2.$$

**【例 2-7】** 已知 $f(x)=3x^4-\mathrm{e}^x+5\cos x-1$，求 $f'(x)$.

**解：**

$$f'(x)=12x^3-\mathrm{e}^x-5\sin x.$$

**【例 2-8】** 求正切函数 $y=\tan x$ 的导数.

**解：**

$$\begin{aligned}y'&=(\tan x)'=\left(\frac{\sin x}{\cos x}\right)'=\frac{(\sin x)'\cos x-\sin x(\cos x)'}{\cos^2 x}\\&=\frac{\cos^2 x+\sin^2 x}{\cos^2 x}=\frac{1}{\cos^2 x}=\sec^2 x.\end{aligned}$$

即

$$(\tan x)'=\sec^2 x.$$

同理可以求得

$$(\cot x)'=-\csc^2 x.$$

**【例 2-9】** 求正割函数 $y=\sec x$ 的导数.

**解：**

$$y'=(\sec x)'=\left(\frac{1}{\cos x}\right)'=-\frac{(\cos x)'}{\cos^2 x}=\frac{\sin x}{\cos^2 x}=\sec x\tan x.$$

即

$$(\sec x)'=\sec x\tan x.$$

同理可以求得

$$(\csc x)'=-\csc x\cot x.$$

**【例 2-10】** 求函数 $y=\dfrac{\sin x}{\sqrt{x}}$ 的导数.

**解:**

$$y'=\left(\frac{\sin x}{\sqrt{x}}\right)'=\frac{(\sin x)'\sqrt{x}-\sin x(\sqrt{x})'}{(\sqrt{x})^2}$$

$$=\frac{\cos x\cdot\sqrt{x}-\sin x\cdot\frac{1}{2\sqrt{x}}}{x}=\frac{2x\cos x-\sin x}{2\sqrt{x^3}}.$$

## 2.2.2 复合函数的求导

**定理 2-3** 设函数 $y=f(u)$，$u=\varphi(x)$，如果 $u=\varphi(x)$ 在点 $x_0$ 处可导，$y=f(u)$ 在点 $u_0=\varphi(x_0)$ 处可导，那么复合函数 $y=f[\varphi(x)]$ 在点 $x_0$ 处可导，且其导数为

$$\left.\frac{\mathrm{d}y}{\mathrm{d}x}\right|_{x=x_0}=f'(u_0)\cdot\varphi'(x_0).$$

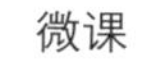

复合函数的求导法则

**注意:**(1) 函数 $y=f(u)$，$u=\varphi(x)$ 的复合函数 $y=f[\varphi(x)]$ 在点 $x$ 处的求导公式一般也写作

$$\frac{\mathrm{d}y}{\mathrm{d}x}=\frac{\mathrm{d}y}{\mathrm{d}u}\cdot\frac{\mathrm{d}u}{\mathrm{d}x},$$

这个求导公式通常被称为**链式法则**，它可以推广到有限个可导函数的复合函数求导.例如，$y\to u\to v\to w\to x$，则 $y'_x=y'_u\cdot u'_v\cdot v'_w\cdot w'_x$（所有中间变量要用 $x$ 的表达式回代）;

(2) 要分清 $f'[\varphi(x)]=f'(u)\big|_{u=\varphi(x)}$ 与 $\{f[\varphi(x)]\}'=f'[\varphi(x)]\varphi'(x)$ 的区别;

(3) $y\to u$ 就是 $y$ 对 $u$ 求导.

**【例 2-11】** 求函数 $y=\mathrm{e}^{-x}$ 的导数.

**解:**函数 $y=\mathrm{e}^{-x}$ 可以看作由 $y=\mathrm{e}^u$，$u=-x$ 复合而成，则由复合函数的求导法则可得

$$\frac{\mathrm{d}y}{\mathrm{d}x}=\frac{\mathrm{d}y}{\mathrm{d}u}\cdot\frac{\mathrm{d}u}{\mathrm{d}x}=\mathrm{e}^u\cdot(-1)=-\mathrm{e}^{-x}.$$

**【例 2-12】** 求函数 $y=\ln\sin(x^2+\mathrm{e})$ 的导数.

**解:**函数 $y=\ln\sin(x^2+\mathrm{e})$ 可以看作由 $y=\ln u$，$u=\sin v$，$v=x^2+\mathrm{e}$ 复合而成，则由复合函数的求导法则可得

$$\frac{\mathrm{d}y}{\mathrm{d}x}=\frac{\mathrm{d}y}{\mathrm{d}u}\cdot\frac{\mathrm{d}u}{\mathrm{d}v}\cdot\frac{\mathrm{d}v}{\mathrm{d}x}=\frac{1}{u}\cdot\cos v\cdot 2x=2x\cot(x^2+\mathrm{e}).$$

**【例 2-13】** 求函数 $y=\sin^2\left(2x^3+\frac{\pi}{6}\right)$ 的导数.

**解:**函数 $y=\sin^2\left(2x^3+\frac{\pi}{6}\right)$ 可以看作由 $y=u^2$，$u=\sin v$，$v=2x^3+\frac{\pi}{6}$ 复合而成，则由复合函数的求导法则可得

$$\frac{\mathrm{d}y}{\mathrm{d}x}=\frac{\mathrm{d}y}{\mathrm{d}u}\cdot\frac{\mathrm{d}u}{\mathrm{d}v}\cdot\frac{\mathrm{d}v}{\mathrm{d}x}=2u\cdot\cos v\cdot 6x^2$$

$$=12x^2\sin\left(2x^3+\frac{\pi}{6}\right)\cos\left(2x^3+\frac{\pi}{6}\right)=6x^2\sin\left(4x^3+\frac{\pi}{3}\right).$$

**注意:**在熟练地掌握了复合函数的求导之后，就不必再写出中间变量，可以默记中间变量后直接求导.例如，前面几个例题也可以这样来求导：

$$(\mathrm{e}^{-x})'=\mathrm{e}^{-x}\cdot(-x)'=\mathrm{e}^{-x}\cdot(-1)=-\mathrm{e}^{-x}.$$

$$[\ln\sin(x^2+\mathrm{e})]'=\frac{1}{\sin(x^2+\mathrm{e})}\cdot[\sin(x^2+\mathrm{e})]'$$

$$=\frac{1}{\sin(x^2+\mathrm{e})}\cdot\cos(x^2+\mathrm{e})\cdot(x^2+\mathrm{e})'=2x\cot(x^2+\mathrm{e}).$$

$$\left[\sin^2\left(2x^3+\frac{\pi}{6}\right)\right]'=2\sin\left(2x^3+\frac{\pi}{6}\right)\cdot\left[\sin\left(2x^3+\frac{\pi}{6}\right)\right]'$$

$$=2\sin\left(2x^3+\frac{\pi}{6}\right)\cdot\cos\left(2x^3+\frac{\pi}{6}\right)\cdot\left(2x^3+\frac{\pi}{6}\right)'$$

$$=2\sin\left(2x^3+\frac{\pi}{6}\right)\cdot\cos\left(2x^3+\frac{\pi}{6}\right)\cdot 6x^2$$

$$=6x^2\sin\left(4x^3+\frac{\pi}{3}\right).$$

**【例 2-14】** 求函数 $y=\ln(x+\sqrt{1+x^2})$ 的导数.

**解:** $y'=[\ln(x+\sqrt{1+x^2})]'=\dfrac{1}{x+\sqrt{1+x^2}}(x+\sqrt{1+x^2})'$

$$=\frac{1}{x+\sqrt{1+x^2}}\left[1+\frac{1}{2\sqrt{1+x^2}}(1+x^2)'\right]$$

$$=\frac{1}{x+\sqrt{1+x^2}}\left(1+\frac{x}{\sqrt{1+x^2}}\right)=\frac{1}{\sqrt{1+x^2}}.$$

**【例 2-15】** 求函数 $y=\ln|x|$ 的导数.

**解:** 由于

$$y=\ln|x|=\begin{cases}\ln x, & x>0,\\ \ln(-x), & x<0.\end{cases}$$

所以，当 $x>0$ 时，有

$$(\ln|x|)'=(\ln x)'=\frac{1}{x};$$

当 $x<0$ 时，有

$$(\ln|x|)'=(\ln(-x))'=\frac{1}{-x}(-x)'=\frac{1}{x}.$$

故得

$$(\ln|x|)'=\frac{1}{x}.$$

**【例 2-16】** 求函数 $y=\sqrt{\frac{1+x}{1-x}}$ 的导数.

**解:**
$$y=\left(\sqrt{\frac{1+x}{1-x}}\right)'=\frac{1}{2}\left(\frac{1+x}{1-x}\right)^{-\frac{1}{2}}\cdot\left(\frac{1+x}{1-x}\right)'$$
$$=\frac{1}{2}\left(\frac{1+x}{1-x}\right)^{-\frac{1}{2}}\frac{2}{(1-x)^2}=\frac{1}{(1-x)(1-x^2)^{\frac{1}{2}}}.$$

**注意:**混合型函数求导时,应坚持“先遇为主”的原则,即先遇到复合函数按照复合函数求导法则,若先遇到四则运算按照四则运算的求导法则.

## *2.2.3 反函数的求导

**定理 2-4** 设函数 $y=f(x)$ 为函数 $x=\varphi(y)$ 的反函数,如果函数 $x=\varphi(y)$ 在某区间 $I_y$ 内严格单调可导,且 $\varphi'(y)\neq 0$,那么它的反函数 $y=f(x)$ 也在对应的区间 $I_x$ 内可导,且有

$$f'(x)=\frac{1}{\varphi'(y)} \quad 或 \quad \frac{\mathrm{d}y}{\mathrm{d}x}=\frac{1}{\frac{\mathrm{d}x}{\mathrm{d}y}} \quad 或 \quad y'_x=\frac{1}{x'_y}.$$

**【例 2-17】** 求指数函数 $y=a^x$ 的导数.

**解:**因为 $y=a^x$, $x\in(-\infty,+\infty)$ 是 $x=\log_a y$, $y\in(0,+\infty)$ 的反函数,且 $x=\log_a y$ 在$(0,+\infty)$ 内单调可导,所以由反函数的求导公式可以得

$$(a^x)'_x=\frac{1}{(\log_a y)'_y}=y\ln a=a^x\ln a.$$

用同样的方法不难求得 $(\arcsin x)'=\frac{1}{\sqrt{1-x^2}}$, $(\arctan x)'=\frac{1}{1+x^2}$ 等.

## 2.2.4 隐函数与参数方程确定的函数的求导

1. 隐函数的导数

由方程 $F(x,y)=0$ 可确定 $y$ 关于 $x$ 的函数,称此函数为**隐函数**;由 $y=f(x)$ 表示的函数,则称为**显函数**.

例如, $2x+y^3-11=0$, $x+2y-1=0$ 等都是隐函数.

有时隐函数与显函数可相互转化，但很多时候隐函数不能或很难转化成显函数．为此，先给出隐函数的求导方法．

(1) 将方程 $F(x, y)=0$(其中视 $y$ 为 $x$ 的函数)的两边对 $x$ 求导，遇到 $y$ 或 $y$ 的函数，先对 $y$ 求导，再乘以 $y'$，得到一个关于 $y'$ 的一次方程；

(2) 再从一次方程中解出 $y'$ 即可．

下面通过例题来说明隐函数的求导方法．

**【例 2-18】** 求由方程 $y=1+xe^y$ 所确定的隐函数 $y=f(x)$ 的导数 $y'$ 及其在点 $(-1, 0)$ 处的切线方程．

**解**：将方程 $y=1+xe^y$ 的两边对 $x$ 求导：

$$y'=0+1\cdot e^y+xe^y\cdot y',$$

解得

$$y'=\frac{e^y}{1-xe^y},$$

$$k=y'\Big|_{\substack{x=-1\\y=0}}=\frac{1}{2}.$$

故曲线 $y=f(x)$ 在点 $(-1, 0)$ 处的切线方程为

$$y-0=\frac{1}{2}[x-(-1)],$$

即

$$x-2y+1=0.$$

将导数 $y'_x$ 简记为 $y'$．但其他导数如 $x'_y$ 中的 $y$ 不能省略．

**【例 2-19】** 已知 $x^3+y^3-3axy=0$(笛卡儿叶形线)，求 $y'$ 和 $x'_y$．

**解**：注意 $y$ 是 $x$ 的函数，将方程 $x^3+y^3-3axy=0$ 的两边对 $x$ 求导：

$$3x^2+3y^2y'-3ay-3axy'=0,$$

解得

$$y'=\frac{x^2-ay}{ax-y^2},$$

同理可得

$$x'_y=\frac{1}{y'}=\frac{y^2-ax}{ay-x^2}.$$

**【例 2-20】** 求由方程 $x^2-y^3+4=0$ 所确定的曲线 $y=f(x)$ 在点 $(2, 2)$ 处的切线方程．

**解**：将方程 $x^2-y^3+4=0$ 的两边对 $x$ 求导可得

$$(x^2-y^3+4)'=2x-3y^2y'=0,$$

所以

$$y'=\frac{2x}{3y^2},$$

则

$$y'\Big|_{\substack{x=2\\y=2}}=\frac{1}{3}.$$

故所求的切线方程为

$$y=\frac{1}{3}x+\frac{4}{3}.$$

对于形如 $u(x)^{v(x)}(u(x)>0)$ 的幂指函数，可以利用对数的运算性质（如：$\ln a^b=b\ln a$，$\ln\frac{ab}{cd}=\ln a+\ln b-\ln c-\ln d$）化简处理.

**【例 2-21】** 求函数 $y=(x)^{\cos x}$ 的导数.

**解法 1：**两边取自然对数

$$\ln y=\cos x\ln x,$$

两边对 $x$ 求导

$$\frac{y'}{y}=-\sin x\ln x+\cos x\,\frac{1}{x},$$

得

$$y'=y\left(-\sin x\ln x+\frac{\cos x}{x}\right),$$

于是回代得

$$y'=(x)^{\cos x}\left(\frac{\cos x}{x}-\sin x\ln x\right).$$

**解法 2：**由

$$y=(x)^{\cos x}=\mathrm{e}^{\ln x^{\cos x}}=\mathrm{e}^{\cos x\ln x},$$

可得

$$\begin{aligned}y'&=\mathrm{e}^{\cos x\ln x}(\cos x\ln x)'=\mathrm{e}^{\cos x\ln x}\left(-\sin x\ln x+\frac{\cos x}{x}\right)\\&=(x)^{\cos x}\left(-\sin x\ln x+\frac{\cos x}{x}\right).\end{aligned}$$

**【例 2-22】** 求函数 $y=\sqrt{\frac{x(x^2+1)}{x-2}}$ 的导数.

**解：**两边取自然对数得

$$\ln y=\frac{1}{2}[\ln x+\ln(x^2+1)-\ln(x-2)],$$

两边对 $x$ 求导

$$\frac{y'}{y}=\frac{1}{2}\left(\frac{1}{x}+\frac{2x}{x^2+1}-\frac{1}{x-2}\right),$$

得

$$y'=\frac{y}{2}\left(\frac{1}{x}+\frac{2x}{x^2+1}-\frac{1}{x-2}\right),$$

于是回代得

$$y'=\frac{1}{2}\sqrt{\frac{x(x^2+1)}{x-2}}\left(\frac{1}{x}+\frac{2x}{x^2+1}-\frac{1}{x-2}\right).$$

2. 参数方程确定的函数的导数

设自变量 $x$ 和因变量 $y$ 的函数关系是由参数方程

$$\begin{cases}x=\varphi(t),\\ y=\psi(t)\end{cases}\quad(t\text{ 是参数},\alpha\leqslant t\leqslant\beta)$$

确定.如果函数 $x=\varphi(t)$ 在$[a,\beta]$上具有连续的反函数 $t=\varphi^{-1}(x)$,那么此反函数与 $y=\psi(t)$ 构成一个复合函数

$$y=\psi[\varphi^{-1}(x)].$$

这时再假设 $x=\varphi(t)$、$y=\psi(t)$ 都可导,而且 $\varphi'(t)\neq 0$,就可以根据复合函数和反函数的求导法则得到

$$\frac{\mathrm{d}y}{\mathrm{d}x}=\frac{\mathrm{d}y}{\mathrm{d}t}\cdot\frac{\mathrm{d}t}{\mathrm{d}x}=\frac{\frac{\mathrm{d}y}{\mathrm{d}t}}{\frac{\mathrm{d}x}{\mathrm{d}t}}=\frac{\psi'(t)}{\varphi'(t)},$$

这就是由参数方程确定的函数的求导公式.

**【例 2-23】** 已知摆线 $\begin{cases}x=a(t-\sin t),\\ y=a(1-\cos t),\end{cases}$ $a$ 为常数,$0\leqslant t\leqslant 2\pi$,求 $t=\frac{\pi}{2}$ 时曲线 $y=f(x)$ 上对应点处的切线方程.

**解:** 由参数方程确定的函数的求导公式可得

$$\frac{\mathrm{d}y}{\mathrm{d}x}=\frac{\frac{\mathrm{d}y}{\mathrm{d}t}}{\frac{\mathrm{d}x}{\mathrm{d}t}}=\frac{a(1-\cos t)'}{a(t-\sin t)'}=\frac{\sin t}{1-\cos t},$$

所以

$$\left.\frac{\mathrm{d}y}{\mathrm{d}x}\right|_{t=\frac{\pi}{2}}=\frac{\sin\frac{\pi}{2}}{1-\cos\frac{\pi}{2}}=1.$$

而 $t=\frac{\pi}{2}$ 时，摆线上对应点为 $\left(a\left(\frac{\pi}{2}-1\right), a\right)$. 故切线方程为

$$y-a=x-a\left(\frac{\pi}{2}-1\right),$$

即

$$y=x-a\left(\frac{\pi}{2}-2\right).$$

### 2.2.5 高阶导数

1. 引例

在运动学中，不但要了解物体运动的速度，还要了解它的加速度. 如自由落体的运动方程为

$$s=\frac{1}{2}gt^2,$$

$t$ 时刻的瞬时速度为 $$v=s'=\left(\frac{1}{2}gt^2\right)'=gt,$$

$t$ 时刻的加速度为 $$a=v'=(gt)'=g.$$

因此加速度 $a$ 是位置函数 $s$ 对 $t$ 导数的导数，称为 $s$ 对 $t$ 的二阶导数.

2. 高阶导数

设 $y=f(x)$ 可导，且它的导数 $y'$ 仍然是可导函数，那么 $y'$ 的导数

$$(y')'=\frac{\mathrm{d}}{\mathrm{d}x}\left(\frac{\mathrm{d}y}{\mathrm{d}x}\right)$$

称为 $y=f(x)$ 的**二阶导数**，记为

$$y'', \ f''(x), \ \frac{\mathrm{d}^2y}{\mathrm{d}x^2} \text{ 或 } \frac{\mathrm{d}^2f(x)}{\mathrm{d}x^2}.$$

相应地，把 $y=f(x)$ 的导数 $y'$ 称为 $y=f(x)$ 的**一阶导数**. 如果 $y''$ 仍然是可导函数，那么 $y''$ 的导数

$$(y'')'=\frac{\mathrm{d}}{\mathrm{d}x}\left(\frac{\mathrm{d}^2y}{\mathrm{d}x^2}\right)$$

就称为 $y=f(x)$ 的**三阶导数**，记为

$$y''', \ f'''(x), \ \frac{\mathrm{d}^3y}{\mathrm{d}x^3} \text{ 或 } \frac{\mathrm{d}^3f(x)}{\mathrm{d}x^3}.$$

二阶及二阶以上的导数统称为**高阶导数**.函数 $y=f(x)$ 的各阶导数可记作

$$y',\ y'',\ y''',\ y^{(4)},\ \cdots,\ y^{(n-1)},\ y^{(n)}.$$

由高阶导数的定义可以知道,求一个函数的高阶导数,就是利用导数公式和运算法则对该函数一次次地求导.

**【例 2-24】** 已知 $y=x^2+\ln x$,求 $y''$.

**解:** 一阶导数为 $y'=2x+\dfrac{1}{x}$,二阶导数为 $y''=2-\dfrac{1}{x^2}$.

**【例 2-25】** 设幂函数 $y=x^n$,求 $y^{(m)}$($n$,$m$ 均为正整数).

**解:** (1) 若 $m<n$,$y'=nx^{n-1}$,$y''=(y')'=n(n-1)x^{n-2}$,$\cdots$.
由归纳法可得

$$y^{(m)}=n(n-1)\cdots(n-m+1)x^{n-m};$$

(2) 若 $m=n$,则 $y^{(m)}=m(m-1)\cdots 2\times 1=m!$;

(3) 若 $m>n$,则 $y^{(m)}=0$.

**【例 2-26】** 已知余弦函数 $y=\cos x$,求 $y^{(n)}$.

**解:** 因为

$$y'=-\sin x=\cos\left(x+\frac{\pi}{2}\right),$$

$$y''=\left[\cos\left(x+\frac{\pi}{2}\right)\right]'=-\sin\left(x+\frac{\pi}{2}\right)=\cos\left(x+2\cdot\frac{\pi}{2}\right),$$

$$y'''=\left[\cos\left(x+2\cdot\frac{\pi}{2}\right)\right]'=-\sin\left(x+2\cdot\frac{\pi}{2}\right)=\cos\left(x+3\cdot\frac{\pi}{2}\right),$$

归纳以上所求可得

$$y^{(n)}=\cos\left(x+n\cdot\frac{\pi}{2}\right)\ (n\text{ 为正整数}).$$

类似地可以得到

$$\sin^{(n)}x=\sin\left(x+n\cdot\frac{\pi}{2}\right)\ (n\text{ 为正整数}).$$

**想一想:** $\cos(3x+2)$ 的 $n$ 阶导数怎么求?

**【例 2-27】** 求指数函数 $y=e^x$ 的 $n$ 阶导数.

**解:** 由于 $y'=e^x$,$y''=e^x$,$y'''=e^x$,$y^{(4)}=e^x$. 一般地,可得 $y^{(n)}=e^x$,即 $(e^x)^{(n)}=e^x$.

**【例 2-28】** 求函数 $y=\ln(1+x)$ 的 $n$ 阶导数.

**解:** 由于 $y'=\dfrac{1}{1+x}$,$y''=-\dfrac{1}{(1+x)^2}$,$y'''=\dfrac{1\times 2}{(1+x)^3}$,$y^{(4)}=-\dfrac{1\times 2\times 3}{(1+x)^4}$,

一般地,归纳可得

$$y^{(n)}=(-1)^{n-1}\frac{(n-1)!}{(1+x)^n}.$$

即
$$[\ln(1+x)]^{(n)}=(-1)^{n-1}\frac{(n-1)!}{(1+x)^n}.$$

## 习题 2.2

1. 试推导余切函数的导数公式:$(\cot x)'=-\csc^2 x$.

2. 求下列函数的导数.

(1) $y=x^6-5x^3+6x^2-3x$;
(2) $y=\mathrm{e}^x+3\log_2 x$;

(3) $y=\mathrm{e}^x\tan x$;
(4) $y=\dfrac{2x-1}{x+1}$;

(5) $y=\dfrac{\sqrt{1+x}-\sqrt{1-x}}{\sqrt{1+x}+\sqrt{1-x}}$.

3. 求下列函数的导数.

(1) $y=\ln\cos x$;
(2) $y=(3x-5)^{10}$;

(3) $y=\sin^2 3x$;
(4) $y=x^{\sin x}\ (x>0)$;

(5) $y=\dfrac{\ln x}{x}$.

4. 求由下列方程所确定的函数 $y=f(x)$ 的导数 $y'$.

(1) $x^2+xy+y^2=5$;
(2) $y\mathrm{e}^x+\ln y-2=0$.

5. 求由下列参数方程所确定的函数 $y=f(x)$ 的导数 $y'$.

(1) $\begin{cases}x=1+t^2,\\ y=t+t^3;\end{cases}$
(2) $\begin{cases}x=\dfrac{t+1}{t},\\ y=\dfrac{t-1}{t}.\end{cases}$

6. 已知函数 $y=x\cos x$,求 $y'''|_{x=0}$.

7. 求下列函数的二阶导数.

(1) $y=3x^4-2x^2+x$;
(2) $y=\mathrm{e}^{x^2}$;

(3) $y=\dfrac{\ln x}{x}$.

8. 求下列函数的高阶导数.

(1) $y=3x^5-2x^4+x$,求 $y^{(4)}$;
(2) $y=x\ln x$,求 $y'''$.

9. 设函数 $y=\arctan x$,证明它满足方程 $(1+x^2)y''+2xy'=0$.

# 2.3 函数的微分

## 2.3.1 引例

先来看一个实例,如图 2-4 所示,有一块正方形薄板,它的边长设为 $x_0$,由于测量边长产生了误差 $\Delta x$,而造成与真实面积的误差(用 $\Delta S$ 表示)为

$$\Delta S=(x_0+\Delta x)^2-x_0^2=2x_0\Delta x+(\Delta x)^2.$$

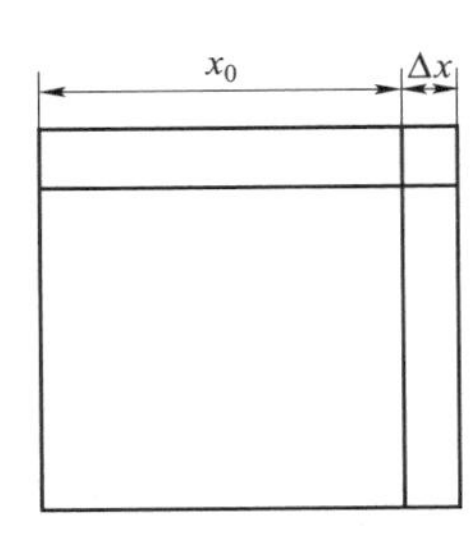

图 2-4

从上式可以看出,当 $\Delta x$ 很小很小时,$(\Delta x)^2$ 可忽略不计,误差 $\Delta S$ 是由其线性的主要部分 $2x_0\Delta x$ 来确定的.

## 2.3.2 微分的定义

微课

微分的定义

**定义 2-2** 设函数 $y=f(x)$ 在 $x_0$ 的某个邻域内有定义,当给 $x_0$ 一个增量 $\Delta x$($x_0+\Delta x$ 也在这个邻域内)时,如果因变量增量 $\Delta y=f(x_0+\Delta x)-f(x_0)$ 可以表示为

$$\Delta y=A\Delta x+o(\Delta x),$$

其中 $A$ 与 $\Delta x$ 无关,那么称函数 $y=f(x)$ 在点 $x_0$ 可微,而 $A\Delta x$ 叫作函数 $y=f(x)$ 在点 $x_0$ 处对应于自变量增量 $\Delta x$ 的微分,记作 $\mathrm{d}y$,即

$$\mathrm{d}y\big|_{x=x_0}=A\Delta x. \tag{2.3}$$

**定理 2-5** 函数 $y=f(x)$ 在点 $x_0$ 可微的充要条件是函数 $y=f(x)$ 在点 $x_0$ 可导,并且式(2.3)中的 $A$ 等于 $f'(x_0)$.

**【例 2-29】** 求函数 $y=2x^2$ 在 $x=1$ 处当 $\Delta x=0.01$ 时的增量和微分.

**解:** $\Delta y=2\times(1+0.01)^2-2\times1^2=2.040\,2-2=0.040\,2$

$$\mathrm{d}y\big|_{x=1}=f'(1)\Delta x=4\times0.01=0.04.$$

由计算结果可见

$$\Delta y\approx\mathrm{d}y.$$

如果函数 $y=f(x)$ 在区间 $I$ 上的每一点都可微的话,那么则称 $y=f(x)$ 为 $I$ 上的可微函数.函数 $y=f(x)$ 在 $I$ 上的任一点 $x$ 处的微分可以记作

$$\mathrm{d}y=f'(x)\Delta x,\ x\in I, \tag{2.4}$$

特别当 $y=f(x)=x$ 时

$$\mathrm{d}y=\mathrm{d}x=\Delta x.$$

这表示自变量 $x$ 的微分 $\mathrm{d}x$ 就等于自变量的增量 $\Delta x$.于是式(2.4)可以改写为

$$\mathrm{d}y=f'(x)\mathrm{d}x,$$

从而有 $\dfrac{\mathrm{d}y}{\mathrm{d}x}=f'(x)$.

这就是说,函数的导数就等于因变量的微分与自变量的微分的商.因此,导数也常常叫作微商.

## 2.3.3 微分的几何意义

如图2-5所示,$\tan\alpha=f'(x_0)$,$P_0N=\Delta x$,$NP=\Delta y$,在直角$\triangle P_0NT$中,$NT=\tan\alpha\cdot P_0N=f'(x_0)\cdot\Delta x=\mathrm{d}y$.

由此可见,当 $\Delta y$ 是曲线相应于 $\Delta x$ 的函数增量时,$\mathrm{d}y$ 是曲线在点 $P_0$ 处切线的纵坐标相应于 $\Delta x$ 的增量(这就是微分的几何意义).

当 $\Delta x$ 很小时,$\Delta y$ 与 $\mathrm{d}y$ 的差值是一个比 $\Delta x$ 更高阶的无穷小量,因此在一定精度要求下,可以用微分 $\mathrm{d}y$ 来近似代替函数的增量 $\Delta y$.

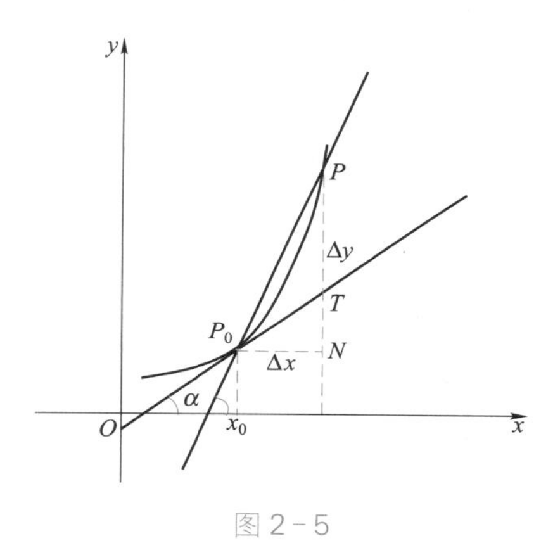

图2-5

动画

微分的几何意义

## 2.3.4 微分的运算

由 $\mathrm{d}y=f'(x)\mathrm{d}x$ 可知,要求 $y=f(x)$ 的微分 $\mathrm{d}y$,只要求出 $f'(x)$,再乘以 $\mathrm{d}x$ 即可.因此,由导数公式和求导法则可推出相应的微分公式和微分法则.

1. 微分的基本公式

(1) $\mathrm{d}(C)=0$;

(2) $\mathrm{d}(x^{\alpha})=\alpha x^{\alpha-1}\mathrm{d}x$;

(3) $\mathrm{d}(a^x)=a^x\ln a\,\mathrm{d}x$;

(4) $\mathrm{d}(\mathrm{e}^x)=\mathrm{e}^x\mathrm{d}x$;

(5) $\mathrm{d}(\log_a x)=\dfrac{1}{x\ln a}\mathrm{d}x$;

(6) $\mathrm{d}(\ln x)=\dfrac{1}{x}\mathrm{d}x$;

(7) $\mathrm{d}(\sin x)=\cos x\,\mathrm{d}x$;

(8) $\mathrm{d}(\cos x)=-\sin x\,\mathrm{d}x$;

(9) $\mathrm{d}(\tan x)=\sec^2 x\,\mathrm{d}x$;

(10) $\mathrm{d}(\cot x)=-\csc^2 x\,\mathrm{d}x$;

(11) $\mathrm{d}(\sec x)=\sec x\tan x\,\mathrm{d}x$;

(12) $\mathrm{d}(\csc x)=-\csc x\cot x\,\mathrm{d}x$;

(13) $\mathrm{d}(\arcsin x)=\dfrac{1}{\sqrt{1-x^2}}\mathrm{d}x$;

(14) $\mathrm{d}(\arccos x)=-\dfrac{1}{\sqrt{1-x^2}}\mathrm{d}x$;

(15) $\mathrm{d}(\arctan x)=\dfrac{1}{1+x^2}\mathrm{d}x$;

(16) $\mathrm{d}(\mathrm{arccot}\, x)=-\dfrac{1}{1+x^2}\mathrm{d}x$.

2. 微分的四则运算法则

设函数 $u(x)$，$v(x)[v(x)\neq 0]$ 可微，则有：

(1) $\mathrm{d}[u(x)\pm v(x)]=\mathrm{d}u(x)\pm \mathrm{d}v(x)$；

(2) $\mathrm{d}[u(x)v(x)]=v(x)\mathrm{d}u(x)+u(x)\mathrm{d}v(x)$；

(3) $\mathrm{d}\left[\dfrac{u(x)}{v(x)}\right]=\dfrac{v(x)\mathrm{d}u(x)-u(x)\mathrm{d}v(x)}{v^2(x)}[v(x)\neq 0]$.

**【例 2-30】** 求函数 $y=x\arctan x$ 的微分 $\mathrm{d}y$.

**解：**

$$\mathrm{d}y=\arctan x\,\mathrm{d}x+x\,\mathrm{d}(\arctan x)=\arctan x\,\mathrm{d}x+\frac{x}{1+x^2}\mathrm{d}x$$

$$=\left(\arctan x+\frac{x}{1+x^2}\right)\mathrm{d}x.$$

**【例 2-31】** 求函数 $y=\dfrac{\sin x}{x}$ 的微分 $\mathrm{d}y$.

**解：**

$$\mathrm{d}y=\left(\frac{\sin x}{x}\right)'\mathrm{d}x=\frac{x\cos x-\sin x}{x^2}\mathrm{d}x.$$

**【例 2-32】** 求函数 $y=\ln(x^2+1)$ 的微分 $\mathrm{d}y$.

**解：**

$$\mathrm{d}y=[\ln(x^2+1)]'\mathrm{d}x=\frac{2x}{x^2+1}\mathrm{d}x.$$

3. 微分形式的不变性

当 $y=f(u)$ 是可微函数时，由微分定义可知 $\mathrm{d}y=f'(u)\mathrm{d}u$. 即无论 $u$ 是自变量还是中间变量，微分的形式是不变的，这一性质称为**一阶微分形式的不变性**.

**【例 2-33】** 求函数 $y=\mathrm{e}^{\sin x}$ 的微分 $\mathrm{d}y$.

**解：**

$$\mathrm{d}y=\mathrm{d}(\mathrm{e}^{\sin x})=\mathrm{e}^{\sin x}\mathrm{d}(\sin x)=\mathrm{e}^{\sin x}\cos x\,\mathrm{d}x.$$

**【例 2-34】** 求函数 $y=\cos^2 3x$ 的微分 $\mathrm{d}y$.

**解：**

$$\mathrm{d}y=\mathrm{d}(\cos^2 3x)=2\cos 3x\,\mathrm{d}(\cos 3x)$$

$$=2\cos 3x(-\sin 3x)\mathrm{d}3x=-3\sin 6x\,\mathrm{d}x.$$

## 2.3.5 微分的近似计算

在工程技术中经常遇到计算函数增量的问题，但计算往往很困难. 对于可微函数而言，当 $|\Delta x|$ 或 $\left|\dfrac{\Delta x}{x_0}\right|$ 很小时，可用微分近似替代得到：

(1) 函数增量的近似

$$\Delta y\approx \mathrm{d}y=f'(x_0)\Delta x.$$

(2) 函数值的近似

$$f(x_0+\Delta x)\approx f(x_0)+f'(x_0)\Delta x,$$

即

$$f(x)\approx f(x_0)+f'(x_0)(x-x_0).$$

**注意：**若导数存在，在点 $(x_0, f(x_0))$ 处的切线方程即为 $y=f(x_0)+f'(x_0)(x-x_0)$.

上式的几何意义就是当 $x$ 充分接近 $x_0$ 时,可用切线近似替代曲线(“以直代曲”),常用这种线性近似的思想对复杂问题进行简化处理.

设 $f(x)$ 分别是 $\sin x$, $\tan x$, $\ln(1+x)$ 和 $e^x$,令 $x_0=0$,则由上式可得这些函数在原点附近的近似公式:$\sin x\approx x$, $\tan x\approx x$, $\ln(1+x)\approx x$, $e^x\approx 1+x$. 一般地,为求得 $f(x)$ 的近似值,可找一邻近于 $x$ 的点 $x_0$,只要 $f(x_0)$ 和 $f'(x_0)$ 易于计算,便可求得 $f(x_0)$ 的近似值.

**【例 2-35】** 正立方体的棱长 $x_0=10$ m,如果棱长增加 0.1 m,求此正方体体积增加的精确值,并应用微分求解其体积增加的近似值.

**解:** 令 $f(x)=V(x)=x^3$, $x_0=10\,\text{m}$, $\Delta x=0.1\,\text{m}$, $V'(x)=3x^2$. 故体积增加的精确值

$$\Delta V=(10+0.1)^3-10^3=30.301(\text{m}^3).$$

由公式 $\Delta y\approx \mathrm{d}y=f'(x_0)\Delta x$ 得体积增加的近似值

$$\Delta V\approx \mathrm{d}V=V'(x)\big|_{x=10}\cdot\Delta x=3\times10^2\times0.1=30(\text{m}^3).$$

**【例 2-36】** 利用微分求 $\sqrt{99}$ 的近似值.

**解:** 设函数 $f(x)=\sqrt{x}$, $x_0=100$, $\Delta x=-1$,于是有 $f'(x)=\dfrac{1}{2\sqrt{x}}$, $f(x_0)=10$, $f'(x_0)=\dfrac{1}{20}$,由公式 $f(x_0+\Delta x)\approx f(x_0)+f'(x_0)\Delta x$ 可得

$$\sqrt{99}\approx\frac{1}{20}(-1)+10=9.95.$$

**【例 2-37】** 利用微分求 $\sqrt[3]{8.3}$ 的近似值.

**解:** 设函数 $f(x)=\sqrt[3]{x}$, $x_0=8$, $\Delta x=0.3$,于是有 $f'(x)=\dfrac{1}{3\sqrt[3]{x^2}}$, $f(x_0)=2$, $f'(x_0)=\dfrac{1}{12}$,由公式 $f(x_0+\Delta x)\approx f(x_0)+f'(x_0)\Delta x$ 可得

$$\sqrt[3]{8.3}\approx 2+\frac{1}{12}\times0.3=2.025.$$

## 习题 2.3

1. 求下列函数的微分.

(1) $y=\dfrac{1}{x}+2\sqrt{x}$;　　(2) $y=x\ln x-x$;

(3) $y=x^3e^{2x}$.

2. 利用微分求 ln 1.1 的近似值.

3. 填空.

(1) d(　　)$=2\mathrm{d}x$;　　(2) d(　　)$=e^{2x}\mathrm{d}x$;

(3) d(　　)$=\dfrac{1}{1+x^2}\mathrm{d}x$.

## 拓展阅读

# 导数的历史

**1. 早期导数概念——特殊的形式**

法国数学家费马研究了作曲线的切线和求函数极值的方法，在作切线时他构造了差分 $f(A+E)-f(A)$，发现的因子 $E$ 就是我们所说的导数 $f'(A)$.

**2. 17 世纪广泛使用的“流数术”**

17 世纪生产力的发展推动了自然科学和技术的发展，在前人创造性研究的基础上大数学家牛顿、莱布尼茨等从不同的角度开始系统地研究微积分.牛顿的微积分理论被称为“流数术”，他称变量为流量，称变量的变化率为流数，相当于我们所说的导数.牛顿有关“流数术”的主要著作是《论流数》《普遍算术》和《流数法和无穷级数》等.流数理论的实质在于一个变量的函数而不是多变量的方程；在于自变量的变化与函数的变化之比的构成；在于当变化趋于零时该比值的极限.

**3. 19 世纪导数——逐渐成熟的理论**

达朗贝尔在编写《百科全书》的“微分”部分提出了导数.1823 年，柯西在他的《无穷小分析教程概论》中定义了导数，导数本质上描述了当自变量在某一点发生微小变化时，函数值变化的比率.19 世纪 60 年代以后，魏尔斯特拉斯创造了“$\varepsilon-\delta$”语言，让微积分中出现的各种类型的极限有了明确的定义，从而可以用极限准确描述导数的定义.

CHAPTER 3

# 第3章 导数的应用

在数学的领域中，提出问题的艺术比解答问题的艺术更为重要.

——康托尔

学习要求

- 理解并掌握罗尔定理、拉格朗日中值定理及其几何意义，了解柯西中值定理；
- 掌握洛必达法则，会求“$\frac{0}{0}$”“$\frac{\infty}{\infty}$”“$0\cdot\infty$”“$\infty-\infty$”“$0^0$”型不定式的极限；
- 理解并掌握函数的导数与单调性、凹凸性的关系，会求函数的单调区间、凹凸区间、拐点、极值和最值；
- 会用函数的单调性证明不等式；
- 会用导数的知识解决有关合理优化等实际问题.

在本章里，将要学习由函数的导数来判断函数的单调性，由函数的二阶导数来判断函数图像的凹凸性，并用这些知识解决一些常见的最优化（最大值或最小值）问题.其中，微分中值定理在微积分理论中占有重要地位，它为导数应用提供了必要的理论依据.

## 3.1 微分中值定理

### 3.1.1 罗尔(Rolle)定理

**定理 3-1(罗尔定理)** 若函数 $f(x)$满足以下条件：

(1) 在闭区间$[a, b]$上连续，

(2) 在开区间$(a, b)$内可导,

(3) $f(a)=f(b)$,

则必至少存在一点$\xi \in (a, b)$满足$f'(\xi)=0$(如图3-1所示).

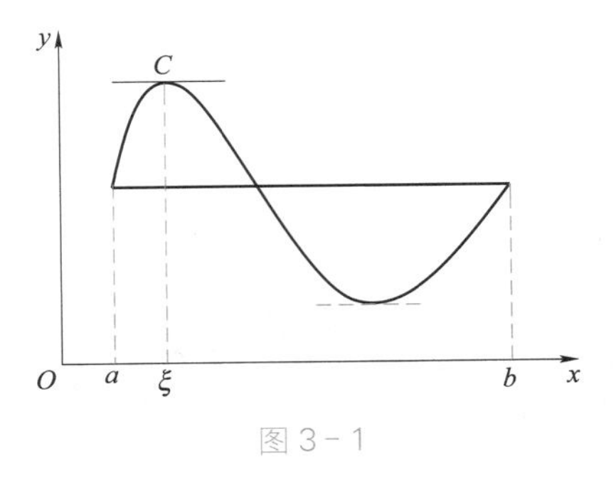

图3-1

**证:**因为函数$f(x)$在闭区间$[a, b]$上连续,由最值定理知,函数在该区间必有最大值$M$与最小值$m$.

(1) 如果$M=m$,则$f(x)$为常量函数,很显然区间$(a, b)$内的任意点$x$处的导数$f'(x)$都等于0.

(2) 如果$M \neq m$,因为$f(a)=f(b)$,所以可设$f(\xi)=M$, $\xi \in (a, b)$.

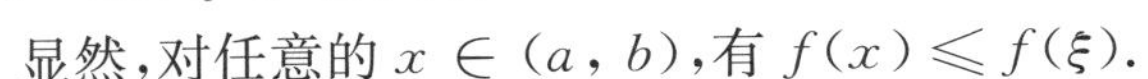
显然,对任意的$x \in (a, b)$,有$f(x) \leqslant f(\xi)$.

当$\xi+\Delta x \in (a, b)$时,

$$\lim_{\Delta x \to 0^-} \frac{f(\xi+\Delta x)-f(\xi)}{\Delta x} \geqslant 0, \quad \lim_{\Delta x \to 0^+} \frac{f(\xi+\Delta x)-f(\xi)}{\Delta x} \leqslant 0,$$

从而
$$\lim_{\Delta x \to 0^-} \frac{f(\xi+\Delta x)-f(\xi)}{\Delta x} = \lim_{\Delta x \to 0^+} \frac{f(\xi+\Delta x)-f(\xi)}{\Delta x} = 0,$$

故
$$f'(\xi)=0.$$

**【例3-1】** 试指出下列函数是否满足罗尔定理条件,如满足,则求出点$\xi$的值.

(1) $f(x)=\ln x$, $x \in [1, \mathrm{e}]$; (2) $f(x)=|x|$, $x \in [-1, 1]$;

(3) $f(x)=\dfrac{1}{1-x^2}$, $x \in [-1, 1]$; (4) $f(x)=\sin x$, $x \in [0, \pi]$.

**解:**(1) 因为$f(1)=0$, $f(\mathrm{e})=1$, $f(1) \neq f(\mathrm{e})$,所以不满足罗尔定理条件(3).

(2) 因为$f(x)=|x|$在$x=0$处不可导,所以不满足罗尔定理条件(2).

(3) 因为$f(x)=\dfrac{1}{1-x^2}$在$x=\pm 1$处不连续,所以不满足罗尔定理条件(1).

(4) 因为$f(0)=f(\pi)=0$, $f(x)=\sin x$在$[0, \pi]$上是连续的,且在$(0, \pi)$内可导,所以满足罗尔定理条件,令$f'(\xi)=\cos \xi=0$,得$\xi=\dfrac{\pi}{2}$.

**注意:**(1) 罗尔定理中的三个条件缺一不可,否则定理中的结论未必成立.

(2) 罗尔定理的几何意义:若闭区间上两端点函数值相等的一段连续光滑曲线上,每点都有不垂直于$x$轴(除端点)的切线,则曲线上至少有一点其切线平行于$x$轴.

(3) 罗尔定理结论$f'(\xi)=0$就是说明方程$f'(x)=0$在$(a, b)$内至少有一个根.

**【例3-2】** 求函数$f(x)=x(x-1)(x-2)(x-3)$的导数,说明方程$f'(x)=0$有几个实根,并指出它们所在的区间.

**解:**因为$f(0)=f(1)=f(2)=f(3)=0$, $f(x)$在区间$[0, 1]$, $[1, 2]$, $[2, 3]$上满足罗尔定理条件.所以分别在$(0, 1)$, $(1, 2)$, $(2, 3)$内至少存在一点$\xi_1$, $\xi_2$, $\xi_3$,使$f'(\xi_1)=0$, $\xi_1 \in (0, 1)$; $f'(\xi_2)=0$, $\xi_2 \in (1, 2)$; $f'(\xi_3)=0$, $\xi_3 \in (2, 3)$.

又因为 $f'(x)$ 是三次多项式，所以 $f'(x)=0$ 最多有三个根.

故方程 $f'(x)=0$ 只有三个根，分别在区间 $(0, 1)$，$(1, 2)$，$(2, 3)$ 上.

**【例 3-3】** 设 $f$ 是 $\mathbf{R}$ 上的可导函数，证明：若方程 $f'(x)=0$ 没有实根，则方程 $f(x)=0$ 至多只有一个实根.

**证：**（反证法）如果 $f(x)=0$ 至少有两个实根，不妨设 $x_1$，$x_2(x_1<x_2)$ 为 $f(x)=0$ 的两个实根，则函数 $f(x)$ 在 $[x_1, x_2]$ 上满足罗尔定理的三个条件，从而存在 $\xi\in(x_1, x_2)$，使得 $f'(\xi)=0$，这与已知 $f'(x)=0$ 没有实根相矛盾，命题得证.

微课

拉格朗日中值定理

## 3.1.2 拉格朗日(Lagrange)中值定理

**定理 3-2(拉格朗日中值定理)** 若函数 $f(x)$ 满足以下条件：

(1) 在闭区间 $[a, b]$ 上连续；

(2) 在开区间 $(a, b)$ 内可导.

则在 $(a, b)$ 内至少有一点 $\xi$，使得 $f'(\xi)=\dfrac{f(b)-f(a)}{b-a}$，如图 3-2 所示.

**证：**作辅助函数 $F(x)=f(x)-f(a)-\dfrac{f(b)-f(a)}{b-a}(x-a)$.

函数 $F(x)$ 满足罗尔定理条件：$F(a)=F(b)=0$ 且 $F(x)$ 在 $[a, b]$ 上连续，$(a, b)$ 内可导.由罗尔定理可知：在 $(a, b)$ 内至少存在一点 $\xi$，使得 $F'(\xi)=0$.

$$F'(x)=f'(x)-\frac{f(b)-f(a)}{b-a},$$

$$F'(\xi)=f'(\xi)-\frac{f(b)-f(a)}{b-a}=0,$$

图 3-2

故 $$f'(\xi)=\frac{f(b)-f(b)}{b-a}.$$

动画

拉格朗日中值定理

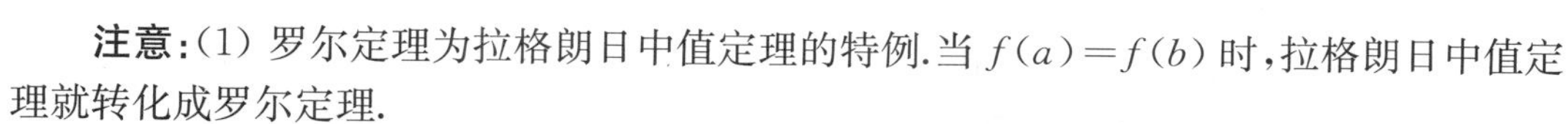

**注意：**(1) 罗尔定理为拉格朗日中值定理的特例.当 $f(a)=f(b)$ 时，拉格朗日中值定理就转化成罗尔定理.

(2) 拉格朗日中值定理的几何意义：一段连续光滑（处处都有不与 $y$ 轴平行的切线）的曲线上，至少可以找到一点使得该点的切线与曲线的两端点连线平行.

(3) 拉格朗日中值定理多用在不等式的证明上.

**推论 3-1** 如果函数 $f(x)$ 在 $(a, b)$ 内每一点的导数都恒等于 0，即对于任意的 $x\in(a, b)$，都有 $f'(x)=0$，则函数在该区间上是一个常数.

**推论 3-2** 如果函数 $f(x)$ 与 $g(x)$ 在区间 $I$ 上，恒有 $f'(x)=g'(x)$，则 $f(x)=g(x)+C$，$C$ 为常数.

**【例 3-4】** 验证函数 $f(x)=\ln x$ 在 $[1, \mathrm{e}]$ 上满足拉格朗日中值定理，并求出满足定理结论的 $\xi$ 值.

**解**:因为 $f(x)=\ln x$ 在$[1, e]$上连续,在$(1, e)$内可导且 $f'(x)=\dfrac{1}{x}$,所以

$$\frac{f(e)-f(1)}{e-1}=\frac{1}{\xi},\ \frac{1}{e-1}=\frac{1}{\xi}, \text{即 } \xi=e-1.$$

显然 $1<\xi(=e-1)<e$,故函数 $f(x)=\ln x$ 在$[1, e]$上满足拉格朗日中值定理,而且 $\xi=e-1$.

**【例 3-5】** 试证明 $\arcsin x+\arccos x=\dfrac{\pi}{2}$ 恒成立.

**证**:设函数 $f(x)=\arcsin x+\arccos x$. 显然 $f(x)$为初等函数,它在$[-1, 1]$上连续,在$(-1, 1)$内可导,且

$$f'(x)=(\arcsin x+\arccos x)'=\frac{1}{\sqrt{1-x^2}}-\frac{1}{\sqrt{1-x^2}}=0,$$

则在$(-1, 1)$内

$$f(x)=\arcsin x+\arccos x=C.$$

令 $x=0$, 则有

$$f(0)=\arcsin 0+\arccos 0=0+\frac{\pi}{2}=\frac{\pi}{2}=C,$$

即
$$\arcsin x+\arccos x=\frac{\pi}{2},\ x\in(-1, 1).$$

当 $x=\pm 1$ 时,也有

$$\arcsin x+\arccos x=\frac{\pi}{2}.$$

所以, $\arcsin x+\arccos x=\dfrac{\pi}{2}$ 恒成立.同理可得 $\arctan x+\operatorname{arccot} x=\dfrac{\pi}{2}$.

**【例 3-6】** 求证:当 $x\geqslant 0$ 时,$x\geqslant \arctan x$.

**证**:(1) $x=0$ 时,不等式显然成立.

(2) $x\neq 0$ 时(如 $x>0$), 则设 $F(t)=t-\arctan t$, 在$[0, x]$上连续,在$(0, x)$上可导,且

$$F'(t)=1-\frac{1}{1+t^2}=\frac{t^2}{1+t^2},$$

则存在 $\xi\in(0, x)$, 使得

$$F(x)-F(0)=F'(\xi)(x-0),$$

即
$$x-\arctan x=\frac{\xi^2}{1+\xi^2}x>0,$$

所以当 $x\geqslant 0$ 时,$x\geqslant \arctan x$.

## *3.1.3 柯西(Cauchy)中值定理

**定理3-3(柯西中值定理)** 设两个函数 $f(x)$, $g(x)$满足条件:

(1) 在$[a, b]$上连续;

(2) 在$(a, b)$内可导,且 $g'(x) \neq 0$.

则在$(a, b)$内至少有一点 $\xi$,使得 $\dfrac{f(b)-f(a)}{g(b)-g(a)} = \dfrac{f'(\xi)}{g'(\xi)}$ 成立.

**证:**作辅助函数

$$F(x)=f(x)-f(a)-\frac{f(b)-f(a)}{g(b)-g(a)}[g(x)-g(a)].$$

$F(x)$符合罗尔定理条件,即 $F(x)$在$[a, b]$上连续,在$(a, b)$内可导,且

$$F(a)=F(b)=0,\ F'(x)=f'(x)-\frac{f(b)-f(a)}{g(b)-g(a)}g'(x).$$

由罗尔定理可知,至少存在一点 $\xi \in (a, b)$,使得

$$F'(\xi)=f'(\xi)-\frac{f(b)-f(a)}{g(b)-g(a)}g'(\xi)=0,$$

即

$$\frac{f(b)-f(a)}{g(b)-g(a)}=\frac{f'(\xi)}{g'(\xi)}.$$

**【例3-7】** 设函数 $f(x)$在$[a, b]$上连续,在$(a, b)$内可导$(a>0)$,证明:在$(a, b)$内至少存在一点$\xi$,使得 $2\xi[f(b)-f(a)]=(b^2-a^2)f'(\xi)$.

**证:**设 $g(x)=x^2$,则 $f(x)$, $g(x)$在区间$[a, b]$上满足柯西中值定理的条件,故由柯西中值定理知,至少存在一点 $\xi \in (a, b)$,使

$$\frac{f(b)-f(a)}{g(b)-g(a)}=\frac{f'(\xi)}{g'(\xi)}$$

成立,即

$$\frac{f(b)-f(a)}{b^2-a^2}=\frac{f'(\xi)}{2\xi},\ 0<a<\xi<b,$$

从而

$$2\xi[f(b)-f(a)]=(b^2-a^2)f'(\xi).$$

### 习题 3.1

1. 验证函数 $f(x)=x^2-2x+3$ 在区间$[-1, 3]$上是否满足罗尔定理的条件,若满足请求出定理结论中的$\xi$.

2. 设函数 $f(x)$ 在 $\left[0,\ \frac{1}{2}\right]$ 上连续,在 $\left(0,\ \frac{1}{2}\right)$ 内可导,且 $f\left(\frac{1}{2}\right)=0$,证明:至少存在一点 $\xi \in \left(0,\ \frac{1}{2}\right)$,使得 $f(\xi)\cos\xi+f'(\xi)\sin\xi=0$ 成立.

3. 已知函数 $f(x)$ 在 $(0,\ +\infty)$ 内可导,且 $xf'(x)+2f(x)=0$. 试证明函数 $x^2 f(x)$ 在 $(0,\ +\infty)$ 内恒为常数.

## 3.2 洛必达法则

在前面无穷小量与无穷大量的学习之中发现,两个无穷小量(或无穷大量)之比的极限可能存在,也可能不存在,这类极限通常称为**不定式**(或未定式),简记为 $\frac{0}{0}$ 型或 $\frac{\infty}{\infty}$ 型.洛必达法则是利用导数求这类极限简单有效而重要的方法.

微课

洛必达法则

### 3.2.1 $\frac{0}{0}$ 型和 $\frac{\infty}{\infty}$ 型不定式

**定理 3-4** 设函数 $f(x)$, $g(x)$ 满足条件:

(1) $\lim\limits_{x\to x_0} f(x)=\lim\limits_{x\to x_0} g(x)=0$ 或 $\lim\limits_{x\to x_0} f(x)=\infty$, $\lim\limits_{x\to x_0} g(x)=\infty$;

(2) 在点 $x_0$ 的某空心邻域内两者都可导,且 $g'(x)\neq 0$;

(3) $\lim\limits_{x\to x_0}\dfrac{f'(x)}{g'(x)}$ 存在或为无穷大,则

$$\lim_{x\to x_0}\frac{f(x)}{g(x)}=\lim_{x\to x_0}\frac{f'(x)}{g'(x)}=A \text{ 或 } \infty.$$

以上方法称为**洛必达(L'Hospital)法则**.

**注意:**(1) 要正确使用洛必达法则,三个条件缺一不可,否则会出现错误.

(2) 只要满足洛必达法则条件可以连续使用.

(3) 洛必达法则是解决 $\frac{0}{0}$ 型或 $\frac{\infty}{\infty}$ 型极限的有效方法,若与其他的方法(如等价无穷小量替换、两个重要极限公式)相结合,则计算更简捷.

(4) 若将定理 3-4 中 $x\to x_0$ 换成 $x\to x_0^+$, $x\to x_0^-$, $x\to+\infty$, $x\to-\infty$, 只要相应地修改条件(2)中的邻域,也可得到同样的结论.

【例 3-8】 求 $\lim\limits_{x \to 0} \dfrac{\sqrt{1+x^2}-1}{x^2}$.

解:

$$\lim_{x \to 0} \frac{\sqrt{1+x^2}-1}{x^2} \overset{\frac{0}{0}}{=} \lim_{x \to 0} \frac{(\sqrt{1+x^2}-1)'}{(x^2)'} = \lim_{x \to 0} \frac{\dfrac{2x}{2\sqrt{1+x^2}}}{2x} = \lim_{x \to 0} \frac{1}{2\sqrt{1+x^2}} = \frac{1}{2}.$$

【例 3-9】 求 $\lim\limits_{x \to +\infty} \dfrac{\ln x}{x}$.

解:

$$\lim_{x \to +\infty} \frac{\ln x}{x} \overset{\frac{\infty}{\infty}}{=} \lim_{x \to +\infty} \frac{(\ln x)'}{(x)'} = \lim_{x \to +\infty} \frac{\dfrac{1}{x}}{1} = \lim_{x \to +\infty} \frac{1}{x} = 0.$$

**注:**在使用洛必达法则时,应结合其他方法(等价无穷小量替代、非零因式先求出等),简化运算.

### 3.2.2 其他类型的不定式极限

不定式极限除了$\dfrac{0}{0}$型和$\dfrac{\infty}{\infty}$型之外,还有 $0 \cdot \infty$, $1^\infty$, $0^0$, $\infty^0$, $\infty \pm \infty$ 等类型.一般地,对这些类型的不定式极限,可以通过适当的变形转化为$\dfrac{0}{0}$型和$\dfrac{\infty}{\infty}$型的极限,再用洛必达法则求得结果.

【例 3-10】 求 $\lim\limits_{x \to 0^+} x \ln x$.

解:

$$\lim_{x \to 0^+} x \ln x \overset{0 \cdot \infty}{=\!=} \lim_{x \to 0^+} \frac{\ln x}{\dfrac{1}{x}} \overset{\frac{\infty}{\infty}}{=\!=} \lim_{x \to 0^+} \frac{\dfrac{1}{x}}{\left(-\dfrac{1}{x^2}\right)} = \lim_{x \to 0^+} (-x) = 0.$$

【例 3-11】 求 $\lim\limits_{x \to 0^+} x^{\sin x}$.

解: $\lim\limits_{x \to 0^+} x^{\sin x}$ 是 $0^0$ 型不定式极限,可转化为

$$\lim_{x \to 0^+} x^{\sin x} = \lim_{x \to 0^+} \mathrm{e}^{\ln x^{\sin x}} = \lim_{x \to 0^+} \mathrm{e}^{\sin x \ln x} = \mathrm{e}^{\lim\limits_{x \to 0^+} \sin x \ln x}.$$

因为

$$\lim_{x \to 0^+} \sin x \ln x \overset{0 \cdot \infty}{=\!=} \lim_{x \to 0^+} \frac{\ln x}{\csc x} \overset{\frac{\infty}{\infty}}{=\!=} \lim_{x \to 0^+} \frac{\dfrac{1}{x}}{(-\csc x \cot x)} = \lim_{x \to 0^+} \left(-\frac{\sin x}{x} \tan x\right) = 0.$$

所以 $$\lim_{x\to0^+}x^{\sin x}=e^0=1.$$

【例 3-12】 求 $\lim\limits_{x\to1}\left(\dfrac{1}{x-1}-\dfrac{1}{\ln x}\right)$.

**解:** 这是 $\infty-\infty$ 型不定式极限,通分后可化为 $\dfrac{0}{0}$ 型极限,即

$$\lim_{x\to1}\left(\frac{1}{x-1}-\frac{1}{\ln x}\right)\xlongequal{\infty-\infty}\lim_{x\to1}\frac{\ln x-x+1}{(x-1)\ln x}\overset{\frac{0}{0}}{=}\lim_{x\to1}\frac{\frac{1}{x}-1}{\ln x+\frac{x-1}{x}}$$

$$=\lim_{x\to1}\frac{1-x}{x-1+x\ln x}\overset{\frac{0}{0}}{=}\lim_{x\to1}\frac{-1}{2+\ln x}=-\frac{1}{2}.$$

但洛必达法则也不是万能的,请看下面两个例题.

【例 3-13】 求 $\lim\limits_{x\to\infty}\dfrac{x+\sin x}{x}$.

**解:** $\lim\limits_{x\to\infty}\dfrac{x+\sin x}{x}\overset{\frac{\infty}{\infty}}{=}\lim\limits_{x\to\infty}\dfrac{1+\cos x}{1}=\lim\limits_{x\to\infty}(1+\cos x)$ 此结果极限不存在.洛必达法则的第三个条件不满足,不能使用.但是

$$\lim_{x\to\infty}\frac{x+\sin x}{x}=\lim_{x\to\infty}\left(1+\frac{1}{x}\sin x\right)=1+0=1.$$

可见此题的极限原本是存在的,但是本题不能用洛必达法则.

【例 3-14】 求 $\lim\limits_{x\to+\infty}\dfrac{\sqrt{1+x^2}}{x}$.

**解:**

$$\lim_{x\to+\infty}\frac{\sqrt{1+x^2}}{x}\overset{\frac{\infty}{\infty}}{=}\lim_{x\to+\infty}\frac{\frac{2x}{2\sqrt{1+x^2}}}{1}=\lim_{x\to+\infty}\frac{x}{\sqrt{1+x^2}}$$

$$\overset{\frac{\infty}{\infty}}{=}\lim_{x\to+\infty}\frac{1}{\frac{2x}{2\sqrt{1+x^2}}}=\lim_{x\to+\infty}\frac{\sqrt{1+x^2}}{x}.$$

本题连续两次使用了洛必达法则,结果题目又重新转换回来,可见继续这样做下去会陷入死循环.洛必达法则的第三个条件不满足,不能使用.

但是

$$\lim_{x\to+\infty}\frac{\sqrt{1+x^2}}{x}=\lim_{x\to+\infty}\sqrt{\frac{1+x^2}{x^2}}=\lim_{x\to+\infty}\sqrt{\frac{1}{x^2}+1}=1.$$

可见本题的极限原本也是存在的,但是本题也不能用洛必达法则.

**习题 3.2**

1. 下列极限是否存在？若存在，是否可以用洛必达法则求极限？为什么？

(1) $\lim\limits_{x\to 1}\dfrac{x}{1+x}$；　(2) $\lim\limits_{x\to +\infty}\dfrac{e^x+e^{-x}}{e^x-e^{-x}}$；

(3) $\lim\limits_{x\to 0}\dfrac{x^2\sin\dfrac{1}{x}}{\sin x}$；　(4) $\lim\limits_{x\to\infty}\dfrac{x+\cos x}{x}$.

2. 求下列不定式极限.

(1) $\lim\limits_{x\to 0}\dfrac{e^x-e^{-x}}{\sin x}$；　(2) $\lim\limits_{x\to +\infty}\dfrac{x^2}{e^x}$；

(3) $\lim\limits_{x\to 0}\dfrac{e^x-\sqrt{1+2x}}{\ln(1+x^2)}$；　(4) $\lim\limits_{x\to 1}x^{\frac{1}{1-x}}$；

(5) $\lim\limits_{x\to +\infty}x\left(\dfrac{\pi}{2}-\arctan x\right)$.

# 3.3 函数的单调性与极值

单调性是函数的重要性质，它是寻找函数极值的理论依据.由定义判断函数的单调性往往是比较困难的，下面用导数对函数的单调性进行研究.

## 3.3.1 函数单调性与极值的判别

先看下面的图像：单调递增函数如图 3－3 所示.

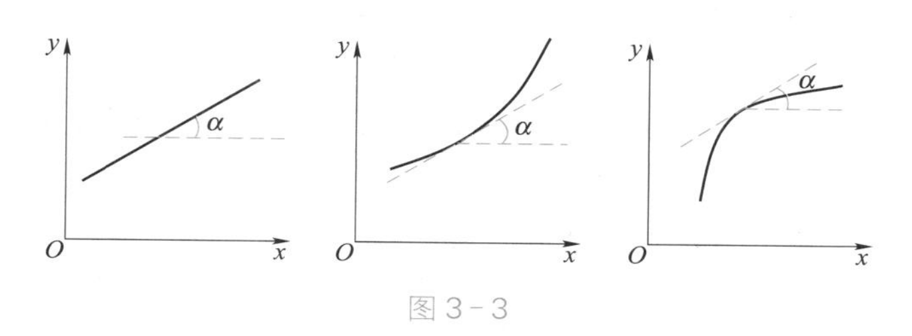


图 3－3

以上三种情形中增区间内任一点处的切线倾斜角都是锐角，从而切线的斜率都大于零，即函数在该区间的导数值恒为正值.

再看下面的图形：单调递减函数如图 3－4 所示.

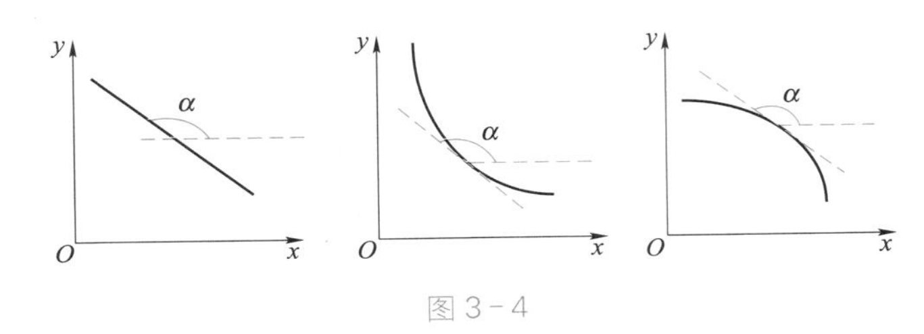

图 3-4

以上三种情形中减区间内任一点处的切线倾斜角都是钝角，从而切线的斜率都小于零，即函数在该区间的导数值恒为负值.

微课

单调区间与极值的判定

**定理 3-5** 设函数 $f(x)$在区间$[a, b]$上连续，在$(a, b)$内可导，则

(1) 如果在$(a, b)$内 $f'(x)>0$，则函数在$[a, b]$上单调递增；

(2) 如果在$(a, b)$内 $f'(x)<0$，则函数在$[a, b]$上单调递减.

**证:** 在$[a, b]$上任取两点，不妨设 $x_1<x_2$，显然 $f(x)$在$[x_1, x_2]$上满足拉格朗日中值定理的条件，根据拉格朗日中值定理，存在 $\xi\in(x_1, x_2)$，使得

$$f(x_2)-f(x_1)=f'(\xi)(x_2-x_1).$$

又假设 $x_1<x_2$，如果在$(a, b)$内 $f'(x)>0$，则 $f'(\xi)>0$，于是 $f(x_2)-f(x_1)=f'(\xi)(x_2-x_1)>0$，即 $f(x_2)>f(x_1)$，即函数 $f(x)$在$[a, b]$上单调递增.

同理，如果在$(a, b)$内 $f'(x)<0$，则函数 $f(x)$在$[a, b]$上单调递减.

**注意:** 定理中$[a, b]$换成开区间$(a, b)$或无穷区间仍成立；$(a, b)$内有个别点 $f'(x)=0$ 或 $f'(x)$不存在，并不影响其单调性，如 $f(x)=x^3$，$x\in(-\infty, +\infty)$.

**【例 3-15】** 求证不等式 $\ln(1+x)<x\ (x>0)$.

**证:** 设函数 $f(x)=\ln(1+x)-x$，$f(x)$在$[0, +\infty)$上连续. 因为

$$f'(x)=\frac{1}{1+x}-1=\frac{-x}{1+x}<0,$$

所以 $f(x)$在$[0, +\infty)$上是单调递减的，又 $f(0)=0$，所以当 $x>0$ 时，总有 $f(x)<f(0)=0$ 即 $\ln(1+x)<x\ (x>0)$.

## 3.3.2 函数极值及其求法

1. 函数的极值

**定义 3-1** 设函数 $f(x)$在点 $x_0$ 的某邻域内有定义，若对于该空心邻域内任意点 $x$，恒有 $f(x)<f(x_0)$，则称 $f(x_0)$为函数 $f(x)$的一个**极大值**，点 $x_0$ 叫作函数的一个**极大值点**；反之，若对于该空心邻域内任意点 $x$，恒有 $f(x)>f(x_0)$，则称 $f(x_0)$为函数 $f(x)$的一个**极小值**，点 $x_0$ 叫作函数的一个**极小值点**. 函数的极大值与极小值统称为**极值**，极大值点与极小值点统称为**极值点**，如图 3-5 所示.

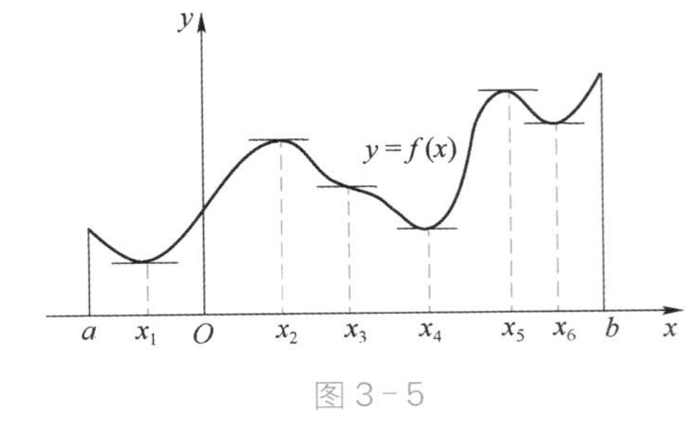

图 3-5

**注意：**(1) 函数的极值只是在点周围很小的范围内的最大或最小值，是局部性的.

(2) 函数在其定义的区间内可以有多个极大值或极小值，而且极大值不一定大于极小值.

(3) 极值点一定是区间的内点，区间端点不是极值点.

2. 极值的求法

定义 $f'(x)=0$ 的点 $x_0$ 称为 $f(x)$ 的**驻点**. 由定理可知，可导函数的极值点必为驻点，反之 $f(x)$ 的驻点不一定为其极值点.

例如 $f(x)=|x|$ 在 $x=0$ 处不可导，但它是极小值 $f(0)=0$；$f(x)=x^3$，在 $x=0$ 处是驻点，但它不是极值点.

综上所述，极值点应该在驻点或不可导点处取. 下面给出两个极值点的判别方法.

**定理 3-6(可导函数极值的必要条件)** 若函数 $f(x)$ 在 $x_0$ 点可导，且 $f(x)$ 在 $x_0$ 点取得极值，则必有 $f'(x_0)=0$.

**定理 3-7(极值的第一充分条件)** 设函数 $f(x)$ 在点 $x_0$ 处连续，且在 $x_0$ 的一个去心邻域 $\mathring{U}(x_0, \delta)$ 内可导，那么

(1) 当 $x \in (x_0-\delta, x_0)$ 时，$f'(x)>0$；当 $x \in (x_0, x_0+\delta)$ 时，$f'(x)<0$，则 $f(x)$ 在点 $x_0$ 处取得极大值.

(2) 当 $x \in (x_0-\delta, x_0)$ 时，$f'(x)<0$；当 $x \in (x_0, x_0+\delta)$ 时，$f'(x)>0$，则 $f(x)$ 在点 $x_0$ 处取得极小值.

(3) 当 $x \in \mathring{U}(x_0, \delta)$ 时，$f'(x)$ 符号保持不变，则 $f(x)$ 在点 $x_0$ 处不是极值.

函数的单调性与极值

**【例 3-16】** 列表讨论函数 $f(x)=\sqrt[3]{x^2}-6$ 的单调性与极值.

**解：**(1) 函数的定义域为 $(-\infty, +\infty)$.

(2) $f'(x)=\dfrac{2}{3\sqrt[3]{x}}$，没有可使 $f'(x)=0$ 的点. 当 $x<0$ 时，$f'(x)<0$；当 $x>0$ 时，$f'(x)>0$；但是当 $x=0$ 时，导数 $f'(x)$ 不存在.

(3) 详见表 3-1.

表 3-1

| $x$ | $(-\infty, 0)$ | 0 | $(0, +\infty)$ |
|---|---|---|---|
| $f'(x)$ | $-$ | 不存在 | $+$ |
| $f(x)$ | ↘ | 极小值 $-6$ | ↗ |

则 $f(x)$ 在 $(-\infty, 0)$ 内单调递减，在 $(0, +\infty)$ 内单调递增；极小值为 $f(0)=-6$，极大值不存在.

**【例 3-17】** 列表讨论函数 $f(x)=9+3x-x^3$ 的单调性与极值.

**解：**(1) 函数的定义域为 $(-\infty, +\infty)$.

(2) $f'(x)=3-3x^2=3(1-x^2)=3(1+x)(1-x)$.

令 $f'(x)=0$，得驻点 $x_1=1$，$x_2=-1$，没有不可导点.

(3) 详见表 3-2.

表 3-2

| $x$ | $(-\infty, -1)$ | $-1$ | $(-1, 1)$ | $1$ | $(1, +\infty)$ |
|---|---|---|---|---|---|
| $f'(x)$ | $-$ | 0 | $+$ | 0 | $-$ |
| $f(x)$ | ↘ | 极小值 7 | ↗ | 极大值 11 | ↘ |

则 $f(x)$在$(-\infty, -1)$，$(1, +\infty)$上单调递减，在$(-1, 1)$上单调递增；极小值为 $f(-1)=7$，极大值为 $f(1)=11$.

**定理 3-8(极值的第二充分条件)** 设函数 $f(x)$在 $x_0$ 的某邻域内可导，且 $f'(x_0)=0$，$f''(x_0)$存在.

(1) 若 $f''(x_0)<0$，则 $f(x)$在 $x_0$ 处取得极大值.

(2) 若 $f''(x_0)>0$，则 $f(x)$在 $x_0$ 处取得极小值.

(3) 若 $f''(x_0)=0$，则此法失效.

此方法又称**二阶导数非零法**.

**注意：**(1) 此方法只适用于驻点，不能用于判断不可导点；

(2) 当 $f''(x_0)=0$ 时，该法则失效，需用第一充分条件或定义法进行判断.

**【例 3-18】** 求函数 $f(x)=x^3-4x^2-3x+2$ 的极值.

**解：** $f'(x)=3x^2-8x-3=(3x+1)(x-3)$，$f''(x)=6x-8$.

所以驻点为 $x_1=-\dfrac{1}{3}$，$x_2=3$. 又

$$f''\left(-\frac{1}{3}\right)=-10<0,\ f''(3)=10>0,$$

所以 $f(x)$在点 $x=-\dfrac{1}{3}$ 处取到极大值，且极大值为 $f\left(-\dfrac{1}{3}\right)=2\dfrac{14}{27}$，$f(x)$在点 $x=3$ 处取到极小值，且极小值为 $f(3)=-16$.

## 习题 3.3

1. 确定函数 $y=\dfrac{10}{4x^3-9x^2+6x}$ 的单调区间.

2. 计算函数 $y=-x^4+2x^2$ 的极值.

# 3.4 函数的最值及应用

在现代化工农业生产、工程技术、科学实验等众多领域中，常常要求解决在一定条件

下，怎样使生产“高效优质”“产品最多”“用料最省”等众多问题.这些实际问题在数学领域中就是函数的最大值和最小值问题.

## 3.4.1 函数在闭区间[a, b]上的最大值与最小值

若函数 $f(x)$ 在闭区间 $[a, b]$ 上连续，则 $f(x)$ 在 $[a, b]$ 上必有最大值与最小值.最大值与最小值可在区间内部取得，也可在区间端点取得.

若函数 $f(x)$ 的最值点 $x_0$ 在开区间 $(a, b)$ 内，则 $x_0$ 必定是函数 $f(x)$ 的极值点.又因为极值只可能在驻点或不可导的点处取得，所以只要比较 $f(x)$ 在所有的驻点、不可导点和区间端点上的函数值，就能从中找到 $f(x)$ 在 $[a, b]$ 上的最大值和最小值.

下面举例说明这个求解过程.

**【例 3-19】** 求函数 $f(x)=2x^3-9x^2+12x+3$ 在闭区间 $[0, 5]$ 上的最大值和最小值.

**解**：函数 $f(x)$ 在闭区间 $[0, 5]$ 上连续，故存在最大值和最小值.由

$$f'(x)=6x^2-18x+12=6(x-1)(x-2),$$

令 $f'(x)=0$，得驻点 $x_1=1$，$x_2=2$，无不可导的点. $f(1)=8$，$f(2)=7$，$f(0)=3$，$f(5)=88$. 所以函数 $f(x)$ 在 $x=0$ 处取最小值 3，在 $x=5$ 处取最大值 88.

## 3.4.2 函数在开区间(a, b)内的最大值与最小值

求函数在开区间 $(a, b)$ 内的最大值与最小值，具体方法如下：

求出函数在开区间 $(a, b)$ 内所有可能的驻点和不可导点，并求出函数在这些点处相应的函数值及左端点处右极限的值与右端点处左极限的值，然后比较它们的大小.如在区间内取得最大的就是最大值，最小的就是最小值；如仅在端点处取得的最大，则该区间无最大值；同样如仅在端点处取得的最小，则该区间无最小值.

## 3.4.3 实际问题中的最大值与最小值

**【例 3-20】** 在边长为 $a$ 的正方形铁皮的四个角上分别剪去一个边长为 $x$ 的正方形，再折成一个无盖方匣.问 $x$ 为何值时方匣的容积最大?

**解**：方匣的容积为 $V(x)=x\cdot(a-2x)^2$，依据题意 $0<x<\dfrac{a}{2}$.

$$V'(x)=(a-2x)(a-6x),\ V''(x)=-2(a-6x)+(a-2x)(-6)=24x-8a.$$

令 $V'(x)=0$，得唯一驻点 $x=\dfrac{a}{6}$，又因为 $V''\left(\dfrac{a}{6}\right)<0$，所以该函数仅有的一个极值点为最大值点，所以容积在 $x=\dfrac{a}{6}$ 时，取到最大值，最大值为 $V\left(\dfrac{a}{6}\right)=\dfrac{2a^3}{27}$.

【例3-21】 欲用铁皮制作一个体积为 $V$ 的圆柱形有盖铁桶，应如何设计其底面半径和高才能使用料最省？

**解**：用料最省也就是使铁桶的表面积最小．设铁桶底面半径为 $r$，高为 $h$，表面积为 $S$，则

$$S=2\pi r^2+2\pi rh.$$

因为 $V=\pi r^2h$，所以 $h=\dfrac{V}{\pi r^2}$，代入上式，得 $S=2\pi r^2+\dfrac{2V}{r}$．显然 $0<r<+\infty$．这样问题就转化为求函数 $S=2\pi r^2+\dfrac{2V}{r}$ 在 $(0,+\infty)$ 上的最小值．

由于 $S'=4\pi r-\dfrac{2V}{r^2}$，令 $S'=0$，得唯一驻点 $r=\sqrt[3]{\dfrac{V}{2\pi}}$．

由问题的实际意义知，$S$ 在 $(0,+\infty)$ 内必有最小值．当 $r=\sqrt[3]{\dfrac{V}{2\pi}}$．得 $h=2r$，即当高是底面半径的两倍且 $r=\sqrt[3]{\dfrac{V}{2\pi}}$ 时，用料最省．

**注意**：在实际问题中，若由题意得知最大值或最小值存在，且一定在所定义的区间内部取得，此时，若在该区间内部只有一个驻点，那么不必再作讨论，就可断定该点对应的函数值就是所求的最大值或最小值．

【例3-22】 在半径为 1 m 的球内，做一个内接圆锥体，求圆锥的高为多少时，其体积最大，并求此最大值．

**解**：设圆锥的高为 $x$（单位为 m），底面半径为 $r$（单位为 m），如图 3-6 所示，则

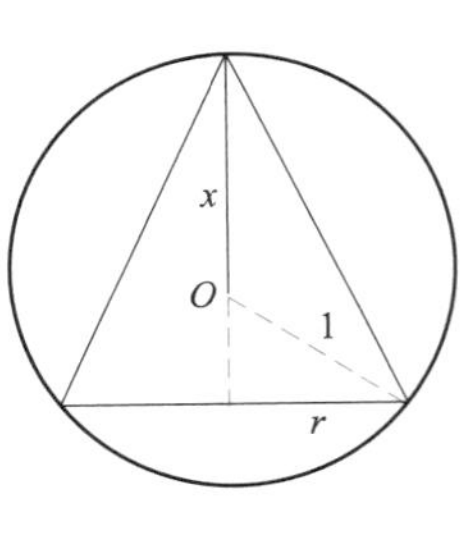

图 3-6

$$(x-1)^2+r^2=1^2.$$

圆锥的体积

$$V=\frac{1}{3}\pi r^2x=\frac{1}{3}\pi[1-(x-1)^2]x,$$

即

$$V=\frac{1}{3}\pi(2x^2-x^3)\,(0<x<2),$$

$$V'=\frac{1}{3}\pi(4x-3x^2)=\frac{4}{3}\pi x\left(1-\frac{3}{4}x\right),$$

令 $V'=0$ 解得 $$x=0\text{（舍去）},\ x=\frac{4}{3}.$$

由题意知一定存在最大值，又本题只有唯一驻点，故 $x=\dfrac{4}{3}$ 为最大值点，最大值为 $\dfrac{32\pi}{81}$．即当圆锥的高为 $\dfrac{4}{3}$ m（约为 1.333 m）时，圆锥的体积最大且等于 $\dfrac{32\pi}{81}$ m$^3$（约为 1.241 m$^3$）．

**【例3-23】**（最大收益问题）某商品的需求量$Q$是价格$p$的函数$Q=Q(p)=48-p^2$，问$p$为何值时，总收益最大？

**解**：总收益
$$R=pQ=48p-p^3,$$
则
$$R'=48-3p^2.$$
令
$$R'=0,$$
得
$$p=4,\ p=-4(\text{舍去}),$$
又
$$R''=-6p,\ R''(4)<0,$$
所以$p=4$是区间$(0,+\infty)$上唯一的极大值点，也一定是$(0,+\infty)$上的最大值点，即当$p$为4时，最大总收益为$R(4)=128$.

**【例3-24】**（最大利润问题）工厂生产某产品$Q$件时，总成本$C(Q)=5Q+200$(万元)，得到的总收益为$R(Q)=10Q-0.01Q^2$(万元)，问生产多少件产品时，利润最大？

**解**：由题可知，利润
$$L(Q)=R(Q)-C(Q)=5Q-0.01Q^2-200,$$
则
$$L'=5-0.02Q.$$
令
$$L'=0,$$
得
$$Q=250,$$
又
$$L''=-0.02,\ L''(250)<0,$$
所以$Q=250$是区间$(0,+\infty)$上唯一的极大值点，也一定是$(0,+\infty)$上的最大值点，即当产量为250件时，最大利润为$L(250)=425$(万元).

总之，$L'(Q)=0$，即$R'(Q)=C'(Q)$时利润最大.

综上所述，可以得到以下结论.

(1) 求闭区间上连续函数最大值与最小值的方法：

① 求出函数在对应的开区间内的驻点和不可导点；

② 计算以上各点及端点的函数值；

③ 比较②中所有数值的大小，最大者为最大值，最小者为最小值.

(2) 实际问题中求最值的方法：

① 建立函数关系式，指出定义域；

② 令$f'(x)=0$找出驻点；

③ 依据实际问题本身判断最大值或最小值.

动画

运输问题

如果实际问题本身可以判断最大值或最小值存在，区间内有唯一的可导点而且又是驻点，那么不用讨论是否为极值，就可以判定该点一定是最大或最小值点.

**习题 3.4**

1. 求下列函数的最值.

(1) $y=\ln(4+x^2)$, $[-2, 5]$; (2) $y=x^4-2x^2$, $[-3, 2]$.

2. 把一根直径为 $d$ 的圆木锯成截面为矩形的梁.问矩形截面的高 $h$ 和宽 $b$ 应如何选择,才能使梁的抗弯截面模量 $W\left(W=\dfrac{1}{6}bh^2\right)$ 最大?

# 3.5 函数图像的凹凸性与函数图像的描绘

在前面我们利用导数来研究函数的单调性,函数的单调性反映在其图像上就是曲线上升或下降.例如 $y=x^2$ 与 $y=\sqrt{x}$ 在$(0, +\infty)$内都是单调递增函数,但其图像有显著的不同.一个是凹的,一个是凸的,函数图像的这种特征反映的就是曲线的凹凸性.

## 3.5.1 函数图像的凹凸性

1. 凹凸的弦位法定义

如图 3-7 和图 3-8 所示.

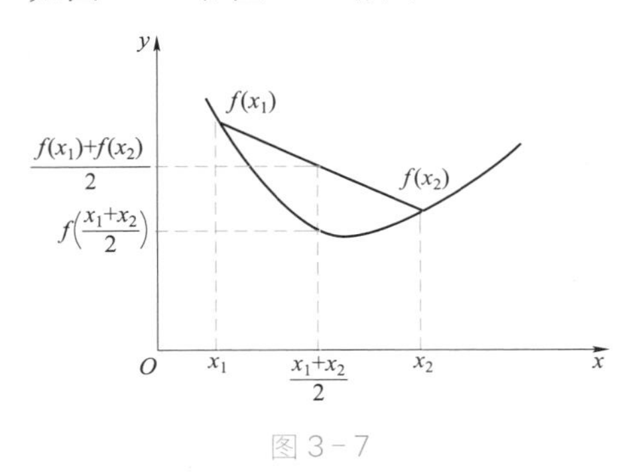


图 3-7

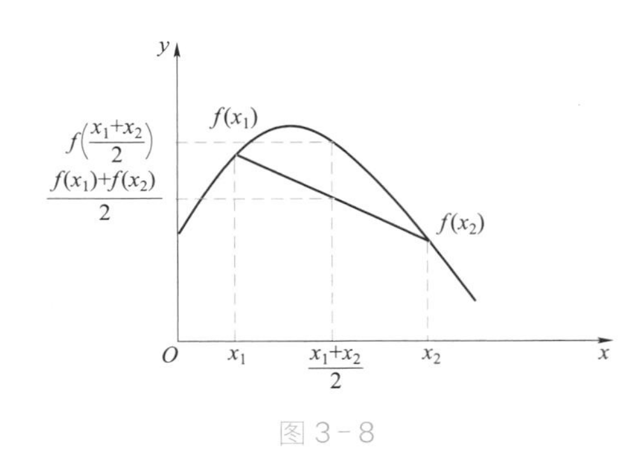


图 3-8

**定义 3-2** 设 $f(x)$在区间 $I$ 上连续,如果对 $I$ 上任意两点 $x_1x_2$,恒有

$$f\left(\frac{x_1+x_2}{2}\right)<\frac{f(x_1)+f(x_2)}{2},$$

那么称 $f(x)$在 $I$ 上的图像是**凹的**;如果恒有

$$f\left(\frac{x_1+x_2}{2}\right)>\frac{f(x_1)+f(x_2)}{2},$$

那么称 $f(x)$在 $I$ 上的图像是**凸的**.

**注意:** 弦位法定义的几何解释是过曲线上任两点作一条弦,连成的封闭图像会形成一张弓,如果弓在弦下,就称图像是凹的;反之,如果弓在弦上,就称图像是凸的.

2. 凹凸的切线法定义

如图 3-9 所示.

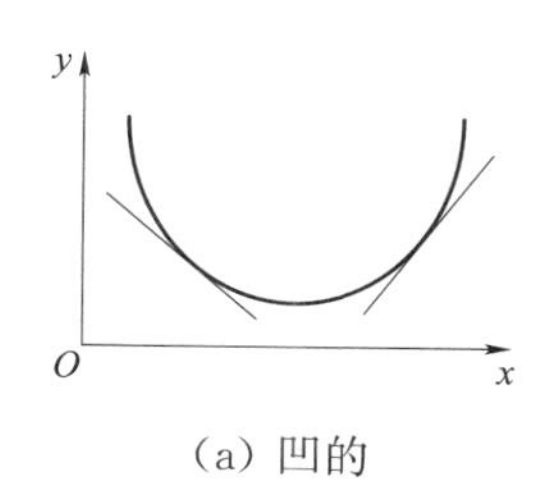


(a) 凹的

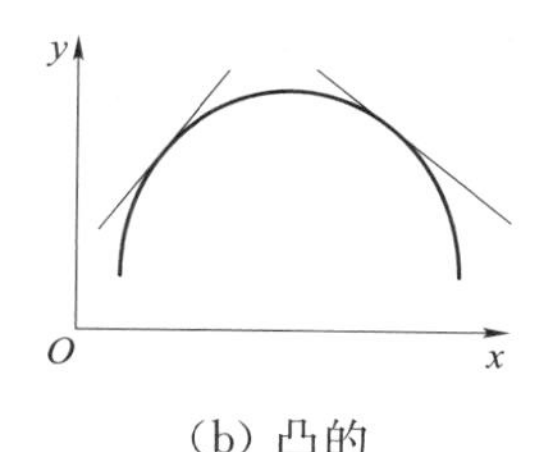


(b) 凸的

图 3-9

**定义 3-3** 设函数 $f(x)$在区间 $I$ 上连续,如果函数的曲线位于其上任意一点的切线的上方,则称该曲线在区间 $I$ 上是**凹的**;如果函数的曲线位于其上任意一点的切线的下方,则称该曲线在区间 $I$ 上是**凸的**.

**定理 3-9(凹凸性的判定)** 设 $f(x)$在$[a, b]$上连续,在$(a, b)$内具有一阶和二阶导数,那么:

(1) 若在$(a, b)$内 $f''(x)>0$, 则 $f(x)$在$[a, b]$上的图像是凹的,记为$\cup$;

(2) 若在$(a, b)$内 $f''(x)<0$, 则 $f(x)$在$[a, b]$上的图像是凸的,记为$\cap$.

微课

凹凸区间与拐点的判定

**【例 3-25】** 讨论函数 $y=\ln x$ 的凹凸性.

**解:** 函数的定义域为$(0, +\infty)$, $y'=\frac{1}{x}$, $y''=-\frac{1}{x^2}$.

在定义域内恒有 $y''<0$, 所以该函数的图像在$(0, +\infty)$上是凸的.

**【例 3-26】** 讨论函数 $y=x^3-3x^2+5x-1$ 的凹凸性.

**解:** 函数的定义域为$(-\infty, +\infty)$,有

$$y'=3x^2-6x+5, \quad y''=6x-6=6(x-1).$$

在$(-\infty, 1)$内 $y''<0$, 该区间函数图像是凸的;

在$(1, +\infty)$内 $y''>0$, 该区间函数图像是凹的.

**定义 3-4** 连续曲线 $y=f(x)$ 上凹与凸的分界点称为曲线 $y=f(x)$ 的**拐点**.

**注意:** 由凹凸性的判定定理知,函数的二阶导数符号确定了函数图像的凹凸性.而一阶导数符号确定了函数的单调性.

## 3.5.2 拐点及其求法

(1) 确定函数的定义域,同时求出函数的二阶导数 $f''(x)$并对其进行因式分解.

(2) 求出使 $f''(x)=0$ 和 $f''(x)$不存在的点,并以这些点为分界点,把定义域分成若干个子区间.

(3) 在每个子区间内任取一个点,代入 $f''(x)$ 的表达式中,以确定 $f''(x)$ 在该区间的符号,从而判定曲线 $y=f(x)$ 在相应区间的凹凸性.

(4) 若在相邻两个子区间内的二阶导数 $f''(x)$ 符号相反,则对应图像上的分界点即为曲线的一个拐点.

(5) 若相邻两个子区间的二阶导数 $f''(x)$ 符号相同,则两区间的凹凸性相同,该两区间对应图像上的分界点就不是拐点.

**【例 3-27】** 讨论函数 $f(x)=3x^4-4x^3+2$ 的凹凸性及拐点.

**解:** (1) 函数的定义域是 $(-\infty, +\infty)$, $f'(x)=12x^3-12x^2$.

(2) $f''(x)=36x^2-24x=36x\left(x-\frac{2}{3}\right)$, 令 $f''(x)=0$, 解得 $x_1=0$, $x_2=\frac{2}{3}$.

(3) 详见表 3-3.

表 3-3

| $x$ | $(-\infty, 0)$ | 0 | $\left(0, \frac{2}{3}\right)$ | $\frac{2}{3}$ | $\left(\frac{2}{3}, +\infty\right)$ |
|---|---|---|---|---|---|
| $f''(x)$ | + | 0 | − | 0 | + |
| $f(x)$ | $\cup$ | 拐点 $(0, 2)$ | $\cap$ | 拐点 $\left(\frac{2}{3}, \frac{38}{27}\right)$ | $\cup$ |

则 $f(x)$ 在 $(-\infty, 0)$, $\left(\frac{2}{3}, +\infty\right)$ 内是凹的;在 $\left(0, \frac{2}{3}\right)$ 内是凸的;拐点为 $(0, 2)$, $\left(\frac{2}{3}, \frac{38}{27}\right)$.

**【例 3-28】** 试问曲线 $y=x^4$ 有拐点吗?

**解:** 因为 $y''=12x^2$, $y''=0$ 只有一根为 $x=0$.

当 $x\neq 0$ 时, $y''>0$. 所以曲线 $y=x^4$ 在 $(-\infty, +\infty)$ 内是凹的,没有拐点.

**注意:** 二阶导数等于零的点未必是拐点.

### 3.5.3 函数图像的描绘

研究了函数的单调性、极值、凹凸性与拐点之后,我们就可以大致地描绘出函数的图像.但有些曲线在平面坐标系内是无限延伸的,为了掌握它们在无穷远处的变化,还需要讨论曲线的渐近线.

**定义 3-5** 如果曲线上的点沿曲线趋于无穷远时,此点与某一直线的距离趋于零,则称此直线是曲线的**渐近线**.渐近线有水平渐近线、垂直渐近线和斜渐近线.

1. 水平渐近线

**定义 3-6** 若函数 $y=f(x)$ 的定义域是无穷区间,且 $\lim\limits_{x\to\infty}f(x)=b$ (该过程也可以是 $x\to+\infty$ 或 $x\to-\infty$)时,则称直线 $y=b$ 为曲线 $y=f(x)$ 的**水平渐近线**.

2. 垂直渐近线

**定义 3-7** 若函数 $y=f(x)$ 在点 $a$ 处间断,且 $\lim\limits_{x\to a}f(x)=\infty$ (该过程也可以是 $x\to$

$a^-$ 或 $x\to a^+$),则称直线 $x=a$ 为曲线 $y=f(x)$ 的**垂直渐近线**.

**【例3-29】** 求曲线 $y=\frac{2}{x-3}$ 的渐近线.

**解:** 该函数定义域为 $(-\infty,3)\cup(3,+\infty)$,由 $\lim\limits_{x\to\infty}\frac{2}{x-3}=0$,可知 $y=0$ 为曲线 $y=\frac{2}{x-3}$ 的水平渐近线;由 $\lim\limits_{x\to3}\frac{2}{x-3}=\infty$,可知 $x=3$ 为曲线 $y=\frac{2}{x-3}$ 的垂直渐近线.

*3. 斜渐近线

**定义3-8** 若对于函数 $y=f(x)$,有 $\lim\limits_{x\to\infty}[f(x)-(ax+b)]=0$ 成立,则称直线 $y=ax+b$ 为曲线 $y=f(x)$ 的**斜渐近线**,其中 $a=\lim\limits_{x\to\infty}\frac{f(x)}{x}$,$b=\lim\limits_{x\to\infty}[f(x)-ax]$.

**【例3-30】** 求曲线 $y=\frac{x^2}{1+x}$ 的渐近线.

**解:** 因为 $\lim\limits_{x\to\infty}f(x)=\lim\limits_{x\to\infty}\frac{x^2}{1+x}=\infty$,所以曲线没有水平渐近线;因为 $\lim\limits_{x\to-1}f(x)=\lim\limits_{x\to-1}\frac{x^2}{1+x}=\infty$,所以 $x=-1$ 为曲线的垂直渐近线;又因为

$$a=\lim_{x\to\infty}\frac{f(x)}{x}=\lim_{x\to\infty}\frac{x}{1+x}=1,$$

$$b=\lim_{x\to\infty}[f(x)-ax]=\lim_{x\to\infty}\frac{-x}{1+x}=-1,$$

所以直线 $y=x-1$ 是曲线的斜渐近线.

*4. 描绘函数的图像

依据前面知识的学习,我们可以借助导数的符号确定函数图像的升降(单调性)、凹凸性、极值点及拐点,借助极限掌握函数的无限延伸状态,这样函数图像绘制比较准确.

描绘函数图像的步骤大致如下:

(1) 确定函数的定义域,分析函数的基本性质(奇偶性、周期性、有界性);

(2) 确定函数的单调区间、凹凸区间、极值、拐点;

(3) 确定函数图像的水平渐近线、垂直渐近线及其他变化状态;

(4) 确定一些特殊点(如与坐标轴的交点等);

(5) 列表,作图.

**【例3-31】** 描绘函数 $y=\frac{8(x+1)}{x^2}-2$ 的图像.

**解:** (1) 函数的定义域为 $(-\infty,0)\cup(0,+\infty)$;

(2) $y'=\frac{-8(x+2)}{x^3}$,令 $y'=0$,得驻点 $x=-2$;$y''=\frac{16(x+3)}{x^4}$,令 $y''=0$,得 $x=-3$.

(3) 详见表3-4.

表 3-4

| $x$ | $(-\infty, -3)$ | $-3$ | $(-3, -2)$ | $-2$ | $(-2, 0)$ | $(0, +\infty)$ |
|---|---|---|---|---|---|---|
| $y'$ | $-$ | $-$ | $-$ | 0 | $+$ | $-$ |
| $y''$ | $-$ | 0 | $+$ | $+$ | $+$ | $+$ |
| $y=f(x)$ | ↘∩ | 拐点$\left(-3, -\dfrac{34}{9}\right)$ | ↘∪ | 极小值$-4$ | ↗∪ | ↘∪ |

(4) 因为 $\lim\limits_{x\to\infty}\left[\dfrac{8(x+1)}{x^2}-2\right]=-2$，所以 $y=-2$ 为它的水平渐近线；又 $\lim\limits_{x\to 0}\left[\dfrac{8(x+1)}{x^2}-2\right]=\infty$，所以 $x=0$ 为它的垂直渐近线.

(5) 增加辅助点：图像与 $x$ 轴的交点 $M_1(2-2\sqrt{2}, 0)$，$M_2(2+2\sqrt{2}, 0)$.

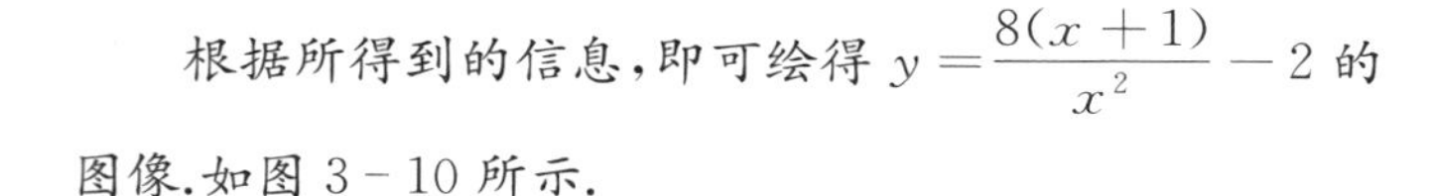

根据所得到的信息，即可绘得 $y=\dfrac{8(x+1)}{x^2}-2$ 的图像.如图 3-10 所示.

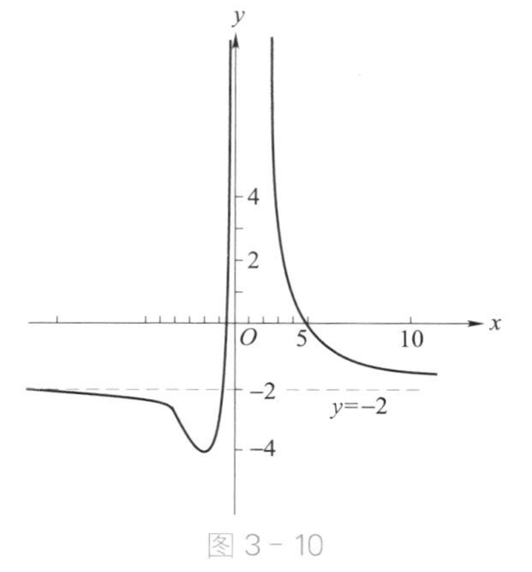


图 3-10

## 习题 3.5

1. 判断题.

(1) 若 $(x_0, f(x_0))$ 为曲线 $y=f(x)$ 的拐点，则必有 $f''(x_0)=0$.（　　）

(2) 若 $f''(x_0)=0$，则 $(x_0, f(x_0))$ 必为函数曲线 $y=f(x)$ 的拐点.（　　）

(3) 若在一连续区间上，曲线总在它每一点的切线上方，则曲线在这区间是凹的.（　　）

2. 求下列函数的拐点及凹或凸的区间.

(1) $y=x+\dfrac{1}{x}$；　　(2) $y=(x-2)^{\frac{5}{3}}$.

*3. 描绘下列函数的图像.

(1) $y=x\mathrm{e}^{-x}$；　　(2) $y=1+\dfrac{x+1}{(x-3)^2}$.

# 3.6 导数在经济学中的应用——边际与弹性

导数是经济管理学中最常用的工具之一. 在经济学中有两个非常重要的概念：边际与

弹性，它们分别研究的是经济函数的变化率与相对变化率问题.

## 3.6.1 边际函数

**定义 3－9** 设某经济函数 $f(x)$ 在 $x$ 处可导，则称导数 $f'(x)$ 为函数 $f(x)$ 的**边际函数**. $f'(x)$ 在 $x_0$ 处的值 $f'(x_0)$ 称为**边际函数值**.

显然 $f'(x_0)$ 表示经济函数 $f(x)$ 在 $x_0$ 处的瞬时变化速率，由微分知识可得

$$\Delta y\Big|_{\substack{x=x_0\\ \Delta x=1}} \approx \mathrm{d}y\Big|_{\substack{x=x_0\\ \Delta x=1}} = f'(x_0)\Delta x\Big|_{\substack{x=x_0\\ \Delta x=1}} = f'(x_0).$$

这表明在 $x=x_0$ 处，当自变量 $x$ 每增加 1 个单位 $(\Delta x=1)$ 时，相应的经济函数 $y=f(x)$ 大约增加 $f'(x_0)$ 个单位. 实际上我们在解释边际函数值问题时，常常忽略“大约”二字.

**【例 3－32】** 设经济函数 $y=2x^2-45x$，求 $x=10$ 时的边际函数值.

**解**：依题意可得

$$y'=4x-45,\ y'\big|_{x=10}=40-45=-5.$$

这表明当 $x=10$ 时，$x$ 增加 1 个单位，$y$ 增加 $-5$ 个单位，即 $y$ 减少 5 个单位.

1. 边际成本

设 $C$ 为总成本，$C_1$ 为固定成本，$C_2$ 为可变成本，$Q$ 为产量，则总成本函数为

$$C=C(Q)=C_1+C_2(Q);$$

平均成本函数为

$$\bar{C}=\bar{C}(Q)=\frac{C(Q)}{Q}=\frac{C_1+C_2(Q)}{Q};$$

边际成本函数为

$$C'=C'(Q)=C_1'+C_2'(Q)=0+C_2'(Q),$$

即 $C'=C_2'(Q)$. 其中当 $\Delta Q=1$ 时，

$$\Delta C=C(Q+1)-C(Q)\approx C'(Q).$$

因此我们总结出以下结论

(1) 边际成本的经济意义为：在一定产量 $Q$ 的基础上，再增加生产 1 单位产品所应增加的生产成本.

(2) 边际成本仅与可变成本有关，与固定成本无关.

(3) 若产品的单价为 $P$，则当 $C'(Q)<P$ 时，工厂可继续增加产量；当 $C'(Q)>P$ 时，应立即停止增产，要致力改进产品质量，提高出厂价或采取措施降低成本.

**【例 3－33】** 某产品的成本函数是 $C=0.001q^3-0.3q^2+40q+1\,000$，其中 $q$ 为产量.

(1) 求边际成本函数；

(2) 求 $q=50$ 时的总成本、平均成本及边际成本；

(3) 求当 $q=50$、100、150 时的边际成本，并给出经济解释.

**解：**(1) 边际成本函数为

$$C'=0.003q^2-0.6q^2+40.$$

(2) 当 $q=50$ 时，

总成本 $$C(50)=0.001\times 50^3-0.3\times 50^2+40\times 50+1\ 000=2\ 375;$$

平均成本 $$\bar{C}(50)=\frac{C(50)}{50}=\frac{2\ 375}{50}=47.5;$$

边际成本 $$C'(50)=0.003\times 50^2-0.6\times 50+40=17.5.$$

(3) 计算可知 $$C'(100)=0.003\times 100^2-0.6\times 100+40=10,$$

$$C'(150)=0.003\times 150^2-0.6\times 150+40=17.5.$$

简单解释：$C'(50)=17.5$，说明当产量为 50 单位时，再增加 1 单位产量，生产成本将增加 17.5；$C'(100)=10$，说明当产量为 100 单位时，再增加 1 单位产量，生产成本将增加 10；$C'(150)=17.5$，说明当产量为 150 单位时，再增加 1 单位产量，生产成本将增加 17.5，即第 151 个产品的成本大约为 17.5 单位.

该产品成本函数的边际成本函数是开口向上的，顶点在(100, 10)处的抛物线.在区间(0, 100)内单调递减，在(100, $+\infty$)内单调递增，这是典型的边际成本函数，它说明在产量较小时(100 以内)，增加产量时增产部分的成本将更低，这是因为批量生产可使生产能力得到充分利用，比少量生产更经济，这就是规模效益.当产量增加到某一定值 ($q=100$) 后，边际成本又将增加，这是因为在生产能力被充分利用后，再增加产量就必须投资新设备或加班加点，导致成本迅速上升.

2. 边际收益和边际利润

设 $P$ 为商品价格，$Q$ 为商品销售量，$R$ 为总收益，若价格函数为 $P=P(Q)$，则总收益函数为

$$R=R(Q)=Q\cdot P(Q);$$

平均收益函数为

$$\bar{R}=\frac{R(Q)}{Q}=P(Q);$$

边际收益函数为

$$R'=R'(Q).$$

边际收益的经济含义是：每增加 1 单位销售量，总收益增加的数量. 设总利润函数为 $L(Q)$，则

$$L(Q)=R(Q)-C(Q),$$

$$L'(Q)=R'(Q)-C'(Q).$$

$L'(Q)$称为边际利润函数. 边际利润的经济意义是:每增加1单位产量,总利润增加的数量.

**【例3-34】** 设某产品的需求函数为$Q=1\,000-100P$,其中$P$为价格,$Q$为需求量,求:

(1) 边际收益函数;

(2) 当销售量为300单位时的总收益、平均收益与边际收益.

**解:**(1) 由$Q=1\,000-100P$解得$P=10-0.01Q$,则收益函数为

$$R(Q)=Q\cdot P=10Q-0.01Q^2;$$

边际收益函数为

$$R'(Q)=10-0.02Q.$$

(2) 当$Q=300$时,总收益为

$$R(300)=10\times 300-0.01\times 300^2=2\,100;$$

平均收益为

$$\bar{R}(300)=\frac{R(300)}{300}=\frac{2\,100}{300}=7\ (\text{也等于销量为300时的产品售价});$$

边际收益为 $$R'(300)=10-0.02\times 300=4.$$

这里$R(300)=4$的经济含义是:当销售量为300单位时,销售量每增加1单位,其总收益约增加4单位.

**【例3-35】** 某机械厂加工某种产品的总成本函数和总收益函数分别是:$C(q)=100+2q+0.02q^2$(元),$R(q)=7q+0.01q^2$(元),其中$q$为日产量,单位为kg.求:

(1) 边际利润函数;

(2) 当日产量分别是200 kg、250 kg和300 kg时的边际利润,并说明经济含义.

**解:**(1) 总利润函数为

$$\begin{aligned}L(q)&=R(q)-C(q)\\&=(7q+0.01q^2)-(100+2q+0.02q^2)\\&=-100+5q-0.01q^2;\end{aligned}$$

边际利润函数为

$$L'(q)=5-0.02q.$$

(2) 当$q=200$ kg, 250 kg, 300 kg时的边际利润分别为

$$\begin{aligned}L'(200)&=5-0.02\times 200=1;\\L'(250)&=5-0.02\times 250=0;\\L'(300)&=5-0.02\times 300=-1.\end{aligned}$$

其经济含义是:日产量为200 kg时,再增产1 kg则总利润可增加1元;日产量为

250 kg时，再增加 1 kg 则总利润不增加；当日产量为 300 kg 时，再增加 1 kg 产量则反而亏损 1 元.由此可见，当日产量超过了边际利润的零点时，企业无利可图.

3. 边际产量

设总产量函数 $Q=f(x)$，$x$ 表示劳力或资本等的投入量，$Q$ 表示投入为 $x$ 时的产出量，则 $Q'=f'(x)$ 称为边际产量(或边际生产率).

边际产量 $f'(x)$的经济学含义为：增加 1 单位投入量，引起产量的增加量.因此边际产量 $f'(x)$的大小表示产量增加速度的快慢，即投入资源的效用大小.

## 3.6.2 弹性函数

边际函数问题，都是研究函数的绝对变化率，经济活动实践中还需要研究函数的相对改变量和相对变化率，这就是函数的弹性问题.一个经济量对另一个经济量变化所反映出的敏感性，亦即经济量的弹性(或反应性).例如有些商品需求量对市场的价格反应是很灵敏的，而另外某些商品则对市场价格反应却不太敏感.

设函数 $y=f(x)$，则$\dfrac{\Delta x}{x}$叫作**自变量的相对增量**；$\dfrac{\Delta y}{y}$叫作**函数的相对增量**.

**定义 3-10** 设函数 $y=f(x)$ 在 $x_0$ 处可导，当 $\Delta x\to 0$ 时，函数的相对增量$\dfrac{\Delta y}{y_0}$与自变量的相对增量$\dfrac{\Delta x}{x_0}$的比值$\dfrac{\frac{\Delta y}{y_0}}{\frac{\Delta x}{x_0}}$的极限称为函数 $y=f(x)$ 在 $x_0$ 处的点弹性，记为

$$\eta(x_0)=\lim_{\Delta x\to 0}\frac{\frac{\Delta y}{y_0}}{\frac{\Delta x}{x_0}},$$

通常也记作 $\left.\dfrac{Ey}{Ex}\right|_{x=x_0}$ 或 $\dfrac{E}{Ex}f(x_0)$.

根据导数的定义，显然有

$$\eta(x_0)=\lim_{\Delta x\to 0}\frac{\frac{\Delta y}{y_0}}{\frac{\Delta x}{x_0}}=\frac{x_0}{y_0}\lim_{\Delta x\to 0}\frac{\Delta y}{\Delta x}=\frac{x_0}{y_0}\cdot f'(x_0),$$

对于任意的 $x$，若 $f(x)$可导，则

$$\eta(x)=\frac{x}{y}\lim_{\Delta x\to 0}\frac{\Delta y}{\Delta x}=\frac{x}{y}\cdot f'(x),$$

其中 $\eta(x)$为 $x$ 的函数，称为 $f(x)$的弹性函数.

函数 $f(x)$在 $x$ 处的弹性$\dfrac{Ey}{Ex}$反映了随着 $x$ 的变化，函数 $f(x)$变化幅度的大小，也就是函数 $f(x)$对自变量 $x$ 变化反应的灵敏度.$\left.\dfrac{Ey}{Ex}\right|_{x=x_0}$ 表示在 $x_0$ 处，当 $x$ 产生 1%的改变

时，函数 $f(x)$ 近似地改变 $\left.\frac{Ey}{Ex}\right|_{x=x_0}\%$，在实际问题中解释弹性的具体意义时，常忽略“近似”二字.

显而易见，弹性的计算公式也可以改写为

$$\eta(x)=\frac{Ey}{Ex}=\frac{f'(x)}{y/x}=\frac{\text{边际函数}}{\text{平均函数}}.$$

因此在经济学中，弹性又可理解为边际函数与平均函数之比.

**【例 3-36】** 求幂函数 $y=x^a$（$a$ 为常数）的弹性函数.

**解:** 由于 $y'=ax^{a-1}$，根据弹性公式

$$\eta(x)=\frac{Ey}{Ex}=\frac{f'(x)}{\frac{y}{x}}=\frac{ax^{a-1}}{\frac{x^a}{x}}=a,$$

可见幂函数的弹性函数为常数，即在任何点的弹性不变，因此幂函数也被称为弹性不变函数.

1. 需求弹性

设需求函数 $Q=f(P)$，其中 $P$ 为商品价格，$Q$ 为需求商品量.其价格变动时对需求影响的程度，就是需求对价格的弹性.

设 $Q=f(P)$ 在 $P$ 处可导，则

$$\eta(P)=\frac{EQ}{EP}=\frac{P}{Q}\cdot f'(P),$$

称为需求函数在 $P$ 点的需求对价格弹性，简称需求弹性.需求弹性的经济含义为：单价为 $P$ 时，单价每变动 1%，需求量变化的百分数.

**【例 3-37】** 设需求函数 $Q=500(10-P)$，试求

(1) 需求弹性 $\eta(P)$；

(2) 当价格 $P=2$、5、6 时的需求弹性，并说明其经济意义.

**解:** (1) $Q'=-500$，$\eta(P)=\frac{P}{Q}\cdot Q'(P)=\frac{P}{500(10-P)}\cdot(-500)=\frac{P}{P-10}$.

(2) $\eta(2)=\frac{2}{2-10}=-0.25$，$\eta(5)=\frac{5}{5-10}=-1$，$\eta(6)=\frac{6}{6-10}=-1.5$.

$\eta(2)=-0.25$，表明 $P=2$ 时，需求量减少的幅度小于价格上涨的幅度，即价格上涨 1%，需求相应地减少 0.25%，若提高价格企业是有利可图的；$\eta(5)=-1$，表示 $P=5$ 时，价格和需求量变动的幅度相同，即价格上涨 1%需求相应地减少 1%，这时提高价格对企业的总收益无影响；$\eta(6)=-1.5$ 表明当 $P=6$ 时，需求量减少的幅度大于价格上涨的幅度，即价格降低 1%，需求量增加 1.5%，这时企业应考虑降低售价，薄利多销也能提高企业的效益.

以上分析可得如下结论：

(1) 需求函数 $Q=f(P)$ 为单调递减函数，且需求弹性 $\eta(P)<0$，即需求量的变化与

价格的变化是反方向的.

(2) 当 $\eta(P)=-1$ 时称需求有单位弹性.这时价格上升的百分数与需求量下降的百分数相同,企业总收益几乎不变.

当 $\eta(P)<-1$ 时称需求是有弹性的.这时价格的变化将引起需求量较大的变化,需求对价格的依赖性是很大的.奢侈品的需求多属此情况.

当 $-1<\eta(P)<0$ 时称需求是低弹性的.此时价格的变化只引起需求的微小变化,需求量主要不是由价格来确定.生活必需品的需求多属此情况.

**【例 3-38】** 某商品处于滞销时期,准备以降价扩大销售,如果该产品的需求弹性在 $-2<\eta(P)<-1.5$ 之间,试问当降价 10%时,销售量能增加多少?

**解:** 根据弹性定义有近似算法 $\eta(P)=\dfrac{\frac{\Delta Q}{Q}}{\frac{\Delta P}{P}}$,从而有 $\dfrac{\Delta Q}{Q}=\eta(P)\dfrac{\Delta P}{P}$,由题目条件 $\dfrac{\Delta P}{P}=-10\%$,$-2<\eta(P)<-1.5$,可推出 $15\%<\dfrac{\Delta Q}{Q}<20\%$,所以降价 10%后销售量能增加 15%到 20%.

由上可见,测定商品的需求价格弹性,对市场分析有很重要的作用.

上题中近似算法 $\eta(P)=\dfrac{\frac{\Delta Q}{Q}}{\frac{\Delta P}{P}}$ 通常也被称为比例弹性.不难看出,点弹性是比例弹性的极限,用比例弹性代替点弹性,结果会有误差,但在处理经济问题时常用这种方法,误差是允许存在的.

2. 供给弹性

设供给函数 $Q=\phi(P)$,其中 $Q$ 为供给量,$P$ 为价格,若 $Q=\phi(P)$ 在 $P$ 处可导,则

$$\eta(P)=\frac{EQ}{EP}=\frac{P}{Q}\cdot\phi'(P),$$

称为供给函数在 $P$ 点的供给对价格弹性,简称供给弹性.

容易知道供给函数 $Q=\phi(P)$ 为单调递增函数,其对应的供给弹性 $\eta(P)>0$,即供给量的变化与价格的变化是同方向的.

**【例 3-39】** 某种花卉的供给函数为 $Q=5+2P$,求供给弹性函数及 $P=4$ 时的供给弹性.

**解:** 由 $\phi'(P)=2$,故供给弹性为

$$\eta(P)=\frac{P}{Q}\cdot\phi'(P)=\frac{P}{5+2P}\cdot 2=\frac{2P}{5+2P},$$

当 $P=4$ 时

$$\eta(4)=\frac{2\times 4}{5+2\times 4}\approx 0.72.$$

它的经济解释为：当价格为 $P=4$ 时，价格上涨 1%，供给增加 0.72%；价格下跌 1%，供给减少 0.72%.

3. 生产弹性

设生产函数 $y=f(x)$，$x$ 为劳力或资本等资源的投入量，$y$ 为产出量.与研究需求弹性和供给弹性一样，我们也可以研究产出量 $y$ 对资源投入量 $x$ 的变动敏感程度，即生产弹性.

## 习题 3.6

1. 设生产某种商品的收益函数为 $R=200Q-0.01Q^2$，求生产 100 个单位产品时的总收益、平均收益和边际收益.

2. 芜湖某外贸加工企业加工某产品的成本函数为 $C=2\,000+8Q+0.1Q^2$，求：

(1) 边际成本函数；

(2) 已经生产了 50 个单位产品，请估计生产第 51 个产品所需要增加的成本.

3. 某奢侈品的需求函数为 $Q=80-P^2$，求：

(1) $P=5$ 时的边际需求，解释其经济含义；

(2) $P=5$ 时的需求弹性，解释其经济含义.

## 拓展阅读

# 微分中值定理的三位创立者

### 一、米歇尔·罗尔

米歇尔·罗尔，法国数学家，发明罗尔定理及现在的标准记法以表示 $x$ 的 $n$ 次根.

罗尔生于下奥弗涅的昂贝尔(Ambert)，仅受过初等教育，依靠自学精通了代数与丢番图分析理论.1675 年他从昂贝尔搬往巴黎，1682 年因为解决了数学家雅克·奥扎南提出的一个数论难题而获得盛誉，得到了让-巴蒂斯特·科尔贝的津贴资助.1685 年获选进法兰西皇家科学院.罗尔是微积分的早期批评者，认为它建基于不稳固的推论，后来改变立场.

**主要贡献** 罗尔在代数学方面做过许多工作，曾经积极采用简明的数学符号如“$=$”“$\sqrt{\phantom{x}}$”等撰写数学著作；研究并掌握了与现代一致的实数集序的观念及方程的消元方法；提出所谓的级联(Cascades)法则来分离代数方程的根.

**出版著作** 《方程的解法》.

**二、约瑟夫·拉格朗日**

约瑟夫·拉格朗日全名为约瑟夫·路易斯·拉格朗日，法国著名数学家、物理学家、天文学家.他在数学、力学和天文学三个学科领域中都有历史性的贡献，其中尤以数学方面的成就最为突出.

**主要贡献** 拉格朗日是18世纪的伟大科学家，在数学方面的贡献较为突出，拿破仑曾称赞他是“一座高耸在数学界的金字塔”，他最突出的贡献是加深了数学与其他学科的联系，推动了数学理论的发展.同时他在使天文学力学化、力学分析化上也起了历史性作用，促使力学和天文学（天体力学）更深入发展.

**出版著作** 《论任意阶数值方程的解法》《解析函数论》《函数计算讲义》……拉格朗日的著作非常多，未能全部收集.他去世后，法兰西研究院集中了他留在学院内的全部著作，编辑出版了十四卷《拉格朗日文集》.

**三、柯西**

柯西是法国数学家、物理学家、天文学家.19世纪初期，微积分已发展成一个庞大的分支，内容丰富，应用非常广泛.与此同时，它的薄弱之处也越来越暴露出来，微积分的理论基础并不严格.为了解决新问题并澄清微积分概念，数学家们展开了严谨化的工作，在数学分析基础的奠基工作中，做出卓越贡献的要首推伟大的数学家柯西.

**主要贡献** 柯西在数学上的最大贡献是在微积分中引进了极限概念，并以极限为基础建立了逻辑清晰的分析体系.这是微积分发展史上的里程碑，也是柯西对人类科学发展所做的巨大贡献.复变函数的微积分理论就是由他创立的，他在代数方面、理论物理、光学、弹性理论等方面也有突出贡献.柯西的数学成就不仅辉煌，而且数量惊人.柯西全集有27卷，其论著有800多篇，在数学史上是仅次于欧拉的多产数学家.当今教材中的许多定理与准则都以柯西命名.

**出版著作** 《分析教程》《无穷小分析教程概论》《微积分在几何上的应用》.

CHAPTER 4

# 第4章 不定积分

迟序之数，非出神怪，有形可检，有数可推.

——祖冲之

学习要求

- 理解原函数和不定积分的概念，了解不定积分与微分（导数）的关系和不定积分的几何意义；
- 掌握基本积分公式和不定积分的性质，熟练掌握直接积分法；
- 熟练掌握各种恒等变形、第一类换元积分法（凑微分法）和第二类换元积分法（简单根式代换、三角代换、倒代换）；
- 熟练掌握分部积分法.

在微分学中已经介绍过已知一个函数，求其导数的方法.但是，在科学技术领域中往往还会遇到与此相反的问题：已知一个函数的导数，求原来的函数，这就是积分学.积分学由两个基本部分组成：不定积分和定积分.

## 4.1 不定积分的概念

数学家小传

祖冲之

### 4.1.1 原函数

【例4－1】 已知某曲线过原点(0, 0)，且过曲线上任意一点的切线斜率等于该点横坐标的两倍，试求此曲线方程.

**解**：设所求曲线方程为 $y=f(x)$，由题意知 $y'=2x$，易知 $(x^2+C)'=2x$，有 $y=$

$x^2+C$，其中 $C$ 为任意常数，又因为曲线过原点(0, 0)，所以有 $C=0$. 因此所求曲线方程为 $y=x^2$.

显然这个问题正是微分学的逆问题，类似这方面的问题，在数学上可抽象出原函数的概念.

微课

不定积分的概念与性质

**定义 4-1** 设 $f(x)$是定义在区间 $I$ 上的已知函数，如果存在可导函数 $F(x)$，使对于 $\forall x\in I$，都有

$$F'(x)=f(x) \text{ 或 } \mathrm{d}F(x)=f(x)\mathrm{d}x,$$

则称函数 $F(x)$是函数 $f(x)$在区间 $I$ 上的一个**原函数**.

例如，在$(-\infty, +\infty)$内，有 $(x^2)'=2x$，所以 $x^2$ 是 $2x$ 在区间$(-\infty, +\infty)$内的一个原函数.现在需要解决以下三个问题.

(1) 一个函数具备什么条件，才能保证它的原函数一定存在?

**定理 4-1(原函数存在定理)** 如果函数 $f(x)$在区间 $I$ 上连续，则其在区间 $I$ 上的原函数一定存在.

简单地说，就是连续函数一定有原函数.

(2) 若一个函数有原函数，则其原函数是否唯一?

**定理 4-2** 若 $F(x)$是 $f(x)$在区间 $I$ 上的一个原函数，则一切形如 $F(x)+C$（其中 $C$ 为任意常数)的函数也是 $f(x)$的原函数.

**证:**因为 $F(x)$是 $f(x)$在区间 $I$ 上的一个原函数，故 $F'(x)=f(x)$，则$(F(x)+C)'=F'(x)+C'=f(x)$，所以 $F(x)+C$ 也是 $f(x)$的原函数.

在前面例子中，有 $(x^2+1)'=2x$，$(x^2+\sqrt{3})'=2x$，$(x^2+C)'=2x$（$C$ 为任意常数)，所以 $x^2+1$，$x^2+\sqrt{3}$，$x^2+C$ 都是 $2x$ 在区间$(-\infty, +\infty)$内的原函数.若 $f(x)$有一个原函数，那么就可推论它有无穷多个原函数.

(3) 一个函数的诸多原函数之间有什么关系，怎么把它的所有原函数都表示出来呢?

**定理 4-3** 若 $F(x)$、$G(x)$是 $f(x)$在区间 $I$ 上的两个原函数，则 $G(x)=F(x)+C$.

**证:**因为 $F'(x)=f(x)$，$G'(x)=f(x)$，所以

$$[F(x)-G(x)]'=F'(x)-G'(x)=0,$$

由拉格朗日中值定理的推论可知 $G(x)-F(x)=C$，即 $G(x)=F(x)+C$.

该定理说明，一个函数的任意两个原函数之间只相差一个常数.由此可见，若 $F(x)$是 $f(x)$在某区间上的一个原函数，则 $F(x)+C$($C$ 为任意常数) 就表示 $f(x)$的全体原函数.

**【例 4-2】** 证明函数 $-\dfrac{1}{2}\cos 2x$，$\sin^2 x+5$，$-\cos^2 x-10$ 都是 $\sin 2x$ 的原函数.

**证:**因为

$$\left(-\frac{1}{2}\cos 2x\right)'=-\frac{1}{2}(-\sin 2x)\times 2=\sin 2x,$$

$$(\sin^2 x+5)'=2\sin x\cos x=\sin 2x,$$

$$(-\cos^2 x-10)'=-2\cos x(-\sin x)=\sin 2x.$$

所以由原函数的定义，函数 $-\frac{1}{2}\cos 2x$，$\sin^2 x+5$，$-\cos^2 x-10$ 都是 $\sin 2x$ 的原函数.

**注**

$$-\frac{1}{2}\cos 2x=-\frac{1}{2}(2\cos^2 x-1)=-\cos^2 x+\frac{1}{2},$$

$$-\frac{1}{2}\cos 2x=-\frac{1}{2}(1-2\sin^2 x)=-\frac{1}{2}+\sin^2 x,$$

即 $-\frac{1}{2}\cos 2x$，$\sin^2 x+5$，$-\cos^2 x-10$ 这三个函数之间相差一个固定常数.

### 4.1.2 不定积分

**定义 4-2** 若函数 $F(x)$是 $f(x)$的一个原函数，则称 $F(x)+C$ ($C$ 为任意常数)为 $f(x)$的不定积分，记作

$$\int f(x)\mathrm{d}x=F(x)+C.$$

其中符号“$\int$”称为积分号，$f(x)$称为被积函数，$f(x)\mathrm{d}x$ 称为被积分表达式或被积分式，$x$ 称为积分变量，$C$ 称为积分常数.

**注意：**(1) 由定义知，求 $f(x)$的不定积分，就是求被积函数 $f(x)$的全体原函数，即找到 $f(x)$的一个原函数 $F(x)$，再加常数 $C$.

(2) $C$ 是不定积分的标志，千万不能丢掉.

**【例 4-3】** 求不定积分 $\int\sin x\mathrm{d}x$.

**解：**因为 $(-\cos x)'=\sin x$，即 $-\cos x$ 是 $\sin x$ 的一个原函数，所以不定积分

$$\int\sin x\mathrm{d}x=-\cos x+C.$$

**【例 4-4】** 求不定积分 $\int\frac{1}{x}\mathrm{d}x$.

**解：**当 $x>0$ 时，因为 $(\ln x)'=\frac{1}{x}$，所以 $\int\frac{1}{x}\mathrm{d}x=\ln x+C$；当 $x<0$ 时，因为 $[\ln(-x)]'=\frac{1}{-x}\cdot(-1)=\frac{1}{x}$，所以 $\int\frac{1}{x}\mathrm{d}x=\ln(-x)+C$. 于是合并为 $\int\frac{1}{x}\mathrm{d}x=\ln|x|+C$.

### 4.1.3 不定积分与微分(导数)的关系

就像乘法与除法是互逆运算一样，不定积分与微分(导数)也是一对互逆运算.设函数

$F(x)$是$f(x)$在区间$I$上的一个原函数,其关系如下:

(1) 先积分后求导:$\left[\int f(x)\mathrm{d}x\right]'=[F(x)+C]'=f(x)$.

(2) 先积分后微分:$\mathrm{d}\left[\int f(x)\mathrm{d}x\right]=\mathrm{d}[F(x)+C]=f(x)\mathrm{d}x$.

(3) 先求导后积分:$\int F'(x)\mathrm{d}x=\int f(x)\mathrm{d}x=F(x)+C$.

(4) 先微分后积分:$\int \mathrm{d}F(x)=\int f(x)\mathrm{d}x=F(x)+C$.

简单地说,可以认为微分号和积分号在一起时可以相互抵消(先微分后积分时要加上一个积分常数$C$,先积分后微分时要加上微分符号$\mathrm{d}x$).

上述结论在证明时只需设$F(x)$是$f(x)$的一个原函数,即$F'(x)=f(x)$,$\int f(x)\mathrm{d}x=F(x)+C$.

## 4.1.4 不定积分的几何意义

动画

不定积分的几何意义

如果$F(x)$是$f(x)$的一个原函数,就称$y=F(x)$表示的曲线为$f(x)$的一条积分曲线.由于$\int f(x)\mathrm{d}x=F(x)+C$,对于每一给定的常数$C$,$y=F(x)+C$表示的曲线均是$f(x)$的积分曲线,这些曲线称为$f(x)$的积分曲线簇.积分曲线簇$y=F(x)+C$的特点是:

在横坐标相同的点处曲线的切线是平行的,切线的斜率都等于$f(x)$,由于它们的纵坐标只相差一个常数,因此它们都可以由一条积分曲线沿$y$轴方向平行移动得到,如图4-1所示.

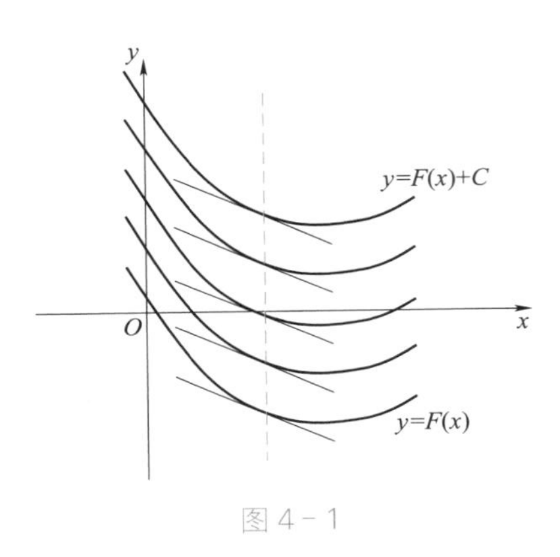


图4-1

### 习题4.1

1. 判断下列函数是不是同一函数的原函数.

(1) $\ln|\ln x|$与$2\ln x$;　　(2) $\sec^2 x$与$\csc^2 x$.

2. 求下列不定积分.

(1) $\int \mathrm{e}^x \mathrm{d}x$;　　(2) $\int \cos x \mathrm{d}x$.

3. 已知一个原函数$F(x)=x^{\frac{3}{2}}+\sin x$,求$F'(x)$.

# 4.2 不定积分的基本公式和性质

## 4.2.1 基本积分公式

根据前面讨论可知，积分法与微分法互为逆运算，可由导数公式得到下列积分公式.

(1) $\int k\,dx = kx + C$ ($k$ 为常数)，特别地 $\int 0\,dx = C$；

(2) $\int x^a\,dx = \dfrac{x^{a+1}}{1+a} + C$($a$ 为常数，$a \neq -1$)；

(3) $\int \dfrac{1}{x}\,dx = \ln|x| + C$；

(4) $\int a^x\,dx = \dfrac{a^x}{\ln a} + C$；

(5) $\int e^x\,dx = e^x + C$；

(6) $\int \sin x\,dx = -\cos x + C$；

(7) $\int \cos x\,dx = \sin x + C$；

(8) $\int \sec^2 x\,dx = \int \dfrac{1}{\cos^2 x}\,dx = \tan x + C$；

(9) $\int \csc^2 x\,dx = \int \dfrac{1}{\sin^2 x}\,dx = -\cot x + C$；

(10) $\int \sec x \tan x\,dx = \sec x + C$；

(11) $\int \csc x \cot x\,dx = -\csc x + C$；

(12) $\int \dfrac{1}{\sqrt{1-x^2}}\,dx = \arcsin x + C = -\arccos x + C$；

(13) $\int \dfrac{1}{1+x^2}\,dx = \arctan x + C = -\operatorname{arccot} x + C$.

请比较一下基本积分公式和基本导数公式，观察它们之间的联系及区别.

**【例4-5】** 求下列不定积分.

(1) $\int \dfrac{1}{x^3}\,dx$；　　(2) $\int \dfrac{1}{x\sqrt{x}}\,dx$.

**解**:(1) $\int \frac{1}{x^3}\mathrm{d}x = \int x^{-3}\mathrm{d}x = \frac{x^{-3+1}}{-3+1} + C = -\frac{1}{2x^2} + C$;

(2) $\int \frac{1}{x\sqrt{x}}\mathrm{d}x = \int x^{-\frac{3}{2}}\mathrm{d}x = \frac{x^{-\frac{3}{2}+1}}{-\frac{3}{2}+1} + C = -\frac{2}{\sqrt{x}} + C$.

对于根式函数的积分,一般化为幂函数的积分来计算.

## 4.2.2 不定积分的性质

**性质 4-1** (分项积分)两个函数代数和的不定积分等于这两个函数不定积分的代数和,即

$$\int [f(x) \pm g(x)]\mathrm{d}x = \int f(x)\mathrm{d}x \pm \int g(x)\mathrm{d}x.$$

**推论 4-1** 有限个函数代数和的不定积分等于各个函数不定积分的代数和,即

$$\int [f_1(x) \pm f_2(x) \pm \cdots \pm f_n(x)]\mathrm{d}x = \int f_1(x)\mathrm{d}x \pm \int f_2(x)\mathrm{d}x \pm \cdots \pm \int f_n(x)\mathrm{d}x.$$

**性质 4-2** 被积函数中的不为零的常数因子可以提到积分号外,即

$$\int kf(x)\mathrm{d}x = k\int f(x)\mathrm{d}x \quad (k \neq 0),$$

结合起来就有不定积分的线性性质:

$$\int [k_1 f_1(x) + k_2 f_2(x)]\mathrm{d}x = k_1\int f_1(x)\mathrm{d}x + k_2\int f_2(x)\mathrm{d}x \quad (k_1, k_2 \neq 0).$$

## 4.2.3 直接积分法

求积分时,若无法直接根据基本积分公式和积分的性质求出结果,可以将被积函数进行适当的恒等变形(包括代数和三角函数的恒等变形),再利用基本积分公式和积分的性质求出结果.这样的积分方法,称为直接积分法.

**【例 4-6】** 求 $\int \left(2x - 3\mathrm{e}^x + \frac{1}{1+x^2}\right)\mathrm{d}x$.

**解**: 
$$\begin{aligned}\int \left(2x - 3\mathrm{e}^x + \frac{1}{1+x^2}\right)\mathrm{d}x &= \int 2x\,\mathrm{d}x - 3\int \mathrm{e}^x\,\mathrm{d}x + \int \frac{1}{1+x^2}\mathrm{d}x \\ &= (x^2 + C_1) - 3(\mathrm{e}^x + C_2) + (\arctan x + C_3) \\ &= x^2 - 3\mathrm{e}^x + \arctan x + C.\end{aligned}$$

其中 $C = C_1 - 3C_2 + C_3$.

**注意**:(1) 各积分常数可以合并,只需在最后写出一个积分常数 $C$.

(2) 检验积分结果是否正确,只要对结果求导,看它的导数是否等于被积函数,相等

时结果是正确的,否则结果是错误的.如例 4-6,由于 $(x^2-3e^x+\arctan x+C)'=2x-3e^x+\dfrac{1}{1+x^2}$,所以结果是正确的.

【例 4-7】 求 $\int\dfrac{(1+\sqrt{x})^2}{x}dx$.

不定积分的基本公式和性质

解: $$\int\frac{(1+\sqrt{x})^2}{x}dx=\int\frac{1+2\sqrt{x}+x}{x}dx=\int\frac{1}{x}dx+2\int x^{-\frac{1}{2}}dx+\int dx$$
$$=\ln|x|+4\sqrt{x}+x+C.$$

【例 4-8】 求 $\int\dfrac{3\cdot 2^x-4\cdot 5^x}{3^x}dx$.

解: $$\int\frac{3\cdot 2^x-4\cdot 5^x}{3^x}dx=3\int\left(\frac{2}{3}\right)^x dx-4\int\left(\frac{5}{3}\right)^x dx=3\cdot\frac{\left(\frac{2}{3}\right)^x}{\ln\frac{2}{3}}-4\cdot\frac{\left(\frac{5}{3}\right)^x}{\ln\frac{5}{3}}+C$$
$$=3\cdot\frac{\left(\frac{2}{3}\right)^x}{\ln 2-\ln 3}-4\cdot\frac{\left(\frac{5}{3}\right)^x}{\ln 5-\ln 3}+C.$$

【例 4-9】 求 $\int\dfrac{x^4}{1+x^2}dx$.

解: $$\int\frac{x^4}{1+x^2}dx=\int\frac{x^4-1+1}{1+x^2}dx=\int\left(x^2-1+\frac{1}{1+x^2}\right)dx$$
$$=\frac{1}{3}x^3-x+\arctan x+C.$$

【例 4-10】 求 $\int\dfrac{x^2-1}{x^2+1}dx$.

解: $$\int\frac{x^2-1}{x^2+1}dx=\int\frac{x^2+1-2}{x^2+1}dx$$
$$=\int dx-2\int\frac{1}{1+x^2}dx=x-2\arctan x+C.$$

【例 4-11】 求 $\int\sin^2\dfrac{x}{2}dx$.

解: $$\int\sin^2\frac{x}{2}dx=\int\frac{1-\cos x}{2}dx=\frac{1}{2}\int dx-\frac{1}{2}\int\cos x\,dx$$
$$=\frac{1}{2}x-\frac{1}{2}\sin x+C.$$

原函数与不定积分概念与性质

同理可求 $$\int\cos^2\frac{x}{2}dx=\int\frac{1+\cos x}{2}dx=\frac{1}{2}\int dx+\frac{1}{2}\int\cos x\,dx$$
$$=\frac{1}{2}x+\frac{1}{2}\sin x+C.$$

【例 4-12】 求$\int \tan^2 x\,dx$．

解：

$$\int \tan^2 x\,dx = \int (\sec^2 x - 1)\,dx$$
$$= \int \sec^2 x\,dx - \int dx = \tan x - x + C.$$

同理可求

$$\int \cot^2 x\,dx = \int (\csc^2 x - 1)\,dx$$
$$= \int \csc^2 x\,dx - \int dx = -\cot x - x + C.$$

【例 4-13】 求$\int \frac{1}{\sin^2 x \cos^2 x}dx$.

解：

$$\int \frac{1}{\sin^2 x\cos^2 x}dx = \int \frac{\sin^2 x + \cos^2 x}{\sin^2 x \cos^2 x}dx$$
$$= \int \left(\frac{1}{\cos^2 x} + \frac{1}{\sin^2 x}\right)dx = \tan x - \cot x + C.$$

## 习题 4.2

1. 验证下列等式是否成立.

(1) $\int \sqrt{x}(x^2 - 3)\,dx = \frac{2}{7}x^3\sqrt{x} - 2x\sqrt{x} + C$；

(2) $\int x\cos x\,dx = x\sin x - \cos x + C$.

2. 求下列不定积分.

(1) $\int \frac{xe^x + x^3 + 3}{x}dx$；　　(2) $\int \frac{1}{x^2(x^2+1)}dx$；

(3) $\int \frac{x-4}{\sqrt{x}+2}dx$；　　(4) $\int \frac{3\cdot 2^x + 4\cdot 3^x}{3^x}dx$.

# 4.3 换元积分法

利用直接积分法可以求一些简单的函数的不定积分，但当被积函数较为复杂时，直接积分法往往难以奏效.如求积分$\int \cos 3x\,dx$，就不能直接用公式$\int \cos x\,dx = \sin x + C$进行积分.这是因为被积函数是一个复合函数.本节把复合函数的微分法反过来用于求不定积分,利用中间变量的代换,得到复合函数的积分法,称为换元积分法,简称换元法.

换元积分法分为以下两类:

(1) 第一类换元积分法,也称凑微分法;

(2) 第二类换元积分法,也称直接换元法.

### 4.3.1 第一类换元积分法

**【例4-14】** 求$\int \cos 3x \mathrm{d}x$.

**解:**把$3x$看成是变量$u$进行换元,即设$u=3x$,则$\mathrm{d}u=\mathrm{d}(3x)=3\mathrm{d}x$,

$$\int \cos 3x \mathrm{d}x=\frac{1}{3}\int \cos u \mathrm{d}u.$$

而$\int \cos u \mathrm{d}u$可由基本积分公式求得,即

$$\frac{1}{3}\int \cos u \mathrm{d}u=\frac{1}{3}\sin u+C.$$

最后再把$u$回代成$3x$,得

$$\int \cos 3x \mathrm{d}x=\frac{1}{3}\sin 3x+C.$$

微课
第一换元积分法

**定理4-4(第一换元积分法)** 设$\int f(u)\mathrm{d}u=F(u)+C$,且$u=\varphi(x)$具有连续的导函数,则

$$\int f[\varphi(x)]\varphi'(x)\mathrm{d}x=\int f[\varphi(x)]\mathrm{d}\varphi(x)\xlongequal{u=\varphi(x)}\int f(u)\mathrm{d}u=F(u)+C=F[\varphi(x)]+C.$$

**注意:**定理4-4常写成如下形式,若$\int f(x)\mathrm{d}x=F(x)+C$,则

$$\int f(u)\mathrm{d}u=F(u)+C.$$

其中$u=\varphi(x)$可微.上式就是把已知的积分$\int f(x)\mathrm{d}x=F(x)+C$中的$x$换成了可微函数$\varphi(x)$.所以说把积分变量换成可微函数$\varphi(x)$后基本积分公式仍成立(积分形式不变性).

**【例4-15】** 求$\int (1-2x)^{a}\mathrm{d}x$.

**解:**设$u=1-2x$,则$\mathrm{d}u=-2\mathrm{d}x$,即$\mathrm{d}x=-\frac{1}{2}\mathrm{d}u$,于是当$a=-1$时,

$$\int(1-2x)^{-1}\mathrm{d}x=-\frac{1}{2}\int\frac{1}{u}\mathrm{d}u=-\frac{1}{2}\ln|u|+C=-\frac{1}{2}\ln|1-2x|+C;$$

当 $a\neq-1$ 时，

$$\int(1-2x)^{a}\mathrm{d}x=-\frac{1}{2}\int u^{a}\mathrm{d}u=-\frac{1}{2}\frac{u^{a+1}}{a+1}+C=-\frac{1}{2(a+1)}(1-2x)^{a+1}+C.$$

典型例题

第一类换元法练习 1

**【例 4-16】** 求 $\int x\mathrm{e}^{x^2}\mathrm{d}x$.

**解:** 令 $u=x^2$，则 $\mathrm{d}u=2x\mathrm{d}x$，即 $x\mathrm{d}x=\frac{1}{2}\mathrm{d}u$，于是

$$\int x\mathrm{e}^{x^2}\mathrm{d}x=\int\mathrm{e}^{u}\cdot\frac{1}{2}\mathrm{d}u=\frac{1}{2}\int\mathrm{e}^{u}\mathrm{d}u=\frac{1}{2}\mathrm{e}^{u}+C=\frac{1}{2}\mathrm{e}^{x^2}+C.$$

当对变量代换熟练以后，可以省略换元和回代的步骤，直接凑微分后求出结果.

例如，
$$\int x\mathrm{e}^{x^2}\mathrm{d}x=\frac{1}{2}\int\mathrm{e}^{x^2}\mathrm{d}x^2=\frac{1}{2}\mathrm{e}^{x^2}+C.$$

由此可见，第一类换元积分法（凑微分法）的关键在于如何凑，凑微分首先就是要找到被积函数中的复合函数，然后对复合函数的中间变量进行“凑”.下面是常用的凑微分公式：

(1) $\mathrm{d}x=\frac{1}{a}\mathrm{d}(ax+b)\quad(a\neq0)$，特别地 $\mathrm{d}x=\mathrm{d}(x+b)$；

(2) $x\mathrm{d}x=\frac{1}{2}\mathrm{d}(x^2+C)$，类似地 $x^2\mathrm{d}x=\frac{1}{3}\mathrm{d}(x^3+C)$；

(3) $\frac{1}{\sqrt{x}}\mathrm{d}x=2\mathrm{d}(\sqrt{x}+C)$；

(4) $\frac{1}{x}\mathrm{d}x=\mathrm{d}(\ln x+C)\quad(x>0)$；

(5) $\frac{1}{x^2}\mathrm{d}x=-\mathrm{d}\left(\frac{1}{x}+C\right)$；

(6) $\mathrm{e}^{x}\mathrm{d}x=\mathrm{d}(\mathrm{e}^{x}+C)$；

(7) $\sin x\mathrm{d}x=-\mathrm{d}(\cos x+C)$；

(8) $\cos x\mathrm{d}x=\mathrm{d}(\sin x+C)$；

(9) $\sec^2 x\mathrm{d}x=\frac{1}{\cos^2 x}\mathrm{d}x=\mathrm{d}(\tan x+C)$；

(10) $\csc^2 x\mathrm{d}x=\frac{1}{\sin^2 x}\mathrm{d}x=-\mathrm{d}(\cot x+C)$；

(11) $\sec x\tan x\mathrm{d}x=\mathrm{d}(\sec x+C)$；

(12) $\csc x\cot x\mathrm{d}x=-\mathrm{d}(\csc x+C)$；

(13) $\dfrac{1}{\sqrt{1-x^2}}\mathrm{d}x=\mathrm{d}(\arcsin x+C)$;

(14) $\dfrac{1}{1+x^2}\mathrm{d}x=\mathrm{d}(\arctan x+C)$.

**【例 4-17】** 求$\int \mathrm{e}^{5x+2}\mathrm{d}x$.

**解:**

$$\int \mathrm{e}^{5x+2}\mathrm{d}x=\frac{1}{5}\int \mathrm{e}^{5x+2}\mathrm{d}(5x+2)=\frac{1}{5}\mathrm{e}^{5x+2}+C.$$

**【例 4-18】** 求$\int \dfrac{\cos\sqrt{x}}{\sqrt{x}}\mathrm{d}x$.

**解:**

$$\int \frac{\cos\sqrt{x}}{\sqrt{x}}\mathrm{d}x=2\int \cos\sqrt{x}\,\mathrm{d}(\sqrt{x})=2\sin\sqrt{x}+C.$$

**【例 4-19】** 求$\int \dfrac{\sqrt{1+\ln x}}{x}\mathrm{d}x$.

**解:**

$$\int \frac{\sqrt{1+\ln x}}{x}\mathrm{d}x=\int \sqrt{1+\ln x}\,\mathrm{d}(1+\ln x)$$

$$=\int (1+\ln x)^{\frac{1}{2}}\mathrm{d}(1+\ln x)=\frac{2}{3}(1+\ln x)^{\frac{3}{2}}+C.$$

**【例 4-20】** 求$\int \dfrac{1}{x^2}\cos\dfrac{1}{x}\mathrm{d}x$.

**解:**

$$\int \frac{1}{x^2}\cos\frac{1}{x}\mathrm{d}x=-\int \cos\frac{1}{x}\mathrm{d}\left(\frac{1}{x}\right)=-\sin\frac{1}{x}+C.$$

当然,如果注意到$\mathrm{d}\left(\sin\dfrac{1}{x}\right)=-\dfrac{1}{x^2}\cos\dfrac{1}{x}\mathrm{d}x$,就可以直接计算

$$\int \frac{1}{x^2}\cos\frac{1}{x}\mathrm{d}x=-\int \mathrm{d}\left(\sin\frac{1}{x}\right)=-\sin\frac{1}{x}+C.$$

典型例题

第一类
换元法
练习 2

**【例 4-21】** 求$\int \sin^4 x\cos x\,\mathrm{d}x$.

**解:**

$$\int \sin^4 x\cos x\,\mathrm{d}x=\int \sin^4 x\,\mathrm{d}(\sin x)=\frac{1}{5}\sin^5 x+C.$$

以上这些例题中,凑微分凑的都是复合函数的中间变量.而对于一些“隐藏”的复合函数,则先要对函数进行变形后再进行凑微分.

**【例 4-22】** 求$\int \tan x\,\mathrm{d}x$.

**解:** 由于积分表中没有 $\tan x$ 的积分公式,因而本题只能利用三角函数的基本公式.

$$\int \tan x\,\mathrm{d}x=\int \frac{\sin x}{\cos x}\mathrm{d}x=-\int \frac{\mathrm{d}(\cos x)}{\cos x}=-\ln|\cos x|+C.$$

此题结论可作为公式使用:

$$\int \tan x \, \mathrm{d}x = -\ln|\cos x| + C.$$

类似地，有
$$\int \cot x \, \mathrm{d}x = \ln|\sin x| + C.$$

**【例 4-23】** 求 $\int \frac{1}{a^2+x^2}\mathrm{d}x\ (a \neq 0)$.

**解：**
$$\int \frac{1}{a^2+x^2}\mathrm{d}x = \int \frac{1}{a^2\left[1+\left(\frac{x}{a}\right)^2\right]}\mathrm{d}x$$
$$= \frac{1}{a}\int \frac{1}{1+\left(\frac{x}{a}\right)^2}\mathrm{d}\left(\frac{x}{a}\right) = \frac{1}{a}\arctan\frac{x}{a} + C.$$

此题结论可作为公式使用：
$$\int \frac{1}{a^2+x^2}\mathrm{d}x = \frac{1}{a}\arctan\frac{x}{a} + C.$$

类似地，有
$$\int \frac{1}{\sqrt{a^2-x^2}}\mathrm{d}x = \frac{1}{a}\arcsin\frac{x}{a} + C \quad (a > 0).$$

**【例 4-24】** 求 $\int \frac{1}{a^2-x^2}\mathrm{d}x\ (a \neq 0)$.

**解：**先将被积函数分解成两个一次因式和的形式：
$$\frac{1}{a^2-x^2} = \frac{1}{(a-x)(a+x)} = \frac{1}{2a}\left(\frac{1}{a+x}+\frac{1}{a-x}\right),$$
$$\int \frac{1}{a^2-x^2}\mathrm{d}x = \frac{1}{2a}\left(\int \frac{1}{a+x}\mathrm{d}x + \int \frac{1}{a-x}\mathrm{d}x\right)$$
$$= \frac{1}{2a}\left[\int \frac{1}{a+x}\mathrm{d}(a+x) - \int \frac{1}{a-x}\mathrm{d}(a-x)\right]$$
$$= \frac{1}{2a}(\ln|a+x| - \ln|a-x|) + C = \frac{1}{2a}\ln\left|\frac{a+x}{a-x}\right| + C.$$

此题结论可作为公式使用：
$$\int \frac{1}{a^2-x^2}\mathrm{d}x = \frac{1}{2a}\ln\left|\frac{a+x}{a-x}\right| + C.$$

类似地，有
$$\int \frac{1}{x^2-a^2}\mathrm{d}x = \frac{1}{2a}\ln\left|\frac{x-a}{x+a}\right| + C.$$

**【例 4-25】** 求 $\int \frac{x}{a^2-x^2}\mathrm{d}x$.

**解法 1：**
$$\int \frac{x}{a^2-x^2}\mathrm{d}x = \frac{1}{2}\int \frac{(a+x)-(a-x)}{(a+x)(a-x)}\mathrm{d}x$$

$$=\frac{1}{2}\left(\int\frac{1}{a-x}\mathrm{d}x-\int\frac{1}{a+x}\mathrm{d}x\right)$$

$$=\frac{1}{2}[-\ln|a-x|-\ln|a+x|]=-\frac{1}{2}\ln|a^2-x^2|+C.$$

**解法 2:** $$\int\frac{x}{a^2-x^2}\mathrm{d}x=-\frac{1}{2}\int\frac{1}{a^2-x^2}\mathrm{d}(a^2-x^2)$$

$$=-\frac{1}{2}\ln|a^2-x^2|+C.$$

**【例 4-26】** 求$\int\frac{3+x}{\sqrt{4-x^2}}\mathrm{d}x$.

**解:**
$$\int\frac{3+x}{\sqrt{4-x^2}}\mathrm{d}x=3\int\frac{\mathrm{d}x}{\sqrt{4-x^2}}+\int\frac{x}{\sqrt{4-x^2}}\mathrm{d}x$$

$$=3\arcsin\frac{x}{2}-\frac{1}{2}\int\frac{1}{\sqrt{4-x^2}}\mathrm{d}(4-x^2)$$

$$=3\arcsin\frac{x}{2}-\sqrt{4-x^2}+C.$$

*【例 4-27】 求$\int\csc x\,\mathrm{d}x$.

**解法 1:** $$\int\csc x\,\mathrm{d}x=\int\frac{1}{\sin x}\mathrm{d}x=\int\frac{\sin x}{\sin^2 x}\mathrm{d}x=\int\frac{\sin x}{1-\cos^2 x}\mathrm{d}x$$

$$=-\int\frac{1}{1-\cos^2 x}\mathrm{d}(\cos x).$$

将 $\cos x$ 看作一个变量整体,可得

$$\int\csc x\,\mathrm{d}x=-\frac{1}{2}\ln\left|\frac{1+\cos x}{1-\cos x}\right|+C=\frac{1}{2}\ln\left|\frac{1-\cos x}{1+\cos x}\right|+C=\frac{1}{2}\ln\left|\frac{(1-\cos x)^2}{1-\cos^2 x}\right|+C$$

$$=\ln\left|\frac{1-\cos x}{\sin x}\right|+C=\ln|\csc x-\cot x|+C.$$

**解法 2:** $$\int\csc x\,\mathrm{d}x=\int\frac{\csc x(\csc x-\cot x)}{\csc x-\cot x}\mathrm{d}x=\int\frac{\csc^2 x-\csc x\cot x}{\csc x-\cot x}\mathrm{d}x$$

$$=\int\frac{1}{\csc x-\cot x}\mathrm{d}(\csc x-\cot x)=\ln|\csc x-\cot x|+C.$$

**解法 3:** $$\int\csc x\,\mathrm{d}x=\int\frac{1}{\sin x}\mathrm{d}x=\int\frac{1}{2\sin\frac{x}{2}\cos\frac{x}{2}}\mathrm{d}x=\int\frac{1}{2\tan\frac{x}{2}\cos^2\frac{x}{2}}\mathrm{d}x$$

$$=\int\frac{\sec^2\frac{x}{2}}{2\tan\frac{x}{2}}\mathrm{d}x=\int\frac{1}{\tan\frac{x}{2}}\mathrm{d}\left(\tan\frac{x}{2}\right)=\ln\left|\tan\frac{x}{2}\right|+C.$$

此题结论可作为公式使用:

$$\int \csc x\,\mathrm{d}x=\ln|\csc x-\cot x|+C.$$

类似地，有
$$\int \sec x\,\mathrm{d}x=\ln|\sec x+\tan x|+C.$$

例 4-27 表明，同一个不定积分，若选择不同的积分方法，得到的结果形式是不同的. 首先，可以用导数验证它们的正确性；其次，只要找到 $f(x)$ 的一个原函数 $F(x)$，就可以得到不定积分为 $\int f(x)\mathrm{d}x=F(x)+C$，而这个原函数 $F(x)$ 可以不相同，但这些原函数之间只相差一个常数.

**【例 4-28】** 求 $\int \cos^2 x\,\mathrm{d}x$.

**解：**
$$\begin{aligned}\int \cos^2 x\,\mathrm{d}x&=\int \frac{1+\cos 2x}{2}\mathrm{d}x=\int \frac{1}{2}\mathrm{d}x+\frac{1}{2}\int \cos 2x\,\mathrm{d}x\\&=\frac{x}{2}+\frac{1}{4}\int \cos 2x\,\mathrm{d}(2x)=\frac{x}{2}+\frac{1}{4}\sin 2x+C.\end{aligned}$$

类似地，有
$$\int \sin^2 x\,\mathrm{d}x=\frac{1}{2}x-\frac{1}{4}\sin 2x+C.$$

**【例 4-29】** 求 $\int \sin^3 x\,\mathrm{d}x$.

**解：**
$$\begin{aligned}\int \sin^3 x\,\mathrm{d}x&=\int \sin^2 x\cdot\sin x\,\mathrm{d}x\\&=\int(1-\cos^2 x)\sin x\,\mathrm{d}x=-\int(1-\cos^2 x)\mathrm{d}(\cos x)\\&=-\int \mathrm{d}(\cos x)+\int \cos^2 x\,\mathrm{d}(\cos x)=-\cos x+\frac{1}{3}\cos^3 x+C.\end{aligned}$$

类似地，有
$$\int \cos^3 x\,\mathrm{d}x=\sin x-\frac{1}{3}\sin^3 x+C.$$

**注意：**当被积函数为 $\sin^n x$ 或 $\cos^n x$ 时，如果 $n$ 为奇数，则取其一凑微分，同时将剩余部分变形为 $\cos x$ 或 $\sin x$ 的表达式后积分；如果 $n$ 为偶数，则先降次后积分.

**【例 4-30】** 求 $\int \sin^2 x\cos^5 x\,\mathrm{d}x$.

**解：**
$$\begin{aligned}\int \sin^2 x\cos^5 x\,\mathrm{d}x&=\int \sin^2 x\cos^4 x\cos x\,\mathrm{d}x\\&=\int \sin^2 x(1-\sin^2 x)^2\mathrm{d}(\sin x)\\&=\int(\sin^2 x-2\sin^4 x+\sin^6 x)\mathrm{d}(\sin x)\\&=\frac{1}{3}\sin^3 x-\frac{2}{5}\sin^5 x+\frac{1}{7}\sin^7 x+C.\end{aligned}$$

**【例 4-31】** 求 $\int \cos 3x\cos 2x\,\mathrm{d}x$.

**解：**利用三角函数的积化和差公式

$$\cos A\cos B=\frac{1}{2}[\cos(A-B)+\cos(A+B)]$$

得

$$\cos 3x\cos 2x=\frac{1}{2}(\cos x+\cos 5x),$$

于是

$$\begin{aligned}\int\cos 3x\cos 2x\,\mathrm{d}x&=\frac{1}{2}\int(\cos x+\cos 5x)\mathrm{d}x\\&=\frac{1}{2}\left[\int\cos x\,\mathrm{d}x+\frac{1}{5}\int\cos 5x\,\mathrm{d}(5x)\right]\\&=\frac{1}{2}\sin x+\frac{1}{10}\sin 5x+C.\end{aligned}$$

**【例 4-32】** 求 $\int\frac{1}{x^2+4x+29}\mathrm{d}x$.

**解:**

$$\int\frac{1}{x^2+4x+29}\mathrm{d}x=\int\frac{1}{(x+2)^2+5^2}\mathrm{d}(x+2).$$

由例 4-23 的结论可知:

$$\int\frac{1}{x^2+4x+29}\mathrm{d}x=\frac{1}{5}\arctan\frac{x+2}{5}+C.$$

**【例 4-33】** 求 $\int\frac{x}{1+x^2}\mathrm{d}x$.

**解:**

$$\begin{aligned}\int\frac{x}{1+x^2}\mathrm{d}x&=\frac{1}{2}\int\frac{1}{1+x^2}\mathrm{d}(x^2)=\frac{1}{2}\int\frac{1}{1+x^2}\mathrm{d}(x^2+1)\\&=\frac{1}{2}\ln(1+x^2)+C.\end{aligned}$$

本题的分子的最高幂指数比分母的最高幂指数仅少一次,故先将分母的微分写出来,再将分子“凑”成适当的形式.

由以上例题可以看出,在运用换元积分法时,有时需要对被积函数做适当的代数恒等变形或三角恒等变形,然后再凑微分,技巧性很强,无一般规律可循.因此,只有在练习过程中,随时总结归纳、积累经验,才能运用灵活.

## 4.3.2 第二类换元积分法

第一类换元积分法是选择新的积分变量 $u=\varphi(x)$,将积分 $\int f[\varphi(x)]\varphi'(x)\mathrm{d}x$ 化为 $\int f(u)\mathrm{d}u$. 但对于被积函数中含有根式的某些不定积分,则需要做相反方式的换元(目的是去根号).引入新积分变量 $t$,将 $x$ 表示为 $t$ 的一个连续函数 $x=\varphi(t)$,将积分 $\int f(x)\mathrm{d}x$

化为$\int f[\varphi(t)]\varphi'(t)\mathrm{d}t$，从而积出结果，这就是第二类换元积分法.

微课

第二换元积分法

**定理 4-5(第二换元积分法)** 设函数 $f(x)$连续，函数 $x=\varphi(t)$ 单调可导，且 $\varphi'(t)\neq 0$，$t=\psi(x)$ 是 $x=\varphi(t)$ 的反函数.如果 $f[\varphi(t)]\varphi'(t)$ 有原函数 $\Phi(t)$.则

$$\int f(x)\mathrm{d}x=\int f[\varphi(t)]\varphi'(t)\mathrm{d}t=\Phi(t)+C\xlongequal{t=\psi(x)}\Phi[\psi(x)]+C.$$

1. 简单根式代换

**【例 4-34】** 求$\int\frac{\sqrt{x}}{1+\sqrt{x}}\mathrm{d}x$.

**解:** 令 $\sqrt{x}=t$，则 $x=t^2$，$\mathrm{d}x=2t\mathrm{d}t$，于是

$$\begin{aligned}\int\frac{\sqrt{x}}{1+\sqrt{x}}\mathrm{d}x&=\int\frac{t}{1+t}2t\mathrm{d}t=2\int\frac{t^2}{t+1}\mathrm{d}t=2\int\frac{t^2-1+1}{t+1}\mathrm{d}t\\&=2\int\left(t-1+\frac{1}{1+t}\right)\mathrm{d}t=2\left(\frac{t^2}{2}-t+\ln|1+t|\right)+C.\end{aligned}$$

将 $t=\sqrt{x}$ 回代，得

$$\int\frac{\sqrt{x}}{1+\sqrt{x}}\mathrm{d}x=x-2\sqrt{x}+2\ln|1+\sqrt{x}|+C.$$

在简单根式代换中，如果被积函数含有 $\sqrt[n]{ax+b}$，则作代换 $t=\sqrt[n]{ax+b}$，便可消去根号，同时将原不定积分转化为被积变量为 $t$ 的积分，在求得其原函数后，再代回原变量，从而求得不定积分.

**【例 4-35】** 求$\int\frac{1}{\sqrt{x}+\sqrt[3]{x}}\mathrm{d}x$.

**解:** 被积函数含根式$\sqrt{x}$，$\sqrt[3]{x}$，为了去根号，设 $\sqrt[6]{x}=t$，则$\sqrt{x}=t^3$，$\sqrt[3]{x}=t^2$，$\mathrm{d}x=6t^5\mathrm{d}t$，所以

$$\begin{aligned}\int\frac{1}{\sqrt{x}+\sqrt[3]{x}}\mathrm{d}x&=6\int\frac{t^5}{t^3+t^2}\mathrm{d}t\\&=6\int\frac{t^3}{t+1}\mathrm{d}t=6\int\frac{(t^3+1)-1}{t+1}\mathrm{d}t\\&=6\int\left(t^2-t+1-\frac{1}{t+1}\right)\mathrm{d}t=2t^3-3t^2+6t-6\ln|t+1|+C\\&=2\sqrt{x}-3\sqrt[3]{x}+6\sqrt[6]{x}-6\ln|\sqrt[6]{x}+1|+C.\end{aligned}$$

*2. 三角代换

**【例 4-36】** 求$\int\sqrt{a^2-x^2}\mathrm{d}x\quad(a>0)$.

**解**：本题被积函数的根式中含有二次函数，不能像例4-34和例4-35那样作代换.要消去根式，使两个量的平方差表示成另一个量的平方，就要利用三角函数恒等式

$$\sin^2 t+\cos^2 t=1$$

合二为一，化去根式.因此，作三角代换 $x=a\sin t$，$t\in\left[-\frac{\pi}{2},\frac{\pi}{2}\right]$，则 $\sqrt{a^2-x^2}=a|\cos t|=a\cos t$，$dx=a\cos t dt$，于是

$$\int\sqrt{a^2-x^2}dx=a^2\int\cos^2 t dt$$
$$=a^2\int\frac{1+\cos 2t}{2}dt=\frac{a^2}{2}\int dt+\frac{a^2}{4}\int\cos 2t d(2t)=\frac{a^2}{2}t+\frac{a^2}{4}\sin 2t+C.$$

回代时，根据 $\sin t=\frac{x}{a}$，作如图4-2所示的辅助直角三角形，于是有

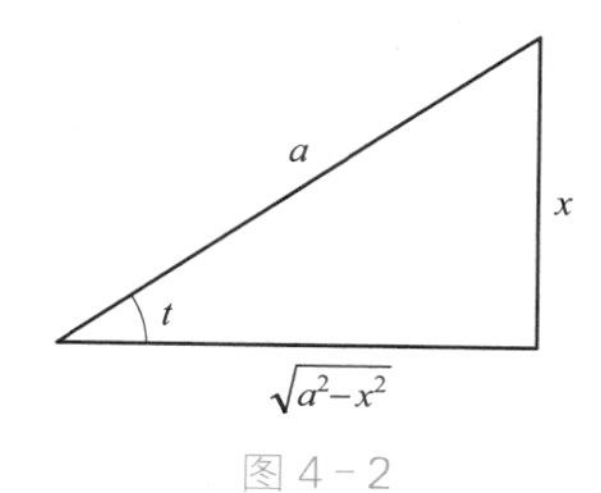

图4-2

$$t=\arcsin\frac{x}{a},\ \cos t=\frac{\sqrt{a^2-x^2}}{a},$$

$$\sin 2t=2\sin t\cos t=2\cdot\frac{x}{a}\cdot\frac{\sqrt{a^2-x^2}}{a}=\frac{2x}{a^2}\sqrt{a^2-x^2},$$

代入得

$$\int\sqrt{a^2-x^2}dx=\frac{a^2}{2}\arcsin\frac{x}{a}+\frac{x}{2}\sqrt{a^2-x^2}+C.$$

本题也可以作三角代换 $x=a\cos\theta$，$\theta\in(0,\pi)$，再求解本题.

在应用第二类换元积分法时，要注意适当地选择变量代换 $x=\varphi(t)$，否则会使积分更加复杂.一般地，三角函数代换法有以下几种类型：

(1) 如果被积函数含有 $\sqrt{a^2-x^2}$，作代换 $x=a\sin t$ 或 $x=a\cos t$；

(2) 如果被积函数含有 $\sqrt{x^2+a^2}$，作代换 $x=a\tan t$ 或 $x=a\cot t$；

(3) 如果被积函数含有 $\sqrt{x^2-a^2}$，作代换 $x=a\sec t$ 或 $x=a\csc t$.

利用三角代换，可以把根式积分化为三角有理式积分.

**【例4-37】** 求 $\int\frac{1}{\sqrt{x^2+a^2}}dx\quad(a>0)$.

**解**：为了去掉根号，令 $x=a\tan t$，$t\in\left(-\frac{\pi}{2},\frac{\pi}{2}\right)$，则

$$\sqrt{a^2+x^2}=a|\sec t|=a\sec t,\ dx=a\sec^2 t dt,$$

于是

$$\int\frac{1}{\sqrt{x^2+a^2}}dx=\int\frac{a\sec^2 t}{a\sec t}dt=\int\sec t dt=\ln|\sec t+\tan t|+C.$$

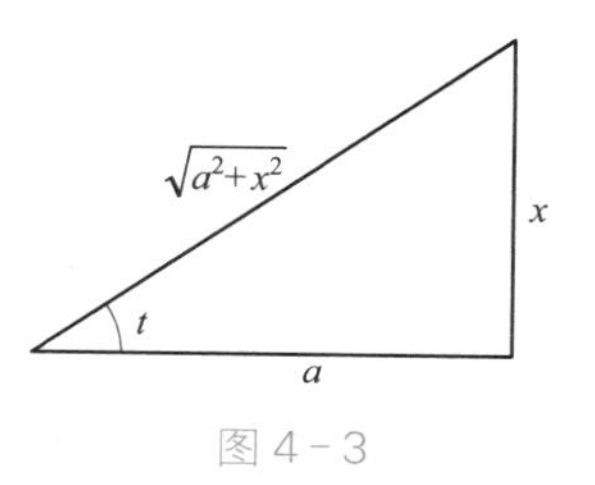

图4-3

根据 $\tan t=\frac{x}{a}$，作如图4-3所示的辅助直角三角形，于

是有

$$\sec t=\frac{\sqrt{a^2+x^2}}{a}.$$

代入得

$$\int\frac{1}{\sqrt{x^2+a^2}}\mathrm{d}x=\ln\left(\frac{x}{a}+\frac{\sqrt{x^2+a^2}}{a}\right)+C_1=\ln(x+\sqrt{x^2+a^2})+C(C=C_1-\ln a).$$

读者也可以作三角代换 $x=a\cot\theta$，$\theta\in(0,\pi)$，再求解本题.

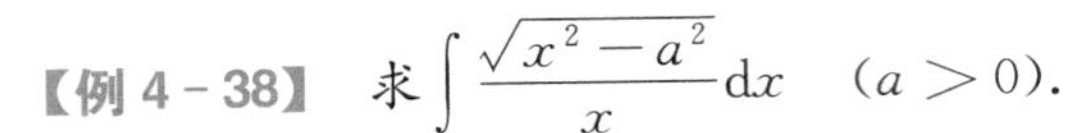

**【例 4-38】** 求 $\int\frac{\sqrt{x^2-a^2}}{x}\mathrm{d}x\quad(a>0)$.

**解：** 令 $x=a\sec t$，$t\in\left(0,\frac{\pi}{2}\right)$，则

$$\sqrt{x^2-a^2}=a\tan t,\ \mathrm{d}x=a\sec t\tan t\mathrm{d}t,$$

于是

$$\begin{aligned}\int\frac{\sqrt{x^2-a^2}}{x}\mathrm{d}x&=\int\frac{a\tan t}{a\sec t}\cdot a\tan t\sec t\mathrm{d}t=a\int\tan^2 t\mathrm{d}t\\&=a\int(\sec^2 t-1)\mathrm{d}t=a(\tan t-t)+C=a\tan t-at+C.\end{aligned}$$

根据 $\sec t=\frac{x}{a}$ 得

$$\cos t=\frac{a}{x},\ t=\arccos\frac{a}{x},$$

作如图 4-4 所示的辅助直角三角形，于是有 $\tan t=\frac{\sqrt{x^2-a^2}}{a}$，代入得

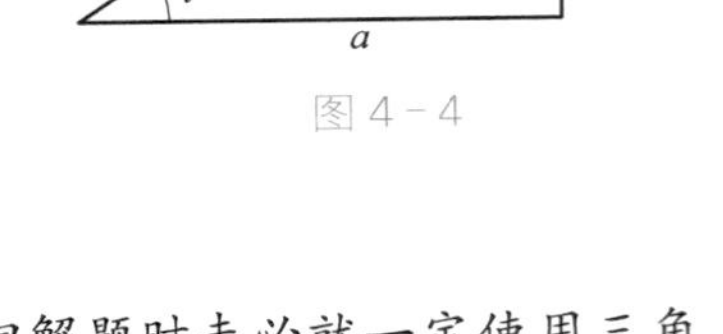

图 4-4

$$\int\frac{\sqrt{x^2-a^2}}{x}\mathrm{d}x=\sqrt{x^2-a^2}-a\arccos\frac{a}{x}+C.$$

有些时候，虽然被积函数中出现了上述三角代换形式，但解题时未必就一定使用三角代换法进行代换，例如 $\int x\sqrt{x^2-a^2}\mathrm{d}x$ 就不必用三角代换，用凑微分法解会更简便.

$$\int x\sqrt{x^2-a^2}\mathrm{d}x=\frac{1}{2}\int\sqrt{x^2-a^2}\mathrm{d}(x^2-a^2)=\frac{1}{3}(x^2-a^2)^{\frac{3}{2}}+C.$$

在第二类换元积分法中，如果被积函数含有 $\sqrt{ax^2+bx+c}$，将根式内的二次多项式配方后，再采用相应的三角代换.

****【例 4-39】** 求 $\int\sqrt{5-4x-x^2}\mathrm{d}x$ .

**解：**

$$\int\sqrt{5-4x-x^2}\mathrm{d}x=\int\sqrt{3^2-(x+2)^2}\mathrm{d}x.$$

利用例 4-36 的结论，可得

$$\int\sqrt{5-4x-x^2}\,\mathrm{d}x=\frac{1}{2}(x+2)\sqrt{5-4x-x^2}+\frac{9}{2}\arcsin\frac{x+2}{3}+C.$$

*3. 倒代换

**【例 4-40】** 求$\displaystyle\int\frac{x+1}{x^2\sqrt{x^2-1}}\mathrm{d}x$.

**解:** 这类积分可以用三角代换去掉根号,但用代换$x=\dfrac{1}{t}$(倒代换)更加简便,即

$$\begin{aligned}\int\frac{x+1}{x^2\sqrt{x^2-1}}\mathrm{d}x&\xlongequal{x=\frac{1}{t}}\int\frac{\frac{1}{t}+1}{\frac{1}{t^2}\sqrt{\frac{1}{t^2}-1}}\cdot\left(-\frac{1}{t^2}\mathrm{d}t\right)=-\int\frac{1+t}{\sqrt{1-t^2}}\mathrm{d}t\\&=-\int\frac{1}{\sqrt{1-t^2}}\mathrm{d}t+\int\frac{1}{2\sqrt{1-t^2}}\mathrm{d}(1-t^2)\\&=-\arcsin t+\sqrt{1-t^2}+C\\&=\frac{\sqrt{x^2-1}}{|x|}-\arcsin\frac{1}{x}+C.\end{aligned}$$

## 习题 4.3

1. 在下列各式的横线上填上适当的系数,使等式成立.

(1) $x\mathrm{e}^{x^2}\mathrm{d}x=$________$\mathrm{d}(\mathrm{e}^{x^2})$;  (2) $\sin 2x\,\mathrm{d}x=$________$\mathrm{d}(\cos 2x)$;

(3) $\dfrac{1}{\sqrt{1-4x^2}}\mathrm{d}x$________$\mathrm{d}(\arcsin 2x)$;  (4) $\dfrac{\mathrm{d}x}{9+x^2}=$________$\mathrm{d}\left(\arctan\dfrac{x}{3}\right)$.

2. 求下列不定积分.

(1) $\displaystyle\int\frac{1}{3-4x}\mathrm{d}x$;  (2) $\displaystyle\int\mathrm{e}^x\sin\mathrm{e}^x\,\mathrm{d}x$;

(3) $\displaystyle\int\frac{\sec^2\frac{1}{x}}{x^2}\mathrm{d}x$;  (4) $\displaystyle\int\frac{2-x}{\sqrt{1-x^2}}\mathrm{d}x$;

(5) $\displaystyle\int\frac{2x+3}{1+x^2}\mathrm{d}x$;  (6) $\displaystyle\int\cos^3x\,\mathrm{d}x$.

3. 求下列不定积分.

(1) $\displaystyle\int\frac{\sqrt{1+x}}{1+\sqrt{1+x}}\mathrm{d}x$;  *(2) $\displaystyle\int\frac{\sqrt{x^2-1}}{x}\mathrm{d}x$.

# 4.4 分部积分法

前面介绍的直接积分法、换元积分法不能解出形如：$\int x\cos x\,\mathrm{d}x$，$\int x\arctan x\,\mathrm{d}x$ 的不定积分.本节将利用两个函数乘积的求导法则，来推得另一个求积分的基本方法——分部积分法.

设函数 $u=u(x)$，$v=v(x)$ 具有连续导数，由函数乘积的微分公式有

$$\mathrm{d}(uv)=u\mathrm{d}v+v\mathrm{d}u,$$

移项得

$$u\mathrm{d}v=\mathrm{d}(uv)-v\mathrm{d}u,$$

对上式两边积分得

$$\int u\mathrm{d}v=uv-\int v\mathrm{d}u.$$

该公式叫作**分部积分公式**.

**注意**：分部积分法常用于被积函数是两种不同类型函数乘积的积分.如 $\int x\mathrm{e}^x\mathrm{d}x$，$\int x\cos x\,\mathrm{d}x$，$\int \mathrm{e}^x\sin x\,\mathrm{d}x$ 等.

分部积分法的特点：

(1) 左边积分与右边积分中的 $u$，$v$ 可交换位置；

(2) 将比较难求的 $\int u\mathrm{d}v$ 化为比较容易求的 $\int v\mathrm{d}u$ 来计算，化难为易.

**【例 4-41】** 求 $\int x\mathrm{e}^x\mathrm{d}x$.

**解**：被积函数是幂函数和指数函数的乘积，应用分部积分法，先将指数函数 $\mathrm{e}^x$ 凑入微分号，即 $\mathrm{e}^x\mathrm{d}x=\mathrm{d}\mathrm{e}^x$，由分部积分公式得

$$\int x\mathrm{e}^x\mathrm{d}x=\int x\mathrm{d}\mathrm{e}^x=x\mathrm{e}^x-\int \mathrm{e}^x\mathrm{d}x=x\mathrm{e}^x-\int \mathrm{d}\mathrm{e}^x=(x-1)\mathrm{e}^x+C.$$

但是，若凑成 $\int x\mathrm{e}^x\mathrm{d}x=\frac{1}{2}\int \mathrm{e}^x\mathrm{d}x^2$，则积分难以求解.

一般地，分部积分法可简单地归纳为以下两个步骤：(1)凑微分；(2)运用分部积分公式.

**注意**：分部积分法的关键是恰当地选取 $u$ 和 $\mathrm{d}v$，一般要考虑以下两点：

(1) 先考虑 $v$ 要容易求得(可以用凑微分法求出);

(2) 再考虑利用分部积分公式后 $\int v\mathrm{d}u$ 要比 $\int u\mathrm{d}v$ 容易求出.

常见类型有以下四种:

(1) $\int P_n(x)\sin ax\,\mathrm{d}x$ 或 $\int P_n(x)\cos ax\,\mathrm{d}x$;

(2) $\int P_n(x)\mathrm{e}^{\lambda x}\mathrm{d}x$;

(3) $\int P_n(x)\arctan x\,\mathrm{d}x$ 或 $\int P_n(x)\arcsin x\,\mathrm{d}x$;

(4) $\int P_n(x)\ln x\,\mathrm{d}x$.

一般来说,分部积分法选取 $u$ 和 $\mathrm{d}v$ 的原则是:对于(1)、(2)两种类型,可以将 $\sin ax$、$\cos ax$ 和 $\mathrm{e}^{\lambda x}$ 与 $\mathrm{d}x$ 凑微分;对于(3)、(4)两种类型,可以将 $P_n(x)$ 与 $\mathrm{d}x$ 凑微分;当被积函数是指数函数与三角函数的乘积时,例如 $\int \mathrm{e}^{\lambda x}\sin ax\,\mathrm{d}x$,$\int \mathrm{e}^{\lambda x}\cos ax\,\mathrm{d}x$,需使用两次分部积分才能求出结果,在两次分部积分中,需选择相同类型的函数与 $\mathrm{d}x$ 凑微分.简单地说,优先凑入微分号的函数顺序也可以归纳为“指三幂对反”.

**【例 4-42】** 求 $\int x^2\cos x\,\mathrm{d}x$.

**解**:被积函数是幂函数和三角函数的乘积,选三角函数凑微分,即

$$\cos x\,\mathrm{d}x=\mathrm{d}(\sin x),$$

应用分部积分法,得

$$\begin{aligned}\int x^2\cos x\,\mathrm{d}x&=\int x^2\mathrm{d}(\sin x)=x^2\sin x-\int \sin x\,\mathrm{d}(x^2)\\&=x^2\sin x-2\int x\sin x\,\mathrm{d}x=x^2\sin x+2\int x\,\mathrm{d}(\cos x)\\&=x^2\sin x+2\left(x\cos x-\int\cos x\,\mathrm{d}x\right)\\&=x^2\sin x+2(x\cos x-\sin x)+C\\&=(x^2-2)\sin x+2x\cos x+C.\end{aligned}$$

**【例 4-43】** 求 $\int x^2\ln x\,\mathrm{d}x$.

**解**:被积函数是幂函数与对数函数的乘积,按照优先顺序,应先将幂函数凑入微分号里.即 $x^2\ln x\,\mathrm{d}x=\frac{1}{3}\ln x\,\mathrm{d}(x^3)$,由分部积分公式得

$$\begin{aligned}\int x^2\ln x\,\mathrm{d}x&=\frac{1}{3}\int\ln x\,\mathrm{d}(x^3)=\frac{1}{3}\left[x^3\ln x-\int x^3\mathrm{d}(\ln x)\right]\\&=\frac{1}{3}\left(x^3\ln x-\int x^2\mathrm{d}x\right)=\frac{1}{3}\left(x^3\ln x-\frac{1}{3}x^3\right)+C\end{aligned}$$

$$=\frac{x^3}{3}\left(\ln x-\frac{1}{3}\right)+C.$$

当被积函数是单一函数，可以看作被积表达式已经“自然”形成 $\int u\mathrm{d}v$ 的形式.

**【例 4-44】** 求 $\int \ln x\mathrm{d}x$.

**解:** 被积函数只有对数函数 $\ln x$，可以看成已经凑过微分，直接使用分部积分公式

$$\begin{aligned}\int \ln x\mathrm{d}x&=x\ln x-\int x\mathrm{d}\ln x\\&=x\ln x-\int x\cdot\frac{1}{x}\mathrm{d}x=x\ln x-x+C.\end{aligned}$$

**【例 4-45】** 求 $\int \mathrm{e}^x\sin x\mathrm{d}x$.

**解:** 被积函数是指数函数和三角函数的乘积，选指数函数凑微分，即 $\mathrm{e}^x\mathrm{d}x=\mathrm{d}\mathrm{e}^x$，得

$$\int \mathrm{e}^x\sin x\mathrm{d}x=\int\sin x\mathrm{d}(\mathrm{e}^x)=\mathrm{e}^x\sin x-\int\mathrm{e}^x\mathrm{d}(\sin x)=\mathrm{e}^x\sin x-\int\mathrm{e}^x\cos x\mathrm{d}x.$$

对等式右边的 $\int\mathrm{e}^x\cos x\mathrm{d}x$ 继续使用分部积分法，得

$$\begin{aligned}\int \mathrm{e}^x\sin x\mathrm{d}x&=\mathrm{e}^x\sin x-\int\cos x\mathrm{d}(\mathrm{e}^x)\\&=\mathrm{e}^x\sin x-\left[\mathrm{e}^x\cos x-\int\mathrm{e}^x\mathrm{d}(\cos x)\right]\\&=\mathrm{e}^x(\sin x-\cos x)-\int\mathrm{e}^x\sin x\mathrm{d}x.\end{aligned}$$

等式右端出现了原不定积分，于是移项得

$$\int \mathrm{e}^x\sin x\mathrm{d}x=\frac{\mathrm{e}^x}{2}(\sin x-\cos x)+C.$$

例 4-45 中也可选三角函数凑微分，即 $\sin x\mathrm{d}x=-\mathrm{d}(\cos x)$，做题过程类似，可自行尝试.

**【例 4-46】** 求 $\int (x^2+2)\cos x\mathrm{d}x$.

**解:** 被积函数是多项式函数与三角函数的乘积，可选三角函数凑微分 $\cos x\mathrm{d}x=\mathrm{d}(\sin x)$，于是

$$\begin{aligned}\int(x^2+2)\cos x\mathrm{d}x&=\int(x^2+2)\mathrm{d}(\sin x)=(x^2+2)\sin x-\int\sin x\mathrm{d}(x^2+2)\\&=(x^2+2)\sin x-\int 2x\sin x\mathrm{d}x.\end{aligned}$$

对等式右边的 $\int 2x\sin x\mathrm{d}x$ 继续使用分部积分法，得

$$\begin{aligned}\int(x^2+2)\cos x\,\mathrm{d}x&=(x^2+2)\sin x+2\int x\,\mathrm{d}(\cos x)\\&=(x^2+2)\sin x+2\left(x\cos x-\int\cos x\,\mathrm{d}x\right)\\&=(x^2+2)\sin x+2x\cos x-2\sin x+C\\&=x^2\sin x+2x\cos x+C.\end{aligned}$$

在积分的过程中往往要兼用换元法与分部积分法.

**【例 4-47】** 求 $\int\arcsin x\,\mathrm{d}x$.

**解:**

$$\begin{aligned}\int\arcsin x\,\mathrm{d}x&=x\arcsin x-\int x\,\mathrm{d}(\arcsin x)\\&=x\arcsin x-\int\frac{x}{\sqrt{1-x^2}}\mathrm{d}x\\&=x\arcsin x+\frac{1}{2}\int(1-x^2)^{-\frac{1}{2}}\mathrm{d}(1-x^2)\\&=x\arcsin x+\sqrt{1-x^2}+C.\end{aligned}$$

**【例 4-48】** 求 $\int\arctan\sqrt{x}\,\mathrm{d}x$.

**解:** 先换元,设 $\sqrt{x}=t$,则 $x=t^2$,$\mathrm{d}x=2t\mathrm{d}t$,于是

$$\begin{aligned}\int\arctan\sqrt{x}\,\mathrm{d}x&=\int\arctan t\,\mathrm{d}(t^2)\\&=t^2\arctan t-\int t^2\mathrm{d}(\arctan t)\\&=t^2\arctan t-\int\frac{t^2}{1+t^2}\mathrm{d}t\\&=t^2\arctan t-\int\left(1-\frac{1}{1+t^2}\right)\mathrm{d}t\\&=t^2\arctan t-t+\arctan t+C\\&=(x+1)\arctan\sqrt{x}-\sqrt{x}+C.\end{aligned}$$

某些函数比如 $e^{x^2}$,$\frac{1}{\ln x}$,$\frac{\sin x}{x}$,$\sqrt{1-k^2\sin^2 x}\ (0<k^2<1)$,它们的原函数因为不能用初等函数的形式表达,暂时无法求解这些函数的不定积分.

## 习题 4.4

求下列不定积分.

(1) $\int\arccos x\,\mathrm{d}x$;　　(2) $\int x\mathrm{e}^{-x}\mathrm{d}x$;

(3) $\int x\sin x\,\mathrm{d}x$;　　(4) $\int\mathrm{e}^{\sqrt[3]{x}}\mathrm{d}x$.

## 拓展阅读

# 微积分的思想渊源

微积分是微分学和积分学的统称.微积分思想,最早可以追溯到古希腊阿基米德等人提出的计算面积和体积的方法.17世纪下半叶,欧洲科学技术迅猛发展,由于生产力的提高和社会各方面的迫切需要,经各国科学家的努力与历史的积累,建立在函数与极限概念基础上的微积分理论应运而生了.

以前的微分和积分作为两种数学运算和两类数学问题,是分别加以研究的.卡瓦列里、巴罗、沃利斯等人得到了一系列求面积(积分)、求切线斜率(导数)的重要结果,但这些结果都是孤立的、不连贯的.1665年牛顿创立了微积分,莱布尼茨也发表了微积分思想的论著.莱布尼茨和牛顿将积分和微分真正联系起来,明确地找到了两者内在的直接联系:微分和积分是互逆的两种运算,而这是微积分建立的关键所在.只有确立了这一基本关系,才能在此基础上构建系统的微积分学.他们从对各种函数的微分和求积公式中,总结出共同的算法程序,使微积分方法普遍化,发展成用符号表示的微积分运算法则.

然而关于微积分创立的优先权,数学上曾掀起了一场激烈的争论.实际上,牛顿在微积分领域的研究虽早于莱布尼茨,但莱布尼茨成果的发表却早于牛顿.莱布尼茨在1684年10月发表的论文《一种求极大极小的奇妙类型的计算》被认为是最早发表的微积分文献.牛顿在1687年出版的《自然哲学的数学原理》中写道:"十年前在我和最杰出的几何学家莱布尼茨的通信中,我表明我已经知道确定极大值和极小值的方法、作切线的方法以及其他类似的方法,但我在交换的信件中隐瞒了这方法.而莱布尼茨这位最卓越的科学家在回信中写道,他也发现了一种同样的方法.他诉述了他的方法,除了措辞和符号外,它与我的方法几乎没有什么不同."因此,后来人们公认牛顿和莱布尼茨是各自独立地创建微积分的.牛顿从物理学出发,运用集合方法研究微积分,其应用上更多地结合了运动学,造诣高于莱布尼茨.莱布尼茨则从几何问题出发,运用分析学方法引进微积分概念得出运算法则,其数学的严密性与系统性是牛顿所不及的.莱布尼茨认识到好的数学符号能节省思维劳动,运用符号的技巧是数学成功的关键之一.因此,他发明了一套适用的符号系统,如:引入$\mathrm{d}x$表示$x$的微分,$\int$表示积分等,这些符号进一步促进了微积分学的发展.莱布尼茨在发表的《微积分的历史和起源》一文中总结了自己创立微积分学的思路,并解释了自己成就的独创性.

CHAPTER 5

# 第5章 定积分

数学是无穷的科学.

——赫尔曼·外尔

学习要求

- 了解定积分两个典型引例(曲边梯形的面积、变速直线运动的路程),理解定积分的定义和几何意义,掌握定积分的性质;
- 了解变上限积分的概念、性质及原函数存在定理,掌握牛顿-莱布尼茨公式及其应用;
- 掌握定积分的换元法,掌握定积分的分部积分法;
- 了解反常积分(广义积分)的定义,掌握无穷区间上的反常积分的定义和计算方法;
- 会求平面直角坐标系下图形的面积和绕坐标轴旋转的旋转体体积,了解定积分的其他相关应用.

定积分是微积分学的核心内容之一,它建立了函数在区间上累积效果的量化工具.本章系统地介绍了定积分的性质、定义、计算方法及应用.

## 5.1 定积分的概念与性质

### 5.1.1 两个实例

动画

求曲边梯形面积

1. 曲边梯形的面积

所谓的**曲边梯形**,是指在直角坐标系下,由闭区间$[a, b]$上的连续曲线$y=f(x)\geqslant 0$,直线$x=a$,$x=b$与$x$轴围成的平面图形$AabB$,如图5-1所示,其中曲线$y=f(x)$

称为曲边.那么如何求解曲边梯形 $AabB$ 的面积呢?

矩形的高不变时,矩形面积 = 底 × 高,由于曲边梯形的高 $f(x)$ 在区间 $[a, b]$ 上是变动的,无法直接用已有的矩形面积公式计算.但 $f(x)$ 在区间 $[a, b]$ 上是连续变化的,当点 $x$ 在区间 $[a, b]$ 上某小区间内变化很小时,则相应的高 $f(x)$ 也就近似不变.基于这种想法,如果把区间 $[a, b]$ 分成许多小区间,用一组平行于 $y$ 轴的直线把曲边梯形分割成若干个小曲边梯形,每个小曲边梯形很窄,则其高 $f(x)$ 的变化就很小,在每个小区间上用某一点处的高度近似代替该区间上的小曲边梯形的高度.那么每个小曲边梯形就可近似看成这样得到的小矩形,从而所有小矩形面积之和就可作为曲边梯形面积的近似值.如果将区间 $[a, b]$ 无限细分下去,即让每个小区间的长度都趋于零,这时所有小矩形面积之和的极限就可定义为曲边梯形的面积.

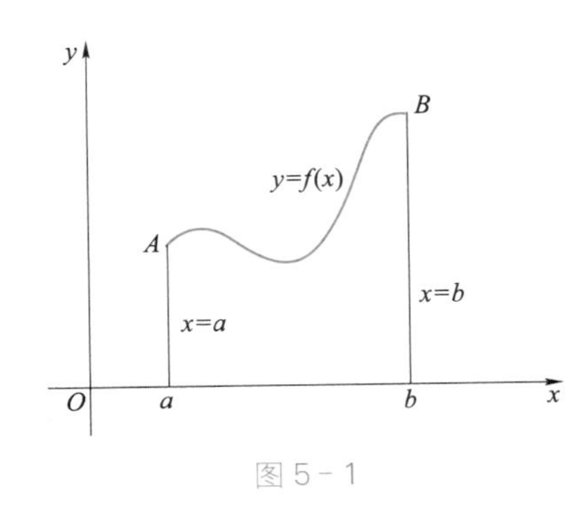

图 5-1

根据以上分析,可按下面四步计算曲边梯形面积.

(1) 分割

在区间 $[a, b]$ 内任意插入 $n-1$ 个分点

$$a=x_0<x_1<x_2<x_3<\cdots<x_{n-1}<x_n=b,$$

把区间 $[a, b]$ 分成 $n$ 个小区间

$$[x_0, x_1], [x_1, x_2], \cdots, [x_{i-1}, x_i], \cdots, [x_{n-1}, x_n],$$

各小区间 $[x_{i-1}, x_i]$ $(i=1, 2, \cdots, n)$ 的长度依次记为

$$\Delta x_i=x_i-x_{i-1} \quad (i=1, 2, \cdots, n).$$

过各个分点作垂直于 $x$ 轴的直线,将整个曲边梯形分成 $n$ 个小曲边梯形,如图 5-2 所示,各小曲边梯形的面积记为 $\Delta A_i$ $(i=1, 2, \cdots, n)$.

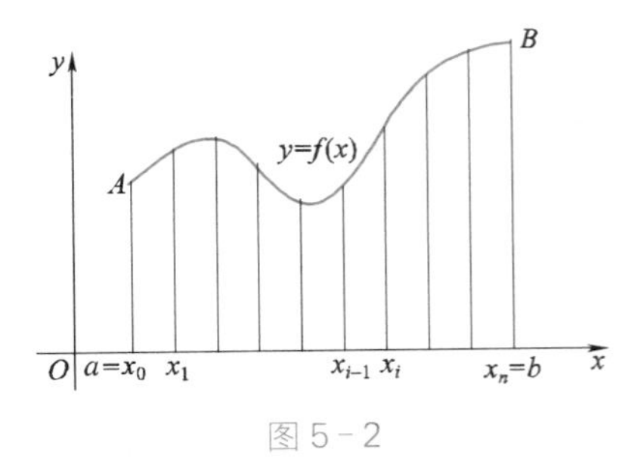

图 5-2

(2) 近似代替

在每个小区间 $[x_{i-1}, x_i]$ $(i=1, 2, \cdots, n)$ 上任意取一点 $\xi_i$ $(x_{i-1}\leqslant\xi_i\leqslant x_i)$,作以 $f(\xi_i)$ 为高,$\Delta x_i$ 为底的小矩形,如图 5-3 所示,用小矩形面积 $f(\xi_i)\Delta x_i$ 近似代替相应的小曲边梯形面积 $\Delta A_i$,即

$$\Delta A_i\approx f(\xi_i)\Delta x_i \quad (i=1, 2, \cdots, n).$$

(3) 求和

把 $n$ 个小矩形面积加起来,得和式 $\sum_{i=1}^{n} f(\xi_i)\Delta x_i$,它就是曲边梯形面积的近似值,即

$$A=\sum_{i=1}^{n}\Delta A_i\approx\sum_{i=1}^{n} f(\xi_i)\Delta x_i.$$

(4) 取极限

当分点个数 $n$ 无限增加时，设小区间长度的最大值为 $\lambda$ ($\lambda=\max\{\Delta x_1, \Delta x_2, \cdots, \Delta x_n\}$)，则当 $\lambda\to 0$ 时，每个小区间 $[x_{i-1}, x_i]$ 的长度 $\Delta x_i$ 也趋于零.此时和式 $\sum_{i=1}^{n} f(\xi_i)\Delta x_i$ 的极限便是所求曲边梯形面积 $A$ 的精确值，即

$$A=\lim_{\lambda\to 0}\sum_{i=1}^{n} f(\xi_i)\Delta x_i.$$

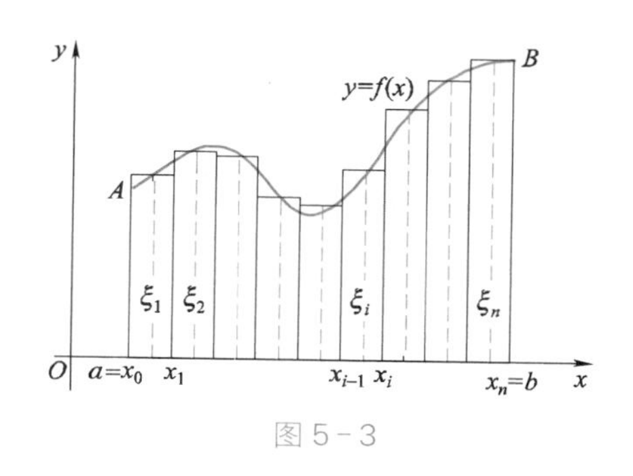

图 5-3

2. 变速直线运动的路程

设一物体做直线运动，已知速度 $v=v(t)$ 是时间 $t$ 的连续函数且 $v(t)\geqslant 0$，求在时间间隔 $[a, b]$ 内物体所经过的路程 $s$.

(1) 分割

在时间间隔内任意插入 $n-1$ 个分点

$$a=t_0<t_1<t_2<\cdots<t_{i-1}<t_i<\cdots<t_{n-1}<t_n=b,$$

把 $[a, b]$ 分成 $n$ 个小区间

$$[t_0, t_1], [t_1, t_2], \cdots, [t_{i-1}, t_i], \cdots, [t_{n-1}, t_n],$$

这些小区间的长度分别为

$$\Delta t_i=t_i-t_{i-1} \quad (i=1, 2, \cdots, n).$$

相应的路程 $s$ 被分为 $n$ 段小路程

$$\Delta s_i \quad (i=1, 2, \cdots, n).$$

(2) 近似代替

在每个小区间上任意取一点 $\xi_i$ ($t_{i-1}\leqslant\xi_i\leqslant t_i$)，用 $\xi_i$ 点的速度 $v(\xi_i)$ 近似代替物体在小区间上的速度，用乘积 $v(\xi_i)\Delta t_i$ 近似代替物体在小区间 $[t_{i-1}, t_i]$ 上所经过的路程 $\Delta s_i$，即

$$\Delta s_i\approx v(\xi_i)\Delta t_i \quad (i=1, 2, \cdots, n).$$

(3) 求和

$$s=\sum_{i=1}^{n}\Delta s_i\approx\sum_{i=1}^{n} v(\xi_i)\Delta t_i.$$

(4) 取极限

记 $\lambda=\max\{\Delta t_1, \Delta t_2, \cdots, \Delta t_n\}$，则

$$s=\lim_{\lambda\to 0}\sum_{i=1}^{n} v(\xi_i)\Delta t_i.$$

从以上两个例子可以看出，虽然实际问题的意义不同，但是解决问题的方法是相同的，概括起来就是：**分割、近似代替、求和、取极限**.并且最后得到的结果都归结为和式的极

限.实际上,还有好多科学技术问题也是归结为这种和式的极限,于是从实际问题中抽象出了数学上的定积分的概念.

### 5.1.2 定积分的定义

**定义 5-1** 设函数 $y=f(x)$ 在区间$[a, b]$上连续,在$[a, b]$内任意插入 $n-1$ 个分点 $a=x_0<x_1<x_2<x_3<\cdots<x_{n-1}<x_n=b$, 将区间$[a, b]$分成 $n$ 个小区间$[x_0, x_1]$, $[x_1, x_2]$, $\cdots$, $[x_{n-1}, x_n]$, 各小区间的长度依次记为 $\Delta x_i=x_i-x_{i-1}(i=1, 2, \cdots, n)$, 在每个小区间上任取一点 $\xi_i(x_{i-1}\leqslant\xi_i\leqslant x_i)$, 作乘积 $f(\xi_i)\Delta x_i(i=1, 2, \cdots, n)$, 并作出和式 $\sum\limits_{i=1}^{n}f(\xi_i)\Delta x_i$ (积分和式).记 $\lambda=\max\{\Delta x_1, \Delta x_2, \cdots, \Delta x_n\}$, 如果当 $\lambda\to 0$ 时,和式的极限

$$\lim_{\lambda\to 0}\sum_{i=1}^{n}f(\xi_i)\Delta x_i$$

存在,则称 $f(x)$在$[a, b]$上可积,而此极限值称为函数 $f(x)$在$[a, b]$上的**定积分**,记作 $\int_a^b f(x)\mathrm{d}x$, 即

$$\int_a^b f(x)\mathrm{d}x=\lim_{\lambda\to 0}\sum_{i=1}^{n}f(\xi_i)\Delta x_i.$$

其中 $\int$ 叫作**积分号**, $f(x)$叫作**被积函数**, $f(x)\mathrm{d}x$ 叫作**被积表达式**或**被积分式**, $x$ 叫作**积分变量**,区间$[a, b]$叫作**积分区间**, $a$ 叫作**积分下限**, $b$ 叫作**积分上限**.

**注意:**(1) 定积分 $\int_a^b(x)\mathrm{d}x$ 的值与区间$[a, b]$的分割法及点 $\xi_i$ 的取法无关.

(2) 定积分 $\int_a^b f(x)\mathrm{d}x$ 是和式的极限(常量),它是由被积函数 $f(x)$与积分区间$[a, b]$所确定的,与积分变量采用什么字母无关.即

$$\int_a^b f(x)\mathrm{d}x=\int_a^b f(t)\mathrm{d}t=\int_a^b f(u)\mathrm{d}u.$$

(3) 定义中要求 $a<b$, 即积分下限小于积分上限.如果 $a>b$, 则规定

$$\int_a^b f(x)\mathrm{d}x=-\int_b^a f(x)\mathrm{d}x.$$

即定积分上下限互换时,积分值仅改变符号.特殊地,当 $a=b$ 时,规定 $\int_a^b f(x)\mathrm{d}x=0$.

(4) 由定积分的定义,前面两个实例可分别表述如下:

由连续曲线 $y=f(x)\geqslant 0$, 直线 $x=a$, $x=b$ 与 $x$ 轴围成的曲边梯形面积 $A$ 等于函数 $f(x)$在$[a, b]$上的定积分,即

$$A=\int_a^b f(x)\mathrm{d}x.$$

变速直线运动的路程 $s$ 是速度函数 $v(t)$ 在时间间隔 $[a, b]$ 上的定积分，即

$$s=\int_a^b v(t)\mathrm{d}t.$$

那么函数 $f(x)$ 在 $[a, b]$ 上满足什么条件一定可积？现在给出以下两个充分条件.

**定理 5-1(可积的充分条件)**

若 $f(x)$ 在区间 $[a, b]$ 上连续，则 $f(x)$ 在 $[a, b]$ 上可积；

若 $f(x)$ 在区间 $[a, b]$ 上有界，且仅有有限个第一类间断点，则 $f(x)$ 在 $[a, b]$ 上可积.

## 5.1.3 定积分的几何意义

1. 若在 $[a, b]$ 上 $f(x)\geqslant 0$，则由曲边梯形的面积问题知，定积分 $\int_a^b f(x)\mathrm{d}x$ 在几何上表示以 $y=f(x)$ 为曲边的 $[a, b]$ 上的曲边梯形的面积 $A$，即 $\int_a^b f(x)\mathrm{d}x=A$.

动画

定积分的几何意义

2. 若在 $[a, b]$ 上 $f(x)\leqslant 0$，则 $-f(x)\geqslant 0$，因此由曲线 $y=f(x)$ 与直线 $x=a$，$x=b$，$y=0$ 围成的曲边梯形的面积为

$$A=\lim_{\lambda\to 0}\sum_{i=1}^{n}[-f(\xi_i)]\Delta x_i=-\lim_{\lambda\to 0}\sum_{i=1}^{n}f(\xi_i)\Delta x_i=-\int_a^b f(x)\mathrm{d}x,$$

即定积分 $\int_a^b f(x)\mathrm{d}x$ 在几何上表示曲边梯形面积的负值.因此 $\int_a^b f(x)\mathrm{d}x=-A$，如图 5-4 所示.

3. 若在 $[a, b]$ 上 $f(x)$ 有正有负，则定积分 $\int_a^b f(x)\mathrm{d}x$ 在几何上表示 $[a, b]$ 上位于 $x$ 轴上方的图形面积减去 $x$ 轴下方的图形面积.如图 5-5 所示，有

$$\begin{aligned}\int_a^b f(x)\mathrm{d}x&=\int_a^{x_1} f(x)\mathrm{d}x+\int_{x_1}^{x_2} f(x)\mathrm{d}x+\int_{x_2}^{b} f(x)\mathrm{d}x\\&=-A_1+A_2-A_3.\end{aligned}$$

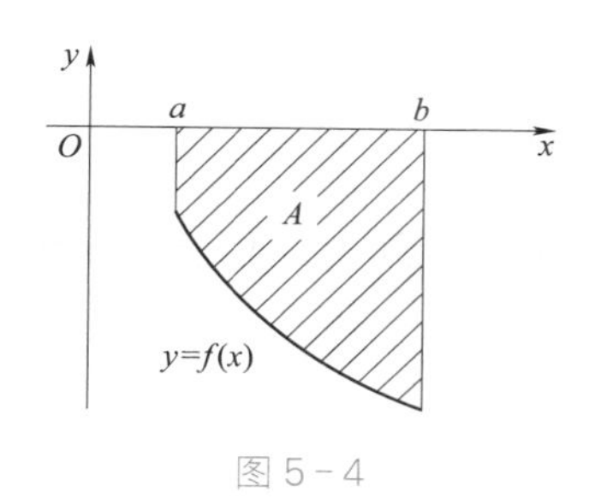


图 5-4

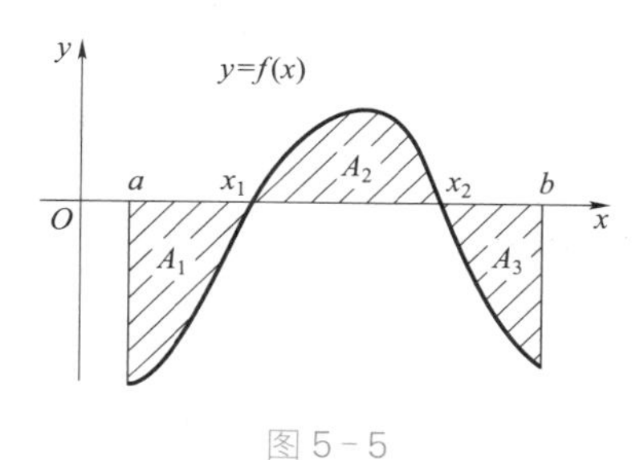


图 5-5

【例 5-1】 用定积分表示如图 5-6 所示各图形阴影部分的面积，并根据定积分的几何意义求出定积分的值.

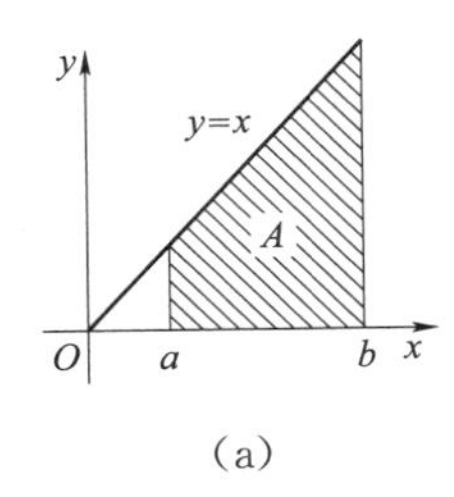

(a)

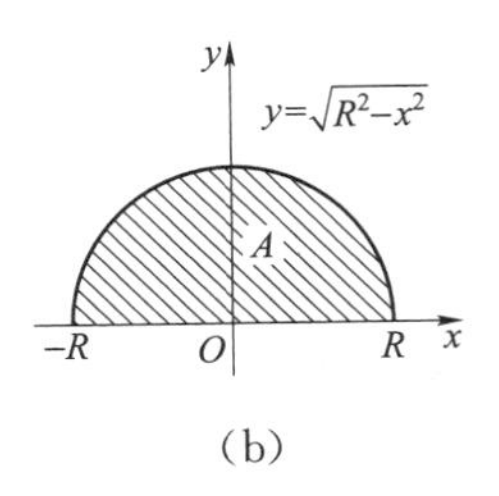

(b)

图 5-6

**解**:(1) 如图 5-6a 所示,被积函数 $f(x)=x$ 在区间$[a, b]$上连续,且 $f(x)>0$,根据定积分的几何意义,图中阴影部分的面积为

$$A=\int_a^b x\,\mathrm{d}x=\frac{1}{2}(a+b)(b-a)=\frac{1}{2}(b^2-a^2).$$

(2) 如图 5-6b 所示,被积函数 $f(x)=\sqrt{R^2-x^2}$ 在区间$[-R, R]$上连续,且 $f(x)>0$,根据定积分的几何意义,图中阴影部分的面积为

$$A=\int_{-R}^{R}\sqrt{R^2-x^2}\,\mathrm{d}x=\frac{\pi}{2}R^2.$$

## 5.1.4 定积分的简单性质

下面各性质中,假设函数 $f(x)$, $g(x)$在所讨论的区间上都是可积的.

**性质 5-1** 两个函数代数和的定积分等于各个函数定积分的代数和,即

$$\int_a^b[f(x)\pm g(x)]\mathrm{d}x=\int_a^b f(x)\mathrm{d}x\pm\int_a^b g(x)\mathrm{d}x.$$

**推论 5-1** 有限个函数代数和的定积分等于各个函数定积分的代数和,即

$$\int_a^b[f_1(x)\pm f_2(x)\pm\cdots\pm f_n(x)]\mathrm{d}x=\int_a^b f_1(x)\mathrm{d}x\pm\int_a^b f_2(x)\mathrm{d}x\pm\cdots\pm\int_a^b f_n(x)\mathrm{d}x.$$

微课

定积分的运算性质

**性质 5-2** 被积函数中的常数因子可以提到积分号外面,即

$$\int_a^b kf(x)\mathrm{d}x=k\int_a^b f(x)\mathrm{d}x\quad(k\text{ 为常数}).$$

**性质 5-3(积分区间的可加性)** 对于 $f(x)$的可积区间上的任意三个数 $a$, $b$, $c$,恒有

$$\int_a^b f(x)\mathrm{d}x=\int_a^c f(x)\mathrm{d}x+\int_c^b f(x)\mathrm{d}x.$$

**性质 5-4** 若 $\forall x\in[a, b]$, 总有 $f(x)\geqslant 0$,则$\int_a^b f(x)\mathrm{d}x\geqslant 0$.

**性质 5-5** 如果在$[a, b]$上,恒有 $f(x)\leqslant g(x)$,则

$$\int_a^b f(x)\mathrm{d}x \leqslant \int_a^b g(x)\mathrm{d}x.$$

**性质 5-6** 如果在$[a, b]$上，恒有 $f(x)=k$，则

$$\int_a^b f(x)\mathrm{d}x = \int_a^b k\mathrm{d}x = k(b-a).$$

特别地，当 $f(x)=1$ 时，则

$$\int_a^b f(x)\mathrm{d}x = \int_a^b 1\mathrm{d}x = b-a.$$

**性质 5-7(估值定理)** 设$M$，$m$ 是函数$f(x)$在区间$[a, b]$上的最大值与最小值，即 $m \leqslant f(x) \leqslant M$，则

$$m(b-a) \leqslant \int_a^b f(x)\mathrm{d}x \leqslant M(b-a).$$

**证:**因为 $m \leqslant f(x) \leqslant M$，由性质 5-5，得

$$\int_a^b m\mathrm{d}x \leqslant \int_a^b f(x)\mathrm{d}x \leqslant \int_a^b M\mathrm{d}x,$$

所以 $m(b-a) \leqslant \int_a^b f(x)\mathrm{d}x \leqslant M(b-a).$

该性质的几何解释是：曲线 $y=f(x)$ 在$[a, b]$上的曲边梯形的面积介于以区间$[a, b]$长度为底，分别以 $m$ 和$M$ 为高的两个矩形面积之间，如图 5-7 所示.

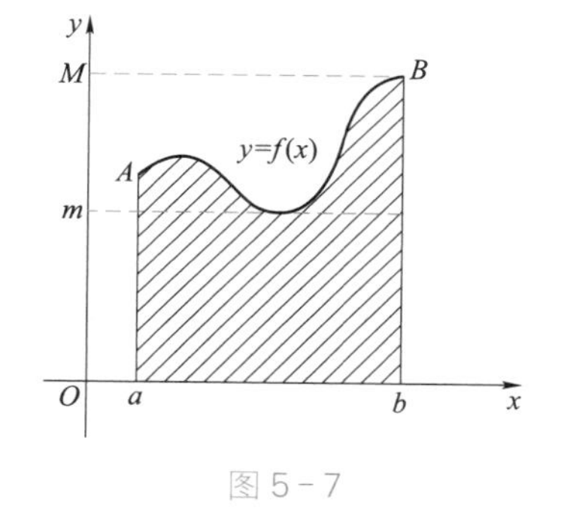


图 5-7

**性质 5-8(积分中值定理)** 如果 $f(x)$在$[a, b]$上连续，则至少存在一点 $\xi \in [a, b]$，使得

$$\int_a^b f(x)\mathrm{d}x = f(\xi)(b-a) \quad (a \leqslant \xi \leqslant b).$$

该公式叫作积分中值公式.

**证:**因为 $f(x)$在$[a, b]$上连续，所以 $f(x)$在$[a, b]$上一定有最小值 $m$ 和最大值$M$，由性质 5-7 可知

$$m(b-a) \leqslant \int_a^b f(x)\mathrm{d}x \leqslant M(b-a),$$

即

$$m \leqslant \frac{1}{b-a}\int_a^b f(x)\mathrm{d}x \leqslant M.$$

$\frac{1}{b-a}\int_a^b f(x)\mathrm{d}x$ 是介于 $f(x)$的最小值与最大值之间的一个数，根据闭区间连续函数的介值定理，至少存在一点 $\xi \in [a, b]$，使得 $f(\xi)=\frac{1}{b-a}\int_a^b f(x)\mathrm{d}x$ 成立，即

$$\int_a^b f(x)\mathrm{d}x = f(\xi)(b-a).$$

该性质的几何解释是：当 $f(x)\geqslant 0(a\leqslant x\leqslant b)$ 时，一条连续曲线 $y=f(x)$ 在$[a, b]$上的曲边梯形面积等于以区间$[a, b]$长度为底，$[a, b]$中一点 $\xi$ 的函数值$f(\xi)$为高的一个矩形面积，如图 5-8 所示.

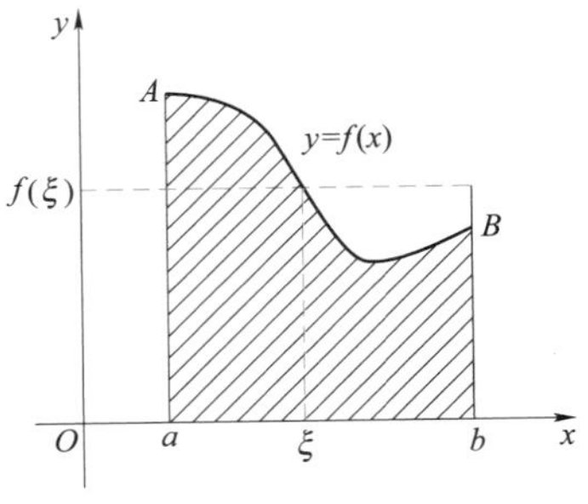

图 5-8

通常称 $f(\xi)=\dfrac{1}{b-a}\int_a^b f(x)\mathrm{d}x$ 为函数 $f(x)$ 在$[a, b]$上的平均值.

**【例 5-2】** 在不计算定积分值的情况下，比较下列定积分的大小.

(1) $\int_1^2 x^2\mathrm{d}x$ 与 $\int_1^2 x^3\mathrm{d}x$；(2) $\int_0^1 \sin x\mathrm{d}x$ 与 $\int_0^1 x\mathrm{d}x$.

**解：**(1) 因为当 $1\leqslant x\leqslant 2$ 时，有 $x^2\leqslant x^3$，所以 $\int_1^2 x^2\mathrm{d}x\leqslant\int_1^2 x^3\mathrm{d}x$.

(2) 先比较当 $0\leqslant x\leqslant 1$ 时，被积函数 $\sin x$ 与 $x$ 的大小，令

$$f(x)=\sin x-x,\ x\in[0, 1].$$

由于 $f'(x)=\cos x-1\leqslant 0$，故 $f(x)$在$[0, 1]$上单调递减，

$$f(x)=\sin x-x\leqslant f(0)=0.$$

于是 $\sin x\leqslant x$，且 $x\in[0, 1]$，所以

$$\int_0^1 \sin x\mathrm{d}x\leqslant\int_0^1 x\mathrm{d}x.$$

**【例 5-3】** 估计定积分 $\int_0^1 \mathrm{e}^{x^2}\mathrm{d}x$ 的值.

**解：**令 $f(x)=\mathrm{e}^{x^2}$，则 $f'(x)=2x\mathrm{e}^{x^2}$. 在$[0, 1]$上，$f'(x)\geqslant 0$，即 $f(x)$在$[0, 1]$上单调递增，故

$$1=f(0)\leqslant f(x)\leqslant f(1)=\mathrm{e},$$

从而

$$\int_0^1 \mathrm{d}x\leqslant\int_0^1 f(x)\mathrm{d}x\leqslant\int_0^1 \mathrm{e}\mathrm{d}x,$$

即

$$1\leqslant\int_0^1 \mathrm{e}^{x^2}\mathrm{d}x\leqslant\mathrm{e}.$$

## 习题 5.1

根据定积分的几何意义，作图并求下列各式的值.

(1) $\int_{-1}^3 5\mathrm{d}x$；

(2) $\int_0^2 \sqrt{4-x^2}\mathrm{d}x$.

# 5.2 微积分基本公式

按定积分的定义来计算一个函数的定积分是烦琐甚至困难的，如果被积函数比较复杂，其难度更大.因此，必须寻求计算定积分的新方法.

## 5.2.1 变上限积分函数

设函数 $f(x)$定义在$[a, b]$上，如果 $\forall x \in [a, b]$，由定积分的几何意义知，定积分 $\int_a^x f(x)\mathrm{d}x$ 表示曲线 $y = f(x)$ 在部分区间$[a, x]$上曲边梯形 $AaxC$ 的面积(图 5-9 中阴影部分)，这里 $x$ 既表示定积分的上限，又表示积分变量.而定积分与积分变量的记法无关，为明确起见，用 $t$ 表示积分变量，则上面的定积分可以写成$\int_a^x f(t)\mathrm{d}t$，当$\int_a^x f(t)\mathrm{d}t$ 的积分上限 $x$ 在区间$[a, b]$上变化时，阴影部分的曲边梯形面积也随之变化，所以是上限变量 $x$ 的函数，称它为**变上限积分函数**或**变上限定积分**，记作 $\Phi(x)$，即

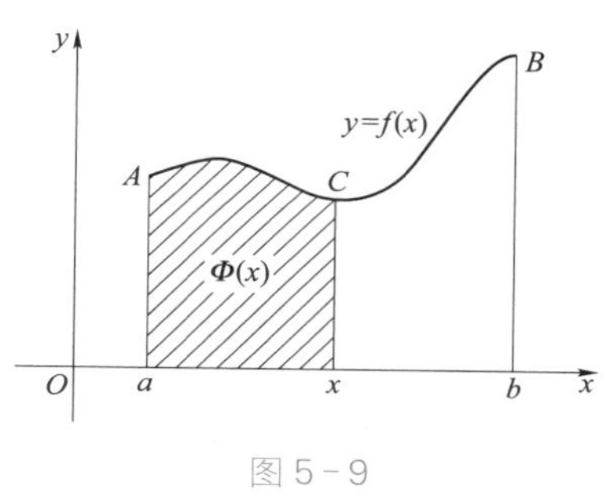


图 5-9

$$\Phi(x)=\int_a^x f(t)\mathrm{d}t \quad (a \leqslant x \leqslant b).$$

关于这个函数有以下定理.

**定理 5-2** 如果函数 $f(x)$在$[a, b]$上连续，则函数 $\Phi(x)=\int_a^x f(t)\mathrm{d}t$ 在$[a, b]$上可导，且函数 $\Phi(x)=\int_a^x f(t)\mathrm{d}t$ 是函数 $f(x)$的一个原函数，即有

$$\Phi'(x)=\frac{\mathrm{d}}{\mathrm{d}x}\int_a^x f(t)\mathrm{d}t=f(x) \quad (a \leqslant x \leqslant b),$$

或

$$\mathrm{d}\Phi(x)=\mathrm{d}\int_a^x f(t)\mathrm{d}t=f(x)\mathrm{d}x.$$

此定理表明：如果函数 $f(x)$在$[a, b]$上连续，则它的原函数必定存在，并且它的一个原函数可以用定积分的形式表示为 $\Phi(x)=\int_a^x f(t)\mathrm{d}t$. 这就确定了连续函数的原函数是存在的，所以定理 5-2 也称为原函数存在定理.该定理也揭示了定积分与被积函数的原函数之间的关系.由此还可推出：

(1) 如果 $f(x)$在$[a, b]$上连续,则有$\int f(x)\mathrm{d}x=\int_a^x f(t)\mathrm{d}t+C$,这说明 $f(x)$的不定积分可以通过变上限的定积分来表示;

(2) 如果 $f(x)$在$[a, b]$上连续,那么定积分$\int_a^b f(x)\mathrm{d}x$ 中被积表达式不仅表示定积分和式的代表项,而且也表示函数 $\Phi(x)=\int_a^x f(t)\mathrm{d}t$ 的微分,即

$$\mathrm{d}\int_a^x f(t)\mathrm{d}t=f(x)\mathrm{d}x.$$

**【例 5-4】** 设 $\Phi(x)=\int_0^x \cos(3t+1)\mathrm{d}t$,求 $\Phi'(x)$.

**解:**根据定理 5-2,可得

$$\Phi'(x)=\left[\int_0^x \cos(3t+1)\mathrm{d}t\right]'=\cos(3x+1).$$

**【例 5-5】** 设 $\Phi(x)=\int_x^1 \ln(1+t^2)\mathrm{d}t$,求 $\Phi'(x)$.

**解:**将积分上下限交换后再求导,可得

$$\Phi'(x)=\left[\int_x^1 \ln(1+t^2)\mathrm{d}t\right]'=-\left[\int_1^x \ln(1+t^2)\mathrm{d}t\right]'=-\ln(1+x^2).$$

**【例 5-6】** 设 $\Phi(x)=\int_1^{x^2} \arctan t\,\mathrm{d}t$,求 $\Phi'(x)$.

**解:**$\Phi(x)$是一个由$\Phi(u)=\int_1^u \arctan t\,\mathrm{d}t$ 与 $u=x^2$ 复合而成的复合函数,根据复合函数的求导法则,有

$$\Phi'(x)=\left[\int_1^{x^2} \arctan t\,\mathrm{d}t\right]'=\arctan x^2\cdot(x^2)'=2x\arctan x^2.$$

**【例 5-7】** 设 $\Phi(x)=\int_x^{x^2} t^2\mathrm{e}^{-t}\mathrm{d}t$,求 $\Phi'(x)$.

**解:**利用积分区间的可加性将 $\Phi(x)$分解成两个积分,有

$$\begin{aligned}\Phi(x)&=\int_x^{x^2} t^2\mathrm{e}^{-t}\mathrm{d}t=\int_x^0 t^2\mathrm{e}^{-t}\mathrm{d}t+\int_0^{x^2} t^2\mathrm{e}^{-t}\mathrm{d}t\\&=-\int_0^x t^2\mathrm{e}^{-t}\mathrm{d}t+\int_0^{x^2} t^2\mathrm{e}^{-t}\mathrm{d}t.\end{aligned}$$

再求导,于是

$$\begin{aligned}\Phi'(x)&=\left[-\int_0^x t^2\mathrm{e}^{-t}\mathrm{d}t+\int_0^{x^2} t^2\mathrm{e}^{-t}\mathrm{d}t\right]'=-x^2\mathrm{e}^{-x}+x^4\mathrm{e}^{-x^2}\cdot(x^2)'\\&=-x^2\mathrm{e}^{-x}+2x^5\mathrm{e}^{-x^2}.\end{aligned}$$

典型例题

微积分
基本公式

**【例 5-8】** 求 $\lim\limits_{x\to0}\dfrac{\int_0^x \mathrm{e}^{-t^2}\sin t\,\mathrm{d}t}{x^2}$.

**解**：这是一个“$\frac{0}{0}$”型的不定式，应用洛必达法则及定理 5－2 得

$$\lim_{x\to 0}\frac{\int_0^x \mathrm{e}^{-t^2}\sin t\,\mathrm{d}t}{x^2}=\lim_{x\to 0}\frac{\mathrm{e}^{-x^2}\sin x}{2x}=\frac{1}{2}\lim_{x\to 0}\frac{\mathrm{e}^{-x^2}\sin x}{x}$$
$$=\frac{1}{2}\lim_{x\to 0}\frac{\sin x}{x}\lim_{x\to 0}\mathrm{e}^{-x^2}=\frac{1}{2}.$$

## 5.2.2 牛顿-莱布尼茨公式

**定理 5－3(牛顿-莱布尼茨公式或微积分基本公式)** 设函数 $f(x)$在$[a,b]$上连续，且 $F(x)$是 $f(x)$在$[a,b]$上的一个原函数，则

$$\int_a^b f(x)\mathrm{d}x=F(b)-F(a).$$

这个公式叫作牛顿-莱布尼茨公式，它是计算定积分的基本公式.

微课

微积分
基本公式

**证**：由定理 5－2，$\Phi(x)=\int_a^x f(t)\mathrm{d}t$ 是 $f(x)$的一个原函数，又知 $F(x)$也是 $f(x)$的一个原函数，因为两个原函数之间仅相差一个常数，所以

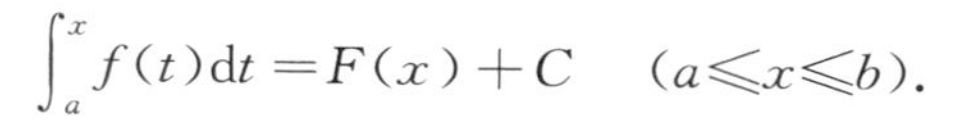

$$\int_a^x f(t)\mathrm{d}t=F(x)+C\quad(a\leqslant x\leqslant b).$$

在上式中，令 $x=a$ 得 $C=-F(a)$，代入上式得

$$\int_a^x f(t)\mathrm{d}t=F(x)-F(a).$$

再令 $x=b$，并把积分变量 $t$ 换成 $x$，便得到

$$\int_a^b f(x)\mathrm{d}x=F(b)-F(a).$$

公式中的 $F(b)-F(a)$ 通常记为 $F(x)\big|_a^b$ 或$[F(x)]_a^b$，因此，牛顿-莱布尼茨公式也可写成

$$\int_a^b f(x)\mathrm{d}x=[F(x)]_a^b=F(b)-F(a),$$

或

$$\int_a^b f(x)\mathrm{d}x=F(x)\big|_a^b=F(b)-F(a),$$

即

$$\int_a^b f(x)\mathrm{d}x=\int f(x)\mathrm{d}x\big|_a^b=F(b)-F(a).$$

此式表明了定积分与不定积分的关系.

定理 5－2 和定理 5－3 揭示了微分与积分以及定积分与不定积分之间的内在联系，因此统称为**微积分基本定理**.

【例 5-9】 求 $\int_{-1}^{1}\frac{dx}{1+x^2}$.

解:由于 $\arctan x$ 是 $\frac{1}{1+x^2}$ 的一个原函数,所以有 $\int_{-1}^{1}\frac{dx}{1+x^2}=\arctan x\Big|_{-1}^{1}=\frac{\pi}{4}-\left(-\frac{\pi}{4}\right)=\frac{\pi}{2}$.

【例 5-10】 求 $\int_{-1}^{1}\frac{e^x}{1+e^x}dx$.

解:
$$\int_{-1}^{1}\frac{e^x}{1+e^x}dx=\int_{-1}^{1}\frac{1}{1+e^x}d(1+e^x)=\ln(1+e^x)\Big|_{-1}^{1}$$
$$=\ln(1+e)-\ln\left(1+\frac{1}{e}\right)=\ln\frac{1+e}{1+\frac{1}{e}}=\ln e=1.$$

【例 5-11】 设 $f(x)=\begin{cases}x+1, & x\geqslant 1,\\ \frac{1}{2}x^2, & x<1,\end{cases}$ 求 $\int_0^2 f(x)dx$.

解:被积函数是分段函数,利用定积分对区间的可加性,可得
$$\int_0^2 f(x)dx=\int_0^1\frac{1}{2}x^2dx+\int_1^2(x+1)dx$$
$$=\left[\frac{1}{6}x^3\right]_0^1+\left[\frac{1}{2}x^2+x\right]_1^2=\frac{8}{3}.$$

【例 5-12】 求 $\int_0^1\frac{1}{x^2-5x+6}dx$.

解:
$$\int_0^1\frac{1}{x^2-5x+6}dx=\int_0^1\frac{1}{(x-2)(x-3)}dx=\int_0^1\left(\frac{1}{x-3}-\frac{1}{x-2}\right)dx$$
$$=\int_0^1\frac{1}{x-3}d(x-3)-\int_0^1\frac{1}{x-2}d(x-2)$$
$$=[\ln|x-3|]_0^1-[\ln|x-2|]_0^1=2\ln 2-\ln 3.$$

## 习题 5.2

1. 求下列函数的导数.

(1) $\Phi(x)=\int_1^x\cos(3t+1)dt$;　　(2) $\Phi(x)=\int_x^2\ln(2t^2+1)dt$.

2. 求 $\lim\limits_{x\to 0}\frac{\int_0^x\tan t\,dt}{x^2}$.

3. 计算下列定积分的值.

(1) $\int_0^1\frac{1}{1+x^2}dx$;　　(2) $\int_0^{\pi}\sqrt{1+\cos 2x}\,dx$.

# 5.3 定积分的换元积分法与分部积分法

换元积分法和分部积分法对求不定积分和原函数起到了重要作用.根据牛顿-莱布尼茨公式,定积分的计算可化为求 $f(x)$的原函数在积分区间$[a, b]$上的增量,因此不定积分中的换元积分法和分部积分法对定积分仍然适用.

## 5.3.1 定积分的换元积分法

**定理 5-4** 设函数 $f(x)$在$[a, b]$上连续,令 $x=\varphi(t)$, 且满足:

(1) $\varphi(\alpha)=a$, $\varphi(\beta)=b$;

(2) 当 $t$ 从 $\alpha$ 变化到 $\beta$ 时,$\varphi(t)$单调地从 $a$ 变化到 $b$;

(3) $\varphi'(t)$在$[\alpha, \beta]$上连续.

则

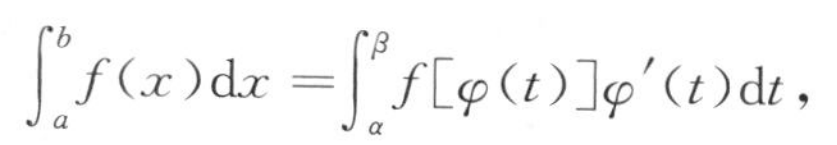

$$\int_a^b f(x)\mathrm{d}x=\int_\alpha^\beta f[\varphi(t)]\varphi'(t)\mathrm{d}t,$$

上式称为**定积分的换元公式.**

**证:** 假设 $F(x)$是 $f(x)$的一个原函数,则 $\int f(x)\mathrm{d}x=F(x)+C$, 即

$$\int f[\varphi(t)]\varphi'(t)\mathrm{d}t=F[\varphi(t)]+C,$$

于是

$$\int_a^b f(x)\mathrm{d}x=F(b)-F(a)=F[\varphi(\beta)]-F[\varphi(\alpha)]=\int_\alpha^\beta f[\varphi(t)]\varphi'(t)\mathrm{d}t.$$

应用换元积分公式时应注意以下两点:

(1) 用 $x=\varphi(t)$ 把原来变量 $x$ 代换成新变量 $t$ 时,积分限也要换成对应于新变量 $t$ 的积分限;

(2) 求出 $f[\varphi(t)]\varphi'(t)$ 的一个原函数 $\Phi(t)$后,不必像计算不定积分那样再把 $\Phi(t)$ 变换成原来变量 $x$ 的函数,而只要把相应于新变量 $t$ 的积分上、下限分别代入 $\Phi(t)$,然后相减即可.

**【例 5-13】** 求 $\int_1^{64}\frac{1}{\sqrt{x}+\sqrt[3]{x}}\mathrm{d}x$.

**解:** 令 $\sqrt[6]{x}=t$, 则 $x=t^6$, $\mathrm{d}x=6t^5\mathrm{d}t$, 且当 $x$ 从 1 变到 64 时,$t$ 从 1 变到 2,因此有

$$\int_1^{64}\frac{1}{\sqrt{x}+\sqrt[3]{x}}\mathrm{d}t=\int_1^2\frac{1}{t^3+t^2}\cdot 6t^5\mathrm{d}t=6\int_1^2\frac{t^3}{1+t}\mathrm{d}t=6\int_1^2\frac{t^3+1-1}{1+t}\mathrm{d}t$$
$$=6\int_1^2\left(1-t+t^2-\frac{1}{1+t}\right)\mathrm{d}t$$
$$=6\left[t-\frac{1}{2}t^2+\frac{1}{3}t^3-\ln(1+t)\right]_1^2$$
$$=11+6\ln 2-6\ln 3.$$

**【例 5-14】** 求 $\int_0^1\sqrt{1-x^2}\mathrm{d}x$.

**解：** 设 $x=\sin t$，则 $\mathrm{d}x=\cos t\mathrm{d}t$，且当 $x$ 从 0 变到 1 时，$t$ 从 0 变到 $\frac{\pi}{2}$，因此有

$$\int_0^1\sqrt{1-x^2}\mathrm{d}x=\int_0^{\frac{\pi}{2}}\cos^2 t\mathrm{d}t=\frac{1}{2}\int_0^{\frac{\pi}{2}}(1+\cos 2t)\mathrm{d}t$$
$$=\frac{1}{2}\left[t+\frac{1}{2}\sin 2t\right]_0^{\frac{\pi}{2}}=\frac{\pi}{4}.$$

若令 $x=\cos t$，则 $\mathrm{d}x=-\sin t\mathrm{d}t$. 当 $x$ 从 0 变到 1 时，$t$ 从 $\frac{\pi}{2}$ 变到 0，因此有

$$\int_0^1\sqrt{1-x^2}\mathrm{d}x=-\int_{\frac{\pi}{2}}^0\sin^2 t\mathrm{d}t=-\frac{1}{2}\int_{\frac{\pi}{2}}^0(1-\cos 2t)\mathrm{d}t$$
$$=-\frac{1}{2}\left[t-\frac{1}{2}\sin 2t\right]\Bigg|_{\frac{\pi}{2}}^0=\frac{\pi}{4}.$$

本题也可以用定积分的几何意义求解.

****【例 5-15】** 求 $\int_0^a\frac{1}{\sqrt{x^2+a^2}}\mathrm{d}x\,(a>0)$.

**解：** 设 $x=a\tan t$，则 $\mathrm{d}x=a\sec^2 t\mathrm{d}t$. 当 $x$ 从 0 变到 $a$ 时，$t$ 从 0 变到 $\frac{\pi}{4}$，于是

$$\int_0^a\frac{1}{\sqrt{x^2+a^2}}\mathrm{d}x=\int_0^{\frac{\pi}{4}}\frac{a\sec^2 t}{a\sec t}\mathrm{d}t=\int_0^{\frac{\pi}{4}}\sec t\mathrm{d}t$$
$$=[\ln|\sec t+\tan t|]_0^{\frac{\pi}{4}}=\ln(1+\sqrt{2}).$$

应用定积分的换元积分法时，如果不引进新变量而利用“凑微分”法积分，这时积分上、下限就不需要改变.

**【例 5-16】** 求 $\int_0^{\ln 2}\mathrm{e}^x\sqrt{\mathrm{e}^x-1}\mathrm{d}x$.

**解：**
$$\int_0^{\ln 2}\mathrm{e}^x\sqrt{\mathrm{e}^x-1}\mathrm{d}x=\int_0^{\ln 2}\sqrt{\mathrm{e}^x-1}\mathrm{d}(\mathrm{e}^x-1)$$
$$=\frac{2}{3}(\mathrm{e}^x-1)^{\frac{3}{2}}\Big|_0^{\ln 2}=\frac{2}{3}.$$

【例5-17】 求$\int_1^{e^2}\frac{1}{x(1+3\ln x)}dx$.

解:
$$\int_1^{e^2}\frac{1}{x(1+3\ln x)}dx=\frac{1}{3}\int_1^{e^2}\frac{1}{(1+3\ln x)}d(1+3\ln x)$$
$$=\frac{1}{3}[\ln|1+3\ln x|]_1^{e^2}=\frac{1}{3}\ln 7.$$

互动练习

定积分的换元积分法与分部积分法

【例5-18】 设函数$f(x)$在$[-a, a]$上连续,证明:

(1) 如果$f(x)$是$[-a, a]$上的偶函数,则
$$\int_{-a}^{a}f(x)dx=2\int_0^a f(x)dx;$$

(2) 如果$f(x)$是$[-a, a]$上的奇函数,则
$$\int_{-a}^{a}f(x)dx=0.$$

证:因为$\int_{-a}^{a}f(x)dx=\int_{-a}^{0}f(x)dx+\int_0^a f(x)dx$,对积分$\int_{-a}^{0}f(x)dx$作变量代换$x=-t$,则
$$\int_{-a}^{0}f(x)dx=-\int_a^0 f(-t)dt=\int_0^a f(-t)dt=\int_0^a f(-x)dx.$$

于是
$$\int_{-a}^{a}f(x)dx=\int_0^a f(-x)dx+\int_0^a f(x)dx=\int_0^a[f(-x)+f(x)]dx.$$

当$f(x)$为偶函数时,即$f(-x)=f(x)$,则$f(x)+f(-x)=2f(x)$,所以
$$\int_{-a}^{a}f(x)dx=2\int_0^a f(x)dx.$$

当$f(x)$为奇函数,即$f(-x)=-f(x)$,则$f(x)+f(-x)=0$,所以$\int_{-a}^{a}f(x)dx=0$.

由例5-18可知:关于原点对称的区间上的奇函数或偶函数的定积分计算可以进行简化.

【例5-19】 计算下列定积分.

(1) $\int_{-3}^{3}x^3\cos x\,dx$;

(2) $\int_{-1}^{1}(x^4-3x^2+1)dx$.

解:(1) 因为积分区间$[-3, 3]$关于原点对称,且被积函数$f(x)=x^3\cos x$是奇函数,所以$\int_{-3}^{3}x^3\cos x\,dx=0$.

(2) 因为积分区间$[-1, 1]$关于原点对称,且被积函数$f(x)=x^4-3x^2+1$是偶函数,所以

$$\int_{-1}^{1}(x^4-3x^2+1)\mathrm{d}x=2\int_{0}^{1}(x^4-3x^2+1)\mathrm{d}x=2\left[\frac{1}{5}x^5-x^3+x\right]_0^1=\frac{2}{5}.$$

**【例 5-20】** 证明：

(1) $\int_0^{\frac{\pi}{2}}\sin^n x\,\mathrm{d}x=\int_0^{\frac{\pi}{2}}\cos^n x\,\mathrm{d}x$，$n\in\mathbf{N}$；

(2) 若函数 $f(x)$在$[0,1]$上连续，则 $\int_0^{\frac{\pi}{2}}f(\sin x)\mathrm{d}x=\int_0^{\frac{\pi}{2}}f(\cos x)\mathrm{d}x$.

**证：** 令 $x=\frac{\pi}{2}-t$，则 $\mathrm{d}x=-\mathrm{d}t$. 当 $x$ 从 0 变到$\frac{\pi}{2}$时，$t$ 从$\frac{\pi}{2}$变到 0，因此有

(1) $\int_0^{\frac{\pi}{2}}\sin^n x\,\mathrm{d}x=-\int_{\frac{\pi}{2}}^{0}\sin^n\left(\frac{\pi}{2}-t\right)\mathrm{d}t=\int_0^{\frac{\pi}{2}}\cos^n t\,\mathrm{d}t=\int_0^{\frac{\pi}{2}}\cos^n x\,\mathrm{d}x$，$n\in\mathbf{N}$.

(2) 
$$\int_0^{\frac{\pi}{2}}f(\sin x)\mathrm{d}x=-\int_{\frac{\pi}{2}}^{0}f\left[\sin\left(\frac{\pi}{2}-t\right)\right]\mathrm{d}t$$
$$=\int_0^{\frac{\pi}{2}}f(\cos t)\mathrm{d}t=\int_0^{\frac{\pi}{2}}f(\cos x)\mathrm{d}x.$$

## 5.3.2 定积分的分部积分法

**定理 5-5** 设 $u=u(x)$ 与 $v=v(x)$ 在$[a,b]$上具有连续的导数，则 $\int_a^b u\,\mathrm{d}v=uv\big|_a^b-\int_a^b v\,\mathrm{d}u$. 该公式称为**定积分的分部积分公式**.

**证：** 由不定积分的分部积分公式 $\int u\,\mathrm{d}v=uv-\int v\,\mathrm{d}u$，则

$$\int_a^b u\,\mathrm{d}v=\left[\int u\,\mathrm{d}v\right]_a^b=\left[uv-\int v\,\mathrm{d}u\right]_a^b=uv\big|_a^b-\int_a^b v\,\mathrm{d}u.$$

**【例 5-21】** 求 $\int_0^1\arctan x\,\mathrm{d}x$.

**解：** 
$$\int_0^1\arctan x\,\mathrm{d}x=x\arctan x\big|_0^1-\int_0^1 x\frac{1}{1+x^2}\mathrm{d}x$$
$$=\frac{\pi}{4}-\frac{1}{2}\ln(x^2+1)\big|_0^1=\frac{\pi}{4}-\frac{1}{2}\ln 2=\frac{\pi}{4}-\ln\sqrt{2}.$$

**【例 5-22】** 求 $\int_0^{\pi}x\cos x\,\mathrm{d}x$.

**解：** 
$$\int_0^{\pi}x\cos x\,\mathrm{d}x=\int_0^{\pi}x\,\mathrm{d}\sin x=x\sin x\big|_0^{\pi}-\int_0^{\pi}\sin x\,\mathrm{d}x$$
$$=-\int_0^{\pi}\sin x\,\mathrm{d}x=\cos x\big|_0^{\pi}=-2.$$

**【例 5-23】** 求 $\int_{-1}^{1}(x^2\sin x+\sqrt{1-x^2})\mathrm{d}x$.

**解法 1:** $\int_{-1}^{1}(x^2\sin x+\sqrt{1-x^2})\,\mathrm{d}x=\int_{-1}^{1}x^2\sin x\,\mathrm{d}x+\int_{-1}^{1}\sqrt{1-x^2}\,\mathrm{d}x$,

由定积分的奇偶性和定积分的几何意义可知原式值为$\frac{\pi}{2}$.

**解法 2:**

$$\int_{-1}^{1}(x^2\sin x+\sqrt{1-x^2})\,\mathrm{d}x=\int_{-1}^{1}x^2\sin x\,\mathrm{d}x+\int_{-1}^{1}\sqrt{1-x^2}\,\mathrm{d}x=2\int_{0}^{1}\sqrt{1-x^2}\,\mathrm{d}x$$

令 $x=\sin t$,则 $\mathrm{d}x=\cos t\,\mathrm{d}t$,当 $x=1$ 时,$t=\frac{\pi}{2}$,当 $x=0$ 时,$t=0$,

$$\text{原式}=2\int_{0}^{1}\sqrt{1-x^2}\,\mathrm{d}x=2\int_{0}^{\frac{\pi}{2}}\cos t\cos t\,\mathrm{d}t=2\times\frac{1}{2}\times\frac{\pi}{2}=\frac{\pi}{2}.$$

*【例 5-24】 求 $\int_{0}^{1}\mathrm{e}^{\sqrt{x}}\,\mathrm{d}x$.

**解:** 令 $t=\sqrt{x}$,则 $x=t^2$, $\mathrm{d}x=2t\,\mathrm{d}t$,当 $x$ 从 0 变到 1 时,$t$ 从 0 变到 1,因此有

$$\int_{0}^{1}\mathrm{e}^{\sqrt{x}}\,\mathrm{d}x=2\int_{0}^{1}t\mathrm{e}^t\,\mathrm{d}t=2t\mathrm{e}^t\Big|_0^1-2\int_{0}^{1}\mathrm{e}^t\,\mathrm{d}t=2\mathrm{e}-2\mathrm{e}^t\Big|_0^1=2.$$

【例 5-25】 求 $I_n=\int_{0}^{\frac{\pi}{2}}\cos^n x\,\mathrm{d}x$ ($n$ 为大于 1 的正整数).

**解:**

$$\begin{aligned}I_n&=\int_{0}^{\frac{\pi}{2}}\cos^n x\,\mathrm{d}x=\int_{0}^{\frac{\pi}{2}}\cos^{n-1}x\cos x\,\mathrm{d}x\\&=[\sin x\cos^{n-1}x]_0^{\frac{\pi}{2}}+(n-1)\int_{0}^{\frac{\pi}{2}}\sin^2 x\cos^{n-2}x\,\mathrm{d}x\\&=(n-1)\int_{0}^{\frac{\pi}{2}}(1-\cos^2 x)\cos^{n-2}x\,\mathrm{d}x\\&=(n-1)\int_{0}^{\frac{\pi}{2}}\cos^{n-2}x\,\mathrm{d}x-(n-1)\int_{0}^{\frac{\pi}{2}}\cos^n x\,\mathrm{d}x.\end{aligned}$$

即 $I_n=(n-1)I_{n-2}-(n-1)I_n$,移项得

$$I_n=\frac{n-1}{n}I_{n-2}.$$

这个等式叫作积分 $I_n$ 关于下标的**递推公式**.

连续使用此公式可使 $\cos^n x$ 的幂次 $n$ 逐渐降低,当 $n$ 为奇数时,可降到 1,当 $n$ 为偶数时,可降到 0,再由

$$I_1=\int_{0}^{\frac{\pi}{2}}\cos x\,\mathrm{d}x=1,\ I_0=\int_{0}^{\frac{\pi}{2}}\mathrm{d}x=\frac{\pi}{2},$$

可得

$$\int_{0}^{\frac{\pi}{2}}\cos^n x\,\mathrm{d}x=\begin{cases}\dfrac{(n-1)(n-3)(n-5)\cdots3\times1}{n(n-2)(n-4)\cdots6\times4\times2}\times\dfrac{\pi}{2}, & n\text{ 为正偶数},\\[2ex]\dfrac{(n-1)(n-3)(n-5)\cdots4\times2}{n(n-2)(n-4)\cdots5\times3\times1}, & n\text{ 为大于 1 的正奇数}.\end{cases}$$

由例 5 - 20 可知

$$\int_0^{\frac{\pi}{2}} \cos^n x \, dx = \int_0^{\frac{\pi}{2}} \sin^n x \, dx,$$

因此 $\int_0^{\frac{\pi}{2}} \sin^n x \, dx$ 与 $\int_0^{\frac{\pi}{2}} \cos^n x \, dx$ 有相同的计算结果.

### 习题 5.3

1. 计算下列定积分的值.

(1) $\int_{-3}^{-1} \frac{1}{x^2+4x+5} dx$;　　(2) $\int_1^2 \frac{e^{\frac{1}{x}}}{x^2} dx$.

2. 利用函数的奇偶性计算下列定积分的值.

(1) $\int_{-\pi}^{\pi} x^4 \sin x \, dx$;　　(2) $\int_{-\pi}^{\pi} \sin^2 x \, dx$.

3. 计算下列定积分的值.

(1) $\int_0^1 x e^{2x} dx$;　　(2) $\int_{\frac{1}{e}}^{e} |\ln x| dx$;

## 5.4 无穷区间上的广义积分

前面所讨论的定积分 $\int_a^b f(x) dx$ ,总是假设其积分区间$[a, b]$为有限区间,被积函数 $f(x)$是有界函数,将积分区间是有限区间,被积函数是有界函数的积分称为**常义积分**.但是,在实际问题中,常常还会遇到积分区间为无限或被积函数是无界函数的情形,称积分区间是无限(即无穷区间)或被积函数是无界函数的积分为**广义积分**或**反常积分**.本节只讨论无穷区间上的广义积分.

**【例 5 - 26】** 求由曲线 $y=e^{-x}$ 与 $x$ 轴、$y$ 轴所"围成"的开口图形的面积 $A$.

**解:** 在$[0, +\infty)$上任取一点 $b$,先求由 $y=e^{-x}$ 与 $x$ 轴、$y$ 轴及 $x=b$ 所围成的曲边梯形的面积,即求$[0, b]$上的定积分 $\int_0^b e^{-x} dx$,得

动画

无穷限的反常积分的定义

$$\int_0^b e^{-x} dx = -e^{-x} \Big|_0^b = 1 - \frac{1}{e^b}.$$

当 $b \to +\infty$ 时,则 $\lim\limits_{b \to +\infty} \int_0^b e^{-x} dx$ 为所求开口曲边梯形的面积.即

$$A=\int_0^{+\infty}\mathrm{e}^{-x}\mathrm{d}x=\lim_{b\to+\infty}\int_0^b\mathrm{e}^{-x}\mathrm{d}x=\lim_{b\to+\infty}\left(1-\frac{1}{\mathrm{e}^b}\right)=1.$$

下面给出广义积分的定义.

**定义 5-2** 设函数 $f(x)$定义在$[a,+\infty)$上,任取 $b>a$,如果极限 $\lim\limits_{b\to+\infty}\int_a^b f(x)\mathrm{d}x$ 存在,则称此极限为函数 $f(x)$在无穷区间$[a,+\infty)$上的广义积分,记作$\int_a^{+\infty}f(x)\mathrm{d}x$,即

$$\int_a^{+\infty}f(x)\mathrm{d}x=\lim_{b\to+\infty}\int_a^b f(x)\mathrm{d}x.$$

这时也称广义积分收敛,否则称广义积分发散.类似地,将

$$\int_{-\infty}^b f(x)\mathrm{d}x=\lim_{a\to-\infty}\int_a^b f(x)\mathrm{d}x$$

定义为函数 $f(x)$在无穷区间$(-\infty,b]$上的广义积分,如果 $\lim\limits_{a\to-\infty}\int_a^b f(x)\mathrm{d}x$ 存在,则称广义积分收敛,否则称广义积分发散.将

$$\int_{-\infty}^{+\infty}f(x)\mathrm{d}x=\int_{-\infty}^c f(x)\mathrm{d}x+\int_c^{+\infty}f(x)\mathrm{d}x$$

定义为函数 $f(x)$在无穷区间$(-\infty,+\infty)$上的广义积分,如果$\int_{-\infty}^c f(x)\mathrm{d}x$ 和$\int_c^{+\infty}f(x)\mathrm{d}x$ 都收敛,称广义积分$\int_{-\infty}^{+\infty}f(x)\mathrm{d}x$ 收敛;如果$\int_{-\infty}^c f(x)\mathrm{d}x$ 和 $\int_c^{+\infty}f(x)\mathrm{d}x$ 至少有一个发散,则称广义积分$\int_{-\infty}^{+\infty}f(x)\mathrm{d}x$ 发散.

上述三类广义积分统称为无穷区间上的广义积分.可见,广义积分是先计算定积分,再取极限.若 $F(x)$是 $f(x)$的一个原函数,并记

$$F(+\infty)=\lim_{x\to+\infty}F(x),\ F(-\infty)=\lim_{x\to-\infty}F(x).$$

则上述定义中的广义积分可表示为

$$\int_a^{+\infty}f(x)\mathrm{d}x=F(x)\Big|_a^{+\infty}=F(+\infty)-F(a),$$

$$\int_{-\infty}^b f(x)\mathrm{d}x=F(x)\Big|_{-\infty}^b=F(b)-F(-\infty),$$

$$\int_{-\infty}^{+\infty}f(x)\mathrm{d}x=F(x)\Big|_{-\infty}^{+\infty}=F(+\infty)-F(-\infty).$$

**注意:**“$\infty$”等符号可出现在抽象函数中,但不能出现在具体函数中.

如:$\lim\limits_{x\to\infty}\dfrac{2}{1+x}=0$,但不能写成$\dfrac{2}{1+\infty}=0$.

**【例 5-27】** 求$\int_0^{+\infty}\dfrac{1}{1+x^2}\mathrm{d}x$.

**解**: $$\int_{0}^{+\infty}\frac{1}{1+x^{2}}\mathrm{d}x=\arctan x\Big|_{0}^{+\infty}=\frac{\pi}{2}-0=\frac{\pi}{2}.$$

**【例 5-28】** 求 $\int_{-\infty}^{+\infty}\frac{\mathrm{d}x}{x^{2}+2x+2}$.

**解**: $$\int_{-\infty}^{+\infty}\frac{\mathrm{d}x}{x^{2}+2x+2}=\int_{-\infty}^{+\infty}\frac{\mathrm{d}x}{(x+1)^{2}+1}=\int_{-\infty}^{+\infty}\frac{1}{1+(x+1)^{2}}\mathrm{d}(x+1)$$

$$=\arctan(x+1)\Big|_{-\infty}^{+\infty}=\frac{\pi}{2}-\left(-\frac{\pi}{2}\right)=\pi.$$

**【例 5-29】** 讨论广义积分 $\int_{1}^{+\infty}\frac{1}{x^{p}}\mathrm{d}x$ 的收敛性.

**解**: 当 $p=1$ 时，有

$$\int_{1}^{+\infty}\frac{1}{x^{p}}\mathrm{d}x=\int_{1}^{+\infty}\frac{1}{x}\mathrm{d}x=\ln|x|\Big|_{1}^{+\infty}=+\infty,\text{发散;}$$

当 $p\neq 1$ 时，有

$$\int_{1}^{+\infty}\frac{1}{x^{p}}\mathrm{d}x=\frac{x^{1-p}}{1-p}\Bigg|_{1}^{+\infty}=\lim_{x\to+\infty}\frac{x^{1-p}}{1-p}-\frac{1}{1-p}=\begin{cases}+\infty, & p<1,\\ \dfrac{1}{p-1}, & p>1.\end{cases}$$

因此，当 $p>1$ 时，$\int_{1}^{+\infty}\frac{1}{x^{p}}\mathrm{d}x$ 收敛于 $\frac{1}{p-1}$；当 $p\leqslant 1$ 时，$\int_{1}^{+\infty}\frac{1}{x^{p}}\mathrm{d}x$ 发散.

### 习题 5.4

计算下列广义积分.

(1) $\int_{1}^{+\infty}\frac{1}{x^{3}}\mathrm{d}x$；

(2) $\int_{-\infty}^{0}x\mathrm{e}^{-x^{2}}\mathrm{d}x$.

## 5.5 定积分的应用

本节将应用前面学过的定积分理论来分析和解决一些几何、物理、经济方面的问题.通过这些例子，不仅仅是介绍建立计算这些几何、物理量的公式，而且更重要的是介绍运用“微元法”将所求的量归结为求定积分.

## 5.5.1 定积分的微元法

在利用定积分研究解决实际问题时，常采用“**微元法**”.为了说明这种方法，先回顾一下用定积分求解曲边梯形面积问题的方法和步骤.

设 $f(x)$ 在区间 $[a, b]$ 上连续，且 $f(x) \geqslant 0$，求以曲线 $y=f(x)$ 为曲边的 $[a, b]$ 上的曲边梯形的面积 $A$.把这个面积 $A$ 表示为定积分

$$A=\int_a^b f(x)\mathrm{d}x,$$

求面积 $A$ 的思路是“**分割、近似代替、求和、取极限**”.即

第一步：将 $[a, b]$ 分成 $n$ 个小区间，相应地把曲边梯形分成 $n$ 个小曲边梯形，其面积记作 $\Delta A_i (i=1, 2, \cdots, n)$，则

$$A=\sum_{i=1}^{n} \Delta A_i;$$

第二步：计算每个小区间上面积 $\Delta A_i$ 的近似值

$$\Delta A_i \approx f(\xi_i)\Delta x_i \quad (x_{i-1} \leqslant \xi_i \leqslant x_i);$$

第三步：求和得 $A$ 的近似值

$$A \approx \sum_{i=1}^{n} f(\xi_i)\Delta x_i;$$

第四步：取极限得

$$A=\lim_{\lambda \to 0}\sum_{i=1}^{n} f(\xi_i)\Delta x_i=\int_a^b f(x)\mathrm{d}x.$$

在上述问题中可以看到，所求量(面积 $A$)与区间 $[a, b]$ 有关，如果把区间 $[a, b]$ 分成许多部分区间，则所求量相应地分成许多部分量($\Delta A_i$)，而所求量等于所有部分量之和 $\left(\text{如 } A=\sum\limits_{i=1}^{n} \Delta A_i\right)$，这一性质称为所求量对于区间 $[a, b]$ 具有可加性.

在上述计算曲边梯形的面积时，上述四步中最关键是第二、第四两步，有了第二步中的 $\Delta A_i \approx f(\xi_i)\Delta x_i$，积分的主要形式就已经形成.为了以后使用方便，可把上述四步概括为下面两步，设所求量为 $U$，区间为 $[a, b]$.

第一步：在区间 $[a, b]$ 上任取一小区间 $[x, x+\mathrm{d}x]$，并求出相应于这个小区间的部分量 $\Delta U$ 的近似值，如果 $\Delta U$ 能近似地表示为 $f(x)$ 在 $[x, x+\mathrm{d}x]$ 左端点 $x$ 处的值与 $\mathrm{d}x$ 的乘积 $f(x)\mathrm{d}x$，就把 $f(x)\mathrm{d}x$ 称为所求量 $U$ 的微元，记作 $\mathrm{d}U$，即

$$\mathrm{d}U=f(x)\mathrm{d}x;$$

第二步：以所求量 $U$ 的微元 $\mathrm{d}U=f(x)\mathrm{d}x$ 为被积表达式，在 $[a, b]$ 上作定积分得

$$U=\int_a^b f(x)\mathrm{d}x.$$

这就是所求量 $U$ 的积分表达式.

这个方法称为“**微元法**”,下面将应用此方法来讨论几何、物理中的一些问题.

微课

平面图形的面积

## 5.5.2 直角坐标系下平面图形的面积

1. 选取 $x$ 作为积分变量

(1) 设平面图形由连续曲线 $y=f(x)$,直线 $x=a$, $x=b(a<b)$, $y=0$ 围成,则平面图形的面积为

$$A=\int_a^b |f(x)|\mathrm{d}x.$$

(2) 设平面图形由连续曲线 $y=f_1(x)$, $y=f_2(x)$ 及直线 $x=a$, $x=b(a<b)$ 所围成,并且在 $[a,b]$ 上 $f_1(x)\geqslant f_2(x)$ (图 5-10、图 5-11),那么这个平面图形的面积为

$$A=\int_a^b [f_1(x)-f_2(x)]\mathrm{d}x. \tag{5-1}$$

事实上,小区间 $[x,x+\mathrm{d}x]$ 上的面积微元 $\mathrm{d}S=[f_1(x)-f_2(x)]\mathrm{d}x$,于是所求平面图形的面积为

$$A=\int_a^b [f_1(x)-f_2(x)]\mathrm{d}x.$$

一般地,由连续曲线 $y=f_1(x)$, $y=f_2(x)$ 与直线 $x=a$, $x=b$ 围成的平面图形的面积为

$$A=\int_a^b |f_1(x)-f_2(x)|\mathrm{d}x.$$

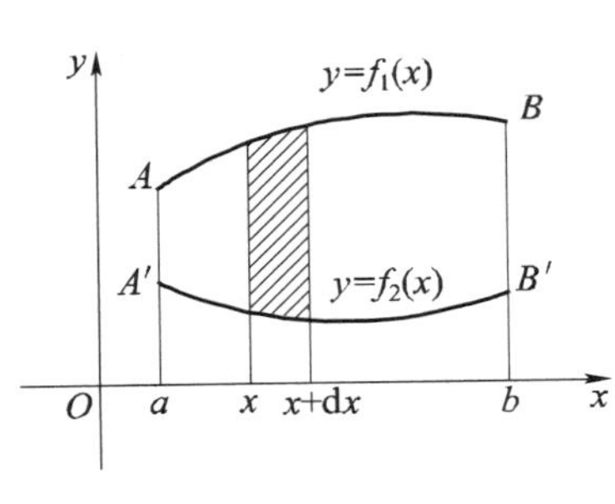


图 5-10

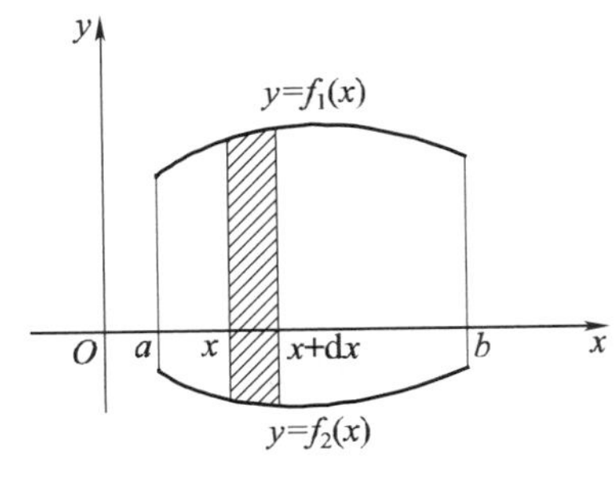


图 5-11

这种区域称为 X-型区域.

2. 选取 $y$ 作为积分变量

(1) 设平面图形由连续曲线 $x=\varphi(y)$,直线 $y=c$, $y=d(c<d)$, $x=0$ 围成.与式(5-1)相仿,有

$$A=\int_{c}^{d}|\varphi(y)|\mathrm{d}y.$$

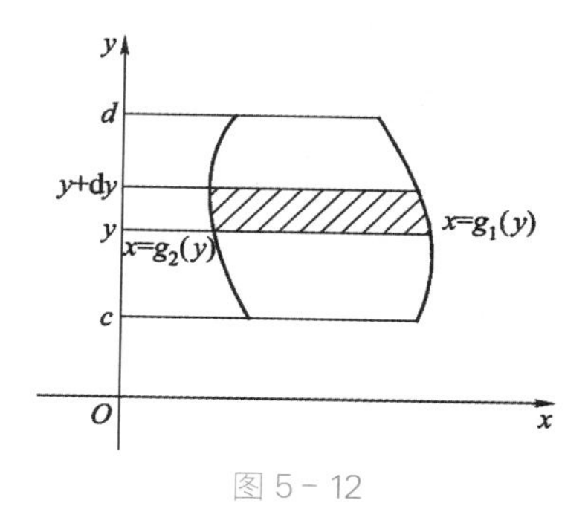

图 5-12

(2) 设平面图形由连续曲线 $x=g_1(y)$，$x=g_2(y)$ 及直线 $y=c$，$y=d(c<d)$ 所围成，并且在 $[c, d]$ 上 $g_1(y)\geqslant g_2(y)$（图 5-12），那么这个图形的面积为

$$A=\int_{c}^{d}[g_1(y)-g_2(y)]\mathrm{d}y. \tag{5-2}$$

这种区域称为 Y-型区域.

一般地，与式(5-2)相仿，有

$$A=\int_{c}^{d}|g_1(y)-g_2(y)|\mathrm{d}y.$$

**【例 5-30】** 计算由两条抛物线 $y^2=x$ 和 $y=x^2$ 所围成的平面图形的面积，如图 5-13 所示.

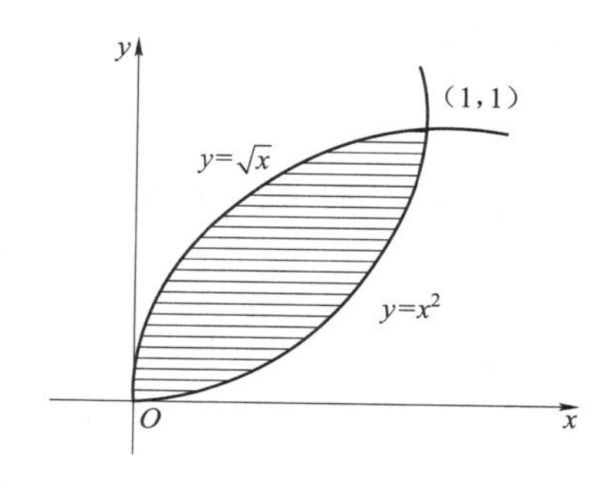

图 5-13

**解法 1：** 为了确定积分的上、下限，先求出这两条曲线的交点(0, 0)和(1, 1)，选 $x$ 为积分变量，在区间 $[0, 1]$ 上 $\sqrt{x}>x^2$，代入公式得所求面积为

$$A=\int_{0}^{1}[\sqrt{x}-x^2]\mathrm{d}x=\left[\frac{2}{3}x^{\frac{3}{2}}-\frac{1}{3}x^3\right]_0^1=\frac{1}{3}.$$

**解法 2：** 先求出两曲线的交点(0, 0)和(1, 1)，选 $y$ 为积分变量，在区间 $[0, 1]$ 上 $\sqrt{y}\geqslant y^2$，代入公式得所求面积为

$$A=\int_{0}^{1}(\sqrt{y}-y^2)\mathrm{d}y=\frac{1}{3}.$$

一般地，利用定积分求平面图形的面积的步骤如下：

(1) 画图，求出交点坐标；

(2) 根据区域类型选择积分变量，确定积分区间：

$$\int_{a}^{b}[y_t-y_b]\mathrm{d}x \text{ 或} \int_{c}^{d}(x_r-x_l)\mathrm{d}y;$$

其中 $y_t=f_1(x)$，$y_b=f_2(x)$，$y_t\geqslant y_b$；$x_r=g_1(y)$，$x_l=g_2(y)$，$x_r\geqslant x_l$.

(3) 计算定积分.

**【例 5-31】** 计算抛物线 $y^2=2x$ 与直线 $x-y=4$ 所围成的平面图形的面积，如图 5-14 所示.

**解法 1：** 求出两条曲线的交点(2, −2)和(8, 4)，选 $y$ 为积分变量，$y\in[-2, 4]$，所求面积为

$$A=\int_{-2}^{4}\left(y+4-\frac{1}{2}y^2\right)\mathrm{d}y=\left[\frac{y^2}{2}+4y-\frac{y^3}{6}\right]_{-2}^{4}=18.$$

**解法 2**：选 $x$ 为积分变量，用直线 $x=2$ 将图形分成两部分，$x\in[0,2]$ 或 $x\in[2,8]$，左侧图形的面积为

$$A_1=\int_0^2[\sqrt{2x}-(-\sqrt{2x})]\mathrm{d}x=2\sqrt{2}\left[\frac{2}{3}x^{\frac{3}{2}}\right]_0^2=\frac{16}{3};$$

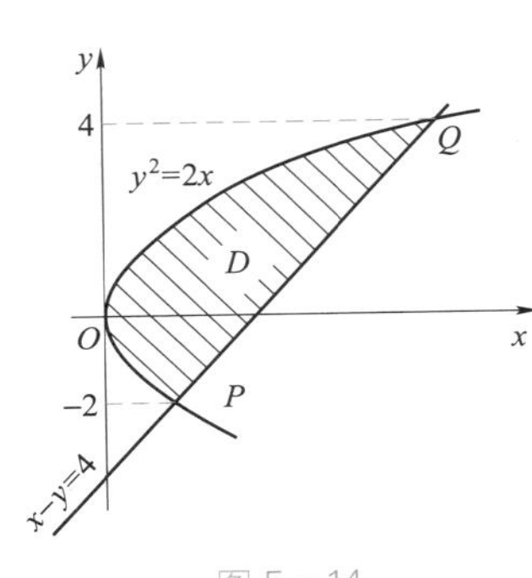

图 5-14

右侧图形的面积为

$$A_2=\int_2^8[\sqrt{2x}-(x-4)]\mathrm{d}x=\left[\frac{2\sqrt{2}}{3}x^{\frac{3}{2}}-\frac{1}{2}x^2+4x\right]_2^8=\frac{38}{3}.$$

所求图形的面积 $A=A_1+A_2=\frac{16}{3}+\frac{38}{3}=18.$

由例 5-31 可知，对同一问题，有时可选取不同的积分区域类型进行计算，计算的难易程度往往不同，有时甚至因为选错了区域类型而无法计算.因此在实际计算时，应选取合适的积分区域类型进行计算.

## 5.5.3 立体的体积

1. 已知平行截面面积的立体体积

数学家小传

刘　徽

设有一立体，如图 5-15 所示，其垂直于 $x$ 轴的截面面积是已知连续函数 $S(x)$，求此立体的体积.

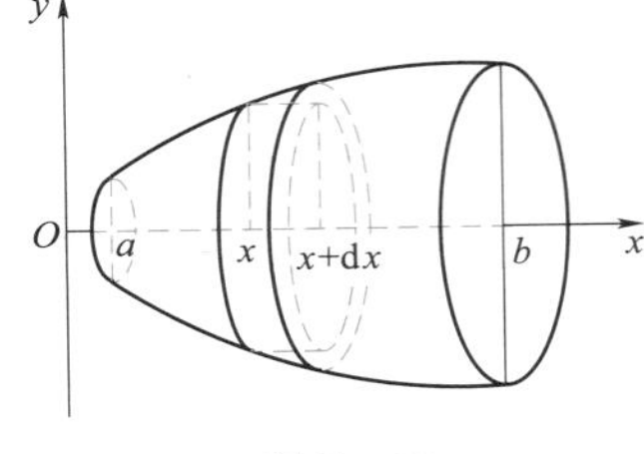

图 5-15

在区间$[a,b]$上任取一个小区间$[x,x+\mathrm{d}x]$，此区间相应的小立体体积可以用底面积为 $S(x)$，高为 $\mathrm{d}x$ 的扁柱体的体积 $\mathrm{d}V=S(x)\mathrm{d}x$ 近似代替，即体积微元 $\mathrm{d}V=S(x)\mathrm{d}x$，于是所求立体的体积为

$$V=\int_a^b S(x)\mathrm{d}x. \qquad (5-3)$$

**【例 5-32】** 一平面经过半径为 $R$ 的圆柱体的底面直径 $AB$，并与底面交成角 $\alpha$，如图 5-16 所示，求此平面截圆柱体所得楔形的体积.

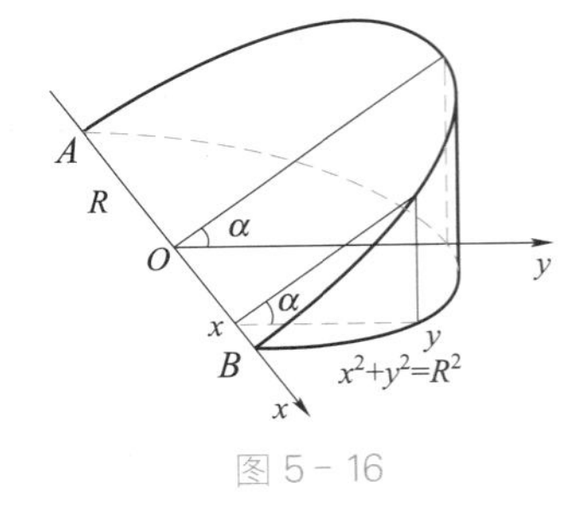

图 5-16

**解**：取直径 $AB$ 所在的直线为 $x$ 轴，底面中心为原点，这时垂直于 $x$ 轴的各个截面都是直角三角形，它的一个锐角为 $\alpha$，这个锐角的邻边长度为 $\sqrt{R^2-x^2}$，这样截面面积为

$$S(x)=\frac{1}{2}(R^2-x^2)\tan\alpha,$$

因此所求体积为

$$V=\int_{-R}^{R}\frac{1}{2}(R^2-x^2)\tan\alpha\,\mathrm{d}x=\frac{1}{2}\tan\alpha\left[R^2x-\frac{x^3}{3}\right]_{-R}^{R}=\frac{2}{3}R^3\tan\alpha.$$

2. 旋转体的体积

直角坐标系下求旋转体体积

设有一曲边梯形，由连续曲线 $y=f(x)$，$x$ 轴及直线 $x=a$，$x=b$ 所围成，如图 5-17 所示，求此曲边梯形绕 $x$ 轴旋转一周所形成的旋转体的体积.

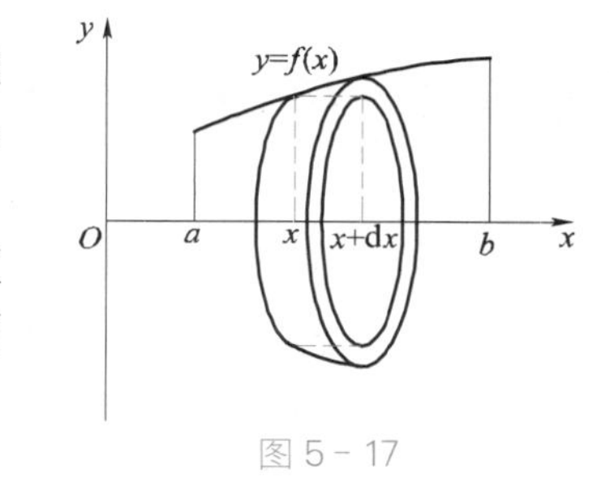

图 5-17

在 $[a, b]$ 上任取一个区间 $[x, x+\mathrm{d}x]$，在点 $x$ 处垂直于 $x$ 轴的截面是半径等于 $|y|=|f(x)|$ 的圆，因此截面面积为

$$A(x)=\pi y^2=\pi[f(x)]^2.$$

由公式(5-3)得旋转体体积为

$$V=\pi\int_a^b y^2\mathrm{d}x=\pi\int_a^b[f(x)]^2\mathrm{d}x. \quad (5-4)$$

**【例 5-33】** 将抛物线 $y=x^2$，$x$ 轴及直线 $x=0$，$x=2$ 所围成的平面图形绕 $x$ 轴旋转，求所形成的旋转体的体积.

**解**：根据公式(5-4)得

$$V=\pi\int_0^2 y^2\mathrm{d}x=\pi\int_0^2 x^4\mathrm{d}x=\frac{32}{5}\pi.$$

若平面图形是由连续曲线 $y=f_1(x)$，$y=f_2(x)$[不妨设 $0\leqslant f_1(x)\leqslant f_2(x)$] 及 $x=a$，$x=b$ 所围成的平面图形，则该图形绕 $x$ 轴旋转一周所形成的立体体积为

$$V=\pi\int_a^b[f_2^2(x)-f_1^2(x)]\mathrm{d}x \quad (5-5)$$

**【例 5-34】** 求圆 $x^2+(y-b)^2=a^2(0<a<b)$ 绕 $x$ 轴旋转所形成的立体体积.

**解**：如图 5-18 所示，该立体是由上半圆 $y_1=b+\sqrt{a^2-x^2}$，下半圆 $y_2=b-\sqrt{a^2-x^2}$ 围成的平面图形绕 $x$ 轴旋转所形成的立体，$x\in[-a, a]$，由公式(5-5)知

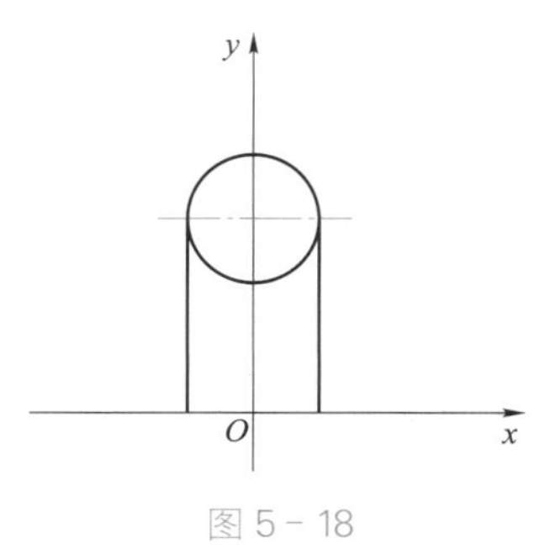

图 5-18

$$\begin{aligned}V&=\pi\int_{-a}^{a}[(b+\sqrt{a^2-x^2})^2-(b-\sqrt{a^2-x^2})^2]\mathrm{d}x\\&=\pi\int_{-a}^{a}4b\sqrt{a^2-x^2}\mathrm{d}x\\&=4b\pi\left[\frac{a^2}{2}\arcsin\frac{x}{a}+\frac{x}{2}\sqrt{a^2-x^2}\right]_{-a}^{a}=2\pi^2a^2b.\end{aligned}$$

用类似的方法可求得由曲线 $x=g_1(y)$，$x=g_2(y)$(不妨设 $0\leqslant g_1(y)\leqslant g_2(y)$) 及直线 $y=c$，$y=d(c<d)$ 所围成的图形绕 $y$ 轴旋转一周而生成的旋转体的体积

$$V=\pi\int_c^d[g_2^2(y)-g_1^2(y)]\mathrm{d}y. \quad (5-6)$$

### 5.5.4 平面曲线的弧长

1. 直角坐标情形

动画

平面曲线的弧长

设函数 $y=f(x)$ 具有一阶连续导数，计算曲线 $y=f(x)$ 上从 $a$ 到 $b$ 的一段弧长.

取 $x$ 为积分变量，它的变化区间为$[a, b]$.在$[a, b]$上任取一个小区间 $[x, x+\mathrm{d}x]$，与该区间相应的小段弧的长度可以用该曲线在点$(x, f(x))$处的切线上相应的一小段长度来近似代替，从而得到弧长元素 $\mathrm{d}s=\sqrt{(\mathrm{d}x)^2+(\mathrm{d}y)^2}=\sqrt{1+y'^2}\,\mathrm{d}x$，于是所求弧长

$$s=\int_a^b\sqrt{1+y'^2}\,\mathrm{d}x. \tag{5-7}$$

**【例 5-35】** 求抛物线 $y=\frac{1}{2}x^2$ 在点 $O(0, 0)$，$A\left(a, \frac{1}{2}a^2\right)$之间的一段弧长.

**解：** 由公式(5-7)，所求弧长为

$$\begin{aligned}s&=\int_0^a\sqrt{1+y'^2}\,\mathrm{d}x=\int_0^a\sqrt{1+x^2}\,\mathrm{d}x\\&=\left[\frac{x}{2}\sqrt{1+x^2}+\frac{1}{2}\ln(x+\sqrt{1+x^2})\right]_0^a\\&=\frac{a}{2}\sqrt{1+a^2}+\frac{1}{2}\ln(a+\sqrt{1+a^2}).\end{aligned}$$

2. 参数方程情形

设曲线的参数方程为

$$\begin{cases}x=\varphi(t),\\y=\psi(t)\end{cases}\quad(\alpha\leqslant t\leqslant\beta).$$

试计算这段曲线的弧长.

取参数 $t$ 为积分变量，它的变化区间为$[\alpha, \beta]$，弧长微元

$$\mathrm{d}s=\sqrt{(\mathrm{d}x)^2+(\mathrm{d}y)^2}=\sqrt{[\varphi'(t)\mathrm{d}t]^2+[\psi'(t)\mathrm{d}t]^2}=\sqrt{\varphi'^2(t)+\psi'^2(t)}\,\mathrm{d}t.$$

于是所求弧长为

$$s=\int_\alpha^\beta\sqrt{\varphi'^2(t)+\psi'^2(t)}\,\mathrm{d}t. \tag{5-8}$$

**【例 5-36】** 求摆线 $\begin{cases}x=a(t-\sin t),\\y=a(1-\cos t)\end{cases}$ 一拱 $(0\leqslant t\leqslant 2\pi)$ 的长度（其中 $a>0$）.

**解：** 由公式(5-8)知所求弧长为

$$\begin{aligned}S&=\int_0^{2\pi}\sqrt{a^2(1-\cos t)^2+a^2\sin^2 t}\,\mathrm{d}t=a\int_0^{2\pi}\sqrt{2(1-\cos t)}\,\mathrm{d}t\\&=2a\int_0^{2\pi}\sin\frac{t}{2}\,\mathrm{d}t=2a\left[-2\cos\frac{t}{2}\right]_0^{2\pi}=8a.\end{aligned}$$

某些函数比如 $e^{x^2}$，$\dfrac{1}{\ln x}$，$\dfrac{\sin x}{x}$，$\sqrt{1-k^2\sin^2 x}\,(0<k^2<1)$，它们的原函数因为不能用初等函数形式表达，所以它们的定积分也没有办法用初等方法计算，这也是椭圆的周长没有初等函数形式的计算公式的原因.

### 5.5.5 变力沿直线所做的功

由物理学知道，如果物体在做直线运动的过程中有一个不变的力 $F$ 作用在这个物体上，且该力的方向与物体运动的方向一致，那么在物体移动距离 $s$ 时，力 $F$ 对物体所做的功 $W=F\cdot S$. 若物体在运动中所受到的力是变化的，则此情况下就是变力沿直线做功问题.

设物体在变力 $F(x)$ 作用下从 $x=a$ 移动到 $x=b$. 取区间 $[x,x+\mathrm{d}x]$，在这段距离内物体受力可近似等于 $F(x)$，所以功元素为 $\mathrm{d}W=F(x)\mathrm{d}x$，故

$$W=\int_a^b F(x)\mathrm{d}x. \tag{5-9}$$

**【例5-37】** 设在 $O$ 点放置一个带电量为 $+q$ 的点电荷，由物理学知，这时它的周围会产生一个电场，这个电场对周围的电荷有作用力.今有一单位正电荷从 $A$ 点沿直线 $OA$ 方向被移至点 $B$，求电场力 $F$ 对它做的功.

**解**：取过点 $O$，$A$ 的直线为 $x$ 轴，$OA$ 的方向为轴的正向，设点 $A$，$B$ 的坐标分别为 $a$，$b$，由物理学知，单位正电荷在点 $r$ 处电场对它的作用力为

$$F=k\frac{q}{r^2}.$$

由公式(5-9)可知，电场力对它所做的功为

$$W=\int_a^b F(r)\mathrm{d}r=\int_a^b k\cdot\frac{q}{r^2}\mathrm{d}r=kq\left[-\frac{1}{r}\right]_a^b=kq\left[\frac{1}{a}-\frac{1}{b}\right].$$

若电荷从 $A$ 点被移至无穷远处，这时电场力对它所做的功为

$$W=\int_a^{+\infty}k\cdot\frac{q}{r^2}\mathrm{d}r=\frac{kq}{a}.$$

**【例5-38】** 将一根自然长度为 10 cm 的弹簧拉长到 15 cm 时，需用 40 N 的力，求将弹簧从 15 cm 拉长到 18 cm 要做多少功?

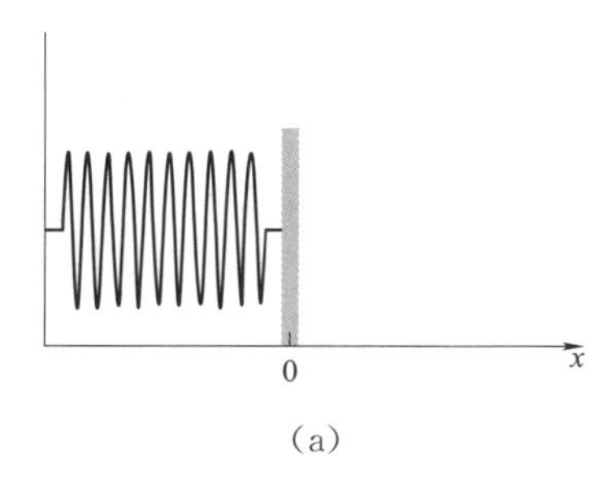

(a)

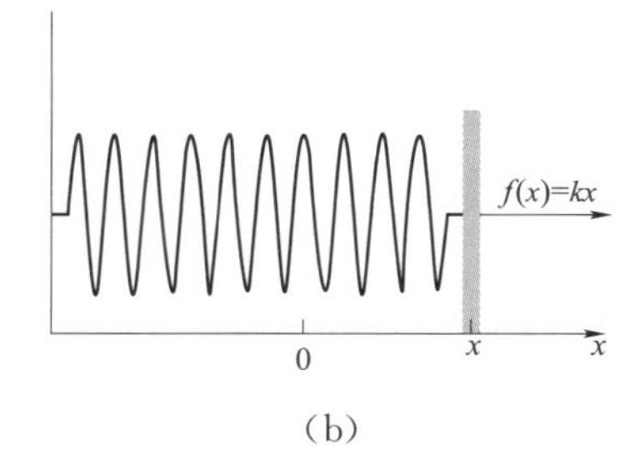

(b)

图5-19

**解:** 如图 5－19 所示建立坐标系.根据胡克定理，将弹簧从自然状态(图 5－19a)拉长 $x$(m)时(图 5－19b)需要用的力 $f(x)$ 和 $x$ 成正比，即

$$f(x)=kx.$$

其中 $k$ 为弹簧弹性系数.从自然长度为 10 cm 的弹簧拉长到 15 cm 时，弹簧拉长了 $x=5\text{ cm}=0.05\text{ m}$，由题意有 $f(0.05)=40$，从而

$$0.05k=40,\ k=\frac{40}{0.05}=800.$$

所以 $f(x)=800x$，将弹簧从 15 cm 拉长到 18 cm 要做的功为

$$W=\int_{0.05}^{0.08}f(x)\mathrm{d}x=\int_{0.05}^{0.08}800x\,\mathrm{d}x=400x^2\Big|_{0.05}^{0.08}=1.56(\mathrm{J}).$$

现在考虑另一类做功的问题.

**【例 5－39】** 一内壁为圆柱形的木桶里放满了水，设内壁的底的半径为 5 m，高为 10 m，现将木桶里的水全部吸出，需要做多少功(水的密度为 $\rho=10^3\ \mathrm{kg/m^3}$).

**解:** 如图 5－20 所示为内壁的截面，建立坐标系，从水面到桶底的水深为 10 m，将区间$[0,\ 10]$分成 $n$ 个小区间，相应地将桶里的水分成 $n$ 层，将桶里的水全部吸出等于将每一层水吸出.取一个典型小区间 $[x,\ x+\mathrm{d}x]$，相应的这层水的体积为 $V=\pi(5^2)\mathrm{d}x=25\pi\mathrm{d}x$，其重量为

$$F=mg=V\rho g=(25\pi\mathrm{d}x)\times10^3\times9.8=2.45\times10^5\pi\mathrm{d}x.$$

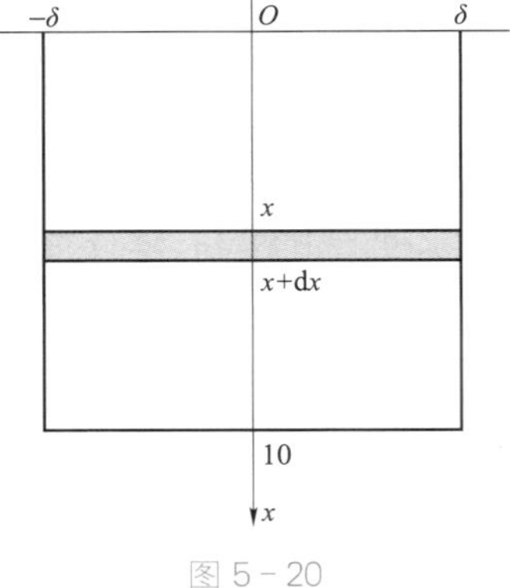


图 5－20

将该层水吸出木桶做的功(所求功 $W$ 的微元)为

$$\mathrm{d}W=F\cdot x=2.45\times10^5\pi x\,\mathrm{d}x.$$

由微元法可得将木桶里的水全部吸出需要做的功为

$$W=\int_0^{10}2.45\times10^5\pi x\,\mathrm{d}x=2.45\times10^5\pi\frac{x^2}{2}\Bigg|_0^{10}=1.225\times10^7\pi(\mathrm{J}).$$

## 5.5.6 液体压力

假设水的密度为 $\rho$，则在水深 $h$ 处的压强为 $p=\rho gh$ ($g$ 是重力加速度).如果有一个面积为 $A$ 的平面薄片水平放置在水深 $h$ 处，则该薄片受到的水的压力为

$$P=pA=\rho ghA.$$

如果将薄片垂直放置在水中，又该如何计算薄片受到的水的压力呢？下面举一例子说明其计算方法.

**【例 5－40】** 一水坝的水闸是等腰梯形，如图 5－21a 所示.水闸的高度为 20 m，顶端宽

50 m，底端宽 30 m.如果水深是 16 m，求水闸受到的水的压力 $P$（水的密度 $\rho=10^3\ \mathrm{kg/m^3}$）.

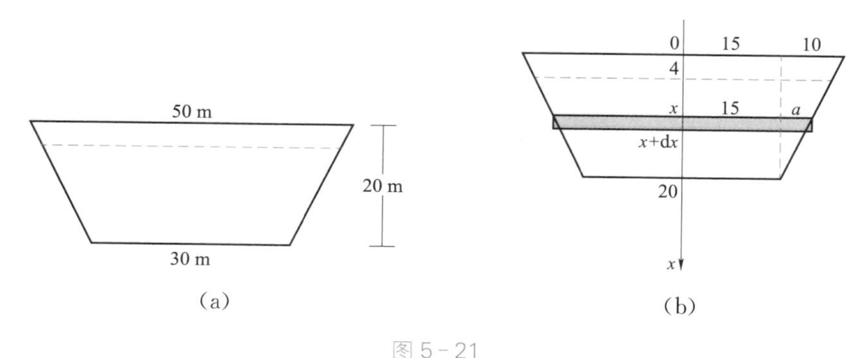


图 5-21

**解**：如图 5-21b 所示建立坐标系，水闸受到的水的压力是从离顶端的 4 m 处到 20 m 处受到水的压力，将区间[4, 20]分成 $n$ 个小区间，取典型的小区间 $[x, x+\mathrm{d}x]$，相应于这个小区间的压力是水深 $(x-4)$m 到 $(x+\mathrm{d}x-4)$m 处水闸受到的压力 $\Delta P$，相应于每个小区间的压力之和就等于水闸受到的水的压力.所以所求的压力 $P$ 对区间[4, 20]具有可加性.现在求 $\Delta P$.

由三角形的相似性，得到

$$\frac{a}{10}=\frac{20-x}{20},\ a=\frac{1}{2}(20-x).$$

$\Delta P$ 近似地看作是宽为 $2(15+a)=50-x$，高为 $\mathrm{d}x$ 的矩形受到的水的压力，而由于 $\mathrm{d}x$ 很小，将该矩形每一点的压强近似看作是相等的，就等于 $x$ 处的压强

$$p(x)=\rho gh=\rho g(x-4).$$

所以 $\Delta P$ 的近似值即 $P$ 的微元为

$$\mathrm{d}P=p(x)A=\rho g(x-4)(50-x)\mathrm{d}x.$$

由微元法，水闸受到的水的压力为

$$P=\int_4^{20}\rho g(x-4)(50-x)\mathrm{d}x=\int_4^{20}10^3(9.8)(x-4)(50-x)\mathrm{d}x$$
$$\approx 4.43\times 10^7(\mathrm{N}).$$

## 5.5.7 引力

根据万有引力定律，质量分别为 $m_1$，$m_2$，相距 $r$ 的两个质点间的引力大小为

$$F=G\frac{m_1m_2}{r^2}.$$

其中 $G$ 为引力常量，引力的方向是沿着两个质点连线的方向.

下面利用定积分的方法计算一个细棒对一个质点的引力问题.

**【例 5 - 41】** 设一个长 $l$,质量为 $m_1$ 的均匀细棒 $AB$,在其延长线上距离 $B$ 点 $a$ 处,有一个质量为 $m_2$ 的质点 $P$,求细棒对质点 $P$ 的引力.

**解:** 如图 5 - 22 所示,以 $A$ 为原点,以 $AB$ 方向为 $x$ 轴方向建立坐标系.将区间$[0, l]$分成 $n$ 个小区间,相应地将细棒分成 $n$ 个小段,每一小段近似看作是一个质点,取典型小区间

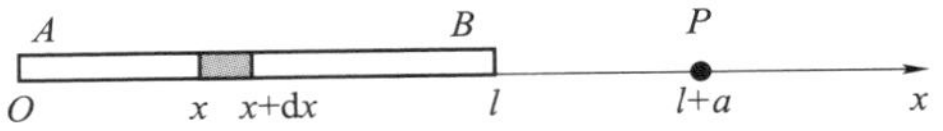

A B P
O x x+dx l l+a x

图 5 - 22

$[x, x+\mathrm{d}x]$,相应于该小区间上的一小段细棒的质量为$\dfrac{m_1\mathrm{d}x}{l}$,它对质点 $P$ 的引力(所求引力的微元)

$$\mathrm{d}F=G\frac{m_1m_2\mathrm{d}x}{l(l+a-x)^2}=\frac{Gm_1m_2}{l(x-l-a)^2}\mathrm{d}x.$$

由微元法得细棒 $AB$ 对质点 $P$ 的引力为

$$F=\int_0^l\frac{Gm_1m_2}{l(x-l-a)^2}\mathrm{d}x=-\frac{Gm_1m_2}{l(x-l-a)}\bigg|_0^l=\frac{Gm_1m_2}{a(l+a)}.$$

## 5.5.8 经济应用问题举例

**【例 5 - 42】** 已知某产品总产量的变化率是时间 $t$(单位:年)的函数,$f(t)=3t+6\geqslant 0$ $(t\geqslant 0)$,求第一个五年和第二个五年的总产量各为多少?

**解:** 因为总产量 $P(t)$是它的变化率 $f(t)$的原函数,所以第一个五年的总产量为

$$\int_0^5 f(t)\mathrm{d}t=\int_0^5(3t+6)\mathrm{d}t=\left(\frac{3}{2}t^2+6t\right)\bigg|_0^5=67.5;$$

第二个五年的总产量为

$$\int_5^{10} f(t)\mathrm{d}t=\int_5^{10}(3t+6)\mathrm{d}t=\left(\frac{3}{2}t^2+6t\right)\bigg|_5^{10}=142.5.$$

**【例 5 - 43】** 设某产品的总成本 $C$(单位:万元)的变化率是产量 $x$(单位:百台)的函数 $C'(x)=4+\dfrac{x}{4}$. 总收益 $R$(单位:万元)的变化率是产量 $x$ 的函数 $R'(x)=8-x$.

(1) 求产量由 1 百台增加到 5 百台时总成本与总收益各增加多少?

(2) 求产量为多少时,总利润 $L$ 最大.

(3) 已知固定成本 $C(0)=1$(万元),分别求出总成本、总利润与总产量的函数关系式.

(4) 求总利润最大时的总利润、总成本与总收益.

**解:** (1) 产量由 1 百台增加到 5 百台时总成本与总收益的增量分别为

$$C=\int_1^5\left(4+\frac{x}{4}\right)\mathrm{d}x=\left(4x+\frac{x^2}{8}\right)\bigg|_1^5=19(\text{万元});$$

$$R=\int_1^5(8-x)\mathrm{d}x=\left(8x-\frac{1}{2}x^2\right)\Big|_1^5=20(\text{万元}).$$

(2) 由于总利润 $L(x)=R(x)-C(x)$，故

$$L'(x)=R'(x)-C'(x)=(8-x)-\left(4+\frac{x}{4}\right)=4-\frac{5}{4}x.$$

令 $L'(x)=0$，得 $x=3.2$(百台). 由 $L''(x)=-\frac{5}{4}<0$，所以产量为 320 台时总利润最大.

(3) 因为总成本是固定成本与可变成本之和，故

$$C(x)=C(0)+\int_0^x C'(x)\mathrm{d}x=C(0)+\int_0^x C'(t)\mathrm{d}t,$$

所以总成本函数为

$$C(x)=1+\int_0^x\left(4+\frac{t}{4}\right)\mathrm{d}t=1+4x+\frac{x^2}{8}.$$

由 $L(x)=R(x)-C(x)$ 及 $R(x)=\int_0^x(8-t)\mathrm{d}t=8x-\frac{1}{2}x^2$，得总利润函数

$$L(x)=\left(8x-\frac{x^2}{2}\right)-\left(1+4x+\frac{x^2}{8}\right)=-1+4x-\frac{5}{8}x^2.$$

(4) $L(3.2)=-1+4\cdot3.2-\frac{5}{8}\cdot3.2^2=5.4$(万元)；

$C(3.2)=1+4\cdot3.2+\frac{1}{8}\cdot3.2^2=15.08$(万元)；

$R(3.2)=8\cdot3.2-\frac{1}{2}\cdot3.2^2=20.48$(万元).

## 习题 5.5

1. 求由曲线 $xy=1$，$y=2$，$y=x$ 所围成的平面图形的面积.

2. 求由曲线 $y=x^2$，$y=x$ 所围成的平面图形分别绕 $x$ 轴、$y$ 轴旋转所得的旋转体的体积.

3. 某产品的边际成本为 $x$(百件)的函数 $C'(x)=x+6$(万元/百件)，固定成本为 50 万元，求产量由 300 件增至 500 件时，总成本的改变量.

课外阅读材料

积分的发展

# 第6章 CHAPTER 6

# 常微分方程

一个国家的科学水平可以用它消耗的数学来度量.

——拉奥

学习要求

- 理解微分方程的基本概念,掌握一阶可分离变量方程的解法;
- 掌握一阶齐次线性方程、一阶非齐次线性方程的解法;
- 了解二阶线性微分方程的概念及解的结构,掌握二阶常系数齐次线性方程的解法.

本章将主要介绍微分方程的一些基本概念,讨论几种常见的微分方程的解法,并举例介绍微分方程在几何、物理等领域中的应用.

## 6.1 微分方程的基本概念

### 6.1.1 引例

课外阅读材料

天气预报中的微分方程

**【例 6-1】** 一曲线通过原点$(0, 0)$,且在该曲线上任一点$P(x, y)$处的切线斜率为$2x$,求该曲线的方程.

**解:** 设所求曲线的方程为$y=f(x)$,根据导数的几何意义,可知$y'=2x$且$y|_{x=0}=0$,由$y'=2x$得

$$y=\int 2x\,\mathrm{d}x=x^2+C,$$

再代入条件$y|_{x=0}=0$得$C=0$,所以所求曲线方程为$y=x^2$.

**【例 6-2】** 列车在水平直线路上以 20 m/s(相当于 72 km/h)的速度行驶.当制动时列车获得加速度$-0.4\ \mathrm{m/s^2}$.试问开始制动后多长时间列车才能停住,以及列车在这段时间里行驶了多少路程?

**解**:设列车在开始制动后 $t$(单位:s)时间行驶了 $s$(单位:m).根据题意,反映制动阶段列车运动规律的函数 $s=s(t)$ 应满足关系式

$$\frac{\mathrm{d}^2 s}{\mathrm{d}t^2}=-0.4 \quad 且\ s\big|_{t=0}=0,\ s'\big|_{t=0}=20.$$

对 $\dfrac{\mathrm{d}^2 s}{\mathrm{d}t^2}=-0.4$ 两边积分,得

$$v=\frac{\mathrm{d}s}{\mathrm{d}t}=-0.4t+C_1,$$

再积分一次,得 $s=-0.2t^2+C_1t+C_2$,而由 $s\big|_{t=0}=0,\ s'\big|_{t=0}=20$ 代入得

$$C_1=20,\ C_2=0,$$

把 $C_1$, $C_2$ 的值代入得

$$v=-0.4t+20,\ s=-0.2t^2+20t.$$

令 $v=0$ 得到列车从开始制动到完全停住所需的时间为

$$t=\frac{20}{0.4}\ \mathrm{s}=50\ \mathrm{s}.$$

再把 $t=50$ 代入,得到列车在制动阶段行驶的路程为

$$s=500\ \mathrm{m}.$$

以上两个引例的实际意义虽然不同,但解决问题的思路却十分相似,都是通过建立一个含有导数的方程,并对其求解.

## 6.1.2 微分方程的基本概念

**微分方程**:含有未知函数的导数(或微分)的方程,叫作微分方程.

**常微分方程**:未知函数是一元函数的微分方程,叫作常微分方程.

**偏微分方程**:未知函数是多元函数的微分方程,叫作偏微分方程.

**微分方程的阶**:微分方程中所出现的导数的最高阶数,叫作微分方程的阶.

$n$ 阶微分方程的一般形式为 $F(x,\ y,\ y',\ y'',\ \cdots,\ y^{(n)})=0$,其中 $x$ 是自变量,$y$ 是未知函数,$n$ 阶微分方程中一定含有 $y^{(n)}$.

微课

微分方程的基本概念

**微分方程的解**:如果把某个函数代入微分方程中,能使该方程成为恒等式,则这个函数就称为该微分方程的解.确切地说,设函数 $y=\varphi(x)$ 在区间 $I$ 上有 $n$ 阶连续导数,如果在区间 $I$ 上

$$F[x, \varphi(x), \varphi'(x), \cdots, \varphi^{(n)}(x)]=0,$$

那么函数 $y=\varphi(x)$ 就叫作微分方程 $F[x, y, y', \cdots, y^{(n)}(x)]=0$ 在区间 $I$ 上的解.

**通解**:如果微分方程的解中含任意常数的个数与微分方程的阶数相同,且任意常数之间不能合并,这样的解叫作微分方程的通解.

**初值条件**:用于确定通解中任意常数的取值条件,称为初值条件.一般写成 $y|_{x=x_0}=y_0$, $y'|_{x=x_0}=y'_0$ 等.

**特解**:当通解中的任意常数都取特定值时,就是微分方程的特解.

**初值问题**:求微分方程满足初值条件的解的问题称为初值问题.

如求微分方程 $y'=f(x, y)$ 满足初值条件 $y|_{x=x_0}=y_0$ 的解的问题,记为

$$\begin{cases} y'=f(x, y), \\ y|_{x=x_0}=y_0. \end{cases}$$

**【例 6-3】** 试指出下列微分方程的阶数.

(1) $y'+y^2=x^2$; (2) $(y')^3+y^2=\cos x$;

(3) $\dfrac{d^2y}{dx^2}+\left(\dfrac{y}{x}\right)^3=\ln x$; (4) $\sin(y'')+y'=x$.

**解**:(1)是一阶微分方程;(2)是一阶微分方程;(3)是二阶微分方程;(4)是二阶微分方程.

**【例 6-4】** 验证:函数 $y=C_1e^x+C_2e^{-x}$ 是微分方程 $y''-y=0$ 的解.

**解**:由 $y=C_1e^x+C_2e^{-x}$ 得

$$y'=C_1e^x-C_2e^{-x}, \quad y''=C_1e^x+C_2e^{-x}.$$

把 $y''$, $y$ 代入微分方程中得

$$C_1e^x+C_2e^{-x}-(C_1e^x+C_2e^{-x})=0,$$

说明 $y=C_1e^x+C_2e^{-x}$ 是微分方程 $y''-y=0$ 的解.

## 习题 6.1

1. 指出下列微分方程的阶数.

(1) $\dfrac{dy}{dx}+\dfrac{\sqrt{1-y^2}}{1-x^2}=0$; (2) $x(y')^2+y=1$.

2. 验证下列各题中的函数是否为所给微分方程的解,如果是微分方程的解,是通解还是特解?

(1) $y''-2y'+y=0$, $y=C_1e^x+C_2e^{-x}$;

(2) $x\,dx+y\,dy=0$, $x^2+y^2=C$.

# 6.2 可分离变量的微分方程与齐次方程

下面来学习一阶微分方程.一阶微分方程的一般形式是

$$F(x, y, y')=0.$$

最简单的一阶微分方程是可分离变量的微分方程.

## 6.2.1 可分离变量的微分方程

**定义 6-1** 形如

$$\frac{\mathrm{d}y}{\mathrm{d}x}=f(x)g(y)$$

的方程称为**可分离变量的微分方程**,其中 $f(x)$, $g(y)$分别是 $x$, $y$ 的一元连续函数.如 $y'=x(1+y^2)$ 就是可分离变量的微分方程,而 $\frac{\mathrm{d}y}{\mathrm{d}x}=\sin xy$ 却不是.

微课

可分离变量的微分方程

这类方程一般先恒等变形,再利用积分求解,具体步骤如下:

(1) 分离变量:将 $y'=f(x)g(y)$, 即 $\frac{\mathrm{d}y}{\mathrm{d}x}=f(x)g(y)$ 变形为

$$\frac{\mathrm{d}y}{g(y)}=f(x)\mathrm{d}x, \ g(y)\neq 0.$$

(2) 两边积分:上式两边积分得

$$\int\frac{\mathrm{d}y}{g(y)}=\int f(x)\mathrm{d}x+C.$$

设 $G(y)$和 $F(x)$分别是$\frac{1}{g(y)}$和 $f(x)$的原函数,则有

$$G(y)=F(x)+C.$$

$C$ 为任意常数,上式不再含有 $y'$,它是 $y$ 与 $x$ 的关系式,可以确定 $y$ 为 $x$ 的函数(一般地 $y$ 是 $x$ 的隐函数),从而给出了微分方程的通解.

**【例 6-5】** 求微分方程 $y'=x(1+y^2)$ 的通解.

**解:** 将方程化为 $\frac{\mathrm{d}y}{\mathrm{d}x}=x(1+y^2)$, 分离变量得

$$\frac{\mathrm{d}y}{1+y^2}=x\,\mathrm{d}x.$$

两边积分得

$$\int\frac{\mathrm{d}y}{1+y^2}=\int x\,\mathrm{d}x,$$

$$\arctan y=\frac{1}{2}x^2+C.$$

此即微分方程的通解，它是一个隐函数形式的解，通常不必化为显函数的形式.

**【例 6-6】** 求微分方程 $y'=2xy$ 的通解.

**解：**将方程变形分离变量得

$$\frac{\mathrm{d}y}{y}=2x\,\mathrm{d}x.$$

两边积分得

$$\int\frac{\mathrm{d}y}{y}=\int 2x\,\mathrm{d}x,$$

$$\ln|y|=x^2+C_1,$$

$$|y|=\mathrm{e}^{x^2+C_1},$$

$$y=\pm\mathrm{e}^{C_1}\mathrm{e}^{x^2}.$$

记 $C=\pm\mathrm{e}^{C_1}$，则有

$$y=C\mathrm{e}^{x^2},\ C\neq 0 \text{ 且 } C\in\mathbf{R}.$$

由于 $y=0$ 也是方程的解，所以 $C$ 可以是包括零的任意常数.故方程的通解为 $y=C\mathrm{e}^{x^2}(C\in\mathbf{R})$.

**注意：**在解微分方程的过程中，类似此题可以采用下列简化的方法求通解.

将方程变形分离变量

$$\frac{\mathrm{d}y}{y}=2x\,\mathrm{d}x,$$

两边积分

$$\int\frac{\mathrm{d}y}{y}=\int 2x\,\mathrm{d}x,$$

$$\ln y=x^2+\ln C,$$

得到通解为

$$y=C\mathrm{e}^{x^2}.$$

上述简化解法是把 $\ln|y|$ 写成 $\ln y$，$C_1$ 写成 $\ln C$，这样省略了去绝对值和讨论特解 $y=0$ 这些步骤，而解却是一样的.

**【例 6-7】** 求微分方程 $x(1+y)\mathrm{d}x-y(1+x^2)\mathrm{d}y=0$ 满足初值条件 $y|_{x=0}=2$ 的特解.

**解**:将方程变换并分离变量得

$$\frac{y}{1+y^2}\mathrm{d}y=\frac{x}{1+x^2}\mathrm{d}x,$$

两边同时积分得

$$\int\frac{y}{1+y^2}\mathrm{d}y=\int\frac{x}{1+x^2}\mathrm{d}x,$$

$$\frac{1}{2}\ln(1+y^2)=\frac{1}{2}\ln(1+x^2)+\frac{1}{2}\ln C,$$

故方程的通解是

$$1+y^2=C(1+x^2).$$

把初值条件 $y|_{x=0}=2$ 代入通解中,得 $C=5$,故所求的特解是

$$y^2=5x^2+4.$$

**【例 6-8】** 放射性元素铀由于不断地放射出微粒子,铀的含量就不断减少,这种现象叫作衰变.铀的衰变速度与当时未衰变的铀原子的含量 $m$ 成正比,已知 $t=0$ 时铀的含量为 $m_0$,求在衰变过程中铀含量 $m$ 与时间 $t$ 的关系(衰变规律).

**解**:由题知

$$\frac{\mathrm{d}m}{\mathrm{d}t}=-km,\ m|_{t=0}=m_0,$$

其中 $k(k>0)$ 是常数,叫作衰变系数,负号表示递减.分离变量,积分得

$$\int\frac{\mathrm{d}m}{m}=\int(-k)\mathrm{d}t,$$

$$\ln m=-kt+\ln C,$$

$$m=C\mathrm{e}^{-kt},\text{而 } m|_{t=0}=m_0,$$

所以 $C=m_0$ 即 $m=m_0\mathrm{e}^{-kt}$.

## 6.2.2 齐次方程

**定义 6-2** 若一阶微分方程可化成

$$\frac{\mathrm{d}y}{\mathrm{d}x}=\varphi\left(\frac{y}{x}\right)$$

的形式,则称此方程为**齐次方程**.

互动练习

齐次方程

齐次方程的求解步骤如下:

在齐次方程 $\frac{\mathrm{d}y}{\mathrm{d}x}=\varphi\left(\frac{y}{x}\right)$ 中,令 $u=\frac{y}{x}$,得 $y=ux$,两边对 $x$ 求导,得 $y'=u+x\frac{\mathrm{d}u}{\mathrm{d}x}$,

代入得 $u+x\dfrac{\mathrm{d}u}{\mathrm{d}x}=\varphi(u)$，分离变量得 $\dfrac{\mathrm{d}u}{\varphi(u)-u}=\dfrac{\mathrm{d}x}{x}$. 两边积分得 $\displaystyle\int\dfrac{\mathrm{d}u}{\varphi(u)-u}=\int\dfrac{\mathrm{d}x}{x}$. 求出积分后，再用 $\dfrac{y}{x}$ 代替 $u$，便得所求齐次方程的通解.

**【例 6-9】** 解方程 $x^2\dfrac{\mathrm{d}y}{\mathrm{d}x}=xy-y^2$.

**解:** 原方程可写成

$$\frac{\mathrm{d}y}{\mathrm{d}x}=\frac{y}{x}-\left(\frac{y}{x}\right)^2,$$

因此原方程是齐次方程. 令 $\dfrac{y}{x}=u$，则

$$y=ux,\ \frac{\mathrm{d}y}{\mathrm{d}x}=u+x\frac{\mathrm{d}u}{\mathrm{d}x},$$

于是原方程变为

$$u+x\frac{\mathrm{d}u}{\mathrm{d}x}=u-u^2,$$

即

$$-\frac{\mathrm{d}u}{u^2}=\frac{\mathrm{d}x}{x}.$$

两边积分得

$$\frac{1}{u}=\ln x+\ln C，即\frac{1}{u}=\ln Cx.$$

以 $\dfrac{y}{x}$ 替代上式中的 $u$，便得所给方程的通解为

$$y=\frac{x}{\ln Cx},\ C\in\mathbf{R}\ 或\ y=0.$$

**【例 6-10】** 解方程 $x\dfrac{\mathrm{d}y}{\mathrm{d}x}=y\ln\dfrac{y}{x}$.

**解:** 原方程可化为

$$\frac{\mathrm{d}y}{\mathrm{d}x}=\frac{y}{x}\ln\frac{y}{x},$$

这是齐次微分方程. 令 $\dfrac{y}{x}=u$，则

$$y=ux,\ \frac{\mathrm{d}y}{\mathrm{d}x}=u+x\frac{\mathrm{d}u}{\mathrm{d}x},$$

于是

$$u+x\frac{\mathrm{d}u}{\mathrm{d}x}=u\ln u,$$

$$\frac{\mathrm{d}u}{u(\ln u-1)}=\frac{\mathrm{d}x}{x},$$

两边积分得

$$\int\frac{\mathrm{d}u}{u(\ln u-1)}=\int\frac{\mathrm{d}x}{x},$$

$$\ln(\ln u-1)=\ln x+\ln C,$$

即

$$u=\mathrm{e}^{Cx+1},$$

代入 $u=\frac{y}{x}$，得

$$y=x\mathrm{e}^{Cx+1}.$$

## 习题 6.2

1. 求下列可分离变量微分方程的通解.

(1) $\frac{\mathrm{d}y}{\mathrm{d}x}=-\frac{y}{x}$；

(2) $\sqrt{1-x^2}\,y'-\sqrt{1-y^2}=0$.

2. 求下列齐次方程的通解.

(1) $\frac{\mathrm{d}y}{\mathrm{d}x}=\frac{x+y}{x-y}$；

(2) $xy'-y-\sqrt{y^2-x^2}=0$，$x>0$.

3. 求下列方程的特解.

(1) $x(x+2y)y'+y^2=0$ 满足初值条件 $y|_{x=1}=1$；

(2) $\frac{\mathrm{d}y}{\mathrm{d}x}=\frac{y}{x}+\frac{x}{y}$，$y|_{x=1}=2$.

# 6.3 一阶线性微分方程

**定义 6-3** 一阶线性微分方程的一般形式是

$$y'+p(x)y=q(x)$$

其中 $p(x)$，$q(x)$为连续函数，$q(x)$称为**自由项**.若 $q(x)=0$，则称方程是**一阶齐次线性微分方程**，否则就称方程是**一阶非齐次线性微分方程**.

例如，方程 $\frac{\mathrm{d}y}{\mathrm{d}x}=10^{x+y}$，$(y')^2-2y=x$，$yy'=x^2$ 就不是一阶齐次线性微分方程，而 $(x-2)\frac{\mathrm{d}y}{\mathrm{d}x}=y$ 就是一阶齐次线性微分方程，$3x^2+5y-5y'=0$ 是一阶非齐次线性微分方程，由于一阶线性微分方程经常出现在不同的科学领域，所以掌握它的解法就显得很有必要.

## 6.3.1 一阶齐次线性微分方程的解法

由于 $\frac{\mathrm{d}y}{\mathrm{d}x}+p(x)y=0$ 是可分离变量的方程，由上节知识可解得

$$y=C\mathrm{e}^{-\int p(x)\mathrm{d}x},\ C\in\mathbf{R},$$

这就是齐次线性微分方程的通解(**公式中的积分不再加任意常数**).

**【例 6-11】** 求微分方程 $(x-2)\frac{\mathrm{d}y}{\mathrm{d}x}=y$ 的通解.

**解：**原方程可化为

$$\frac{\mathrm{d}y}{\mathrm{d}x}-\frac{y}{x-2}=0,$$

所以 $p(x)=-\frac{1}{x-2}$，而 $y=C\mathrm{e}^{-\int p(x)\mathrm{d}x}$，$C\in\mathbf{R}$，故方程的通解为

$$y=C\mathrm{e}^{-\int\frac{-1}{x-2}\mathrm{d}x}=C(x-2),\ C\in\mathbf{R}.$$

## 6.3.2 一阶非齐次线性微分方程的解法

通常利用**常数变易法**来求解非齐次线性微分方程的通解.具体步骤如下：

由 $\frac{\mathrm{d}y}{\mathrm{d}x}+p(x)y=0$ 得此方程的通解为

$$y=C\mathrm{e}^{-\int p(x)\mathrm{d}x},\ C\in\mathbf{R},$$

令 $y=c(x)\mathrm{e}^{-\int p(x)\mathrm{d}x}$ 是 $\frac{\mathrm{d}y}{\mathrm{d}x}+p(x)y=q(x)$ 的解，将 $y=c(x)\mathrm{e}^{-\int p(x)\mathrm{d}x}$ 两边对 $x$ 求导，得

$$y'=c'(x)\mathrm{e}^{-\int p(x)\mathrm{d}x}-c(x)p(x)\mathrm{e}^{-\int p(x)\mathrm{d}x},$$

把 $y$，$y'$代入 $\frac{\mathrm{d}y}{\mathrm{d}x}+p(x)y=q(x)$，化简得

$$c'(x)\mathrm{e}^{-\int p(x)\mathrm{d}x}=q(x),$$

解得

$$c(x)=\int q(x)\mathrm{e}^{\int p(x)\mathrm{d}x}\mathrm{d}x+C,$$

微课

一阶非齐次线性微分方程的解法

代入 $y=c(x)\mathrm{e}^{-\int p(x)\mathrm{d}x}$，于是非齐次线性微分方程的通解为

$$\begin{aligned}y&=\mathrm{e}^{-\int p(x)\mathrm{d}x}\left[\int q(x)\mathrm{e}^{\int p(x)\mathrm{d}x}\mathrm{d}x+C\right]\\&=C\mathrm{e}^{-\int p(x)\mathrm{d}x}+\mathrm{e}^{-\int p(x)\mathrm{d}x}\int q(x)\mathrm{e}^{\int p(x)\mathrm{d}x}\mathrm{d}x=Y+y^*.\end{aligned}$$

由上可知，**一阶非齐次线性方程的通解由两部分组成，一部分 $Y$ 是对应的一阶齐次线性微分方程的通解，另一部分 $y^*$ 是对应的非齐次线性微分方程的一个特解.**

这种通过把对应的齐次线性微分方程的通解中的任意常数变易为待定函数，然后求出非齐次线性微分方程通解的方法称为**常数变易法**.

**【例6-12】** 求微分方程 $\frac{\mathrm{d}y}{\mathrm{d}x}-\frac{2y}{x+1}=(x+1)^{\frac{5}{2}}$ 的通解.

**解法1**(常数变易法)：这是一个非齐次线性微分方程.

先求对应的齐次线性微分方程 $\frac{\mathrm{d}y}{\mathrm{d}x}-\frac{2y}{x+1}=0$ 的通解.分离变量得

$$\frac{\mathrm{d}y}{y}=\frac{2\mathrm{d}x}{x+1},$$

两边积分得

$$\ln y=2\ln(x+1)+\ln C.$$

齐次线性微分方程的通解为

$$y=C(x+1)^2.$$

用常数变易法.把 $C$ 换成 $c(x)$，即令 $y=c(x)(x+1)^2$ 为非齐次线性微分方程的解，代入所给非齐次线性微分方程，得

$$c'(x)(x+1)^2=(x+1)^{\frac{5}{2}}，即\ c'(x)=(x+1)^{\frac{1}{2}},$$

两边积分得

$$c(x)=\frac{2}{3}(x+1)^{\frac{3}{2}}+C.$$

再把上式代入 $y=c(x)(x+1)^2$ 中，即得所求微分方程的通解为

$$y=\frac{2}{3}(x+1)^{\frac{7}{2}}+C(x+1)^2.$$

**解法 2**(公式法):这里 $P(x)=-\dfrac{2}{x+1}$, $q(x)=(x+1)^{\frac{5}{2}}$. 因为

$$\int P(x)\mathrm{d}x=\int\left(-\frac{2}{x+1}\right)\mathrm{d}x=-2\ln(x+1),$$

$$\mathrm{e}^{-\int P(x)\mathrm{d}x}=\mathrm{e}^{2\ln(x+1)}=(x+1)^2,$$

$$\int q(x)\mathrm{e}^{\int P(x)\mathrm{d}x}\mathrm{d}x=\int(x+1)^{\frac{5}{2}}(x+1)^{-2}\mathrm{d}x=\int(x+1)^{\frac{1}{2}}\mathrm{d}x$$

$$=\frac{2}{3}(x+1)^{\frac{3}{2}}\text{(无须添加任意常数)},$$

所以通解为

$$y=\mathrm{e}^{-\int P(x)\mathrm{d}x}\left[\int q(x)\mathrm{e}^{\int P(x)\mathrm{d}x}\mathrm{d}x+C\right]=(x+1)^2\left[\frac{2}{3}(x+1)^{\frac{3}{2}}+C\right].$$

**注意**:非齐次线性微分方程必须是标准型 $\dfrac{\mathrm{d}y}{\mathrm{d}x}+p(x)y=q(x)$.

课外阅读材料

微分方程的应用—传染病模型

**【例 6-13】** 求微分方程 $x\dfrac{\mathrm{d}y}{\mathrm{d}x}+y=x\mathrm{e}^x$ 的通解.

**解**:由题可将方程改写为标准方程

$$\frac{\mathrm{d}y}{\mathrm{d}x}+\frac{y}{x}=\mathrm{e}^x, \tag{6-1}$$

由

$$\frac{\mathrm{d}y}{\mathrm{d}x}+\frac{y}{x}=0$$

得

$$\frac{\mathrm{d}y}{y}=-\frac{\mathrm{d}x}{x},$$

两边积分得

$$\ln y=-\ln x+\ln C=\ln\frac{C}{x}\text{,即 }y=\frac{C}{x}.$$

由常数变易法,令 $y=\dfrac{c(x)}{x}$ 为式(6-1)的解,代入化简得

$$\frac{c'(x)}{x}=\mathrm{e}^x,$$

即

$$c(x)=\int x\mathrm{e}^x\mathrm{d}x=x\mathrm{e}^x-\mathrm{e}^x+C.$$

故原方程的通解为 $y=\dfrac{1}{x}(x\mathrm{e}^x-\mathrm{e}^x+C)$, $C\in\mathbf{R}$, 而 $x\neq 0$.

**习题 6.3**

1. 求下列微分方程的通解.

(1) $y'-2y=x+2$; (2) $y'+y\cos x=e^{-\sin x}$.

2. 求微分方程 $(1+x^2)dy=(1+xy)dx$，$y(1)=0$ 满足初值条件的特解.

# 6.4 可降阶的高阶微分方程

二阶及二阶以上的微分方程统称为**高阶微分方程**.有些类型的高阶微分方程可以通过积分或变量代换，降为较低阶的微分方程来解.本节只学习两种类型的高阶微分方程.

## 6.4.1 $y^{(n)}=f(x)$型的微分方程

方程形式：

$$y^{(n)}=f(x).$$

**方程特点：**$y^{(n)}$仅仅是关于 $x$ 的函数，且方程不含 $y$，$y'$，…，$y^{(n-1)}$.

**解法：**依次进行 $n$ 次积分，即可得方程的通解.

【例 6-14】 求微分方程 $y''=e^x+\cos x$ 的通解.

解：对所给方程积分两次，得

$$y'=e^x+\sin x+C_1,$$

$$y=e^x-\cos x+C_1x+C_2,\quad C_1, C_2\in\mathbf{R}.$$

## 6.4.2 $y''=f(x, y')$型的微分方程

方程形式：

$$y''=f(x, y'). \tag{6-2}$$

**方程特点：**方程右端不显含未知函数 $y$.

**解法：**令 $y'=u$，将 $u$ 看作是新的 $x$ 的未知函数，$x$ 仍是自变量，于是 $y''=\frac{du}{dx}$，则方程(6-2)化为一阶微分方程 $u'=f(x, u)$，解得其通解为 $u=u(x, C_1)$，而 $y'=u$，即 $\frac{dy}{dx}=$

$u(x, C_1)$，所以原方程的通解为非齐次线性方程

$$y=\int u(x, C_1)\mathrm{d}x+C_2.$$

**【例 6-15】** 求微分方程 $y''-y'=\mathrm{e}^x$ 满足初值条件 $y(0)=1$，$y'(0)=0$ 的解.

**解:** 显然方程是 $y''=f(x, y')$ 型的，令 $y'=u$，则 $y''=u'$，代入方程得

$$u'-u=\mathrm{e}^x,$$

这是一阶非齐次线性微分方程，用其通解公式得

$$\begin{aligned}u&=\mathrm{e}^{-\int(-1)\mathrm{d}x}\left(\int \mathrm{e}^x \mathrm{e}^{\int(-1)\mathrm{d}x}\mathrm{d}x+C_1\right)\\&=\mathrm{e}^x\left(\int \mathrm{d}x+C_1\right)=\mathrm{e}^x(x+C_1),\end{aligned}$$

即

$$y'=\mathrm{e}^x(x+C_1).$$

由 $y'(0)=1$ 得 $C_1=0$，代入上式后积分得到

$$y=\int x\mathrm{e}^x\mathrm{d}x,$$

再利用部分积分法得

$$y=\int x\mathrm{d}\mathrm{e}^x=\mathrm{e}^x x-\int \mathrm{e}^x\mathrm{d}x=x\mathrm{e}^x-\mathrm{e}^x+C_2,$$

由 $y(0)=1$ 可知 $C_2=2$，所以初值问题的解为 $y=x\mathrm{e}^x-\mathrm{e}^x+2$.

### 习题 6.4

1. 求下列微分方程的通解.

(1) $y''=\dfrac{1}{1+x^2}$；

(2) $y''=2y'$；

(3) $y''-\dfrac{1}{x}y'=x\mathrm{e}^x$.

2. 求微分方程 $(1+x^2)y''=2xy'$，$y|_{x=0}=1$，$y'|_{x=0}=3$ 满足所给初值条件的特解.

## 6.5 二阶线性微分方程

**定义 6-4** 二阶线性微分方程的一般形式是

$$y''+p(x)y'+q(x)y=f(x),$$

其中，$p(x)$，$q(x)$，$f(x)$都是同一区间上的连续函数，线性是因为方程中$y''$，$y'$，$y$的次数都是一次.

当$f(x)=0$时，称$y''+p(x)y'+q(x)y=0$为**二阶齐次线性微分方程**；

当$f(x)\neq 0$时，称$y''+p(x)y'+q(x)y=f(x)$为**二阶非齐次线性微分方程**；

当$p(x)$，$q(x)$分别为常数$p$，$q$时，得到**二阶常系数线性微分方程**：

$$y''+py'+qy=f(x). \tag{6-3}$$

若$f(x)=0$，方程

$$y''+py'+qy=0 \tag{6-4}$$

叫作**二阶常系数齐次线性微分方程**.若$f(x)\neq 0$，方程

$$y''+py'+qy=f(x) \tag{6-5}$$

叫作**二阶常系数非齐次线性微分方程**.

## 6.5.1 二阶线性齐次微分方程解的结构

首先介绍函数的线性相关与线性无关的概念：设$h(x)$，$g(x)$是定义在区间$I$上的两个函数，如果

$$\frac{h(x)}{g(x)}=C(\text{常数}),$$

那么称$h(x)$，$g(x)$在区间$I$上线性相关；如果$h(x)$与$g(x)$之比不恒等于一个常数，那么称$h(x)$，$g(x)$在区间$I$上线性无关.

如$\sin x$，$5\sin x$在$\mathbf{R}$上线性相关，而$e^{2x}$，$e^{x}$在$\mathbf{R}$上线性无关.

**定理 6-1(叠加性)** 如果$y_1(x)$，$y_2(x)$是二阶常系数齐次线性微分方程(6-4)的任意两个线性无关的解，则方程(6-4)的通解是

$$y=C_1y_1(x)+C_2y_2(x),\ C_1,\ C_2\ \text{是任意的常数}.$$

## 6.5.2 二阶常系数线性齐次微分方程的解法

由于一阶齐次线性方程$\dfrac{dy}{dx}+p(x)y=0$的通解为$y=Ce^{-\int p(x)dx}$，$C\in\mathbf{R}$是指数型的，因此对二阶常系数齐次线性微分方程的解，我们也猜想是指数型的.现令$y=e^{rx}$是它的解，$r$是待定常数.

将$y=e^{rx}$代入方程$y''+py'+qy=0$得

$$(r^2+pr+q)e^{rx}=0,$$

由此可见，只要 $r$ 满足代数方程 $r^2+pr+q=0$，那么函数 $y=e^{rx}$ 就是微分方程的解.

方程 $r^2+pr+q=0$ 叫作微分方程 $y''+py'+qy=0$ 的**特征方程**.

特征方程的两个根 $r_1$，$r_2$ 可用下面公式求出

$$r_{1,2}=\frac{-p\pm\sqrt{p^2-4q}}{2}.$$

特征方程的根与通解的关系：

(1) 当特征方程有两个不相等的实根 $r_1$，$r_2$ 时，二阶常系数齐次线性微分方程的通解为

$$y=C_1e^{r_1x}+C_2e^{r_2x}.$$

(2) 当特征方程有两个相等的实根 $r_1=r_2$ 时，二阶常系数齐次线性微分方程的通解为

$$y=C_1e^{r_1x}+C_2xe^{r_1x}=e^{r_1x}(C_1+C_2x).$$

(3) 当特征方程有一对共轭复根 $r_{1,2}=\alpha\pm i\beta$ 且 $\alpha=-\frac{p}{2}$，$\beta=\frac{\sqrt{4q-p^2}}{2}$ 时，二阶常系数齐次线性微分方程的通解为

$$y=e^{\alpha x}(C_1\cos\beta x+C_2\sin\beta x).$$

* 函数 $r_1=e^{(\alpha+i\beta)x}$，$r_2=e^{(\alpha-i\beta)x}$ 是微分方程两个线性无关的复数形式的解：而由欧拉公式 $e^{i\alpha}=\cos\alpha+i\sin\alpha$，得

$$y_1^*=e^{r_1x}=e^{(\alpha+i\beta)x}=e^{\alpha x}(\cos\beta x+i\sin\beta x),$$

$$y_2^*=e^{r_2x}=e^{(\alpha-i\beta)x}=e^{\alpha x}(\cos\beta x-i\sin\beta x),$$

所以 $e^{\alpha x}\cos\beta x=\frac{y_1^*+y_2^*}{2}$，$e^{\alpha x}\sin\beta x=\frac{y_1^*-y_2^*}{2i}$ 也是方程的解.

可以验证，$y_1=e^{\alpha x}\cos\beta x$，$y_2=e^{\alpha x}\sin\beta x$ 是方程的线性无关解.

故二阶常系数齐次线性微分方程(6-4)的通解为

$$y=e^{\alpha x}(C_1\cos\beta x+C_2\sin\beta x).$$

由上分析可得出求二阶常系数齐次线性微分方程 $y''+py'+qy=0$ 通解的一般步骤如下：

**第一步** 二阶常系数齐次线性微分方程化为标准型 $y''+py'+qy=0$.

**第二步** 写出微分方程的特征方程

$$r^2+pr+q=0.$$

**第三步** 求出特征方程的两个根 $r_1$，$r_2$.

**第四步** 根据特征方程的两个根的不同情况，写出微分方程的通解.

**【例 6-16】** 求微分方程 $y''+2y'-3y=0$ 的通解.

**解：** 所给微分方程的特征方程为

$$r^2+2r-3=0,$$

其根 $r_1=1$，$r_2=-3$ 是两个不相等的实根，因此所求通解为

$$y=C_1\mathrm{e}^{x}+C_2\mathrm{e}^{-3x}.$$

**【例 6-17】** 求方程 $y''+2y'+y=0$ 满足初值条件 $y\big|_{x=0}=1$，$y'\big|_{x=0}=2$ 的特解.

**解**：所给方程的特征方程为

$$r^2+2r+1=0.$$

即 $r_{1,2}=-1$. 因此所给微分方程的通解为

$$y=(C_1+C_2x)\mathrm{e}^{-x}.$$

将条件 $y\big|_{x=0}=1$ 代入通解，得 $C_1=1$，从而

$$y=(1+C_2x)\mathrm{e}^{-x},$$

将上式对 $x$ 求导，得

$$y'=(C_2-1-C_2x)\mathrm{e}^{-x},$$

再把条件 $y'\big|_{x=0}=2$ 代入上式，得 $C_2=3$. 于是所求特解为

$$y=(1+3x)\mathrm{e}^{-x}.$$

**【例 6-18】** 求微分方程 $2y''+8y=4y'$ 的通解.

**解**：化为标准型 $y''-2y'+4y=0$，所给方程的特征方程为

$$r^2-2r+4=0,$$

特征方程的根为 $r_{1,2}=1\pm\sqrt{3}\mathrm{i}$，即

$$\alpha=1,\ \beta=\sqrt{3}\left(\text{或 } p=-2,\ q=4,\text{因为 } \alpha=-\frac{p}{2}=1,\ \beta=\frac{\sqrt{4q-p^2}}{2}=\sqrt{3}\right)$$

因此所求通解为

$$y=\mathrm{e}^{x}(C_1\cos\sqrt{3}x+C_2\sin\sqrt{3}x).$$

**【例 6-19】** 质量为 $m$ 的物体系于弹簧的一端沿 $x$ 轴运动，其平衡位置在原点，运动时仅受到与位移大小成正比的弹簧恢复力（弹性系数为 $k$），求物体的位移.

**解**：设物体的位移为 $x=x(t)$，则物体的加速度 $a=x''$，物体受到的力 $F=-kx$，其中负号是因为物体的位移与受力方向相反. 由牛顿第二定律 $ma=F$ 得到微分方程为

课外阅读材料

胡克定律

$$mx''=-kx,$$

即

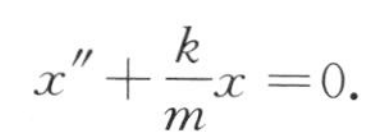

$$x''+\frac{k}{m}x=0.$$

由于$k$，$m>0$，不妨记$\omega^2=\dfrac{k}{m}$，则特征方程为$r^2+\omega^2=0$，特征根$r=\pm i\omega$，微分方程的通解为

$$x=C_1\cos\omega t+C_2\sin\omega t,$$

如果$C_1$，$C_2$不全为零，令$A=\sqrt{C_1^2+C_2^2}$，则

$$x=A\left(\frac{C_1}{A}\cos\omega t+\frac{C_2}{A}\sin\omega t\right).$$

令$\sin\varphi=\dfrac{C_1}{A}$，$\cos\varphi=\dfrac{C_2}{A}$，其中$\varphi=\arctan\dfrac{C_1}{C_2}$，利用三角函数的两角和差公式，上式可以写成

$$x=A\sin(\omega t+\varphi).$$

这个运动称为弹簧的**无阻尼自由振动**，它是一个简谐运动，保持角频率$\omega$与振幅$A$不变，其中$\omega$与$k$、$m$有关，与物体的初始位移以及初始速度无关，称其为弹簧的固有频率，固有频率是反映振动系统特性的一个重要参数.

### 习题 6.5

1. 求下列微分方程的通解.

(1) $y''+4y'=0$；　　(2) $y''-9y=0$；

(3) $2y''+y'+\dfrac{y}{8}=0$.

2. 求微分方程$y''+2y'+2y=0$满足初值条件$y(0)=1$，$y'(0)=-1$的特解.

3. 如图 6-1 所示，在$LC$(电感-电容)回路中，电容$C$两端的电压$u=u(t)$的微分方程为

$$u''+(4\times10^{-6})u=0,$$

并且当$t=0$时，有$u=1$，$u'=2\times10^{-3}$. 求电压$u$.

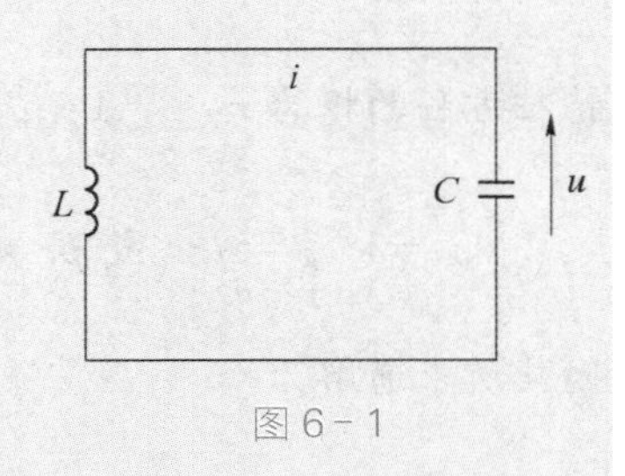


图 6-1

## 6.6 微分方程的应用举例

**【例 6-20】** 在某池塘内养鱼，该池塘最多能养 1 000 尾，设在$t$时刻该池塘内鱼数

$y(t)$是时间$t$(月)的函数,其变化率与鱼数$y$及$1\,000-y$的乘积成正比(比例系数为$k>0$).已知在池塘内放养鱼100尾,3个月后该池塘内有鱼250尾,(1) 求在$t$时刻池塘内的鱼数;(2) 试问放养9个月后池塘内有多少尾鱼?

**解:**(1) 由题意知

$$\begin{cases}\dfrac{\mathrm{d}y}{\mathrm{d}t}=ky(1\,000-y),\\ y(0)=100,\ y(3)=250.\end{cases}$$

解得

$$\frac{y}{1\,000-y}=C\mathrm{e}^{1\,000kt}.$$

代入初值条件得

$$C=\frac{1}{9},\ k=\frac{\ln 3}{3\,000}.$$

则

$$y(t)=\frac{1\,000\cdot 3^{\frac{t}{3}}}{9+3^{\frac{t}{3}}}(\text{尾}).$$

(2) 当$t=9$时,$y(9)=750$尾.

**【例6-21】** 某湖泊的水量为$V$,每年排入湖泊内含污染物$B$的污水量为$\frac{V}{6}$,流入湖泊内不含污染物$B$的水量为$\frac{V}{6}$,流出湖泊的水量为$\frac{V}{3}$.已知2004年底湖泊中$B$的含量为$5m_0$,超过环保标准.为了治污,从2005年起限定排入湖泊中含$B$污水的浓度不超过$\frac{m_0}{V}$,问至少经过多少年,湖泊中$B$的含量降至$m_0$以内?

**解:**设从2005年起,令$t=0$,第$t$年湖泊中$B$的含量为$m$,浓度为$\frac{m}{V}$,则在$[t,t+\Delta t]$内排入湖泊中$B$的量为$\frac{m_0}{V}\cdot\frac{V}{6}\mathrm{d}t=\frac{m_0}{6}\mathrm{d}t$,流出湖泊的水中$B$的含量为$\frac{m}{V}\cdot\frac{V}{3}\mathrm{d}t=\frac{m}{3}\mathrm{d}t$,所以此时湖泊中$B$的浓度量为

$$\mathrm{d}m=\left(\frac{m_0}{6}-\frac{m}{3}\right)\mathrm{d}t,$$

解得$m=\frac{m_0}{2}-C\mathrm{e}^{-\frac{t}{3}}$,而$m(0)=5m_0C=-\frac{9}{2}m_0$,即

$$m=\frac{m_0}{2}(1+9\mathrm{e})^{-\frac{t}{3}},$$

当 $m=m_0$ 时，$t=6\ln 3$. 所以至少经过 $6\ln 3$ 年，湖泊中 $B$ 的含量降至 $m_0$ 以内.

**【例 6-22】** 某公司年净资产有 $W(t)$（百万元），并且资产本身以每年 4% 的速度增长，同时公司每年要以 20 百万元的数额支付职工工资.

(1) 求 $W(t)$ 的表达式；(2) 讨论 $W(0)=400$，500，600 三种情况下，$W(t)$ 的变化特点.

**解：**(1) 利用平衡法.

净资产增长速度 = 资产本身增长速度 − 职工工资支付速度，得

$$\frac{\mathrm{d}W}{\mathrm{d}t}=0.04W-20,$$

$$W-500=C\mathrm{e}^{-0.04t},\ W(t)=500+C\mathrm{e}^{-0.04t}.$$

(2) 当 $W(0)=400$ 时，$C=-100$，$W(t)=500-100\mathrm{e}^{-0.04t}$，净资产额递减，公司将在第 41 年破产.

当 $W(0)=500$ 时，$C=0$，$W(t)=500$，公司收支平衡，净资产额不变.

当 $W(0)=600$ 时，$C=100$，$W(t)=500+100\mathrm{e}^{-0.04t}$，公司净资产将按指数增长.

## 拓展阅读

### 早期的常微分方程

17 世纪，微积分的发明解决了越来越多的物理问题.然而要解决更为复杂的问题，就需要专门的技术，微分方程这门学科应运而生.

有几类问题推动了微分方程的研究.第一类是现在称为弹性理论的问题，第二类是摆的问题，第三类是天文学上的三体问题，即月球在太阳和地球的引力作用下的运动形态.

雅各布·伯努利是用微积分求微分方程问题解析解的先驱者之一，他发表了关于等时问题的解答.这个问题是：求一条曲线，使得一个摆沿着它做一次完全的振动，所经历的时间都是相等的，而与摆所经历的弧长无关.雅各布·伯努利为这个问题建立了一阶微分方程，并用分离变量的方法求出了答案就是摆线.

在同一篇文章里，雅各布·伯努利提出了一个问题：一根均匀柔软而不能伸长的线自由悬挂在两个固定的端点，求这条线所形成的曲线.莱布尼茨称这条曲线为“悬链线”.雅各布·伯努利把它想成是一条抛物线.但他的弟弟约翰·伯努利为悬链线建立了微分方程，并用分离变量法求出了答案.

莱布尼茨也想到了求解微分方程的分离变量法.他还把一阶齐次方程通过变量替换化为可分离变量的微分方程.关于可分离变量与齐次方程的求解，雅各布·伯努利的弟弟约翰·伯努利作了更加详细与完整的说明，仍在当今教材中使用.

后来，莱布尼茨使用因变量的变换证明了如何求解一阶线性微分方程，又利用变量替换的方法将“伯努利方程”化成线性方程.

欧拉引入了积分因子，使微分方程成为恰当方程从而求出方程的解.克莱罗独立地引入了积分因子的概念，至此求解一阶微分方程的所有初等方法都已明确.欧拉后来对摆在有阻尼介质中的运动进行了研究，用到了二阶微分方程.在求解二阶微分方程及更高阶微分方程的过程中，泰勒、约翰·伯努利、丹尼尔·伯努利(约翰·伯努利的儿子)、欧拉、黎卡提、达朗贝尔等人都作出了较大的贡献.

到18世纪中期，微分方程已经成为一门独立的学科，对方程的求解成为其本质目标.最初数学家用初等函数来寻找解，接着用一个积分表达式来表示解，后来又用无穷级数来表示解.探索常微分方程的一般积分方法研究大概到1775年终止，之后一百年间未发现重大的新方法，直到19世纪末才引进了算子方法和拉普拉斯变换.

# 第 7 章 CHAPTER 7

# 无穷级数

无穷级数是数学分析的基石.

——拉普拉斯

学习要求

- 理解无穷级数的基本概念和性质,熟练掌握级数敛散性的判别法;
- 会求幂级数的收敛半径与收敛区间,且能利用 $e^x$, $\sin x$, $\ln(1+x)$, $\frac{1}{1-x}$ 的麦克劳林展开式把一些函数展成幂级数.

中学我们学习过的加法是将有限个数相加,这种加法易于计算但无法满足更高层次应用的需要.在许多技术问题中常要求我们将无穷多个数相加,无穷多个数相加的和式就叫作无穷级数.无穷级数是表示函数、研究函数性质以及进行数值计算的一种有力工具.本章将介绍无穷级数的一些基本概念与性质,并进一步研究幂级数和将函数展开成幂级数等问题.

## 7.1 常数项级数的概念和性质

### 7.1.1 常数项级数的概念

**定义 7-1** 设 $u_1, u_2, \cdots, u_n, \cdots$为已知数列,那么表达式

$$u_1+u_2+\cdots+u_n+\cdots \tag{7-1}$$

叫作**无穷级数**,简称为级数,简写为 $\sum\limits_{n=1}^{\infty} u_n$,若式(7-1)中每一项都是常数,则也称之为常

数项无穷级数，简称**数项级数**，其中 $u_n$ 称为该级数的第 $n$ 项或通项.

级数式(7－1)的前 $n$ 项和

$$s_n=u_1+u_2+\cdots+u_n=\sum_{i=1}^{n}u_i,$$

称为级数的部分和，对于给定的级数式(7－1)，其任意的前 $n$ 项和 $s_n$ 都是确定的，于是级数式(7－1)对应着一个部分和数列 $\{s_n\}$，即

$$s_1=u_1,\ s_2=u_1+u_2,\ \cdots,\ s_n=u_1+u_2+\cdots+u_n,\ \cdots. \tag{7-2}$$

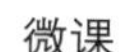
微课

等比级数的敛散性

根据数列式(7－2)的极限是否存在，引入无穷级数的如下概念.

**定义 7－2** 若级数 $\sum_{n=1}^{\infty}u_n$ 的部分和数列 $\{s_n\}$ 的极限存在且等于 $s$，即 $\lim_{n\to\infty}s_n=s$，则称级数 $\sum_{n=1}^{\infty}u_n$ **收敛**. $s$ 称为级数的和，并记为 $s=u_1+u_2+\cdots+u_n+\cdots$；反之，若级数 $\sum_{n=1}^{\infty}u_n$ 的部分和数列 $\{s_n\}$ 极限不存在，则称级数 $\sum_{n=1}^{\infty}u_n$ **发散**.

显然，当级数收敛时，其部分和 $s_n$ 是级数的和 $s$ 的近似值，它们之间的差值

$$r_n=s-s_n=u_{n+1}+u_{n+2}+\cdots$$

叫作级数的**余项**.用近似值 $s_n$ 代替级数的和 $s$ 所产生的误差是这个余项的绝对值，即误差是 $|r_n|$.

**【例 7－1】** 判断无穷级数 $\frac{1}{1\times2}+\frac{1}{2\times3}+\cdots+\frac{1}{n(n+1)}+\cdots$ 的敛散性.

**解**：由于该级数的一般项

$$u_n=\frac{1}{n(n+1)}=\frac{1}{n}-\frac{1}{n+1},$$

则

$$\begin{aligned}s_n&=\frac{1}{1\times2}+\frac{1}{2\times3}+\cdots+\frac{1}{n(n+1)}\\&=\left(1-\frac{1}{2}\right)+\left(\frac{1}{2}-\frac{1}{3}\right)+\cdots+\left(\frac{1}{n}-\frac{1}{n+1}\right)=1-\frac{1}{n+1}.\end{aligned}$$

$$\lim_{n\to\infty}s_n=\lim_{n\to\infty}\left(1-\frac{1}{n+1}\right)=1.$$

所以该级数收敛，且该级数的和为 1.

**【例 7－2】** 讨论级数 $\ln2+\ln\frac{3}{2}+\ln\frac{4}{3}+\cdots+\ln\frac{n+1}{n}+\cdots$ 的敛散性.

**解**：部分和

$$s_n=\ln2+(\ln3-\ln2)+\cdots+[\ln(n+1)-\ln n]=\ln(n+1),$$

因此

$$\lim_{n\to\infty}s_n=\lim_{n\to\infty}\ln(n+1)=\infty,$$

该级数的部分和数列极限不存在，所以该级数发散.

**【例 7-3】** 判断等比级数(又称几何级数)

$$\sum_{n=1}^{\infty} aq^{n-1}=a+aq+aq^2+\cdots+aq^{n-1}+\cdots \quad (a\neq 0)$$

的敛散性.

**解:**(1) 如果 $|q|\neq 1$,则部分和

$$s_n=a+aq+aq^2+\cdots+aq^{n-1}=\frac{a(1-q^n)}{1-q}.$$

当 $|q|<1$ 时,有 $\lim\limits_{n\to\infty} q^n=0$,从而有

$$\lim_{n\to\infty} s_n=\lim_{n\to\infty}\frac{a(1-q^n)}{1-q}=\frac{a}{1-q},$$

因此级数收敛.

当 $|q|>1$ 时,有 $\lim\limits_{n\to\infty} q^n=\infty$,从而可知 $\lim\limits_{n\to\infty} s_n=\infty$,因此所给级数发散.

(2) 如果 $|q|=1$,则当 $q=1$ 时,有 $s_n=na$,且 $\lim\limits_{n\to\infty} s_n=\infty$. 因此所给级数发散;当 $q=-1$ 时,所给级数的部分和

$$s_n=a-a+a-a+\cdots+(-1)^{n-1}a,$$

互动练习

常数项级数的概念和性质

显然,当 $n$ 为奇数时,$s_n=a$;当 $n$ 为偶数时,$s_n=0$. 由于 $a\neq 0$,故当 $n\to\infty$ 时,$s_n$ 的极限不存在,此时级数发散.

综上所述,等比级数 $\sum\limits_{n=1}^{\infty} aq^{n-1}$ 仅当 $|q|<1$ 时是收敛的,且它的和 $s=\frac{a}{1-q}$.

## 7.1.2 数项级数的基本性质

**性质 7-1** 如果级数 $\sum\limits_{n=1}^{\infty} u_n$ 收敛于 $s$,则级数 $\sum\limits_{n=1}^{\infty} ku_n$ 也收敛,且收敛于 $ks$.

**证:**设级数 $\sum\limits_{n=1}^{\infty} u_n$ 与 $\sum\limits_{n=1}^{\infty} ku_n$ 的部分和分别为 $s_n$ 和 $\sigma_n$,则

$$\sigma_n=ku_1+ku_2+\cdots+ku_n=k(u_1+u_2+\cdots+u_n)=ks_n,$$

因此

$$\lim_{n\to\infty}\sigma_n=\lim_{n\to\infty} ks_n=k\lim_{n\to\infty} s_n=ks,$$

即级数 $\sum\limits_{n=1}^{\infty} ku_n$ 收敛于 $ks$.

**推论 7-1** 如果级数 $\sum\limits_{n=1}^{\infty} u_n$ 发散,常数 $k\neq 0$,则级数 $\sum\limits_{n=1}^{\infty} ku_n$ 也发散.

**性质 7-2** 如果级数 $\sum\limits_{n=1}^{\infty} u_n$ 与 $\sum\limits_{n=1}^{\infty} v_n$ 分别收敛于 $s$ 和 $\sigma$,则级数 $\sum\limits_{n=1}^{\infty}(u_n\pm v_n)$ 也收敛,

且其和为 $s\pm\sigma$.

**思考:**(1) 如果级数 $\sum_{n=1}^{\infty}u_n$、$\sum_{n=1}^{\infty}v_n$ 中一个收敛,一个发散,则级数 $\sum_{n=1}^{\infty}(u_n\pm v_n)$ 是否收敛?

(2) 如果级数 $\sum_{n=1}^{\infty}u_n$、$\sum_{n=1}^{\infty}v_n$ 都发散,那级数 $\sum_{n=1}^{\infty}(u_n\pm v_n)$ 的敛散性又如何?

思考题

级数的敛散性

**性质 7-3** 在级数中去掉、加上或改变有限项,不会改变级数的收敛性.

**性质 7-4** 如果级数 $\sum_{n=1}^{\infty}u_n$ 收敛,则对这个级数的项任意加括号后所成的级数收敛,且其和不变.

**特别注意:**若将一个级数加括号后所形成的新的级数收敛,则并不能保证原级数也收敛.例如,级数

$$1-1+1-1+\cdots+(-1)^{n-1}+\cdots$$

加括号后得到

$$(1-1)+(1-1)+\cdots+(1-1)+\cdots=0+0+\cdots+0+\cdots$$

收敛于零,而原级数却是发散的(见例 7-3 等比级数 $a=1$、$q=-1$ 的情形).

**性质 7-5(级数收敛的必要条件)** 如果级数 $\sum_{n=1}^{\infty}u_n$ 收敛,则它的一般项 $u_n$ 趋向于零,即 $\lim\limits_{n\to\infty}u_n=0$.

**证:**由于级数 $\sum_{n=1}^{\infty}u_n$ 收敛,故其前 $n$ 项和数列$\{s_n\}$收敛.又由于

$$u_n=s_n-s_{n-1},$$

得

$$\lim_{n\to\infty}u_n=\lim_{n\to\infty}(s_n-s_{n-1})=s-s=0.$$

**注意:**(1) 性质 7-5 的逆命题不真,例如我们将要介绍的调和级数

$$\sum_{n=1}^{\infty}\frac{1}{n}=1+\frac{1}{2}+\frac{1}{3}+\cdots+\frac{1}{n}+\cdots,$$

一般项 $\frac{1}{n}\to 0(n\to\infty)$,但级数 $\sum_{n=1}^{\infty}\frac{1}{n}$ 发散.

(2) 性质 7-5 的逆否命题成立,即 $\lim\limits_{n\to\infty}u_n\neq 0\Rightarrow\sum_{n=0}^{\infty}u_n$ 发散,故常用此来判定级数发散.

**【例 7-4】** 判别下列级数的敛散性:

(1) $\sum_{n=1}^{\infty}\frac{n}{3n+1}$; (2) $\sum_{n=1}^{\infty}\sin\frac{n\pi}{5}$; (3) $\sum_{n=1}^{\infty}\left(\frac{1}{2^n}+\frac{3}{4^n}\right)$.

**解:**(1) 因为 $\lim\limits_{n\to\infty}u_n=\lim\limits_{n\to\infty}\frac{n}{3n+1}=\frac{1}{3}\neq 0$,由性质 7-5 知级数 $\sum_{n=1}^{\infty}\frac{n}{3n+1}$ 发散.

(2) $\lim\limits_{n\to\infty} u_n = \lim\limits_{n\to\infty}\sin\frac{n\pi}{5}$ 不存在，由性质 7-5 知级数 $\sum\limits_{n=1}^{\infty}\sin\frac{n\pi}{5}$ 发散.

(3) 由等比级数的敛散性知，级数 $\sum\limits_{n=1}^{\infty}\frac{1}{2^n}$ 与 $\sum\limits_{n=1}^{\infty}\frac{3}{4^n}$ 收敛. 则由性质 7-2 知 $\sum\limits_{n=1}^{\infty}\left(\frac{1}{2^n}+\frac{3}{4^n}\right)$ 收敛.

**【例 7-5】** 判别级数 $\frac{1}{2}+\frac{1}{\sqrt{2}}+\frac{1}{\sqrt[3]{2}}+\cdots+\frac{1}{\sqrt[n]{2}}+\cdots$ 的敛散性.

**解：** 由级数收敛的必要条件知

$$\lim_{n\to\infty} u_n = \lim_{n\to\infty}\frac{1}{\sqrt[n]{2}} = 1 \neq 0$$

所以该级数发散.

**【例 7-6】** 证明调和级数 $\sum\limits_{n=1}^{\infty}\frac{1}{n} = 1+\frac{1}{2}+\frac{1}{3}+\cdots+\frac{1}{n}+\cdots$ 是发散的.

**证：** 设调和级数的和为 $s$，若级数收敛则有

$$\lim_{n\to\infty}(s_{2n}-s_n) = s-s = 0.$$

然而

$$\begin{aligned}s_{2n}-s_n &= \left(1+\frac{1}{2}+\frac{1}{3}+\cdots+\frac{1}{n}+\frac{1}{n+1}+\frac{1}{n+2}+\cdots+\frac{1}{2n}\right)-\left(1+\frac{1}{2}+\frac{1}{3}+\cdots+\frac{1}{n}\right)\\ &= \frac{1}{n+1}+\frac{1}{n+2}+\cdots+\frac{1}{2n}\\ &> \frac{1}{2n}+\frac{1}{2n}+\cdots+\frac{1}{2n} = \frac{1}{2}\end{aligned}$$

与 $\lim\limits_{n\to\infty}(s_{2n}-s_n) = 0$ 矛盾，故调和级数发散.

## 习题 7.1

1. 现有级数 $\sum\limits_{n=1}^{\infty}\left(\frac{2}{3}\right)^n$，试写出：

(1) 级数的前三项；　　(2) $s_1$，$s_2$，$s_3$；

(3) $s_n$；　　(4) 无穷项和 $s$.

2. 判断题

(1) 若级数 $\sum\limits_{n=1}^{\infty}u_n$ 发散，$m$ 为常数，那么级数 $\sum\limits_{n=1}^{\infty}mu_n$ 发散.　　(　　)

(2) 级数 $\sum\limits_{n=1}^{\infty}u_n$ 发散，级数 $\sum\limits_{n=1}^{\infty}v_n$ 收敛，则级数 $\sum\limits_{n=1}^{\infty}(u_n \pm v_n)$ 收敛.　　(　　)

3. 写出下列级数的一般项.

(1) $1+\frac{1}{3}+\frac{1}{5}+\frac{1}{7}+\cdots$；　　(2) $\frac{1}{2}+\frac{2}{5}+\frac{3}{10}+\frac{4}{17}+\cdots$.

4. 根据定义判断下列级数的敛散性.

(1) $\sum_{n=1}^{\infty}\frac{1}{(2n-1)(2n+1)}$；　　(2) $\left(\frac{1}{2}+\frac{1}{3}\right)+\left(\frac{1}{2^2}+\frac{1}{3^2}\right)+\left(\frac{1}{2^3}+\frac{1}{3^3}\right)+\cdots$.

5. 判断下列级数的敛散性.

(1) $\sum_{n=1}^{\infty}(\sqrt{n+1}-\sqrt{n})$；　　(2) $\sum_{n=1}^{\infty}\left(1+\frac{1}{n}\right)^n$.

# 7.2 数项级数的审敛法

各项都是非负数的级数称**正项级数**.正项级数是一类重要的级数，许多级数的敛散性往往可以归结为正项级数的敛散性问题.

## 7.2.1 收敛的基本定理

设 $\sum_{n=1}^{\infty}u_n$ $(u_n\geqslant 0)$ 为正项级数，显然，它的部分和数列是单调递增的，即

$$s_1\leqslant s_2\leqslant\cdots\leqslant s_{n-1}\leqslant s_n\leqslant\cdots.$$

其敛散性如下：

(1) $\{s_n\}$无界，此时 $\lim\limits_{n\to\infty}s_n=+\infty$，则级数 $\sum_{n=1}^{\infty}u_n$ 发散；

(2) $\{s_n\}$有界，根据单调有界数列必有极限的准则(见1.4节)，则 $\lim\limits_{n\to\infty}s_n$ 存在，该级数 $\sum_{n=1}^{\infty}u_n$ 收敛.

**定理7-1(收敛的基本定理)**　正项级数 $\sum_{n=1}^{\infty}u_n$ 收敛的充分必要条件是它的部分和数列 $s_n$ 有界.

**思考题:**讨论 $p$ 级数 $\sum_{n=1}^{\infty}\frac{1}{n^p}$ 的敛散性，其中常数 $p>0$.

思考题

$p$ 级数的敛散性

### 7.2.2 正项级数的收敛性判别法

**定理 7-2(比较审敛法)** 设 $\sum_{n=1}^{\infty}u_n$ 和 $\sum_{n=1}^{\infty}v_n$ 都是正项级数，且 $u_n \leqslant v_n \quad (n=1, 2, \cdots)$.

(1) 若级数 $\sum_{n=1}^{\infty}v_n$ 收敛，则级数 $\sum_{n=1}^{\infty}u_n$ 也收敛；

(2) 若级数 $\sum_{n=1}^{\infty}u_n$ 发散，则级数 $\sum_{n=1}^{\infty}v_n$ 也发散.

由比较审敛法和极限的性质可以推出比较审敛法的极限形式.

* **推论 7-2(比较审敛法的极限形式)** 设 $\sum_{n=1}^{\infty}u_n$ 和 $\sum_{n=1}^{\infty}v_n$ 都是正项级数，而 $\lim\limits_{n\to\infty}\frac{u_n}{v_n}=l$，则

微课

正项级数的比较审敛法

(1) 如果 $0<l<+\infty$，那么 $\sum_{n=1}^{\infty}u_n$ 与 $\sum_{n=1}^{\infty}v_n$ 同时收敛或同时发散；

(2) 如果 $l=0$，并且 $\sum_{n=1}^{\infty}v_n$ 收敛，那么 $\sum_{n=1}^{\infty}u_n$ 也收敛；

(3) 如果 $l=+\infty$，并且 $\sum_{n=1}^{\infty}v_n$ 发散，那么 $\sum_{n=1}^{\infty}u_n$ 也发散.

**注意：**用比较审敛法判定 $\sum_{n=1}^{\infty}u_n$ 的敛散性，我们通常选定 $v_n=aq^n$ 或 $\frac{1}{n^p}$ 作为比较对象来判定.

**【例 7-7】** 判断级数 $\sum_{n=1}^{\infty}\frac{\ln n}{\sqrt{n}}$ 的敛散性.

**解：**将它与 $\sum_{n=1}^{\infty}\frac{1}{\sqrt{n}}\left(p=\frac{1}{2}，是发散的\ p\ 级数\right)$ 相比，

因为
$$l=\lim_{n\to\infty}\frac{\frac{\ln n}{\sqrt{n}}}{\frac{1}{\sqrt{n}}}=\lim_{n\to\infty}\ln n=+\infty$$

因为 $\sum_{n=1}^{\infty}\frac{1}{\sqrt{n}}$ 发散，所以 $\sum_{n=1}^{\infty}\frac{\ln n}{\sqrt{n}}$ 也发散.

**【例 7-8】** 判断级数 $\sum_{n=1}^{\infty}\frac{1}{5^n+2n}$ 的敛散性.

**解：**将它与 $\sum_{n=1}^{\infty}\frac{1}{5^n}$ (收敛的等比级数)相比，因为 $l=\lim\limits_{n\to\infty}\frac{\frac{1}{5^n+2n}}{\frac{1}{5^n}}=\lim\limits_{n\to\infty}\frac{5^n}{5^n+2n}=1$，所

以 $\sum\limits_{n=1}^{\infty}\frac{1}{5^n+2n}$ 收敛.

【例7-9】 判断级数 $\sum\limits_{n=1}^{\infty}\sin\frac{\pi}{n^2}$ 的敛散性.

**解:**将它与 $\sum\limits_{n=1}^{\infty}\frac{1}{n^2}$（$p=2$，是收敛的 $p$ 级数）相比，因为 $\lim\limits_{n\to\infty}\frac{\sin\frac{\pi}{n^2}}{\frac{1}{n^2}}=\pi$，所以级数 $\sum\limits_{n=1}^{\infty}\sin\frac{\pi}{n^2}$ 收敛.

**定理7-3 比值审敛法(达朗贝尔判别法)**设 $\sum\limits_{n=1}^{\infty}u_n$ 为正项级数，如果

$$\lim_{n\to\infty}\frac{u_{n+1}}{u_n}=\rho,$$

则(1) 当 $\rho<1$ 时级数收敛；(2) 当 $\rho>1\left(\text{或}\lim\limits_{n\to\infty}\frac{u_{n+1}}{u_n}=\infty\right)$ 时级数发散；

释疑解难

比值敛散法

**注意:**当 $\rho=1$ 时级数可能收敛也可能发散，比如级数 $\sum\limits_{n=1}^{\infty}\frac{1}{n}$ 和 $\sum\limits_{n=1}^{\infty}\frac{1}{n^2}$，都有 $\rho=\lim\limits_{n\to\infty}\frac{u_{n+1}}{u_n}=1$，但前一个级数发散而后一个收敛.所以当 $\rho=1$ 时，用比值审敛法不能判定级数的敛散性.

当 $u_n$ 中含有 $a^n$ 或 $n!$ 时，适合用比值审敛法判定.

【例7-10】 判断级数 $\sum\limits_{n+1}^{\infty}\frac{1}{(3n+1)2^{3n+1}}$ 的敛散性.

**解:**令

$$u_n=\frac{1}{(3n+1)2^{3n+1}},$$

因为

$$\rho=\lim_{n\to\infty}\frac{u_{n+1}}{u_n}=\lim_{n\to\infty}\frac{(3n+1)2^{3n+1}}{(3n+4)2^{3n+4}}=\frac{1}{8}\lim_{n\to\infty}\frac{3n+1}{3n+4}=\frac{1}{8}<1,$$

所以由比值审敛法，级数 $\sum\limits_{n+1}^{\infty}\frac{1}{(3n+1)2^{3n+1}}$ 收敛.

【例7-11】 判断级数 $\sum\limits_{n=1}^{\infty}n!\left(\frac{3}{n}\right)^n$ 的敛散性.

**解:**令

$$u_n=n!\left(\frac{3}{n}\right)^n,$$

因为

$$\rho=\lim_{n\to\infty}\frac{u_{n+1}}{u_n}=\lim_{n\to\infty}\frac{(n+1)!\left(\frac{3}{n+1}\right)^{n+1}}{n!\left(\frac{3}{n}\right)^n}=3\lim_{n\to\infty}\frac{1}{\left(1+\frac{1}{n}\right)^n}=\frac{3}{e}>1,$$

所以由比值审敛法，级数 $\sum_{n=1}^{\infty} n!\left(\frac{3}{n}\right)^n$ 发散.

### 7.2.3 交错级数

若级数 $u_1+u_2+\cdots+u_n+\cdots$ 的各项是任意实数，则此时称级数为**任意项级数**，在任意项级数中比较重要的是**交错级数**.

**定义 7-3** 设 $u_n>0$, $n=1, 2, \cdots$, 则级数

$$u_1-u_2+u_3-u_4+\cdots \text{ 或 } -u_1+u_2-u_3+u_4-\cdots$$

称为**交错级数**.交错级数通常表示为 $\sum_{n=1}^{\infty}(-1)^{n-1}u_n$ 或 $\sum_{n=1}^{\infty}(-1)^n u_n$, ($u_n>0$, $n=1$, $2$, $\cdots$)，由于这两种级数的敛散性相同，下面就不妨讨论 $\sum_{n=1}^{\infty}(-1)^{n-1}u_n$.

**定理 7-4(莱布尼茨审敛法)** 如果交错级数 $\sum_{n=1}^{\infty}(-1)^{n-1}u_n$ 满足

(1) $\lim\limits_{n\to\infty} u_n=0$,

(2) $u_n \geqslant u_{n+1}$, $n=1, 2, \cdots$,

则级数收敛，且其和 $s \leqslant u_1$.

容易验证，级数 $\sum_{n=1}^{\infty}(-1)^{n-1}\frac{1}{n}$、$\sum_{n=1}^{\infty}(-1)^{n-1}\frac{1}{\sqrt{n}}$ 都是收敛的.

**【例 7-12】** 判断级数 $\sum_{n=2}^{\infty}(-1)^n\frac{1}{\ln n}$ 的敛散性.

**解:** 该级数是交错级数

$$u_n=\frac{1}{\ln n},\ u_{n+1}=\frac{1}{\ln(n+1)},$$

易知满足 $u_n>u_{n+1}$ $(n=2, 3, 4, \cdots)$ 且 $\lim\limits_{n\to\infty} u_n=\lim\limits_{n\to\infty}\frac{1}{\ln n}=0$. 由莱布尼茨审敛法可知，级数 $\sum_{n=2}^{\infty}(-1)^n\frac{1}{\ln n}$ 收敛.

### 7.2.4 任意项级数的绝对收敛与条件收敛

**定义 7-4** 设级数 $\sum_{n=1}^{\infty}u_n$ 为任意项级数，若级数 $\sum_{n=1}^{\infty}|u_n|$ 收敛，则称级数 $\sum_{n=1}^{\infty}u_n$ **绝对收敛**；若级数 $\sum_{n=1}^{\infty}|u_n|$ 发散，而 $\sum_{n=1}^{\infty}u_n$ 收敛，则称级数 $\sum_{n=1}^{\infty}u_n$ **条件收敛**.

显然，级数 $\sum_{n=1}^{\infty}\frac{(-1)^{n-1}}{n^2}$ 绝对收敛，而级数 $\sum_{n=1}^{\infty}\frac{(-1)^{n-1}}{n}$ 条件收敛.

级数的绝对收敛与收敛有如下重要关系：

**定理 7-5** 若级数 $\sum_{n=1}^{\infty} u_n$ 绝对收敛，则级数 $\sum_{n=1}^{\infty} u_n$ 一定收敛.

根据这个定理，判别任意项级数 $\sum_{n=1}^{\infty} u_n$ 的敛散性时，可以先考察 $\sum_{n=1}^{\infty} |u_n|$ 的敛散性，如果 $\sum_{n=1}^{\infty} |u_n|$ 收敛，则必有 $\sum_{n=1}^{\infty} u_n$ 收敛，而 $\sum_{n=1}^{\infty} |u_n|$ 是正项级数，可以有更多的判别法.

**【例 7-13】** 判断级数 $\sum_{n=1}^{\infty} (-1)^{n-1} \frac{\sin n}{n^2}$ 的敛散性.

**解**：因为 $\left|(-1)^{n-1} \frac{\sin n}{n^2}\right| \leqslant \frac{1}{n^2}$，由 $p$ 级数的敛散性知级数 $\sum_{n=1}^{\infty} \frac{1}{n^2}$ 收敛，所以由比较审敛法，级数 $\sum_{n=1}^{\infty} \left|(-1)^{n-1} \frac{\sin n}{n^2}\right|$ 收敛，即该级数绝对收敛，故级数 $\sum_{n=1}^{\infty} (-1)^{n-1} \frac{\sin n}{n^2}$ 收敛.

**【例 7-14】** 判断下列级数的敛散性.若收敛，指出是绝对收敛还是条件收敛.

(1) $\sum_{n=1}^{\infty} (-1)^{n-1} \frac{n^2}{3^n}$； (2) $\sum_{n=1}^{\infty} (-1)^{n-1} \frac{1}{\sqrt{n}}$.

**解**：(1) 因为 $\left|(-1)^{n-1} \frac{n^2}{3^n}\right| = \frac{n^2}{3^n}$，正项级数 $\sum_{n=1}^{\infty} \frac{n^2}{3^n}$ 的敛散性由比值判别法知

$$\lim_{n \to \infty} \frac{u_{n+1}}{u_n} = \lim_{n \to \infty} \frac{3^n (n+1)^2}{3^{n+1} n^2} = \frac{1}{3} < 1,$$

所以级数 $\sum_{n=1}^{\infty} \frac{n^2}{3^n}$ 收敛，即级数 $\sum_{n=1}^{\infty} (-1)^{n-1} \frac{n^2}{3^n}$ 绝对收敛.

(2) 因为 $\left|(-1)^{n-1} \frac{1}{\sqrt{n}}\right| = \frac{1}{\sqrt{n}}$，由 $p$ 级数的敛散性知级数 $\sum_{n=1}^{\infty} \frac{1}{\sqrt{n}}$ 发散，但是由莱布尼茨审敛法可知，级数 $\sum_{n=1}^{\infty} (-1)^{n-1} \frac{1}{\sqrt{n}}$ 是收敛的，所以级数 $\sum_{n=1}^{\infty} (-1)^{n-1} \frac{1}{\sqrt{n}}$ 是条件收敛的.

## 习题 7.2

1. 用比较判别法判断下列级数的敛散性.

(1) $\sum_{n=1}^{\infty} \frac{\ln n}{n}$； (2) $\sum_{n=1}^{\infty} \frac{1}{\sqrt{1+n^2}}$.

2. 用比值判别法判断下列级数的敛散性.

(1) $\sum_{n=1}^{\infty} \frac{n+2}{3^n}$； (2) $\sum_{n=1}^{\infty} \frac{1}{n!}$；

(3) $\sum_{n=1}^{\infty} \frac{n!}{3^n+1}$.

3. 用适当的方法判断下列级数的敛散性.

(1) $\sum\limits_{n=1}^{\infty}\sqrt{\dfrac{n}{n+1}}$；　　(2) $\sum\limits_{n=1}^{\infty}\left(\dfrac{n}{3n+1}\right)^{n}$.

4. 判断下列级数的敛散性，如果收敛，是绝对收敛还是条件收敛.

(1) $\sum\limits_{n=1}^{\infty}(-1)^{n}\dfrac{1}{2^{n-1}}$；　　(2) $\sum\limits_{n=1}^{\infty}(-1)^{n-1}\dfrac{n}{n+1}$.

# 7.3 幂级数

## 7.3.1 函数项级数

由定义在同一区间 $I$ 上的函数列

$$u_1(x),\ u_2(x),\ \cdots,\ u_n(x)\cdots$$

所构成的表达式

$$u_1(x)+u_2(x)+\cdots+u_n(x)+\cdots \tag{7-3}$$

称为函数项无穷级数，简称为函数项级数.记为 $\sum\limits_{n=0}^{\infty}u_n(x)$.

对于每一个 $x_0\in I$，函数项级数式(7-3)称为常数项级数

$$u_1(x_0)+u_2(x_0)+\cdots+u_n(x_0)+\cdots=\sum_{n=0}^{\infty}u_n(x_0). \tag{7-4}$$

如果常数项级数收敛，则 $x_0$ 称为函数项级数的一个收敛点；如果常数项级数发散，则 $x_0$ 称函数项级数的一个发散点.函数项级数的收敛点的全体称为函数项级数的**收敛域**；函数项级数的发散点的全体称为函数项级数的**发散域**.

设函数项级数的前 $n$ 项和为 $s_n(x)$，在收敛域中的每一点 $x$，极限 $\lim\limits_{n\to\infty}s_n(x)$ 存在，记为 $s(x)$，即

$$\lim_{n\to\infty}s_n(x)=s(x),$$

称 $s(x)$ 为函数项级数的和函数.即当 $x$ 属于级数的收敛域时，有

$$s(x)=u_1(x)+u_2(x)+\cdots+u_n(x)+\cdots.$$

设 $r_n(x)=s(x)-s_n(x)$，称 $r_n(x)$ 为函数项级数(7-3)的余项，则在函数项级数

(7－3)的收敛域上有

$$\lim_{n\to\infty} r_n(x)=0.$$

## 7.3.2 幂级数及其收敛性

函数项级数中常见的一类级数就是各项都是幂函数的函数项级数，称为幂级数.形式为

$$a_0+a_1(x-x_0)+a_2(x-x_0)^2+\cdots+a_n(x-x_0)^n+\cdots \tag{7-5}$$

的函数项级数叫作 $(x-x_0)$ 的幂级数，简记为 $\sum_{n=0}^{\infty}a_n(x-x_0)^n$，其中 $a_0$，$a_1$，$a_2$，…，$a_n$，…称为幂级数的系数，当 $x_0=0$ 时，则该级数变为

$$a_0+a_1x+a_2x^2+a_3x^3+\cdots+a_{n-1}x^{n-1}+\cdots, \tag{7-6}$$

称为 $x$ 的幂级数，记为 $\sum_{n=0}^{\infty}a_nx^n$. 例如

$$1+x+x^2+x^3+\cdots+x^{n-1}+\cdots,$$

$$x-\frac{1}{3!}x^3+\frac{1}{5!}x^5+\cdots+\frac{1}{(2n-1)!}x^{2n-1}+\cdots$$

都为幂级数，下面主要讨论形式如(7－6)的幂级数.

等比级数 $1+x+x^2+x^3+\cdots+x^{n-1}+\cdots$ 的收敛域为$(-1,\ 1)$，可证明级数

$$a_0+a_1x+a_2x^2+a_3x^3+\cdots+a_{n-1}x^{n-1}+\cdots$$

的收敛域都是以原点为中心的区间，把区间的半径 $R$ 称为幂级数的收敛半径，对于收敛域仅为 $x=0$ 一个点时，规定收敛半径 $R=0$；对于收敛域为$(-\infty,\ +\infty)$时，规定收敛半径 $R=+\infty$，这样每个幂级数都有确定的收敛半径.下面给出了收敛半径的确定方法.

**定理 7－6** 对于幂级数 $\sum_{n=0}^{\infty}a_nx^n$ 如果

微课

幂级数的收敛半径和收敛域

$$\lim_{n\to\infty}\left|\frac{a_{n+1}}{a_n}\right|=\rho,$$

则幂级数的收敛半径

$$R=\begin{cases}\dfrac{1}{\rho}, & 0<\rho<+\infty,\\ +\infty, & \rho=0,\\ 0, & \rho=+\infty,\end{cases} \quad \text{即 } R=\lim_{n\to\infty}\left|\frac{a_n}{a_{n+1}}\right|.$$

* **证：**首先当 $x=0$ 时，显然级数收敛.再由 $\sum_{n=0}^{\infty}a_nx^n$ 讨论其对应的绝对值级数 $\sum_{n=0}^{\infty}|a_nx^n|$，由于

$$\lim_{n\to\infty}\frac{|a_{n+1}x^{n+1}|}{|a_nx^n|}=\lim_{n\to\infty}\left|\frac{a_{n+1}}{a_n}\right||x|,\text{而}\lim_{n\to\infty}\left|\frac{a_{n+1}}{a_n}\right|=\rho,$$

则当 $\rho|x|<1$ 时,正项级数 $\sum_{n=0}^{\infty}|a_nx^n|$ 收敛.分为以下三种情况

(1) 如果 $0<\rho<+\infty$, 也就是 $|x|<\frac{1}{\rho}$ 时,幂级数收敛且绝对收敛,即 $R=\lim_{n\to\infty}\left|\frac{a_n}{a_{n+1}}\right|=\frac{1}{\rho}$;

(2) 若 $\rho=0$,则对任何 $x\neq 0$, $\lim_{n\to\infty}\frac{|a_{n+1}x^{n+1}|}{|a_nx^n|}=\lim_{n\to\infty}\left|\frac{a_{n+1}}{a_n}\right||x|=0<1$,从而幂级数绝对收敛,即 $R=+\infty$;

(3) 如果 $\rho=+\infty$,则除 $x=0$ 外, $\lim_{n\to\infty}\frac{|a_{n+1}x^{n+1}|}{|a_nx^n|}=\lim_{n\to\infty}\left|\frac{a_{n+1}}{a_n}\right||x|>1$,从而幂级数必发散,这时 $R=0$.

由定理 7-6,幂级数 $\sum_{n=0}^{\infty}a_nx^n$ 在 $(-R, R)$ 内是绝对收敛的,开区间 $(-R, R)$ 记为收敛区间.但端点 $x=\pm R$ 处的敛散性仍需判断.结合幂级数在端点处的敛散性,得到该幂级数的收敛域为 $(-R, R)$, $[-R, R)$, $(-R, R]$, $[-R, R]$ 四种情况中的一种.

**【例 7-15】** 求下列幂级数的收敛区间.

(1) $\sum_{n=0}^{\infty}(-1)^n\frac{x^n}{n!}$;　　(2) $\sum_{n=0}^{\infty}n!x^n$;　　(3) $\sum_{n=1}^{\infty}\frac{x^n}{n^2}$.

**解:**(1) 因为
$$R=\lim_{n\to\infty}\left|\frac{a_n}{a_{n+1}}\right|=\lim_{n\to\infty}\frac{\frac{1}{n!}}{\frac{1}{(n+1)!}}=\lim_{n\to\infty}(n+1)=+\infty,$$

所以收敛半径为 $+\infty$,级数 $\sum_{n=0}^{\infty}(-1)^n\frac{x^n}{n!}$ 的收敛区间为 $(-\infty, +\infty)$.

(2) 因为
$$R=\lim_{n\to\infty}\left|\frac{a_n}{a_{n+1}}\right|=\lim_{n\to\infty}\left|\frac{n!}{(n+1)!}\right|=\lim_{n\to\infty}\frac{1}{n+1}=0,$$

所以收敛半径为 0,即幂级数 $\sum_{n=0}^{\infty}n!x^n$ 仅在原点收敛.

(3) 因为
$$R=\lim_{n\to\infty}\left|\frac{a_n}{a_{n+1}}\right|=\lim_{n\to\infty}\frac{\frac{1}{n^2}}{\frac{1}{(n+1)^2}}=\lim_{n\to\infty}\frac{(n+1)^2}{n^2}=1$$

所以收敛半径为 1,即在 $(-1, 1)$ 收敛.

当 $x=1$ 时,原幂级数为 $\sum_{n=1}^{\infty}\frac{1}{n^2}$,此级数收敛;而 $x=-1$ 时,原幂级数为 $\sum_{n=1}^{\infty}(-1)^n\frac{1}{n^2}$,此级数收敛;故原幂级数收敛域为 $[-1, 1]$.

【例 7-16】 求幂级数 $\sum_{n=0}^{\infty}\frac{9^n}{n+1}x^{2n}$ 的收敛半径和收敛域.

**解**:因为所给的幂级数奇次项的系数全部为零,不是标准的幂级数.我们称其为缺项的幂级数.

令 $t=x^2$,将它化为关于 $t$ 的幂级数 $\sum_{n=0}^{\infty}\frac{9^n}{n+1}t^n$,

$$R_t=\lim_{n\to\infty}\left|\frac{a_n}{a_{n+1}}\right|=\lim_{n\to\infty}\left|\frac{\dfrac{9^n}{n+1}}{\dfrac{9^{n+1}}{n+2}}\right|=\lim_{n\to\infty}\left|\frac{9^n(n+2)}{9^{n+1}(n+1)}\right|=\frac{1}{9},$$

所以幂级数 $\sum_{n=0}^{\infty}\frac{9^n}{n+1}t^n$ 的收敛半径为$\frac{1}{9}$,即 $|t|<\frac{1}{9}$.

而 $t=x^2$,解得 $-\frac{1}{3}<x<\frac{1}{3}$,所以原幂级数 $\sum_{n=0}^{\infty}\frac{9^n}{n+1}x^{2n}$ 的收敛半径

$$R=\frac{\frac{1}{3}-\left(-\frac{1}{3}\right)}{2}=\frac{1}{3}.$$

当 $x=\pm\frac{1}{3}$ 时,原幂级数成为发散的数项级数 $\sum_{n=0}^{\infty}\frac{1}{n+1}$,所以级数 $\sum_{n=0}^{\infty}\frac{9^n}{n+1}x^{2n}$ 的收敛半径为$\frac{1}{3}$,收敛域是$\left(-\frac{1}{3},\frac{1}{3}\right)$.

【例 7-17】 求幂级数 $\sum_{n=0}^{\infty}\frac{(x-2)^n}{3^n n}$ 的收敛半径与收敛域.

**解**:令 $t=x-2$,得级数 $\sum_{n=0}^{\infty}\frac{t^n}{3^n n}$,则

$$R_t=\lim_{n\to\infty}\left|\frac{a_n}{a_{n+1}}\right|=\lim_{n\to\infty}\left|\frac{3^{n+1}(n+1)}{3^n n}\right|=3.$$

当 $t=3$,级数变成调和级数 $\sum_{n=0}^{\infty}\frac{1}{n}$,发散;当 $t=-3$ 时,级数变成交错级数 $\sum_{n=0}^{\infty}\frac{(-1)^n}{n}$,收敛.收敛域为 $t\in[-3,3)$,即 $x-2\in[-3,3)\Rightarrow x\in[-1,5)$,所以原级数的收敛半径为 3,收敛域为$[-1,5)$.

## 7.3.3 幂级数的运算和性质

设级数 $\sum_{n=0}^{\infty}a_nx^n$ 与 $\sum_{n=0}^{\infty}b_nx^n$ 的收敛半径分别为$R_1$ 和 $R_2$,它们的和函数分别是 $s_1(x)$ 和 $s_2(x)$,且记 $R=\min\{R_1,R_2\}$,则幂级数可以进行下列运算.

1. 加减运算

$$\sum_{n=0}^{\infty} a_n x^n \pm \sum_{n=0}^{\infty} b_n x^n = \sum_{n=0}^{\infty} (a_n \pm b_n) x^n = s_1(x) + s_2(x),$$

所得幂级数 $\sum_{n=0}^{\infty} (a_n \pm b_n) x^n$ 的收敛半径仍为 $R$.

2. 乘法

$$\sum_{n=0}^{\infty} a_n x^n \cdot \sum_{n=0}^{\infty} b_n x^n = a_0 b_0 + (a_0 b_1 + a_1 b_0) x + \cdots +$$
$$(a_0 b_n + a_1 b_{n-1} + a_2 b_{n-2} + \cdots + a_n b_0) x^n + \cdots = s_1(x) \cdot s_2(x),$$

收敛半径仍为 $R$.

3. 逐项可导

设级数 $\sum_{n=0}^{\infty} a_n x^n$ 的收敛半径为 $R$,则在 $(-R, R)$ 内的和函数 $s(x)$ 可导,且

$$s'(x) = \left(\sum_{n=0}^{\infty} a_n x^n\right)' = \sum_{n=0}^{\infty} (a_n x^n)' = \sum_{n=1}^{\infty} a_n n x^{n-1},$$

所得幂级数的收敛半径仍为 $R$,但在收敛区间的端点处的收敛性可能改变.

4. 逐项积分

设级数 $\sum_{n=0}^{\infty} a_n x^n$ 的收敛半径为 $R$,则在 $(-R, R)$ 内的和函数 $s(x)$ 可积,且

$$\int_0^x s(x) \mathrm{d}x = \int_0^x \sum_{n=0}^{\infty} a_n x^n \mathrm{d}x = \sum_{n=0}^{\infty} \int_0^x a_n x^n \mathrm{d}x = \sum_{n=0}^{\infty} \frac{a_n}{n+1} x^{n+1},$$

所得幂级数的收敛半径仍为 $R$,但在收敛区间的端点处的收敛性可能改变.

**【例 7-18】** 求幂级数 $\sum_{n=1}^{\infty} n x^{n-1}$ 的和函数,并求级数 $\sum_{n=0}^{\infty} \frac{n}{2^{n-1}}$ 的和.

**解:** 由等比级数

$$1 + x + x^2 + x^3 + \cdots + x^n + \cdots = \frac{1}{1-x} \quad (|x| < 1),$$

对上式两边求导,有

$$1 + 2x + 3x^2 + \cdots + n x^{n-1} + \cdots = \frac{1}{(1-x)^2},$$

即

$$\sum_{n=1}^{\infty} n x^{n-1} = \frac{1}{(1-x)^2} \quad (|x| < 1).$$

在级数 $\sum_{n=1}^{\infty} n x^{n-1}$ 中,令 $x = \frac{1}{2}$,可得级数 $\sum_{n=1}^{\infty} \frac{n}{2^{n-1}}$,即

$$\sum_{n=1}^{\infty}\frac{n}{2^{n-1}}=\frac{1}{\left(1-\frac{1}{2}\right)^{2}}=4.$$

**【例7-19】** 求级数 $\sum\limits_{n=0}^{\infty}(-1)^{n}\frac{x^{2n+1}}{2n+1}$ 在收敛域内的和函数，并求常数项级数 $\sum\limits_{n=0}^{\infty}(-1)^{n}\frac{1}{2n+1}$ 的和.

**解:** 设其和函数为 $s(x)$，则 $s(x)=\sum\limits_{n=0}^{\infty}(-1)^{n}\frac{x^{2n+1}}{2n+1}$ 且 $s(0)=0$，两边逐项求导

$$s'(x)=\sum_{n=0}^{\infty}(-1)^{n}x^{2n}=\sum_{n=0}^{\infty}(-1)^{n}(x^{2})^{n}.$$

因为 $\sum\limits_{n=0}^{\infty}(-1)^{n}x^{n}=\frac{1}{1+x}$，$-1<x<1$，再用 $x^2$ 代替 $x$，得

$$s'(x)=\frac{1}{1+x^{2}},\ -1<x<1,$$

对上式积分得

$$s(x)=\int_{0}^{x}s'(x)\mathrm{d}x=\int_{0}^{x}\frac{1}{1+t^{2}}\mathrm{d}t=\arctan t\Big|_{0}^{x}=\arctan x.$$

所以

$$\sum_{n=0}^{\infty}(-1)^{n}\frac{x^{2n+1}}{2n+1}=\arctan x,\ -1\leqslant x\leqslant 1,$$

再令上式中的 $x=1$，得

$$\sum_{n=0}^{\infty}(-1)^{n}\frac{1}{2n+1}=\arctan 1=\frac{\pi}{4}.$$

## 习题 7.3

1. 求下列幂级数的收敛半径和收敛域.

(1) $\sum\limits_{n=1}^{\infty}\frac{x^{n}}{3n-1}$；　　(2) $\sum\limits_{n=1}^{\infty}\frac{3^{n}}{n}(x-1)^{n}$.

2. 利用逐项求导或逐项积分，求幂级数 $\sum\limits_{n=1}^{\infty}\frac{x^{2n-1}}{2n-1}$ 的和函数.

# *7.4 函数展开成幂级数

上节讨论了幂级数的收敛域及其和函数的性质，很多情况下需要考虑相反的问题，即给定函数能否在某个区间内展开成幂级数，也就是能否找到一个这样的幂级数，它在这个区间内收敛，而且其和函数恰好就是给定的函数.如果能够找到这样的幂级数，则称函数在该区间能够展开成幂级数，下面先介绍泰勒级数.

## 7.4.1 泰勒级数

如果函数 $f(x)$在 $x_0$ 的某邻域 $U(x_0)$内具有直到 $(n+1)$ 阶导数，则在该邻域内 $f(x)$可表示为

$$f(x)=f(x_0)+f'(x_0)(x-x_0)+\frac{f''(x_0)}{2!}(x-x_0)^2+\cdots+\frac{f^{(n)}(x_0)}{n!}(x-x_0)^n+R_n(x), \tag{7-7}$$

其中

$$R_n(x)=\frac{f^{(n+1)}(\xi)}{(n+1)!}(x-x_0)^{n+1}, \xi \text{ 介于 } x_0 \text{ 与 } x \text{ 之间.}$$

式(7-7)称为 $f(x)$在 $x_0$ 处的**泰勒公式**

如果函数 $f(x)$在 $x_0$ 的某邻域内具有各阶导数，可构造幂级数

$$f(x_0)+f'(x_0)(x-x_0)+\frac{f''(x_0)}{2!}(x-x_0)^2+\cdots+\frac{f^{(n)}(x_0)}{n!}(x-x_0)^n+\cdots,$$

则称此级数为 $f(x)$的**泰勒级数.**

**定理 7-7** 设函数 $f(x)$在 $x_0$ 的某邻域 $U(x_0)$内具有各阶导数，则在该邻域内 $f(x)$可展开成泰勒级数的充分必要条件是当 $n\to\infty$时，$f(x)$的泰勒公式(7-7)中的余项 $R_n(x)$极限为 0，即

$$\lim_{n\to\infty}R_n(x)=0 \quad [x\in U(x_0)].$$

在泰勒级数中取 $x_0=0$，得

$$f(0)+f'(0)x+\frac{f''(0)}{2!}x^2+\cdots+\frac{f^{(n)}(0)}{n!}x^n+\cdots,$$

称此级数为 $f(x)$ 的**麦克劳林级数**.

## 7.4.2 函数展开成幂级数

函数展开成幂级数的方法有直接展开法与间接展开法，直接展开法的方法如下.

1. 直接展开法

(1) 求出 $f(x)$ 的各阶导数 $f'(x)$, $f''(x)$, $\cdots$, $f^{(n)}(x)$, $\cdots$;

(2) 求出 $f(x)$ 及其各阶导数在 $x=0$ 处的值 $f(0)$, $f'(0)$, $f''(0)$, $\cdots$, $f^{(n)}(0)$, $\cdots$;

(3) 写出幂级数

$$f(0)+f'(0)x+\frac{f''(0)}{2!}x^2+\cdots+\frac{f^{(n)}(0)}{n!}x^n+\cdots,$$

并求出收敛半径 $R$;

(4) 考察当 $x\in(-R, R)$ 时，余项 $R_n(x)$ 的极限

$$\lim_{n\to\infty}R_n(x)=\lim_{n\to\infty}\frac{f^{(n+1)}(\xi)}{(n+1)!}x^{n+1}\ (\xi\text{ 介于 }0\text{ 与 }x\text{ 之间})$$

是否为零.若 $\lim\limits_{n\to\infty}R_n(x)=0$，则函数 $f(x)$ 在 $(-R, R)$ 内的幂级数展开式为

$$f(x)=f(0)+f'(0)x+\frac{f''(0)}{2!}x^2+\cdots+\frac{f^{(n)}(0)}{n!}x^n+\cdots,\ x\in(-R, R).$$

**【例 7-20】** 将函数 $f(x)=\mathrm{e}^x$ 展开成 $x$ 的幂级数.

**解**：由于 $f^{(n)}(x)=\mathrm{e}^x$, $n=0, 1, 2, \cdots$，因此 $f^{(n)}(0)=1$, $n=0, 1, 2, \cdots$. 于是得幂级数

$$1+x+\frac{1}{2!}x^2+\cdots+\frac{1}{n!}x^n+\cdots,$$

其收敛半径 $R=+\infty$.

对于任何 $x$、$\xi$($\xi$ 介于 0 与 $x$ 之间)，有

$$|R_n(x)|=\left|\frac{\mathrm{e}^{\xi}}{(n+1)!}x^{n+1}\right|<\mathrm{e}^{|x|}\cdot\frac{|x|^{n+1}}{(n+1)!}.$$

由于 $\sum\limits_{n=0}^{\infty}\frac{|x|^{n+1}}{(n+1)!}$ 为收敛级数，故 $\frac{|x|^{n+1}}{(n+1)!}\to 0\quad(n\to\infty)$，又由于 $\mathrm{e}^{|x|}$ 为有界，故 $R_n(x)\to 0\quad(n\to\infty)$. 因此

$$\mathrm{e}^x=1+x+\frac{1}{2!}x^2+\cdots+\frac{1}{n!}x^n+\cdots\quad(-\infty<x<+\infty).$$

微课

函数展开成幂级数的直接展开法

现在将几个常用的函数的幂级数展开式归纳如下：

(1) $\mathrm{e}^x=1+x+\frac{1}{2!}x^2+\cdots+\frac{1}{n!}x^n+\cdots\quad(-\infty<x<+\infty)$;

(2) $\sin x = x - \dfrac{x^3}{3!} + \dfrac{x^5}{5!} - \cdots + (-1)^{n-1}\dfrac{x^{2n-1}}{(2n-1)!} + \cdots \quad (-\infty < x < +\infty)$;

(3) $\cos x = 1 - \dfrac{x^2}{2!} + \dfrac{x^4}{4!} - \cdots + (-1)^n \dfrac{x^{2n}}{(2n)!} + \cdots \quad (-\infty < x < +\infty)$;

(4) $\ln(1+x) = x - \dfrac{x^2}{2} + \dfrac{x^3}{3} - \dfrac{x^4}{4} + \cdots + (-1)^n \dfrac{x^{n+1}}{n+1} + \cdots \quad (-1 < x \leqslant 1)$;

(5) $(1+x)^n = 1 + nx + \dfrac{n(n-1)}{2!}x^2 + \cdots + \dfrac{n(n-1)\cdots(n-m+1)}{m!}x^m + \cdots \quad (-1 < x < 1)$;

(6) $\dfrac{1}{1-x} = 1 + x + x^2 + \cdots + \cdots x^n + \cdots \quad (-1 < x < 1)$.

2. 间接展开法

上面的几个例题是直接运用泰勒定理将函数直接展开成幂级数,但是一般来说,用直接展开法求函数 $f(x)$ 是比较麻烦的,至于证明当 $n \to \infty$ 时余项 $R_n(x)$ 在某个区间 $(-R, R)$ 内以 0 为极限更加困难,因此在可能的情况下,一般采用**间接展开法**将一个函数展开成相应的幂级数.

**【例 7-21】** 将函数 $f(x) = \cos x$ 展开成 $x$ 的幂级数.

**解:** 由于

$$\sin x = x - \frac{x^3}{3!} + \frac{x^5}{5!} - \cdots + (-1)^{n-1}\frac{x^{2n-1}}{(2n-1)!} + \cdots \quad (-\infty < x < +\infty),$$

两边对 $x$ 求导数,得

$$\cos x = 1 - \frac{x^2}{2!} + \frac{x^4}{4!} - \cdots + (-1)^n \frac{x^{2n}}{(2n)!} + \cdots \quad (-\infty < x < +\infty).$$

**【例 7-22】** 将函数 $f(x) = \dfrac{1}{x^2 - x - 2}$ 展开成 $x$ 的幂级数.

**解:** 由于
$$f(x) = \frac{1}{3}\left(\frac{1}{x-2} - \frac{1}{x+1}\right),$$

所以

$$f(x) = \frac{1}{3}\left(-\frac{1}{2}\frac{1}{1-\frac{x}{2}} - \frac{1}{1-(-x)}\right) = \frac{1}{3}\left[-\frac{1}{2}\sum_{n=0}^{\infty}\left(\frac{x}{2}\right)^n - \sum_{n=0}^{\infty}(-x)^n\right]$$
$$= \frac{1}{3}\sum_{n=0}^{\infty}\left[(-1)^{n+1} - \frac{1}{2^{n+1}}\right]x^n \quad (-1 < x < 1).$$

**【例 7-23】** 将函数 $f(x) = \ln(3+x)$ 展开成 $x$ 的幂级数.

**解:** 由于
$$f(x) = \ln 3 + \ln\left(1 + \frac{x}{3}\right),$$

所以

$$f(x)=\ln 3+\sum_{n=0}^{\infty}(-1)^n\frac{1}{(n+1)3^{n+1}}x^{n+1}\quad(-3<x\leqslant 3).$$

3. 函数展开成幂级数的应用

幂级数的主要应用就是利用函数幂级数的展开式，按照给定的精确度，可以计算函数值的近似值.在运用幂级数做近似计算时，关键的地方是在于误差的估计，通过幂级数的前 $n$ 项和做近似计算时，误差估计的方法有以下几种：

(1) 误差是无穷级数的余项的绝对值 $|r(n)|$，将余项 $r(n)$ 的每一项适当放大，让它成为一个收敛的等比级数，利用等比级数的求和公式，就可以求得误差的估计值；

(2) 当幂级数是交错级数时，在收敛区间内误差 $|r(n)|$ 小于第 $n+1$ 项的绝对值，即

$$|r_n|<u_{n+1};$$

(3) 利用函数的泰勒展开式中的余项 $|R(n)|$ 进行误差估计.

**【例 7-24】** 计算 e 的值，精确到小数点后面第四位，即 $|r(n)|<0.000\,1$.

**解**：由

$$e^x=1+x+\frac{1}{2!}x^2+\cdots+\frac{1}{n!}x^n+\cdots,\ -\infty<x<+\infty$$

可知，当 $x=1$ 时，

$$e=1+1+\frac{1}{2!}+\cdots+\frac{1}{n!}+\cdots.$$

如果取前 $n+1$ 项的和做近似计算，则

$$\begin{aligned}|r_{n+1}|&=\frac{1}{(n+1)!}+\frac{1}{(n+2)!}+\frac{1}{(n+3)!}+\cdots\\&<\frac{1}{(n+1)!}\left[1+\frac{1}{(n+1)}+\left(\frac{1}{n+1}\right)^2+\cdots\right]=\frac{1}{n!n}.\end{aligned}$$

要使 $|r_{n+1}|<0.000\,1$，只要 $\frac{1}{n!n}<0.000\,1$，那么当 $n=7$ 时，$\frac{1}{7!7}<0.000\,1$，因此 $e\approx 2+\frac{1}{2!}+\cdots+\frac{1}{7!}\approx 2.718\,3$.

**【例 7-25】** 计算 ln 2 的近似值，要求误差不超过 0.000 1.

**解**：由于

$$\ln(1+x)=x-\frac{x^2}{2}+\frac{x^3}{3}-\cdots+(-1)^{n-1}\frac{x^n}{n}+\cdots,$$

得

$$\ln 2=1-\frac{1}{2}+\frac{1}{3}-\cdots+(-1)^{n-1}\frac{1}{n}+\cdots.$$

如果取

$$\ln 2\approx 1-\frac{1}{2}+\frac{1}{3}-\cdots+(-1)^{n-1}\frac{1}{n},$$

误差为

$$|r_n|<\frac{1}{n+1},$$

为使 $|r_n|<0.000\,1$，$n$ 需要大于 10 000.而利用

$$\ln\frac{1+x}{1-x}=\ln(1+x)-\ln(1-x)=2\left(x+\frac{1}{3}x^3+\frac{1}{5}x^5+\frac{1}{7}x^7+\cdots\right),$$

取 $x=\frac{1}{3}$，得

$$\ln\frac{1+\frac{1}{3}}{1-\frac{1}{3}}=\ln 2=2\left(\frac{1}{3}+\frac{1}{3}\times\left(\frac{1}{3}\right)^3+\frac{1}{5}\times\left(\frac{1}{3}\right)^5+\frac{1}{7}\times\left(\frac{1}{3}\right)^7+\frac{1}{9}\times\left(\frac{1}{3}\right)^9+\cdots\right),$$

取

$$\ln 2\approx 2\left(\frac{1}{3}+\frac{1}{3}\times\left(\frac{1}{3}\right)^3+\frac{1}{5}\times\left(\frac{1}{3}\right)^5+\frac{1}{7}\times\left(\frac{1}{3}\right)^7\right),$$

误差

$$\begin{aligned}|r_4|&=2\left(\frac{1}{9}\times\left(\frac{1}{3}\right)^9+\frac{1}{11}\times\left(\frac{1}{3}\right)^{11}+\frac{1}{13}\times\left(\frac{1}{3}\right)^{13}+\cdots\right)\\&<\frac{2}{3^{11}}\times\frac{1}{1-\frac{1}{9}}=\frac{1}{4\times 3^9}<\frac{1}{70\,000}.\end{aligned}$$

## 习题 7.4

1. 将下列函数展开成 $x$ 的幂级数.

(1) $f(x)=\frac{1}{2}(e^x-e^{-x})$；　　(2) $y=\frac{1}{(1-x)^2}$；

(3) $y=\frac{1}{\sqrt{1+x^2}}$.

*2. 用间接法将函数 $f(x)=\frac{1}{x^2-3x+2}$ 展开成麦克劳林级数.

*3. 已知 $\frac{1}{1-x}=\sum_{n=0}^{\infty}x^n(-1<x<1)$，用间接法将函数 $\frac{1}{3+x}$ 展开成麦克劳林级数.

## 拓展阅读

### 莱布尼茨和无穷级数

1672 年 5 月，莱布尼茨作为外交官来到巴黎并开始认真研究数学.他拜访了欧洲大陆

最著名的科学家惠更斯，希望和他讨论一些数学问题.当时惠更斯正在撰写他的专著《摆钟论》，没有时间和莱布尼茨讨论数学问题，就给莱布尼茨出了一道题目测试他的水平.这道题目是求无穷级数的和：

$$1+\frac{1}{3}+\frac{1}{6}+\frac{1}{10}+\cdots+\frac{1}{1+2+\cdots+n}+\cdots.$$

莱布尼茨虽然没有经过这方面的训练，但他凭自身的聪明在试解几次后把级数写成

$$2\left[\frac{1}{2}+\frac{1}{6}+\frac{1}{12}+\frac{1}{20}+\cdots+\frac{1}{n(n+1)}+\cdots\right],$$

然后再将方括号中的每个分数写成两个分数的差，上式就变成

$$2\left[\left(1-\frac{1}{2}\right)+\left(\frac{1}{2}-\frac{1}{3}\right)+\left(\frac{1}{3}-\frac{1}{4}\right)+\left(\frac{1}{4}-\frac{1}{5}\right)+\cdots+\left(\frac{1}{n}-\frac{1}{n+1}\right)+\cdots\right].$$

因为方括号中除了第一项1之外，后面的数都消掉了，这样莱布尼茨得到正确的答案：

$$1+\frac{1}{3}+\frac{1}{6}+\frac{1}{10}+\cdots+\frac{1}{1+2+\cdots+n}+\cdots=2.$$

这位数学新手通过了惠更斯的测试.由于被无穷级数所吸引，莱布尼茨思考了很多其他的例子，后来他在致洛必达的信中说，对这样一些“和”的研究显然是他发明微积分的关键.

无穷级数除了应用于求微积分之外，还有一个重要的应用是计算一些特殊的量，比如 $\pi$ 和 e.莱布尼茨用他的变换定理求四分之一圆面积推导出著名的无穷级数

$$\frac{\pi}{4}=1-\frac{1}{3}+\frac{1}{5}-\frac{1}{7}+\cdots.$$

这个级数现在以莱布尼茨的名字命名，称为莱布尼茨级数.通过计算这个级数的有限项就可以得到 $\pi$ 的近似值.不过，这个级数收敛得有点慢，即便想要达到阿基米德已经达到的精确度，至少也要计算100 000项.

在莱布尼茨时代，虽然无穷级数使用广泛，但对无穷级数的收敛性(或者说无穷级数的和)还缺乏正确的认知.莱布尼茨研究过下列级数：

$$1-1+1-1+1-1+\cdots.$$

这个级数曾引起极大的讨论和争议.如果把级数写成

$$(1-1)+(1-1)+(1-1)+\cdots,$$

显然级数的和为0.但如果把级数写成

$$1-(1-1)-(1-1)-(1-1)-\cdots,$$

那级数的和应该为1.莱布尼茨认为取1和取0的概率相等，应该取它们的算术平均值作为和，即级数的和为 $\frac{1}{2}$.这个解答为雅各布·伯努利、约翰·伯努利、丹尼尔·伯努利及拉

课外阅读材料

群星闪耀的伯努利家族

格朗日所接受.

现在我们知道,这个级数是发散的,并没有和.但对于18世纪的数学家来说,级数收敛和发散的区别是模糊的,所以才会出现现在看来不可思议的错误.即便如此,莱布尼茨还是给我们留下了判别交错级数收敛的莱布尼茨判别法.直到19世纪才有对级数收敛性的正确认识,例如:柯西在他的《分析教程》中严格证明了莱布尼茨判别法.

CHAPTER 8

# 第 8 章 多元函数微积分

多元函数微积分是数学分析的延伸,它揭示了函数在更高维度空间中的奥秘.

——柯西

学习要求

- 了解多元函数的概念、二元函数的几何意义,掌握二元函数定义域的表示法,了解二元函数的极限与连续的概念;
- 理解偏导数的概念,了解全微分概念,了解全微分存在的必要条件与充分条件;
- 掌握二元函数的一、二阶偏导数与复合函数一阶偏导数的求法;
- 会求二元函数的全微分;
- 掌握由方程 $F(x, y, z)=0$ 所确定的隐函数 $z=z(x, y)$ 的一阶偏导数的求法;
- 了解二元函数的极值;
- 理解二重积分的概念与性质;
- 掌握二重积分的计算方法;
- 会用二重积分解决简单的应用问题.

前面几章所研究的函数都只有一个自变量,但自然界中的事物的变化往往需考虑多方面的因素.从数学角度出发,就是需要用多个自变量来表示函数.这就是下面所要讨论的多元函数的概念.在一元函数微积分的基础上我们将进一步研究多元函数微积分的理论.

# 8.1 二元函数的基本概念

## 8.1.1 二元函数的定义

在自然和社会现象中，经常会遇到多个变量之间存在依赖关系，举例如下：

【例 8-1】 长方体的体积 $V$ 是由长 $a$、宽 $b$、高 $c$ 决定的，即 $V=abc$. 其中，当 $a, b, c$ 在集合 $\{(a, b, c) \mid a>0, b>0, c>0\}$ 内任取一组确定的数值，$V$ 的值就随之确定.

【例 8-2】 质量一定的理想气体的压强 $p$、体积 $V$ 和绝对温度 $T$ 之间具有关系

$$pV=RT.$$

其中 $R$ 为常量.需要研究压强 $p$ 是如何随着另外两个因素体积 $V$ 和绝对温度 $T$ 的变化而变化的，即在这三个变量中，若选定压强 $p$ 为函数，则另外两个因素体积 $V$ 和绝对温度 $T$ 就成了这个函数的自变量了，亦即当 $V$、$T$ 在集合 $\{(V, T) \mid V>0, T>0\}$ 内任取一组确定的数值，唯一的压强 $p$ 也就随之被确定下来了.

当我们研究多个变量之间的依存关系时，总是根据实际需要选定其中的某一个变量为因变量，其余的变量为自变量.

**定义 8-1** 设有三个变量 $x, y, z$，如果当自变量 $x, y$ 在一定范围内任意取定一组确定的数值 $x_0, y_0$ 时，按照一定的对应法则 $f$，变量 $z$ 总有唯一确定的数值 $z_0$ 与之对应，那么就称变量 $z$ 是变量 $x, y$ 的**二元函数**，记作 $z=f(x, y)$，其中 $x, y$ 称为**自变量**，$z$ 称为**因变量**，$z$ 在 $(x_0, y_0)$ 处的函数值 $f(x_0, y_0)$ 也可以记为 $f(x, y)|_{(x_0, y_0)}$.

类似地，可以定义三元函数，四元函数及 $n$ 元函数，它们和二元函数一起统称为**多元函数**. $n+1$ 个变量之间的函数关系，称为 $n$ 元函数.

## 8.1.2 二元函数的定义域

使二元函数的解析式 $z=f(x, y)$ 有意义的点 $(x, y)$ 构成的集合称为二元函数 $z=f(x, y)$ 的定义域，即：$D_f=\{(x, y) \mid f(x, y)$ 有意义$\}$.

**注意**：(1) 一般地，二元函数的定义域是坐标平面上的一个区域；

(2) 要求二元函数的定义域就是找使表达式 $z=f(x, y)$ 有意义的点 $(x, y)$ 的集合；

(3) 二元函数的定义域一般都是用含有 $x, y$ 的不等式或不等式组来表示的.

特别强调：二元函数的图像是空间的一张曲面，其定义域是该曲面在 $xOy$ 坐标平面上的投影.

为了能比较好地理解二元函数的定义域，下面我们对区域及其有界性作简要介绍.

动画

二元函数的几何意义

(1) 区域：由一条或多条平面曲线(也可以是直线)所围成的连通的平面部分，称为区域.

(2) 连通性：如果某平面部分内的任意两点都可以用折线连接起来，且这些折线上的所有点都属于这个平面部分，我们就称该平面部分是连通的.

(3) 区域的边界：围成区域的这些曲线段，构成区域的边界.

(4) 开区域：不包括边界的区域.

(5) 闭区域：包括边界的区域.

(6) 有界区域：能够被一个半径一定的圆完全覆盖住的区域.

(7) 无界区域：不能够被一个半径一定的圆完全覆盖住的区域，即该区域可以无限延伸.

(8) 邻域：在平面内，以点 $P$ 为圆心，$\delta>0$ 为半径的圆内区域. 当然，它是一个开区域. 包括点 $P$ 的邻域叫作有心邻域，不包含点 $P$ 的邻域叫作去心邻域.

**【例 8-3】** 求下列函数的定义域并作出图形.

(1) $z=\sqrt{a^2-x^2-y^2}$；　　(2) $z=\ln(x-y)$.

**解**：(1) 要使函数的解析式 $z=\sqrt{a^2-x^2-y^2}$ 有意义，就要使 $a^2-x^2-y^2\geqslant 0$，即 $x^2+y^2\leqslant a^2$. 从而该函数的定义域为

$$D=\{(x,y)\mid x^2+y^2\leqslant a^2\},$$

其所表示的图形是圆面，如图 8-1 所示，且它是一个有界闭区域.

(2) 要使函数的解析式 $z=\ln(x-y)$，就要使 $x-y>0$，所以原函数的定义域如图 8-2所示，且它是一个无界开区域

$$D=\{(x,y)\mid x>y\}.$$

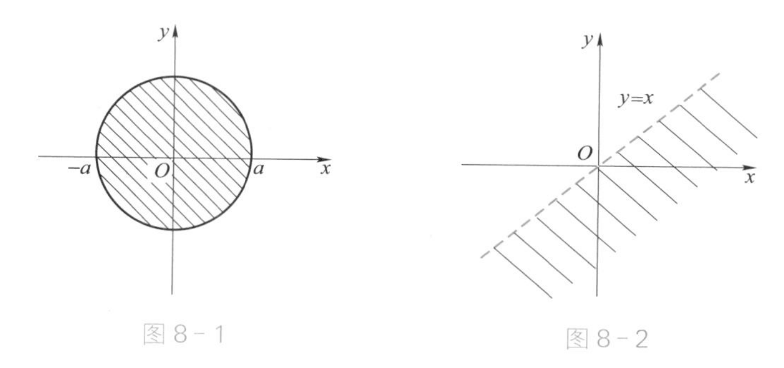

图 8-1　　图 8-2

## 8.1.3　二元函数的极限

**定义 8-2**　设函数 $z=f(x,y)$在平面区域 $D$ 内点 $P_0(x_0,y_0)$的邻域有定义(在点 $P_0(x_0,y_0)$可以无定义). 如果当动点 $P(x,y)$无限接近定点 $P_0(x_0,y_0)$(但不达到)时，函数值 $f(x,y)$无限接近于某一常数 $A$，那么就称常数 $A$ 为**当 $x\to x_0$，$y\to y_0$ 时函数 $f(x,y)$ 的极限**，记作：

$$\lim_{(x,y)\to(x_0,y_0)} f(x,y)=A \text{ 或 } f(x,y)\to A \quad (x\to x_0,\ y\to y_0).$$

**注意**：(1) 在平面区域 $D$ 内，点 $P(x,y)$无限接近点 $P_0(x_0,y_0)$的方式有无穷多种.

微课

二元函数极限的定义

因此,只有当点 $P(x, y)$ 沿着任意方式(或路径)无限接近点 $P_0(x_0, y_0)$, $f(x, y)$ 都无限接近于某一常数 $A$ 时,才能称常数 $A$ 为当 $x \to x_0$, $y \to y_0$ 时函数 $f(x, y)$ 的极限.

(2) 虽然点 $P(x, y)$ 沿着某一特定的方式(或路径)无限接近点 $P_0(x_0, y_0)$, $f(x, y)$ 可以无限接近于某一常数 $A$,但是不能由此得出常数 $A$ 就是函数 $f(x, y)$ 当 $x \to x_0$, $y \to y_0$ 时的极限.

(3) 如果点 $P(x, y)$ 沿着某两种不同的方式(或路径)无限接近点 $P_0(x_0, y_0)$, $f(x, y)$ 接近于不同的常数 $A_1$, $A_2$,那么由此可断言函数 $f(x, y)$ 当 $x \to x_0$, $y \to y_0$ 时的极限一定是不存在的.

(4) 求二元函数极限的基本思路是:转化为一元函数的极限问题(如同:二元或多元一次方程组通过消元转化为一元一次方程;高次方程转化为一次方程).后面关于二元函数的求偏导和积分问题同样都是通过转化为一元函数来解决的.

**【例 8-4】** 求下列极限.

(1) $\lim\limits_{(x, y) \to (0, 2)} \dfrac{\sin xy}{x}$;　　　(2) $\lim\limits_{(x, y) \to (0, 0)} (x^2 + y^2) \sin \dfrac{1}{x^2 + y^2}$.

**解:**(1) 由题意可知:

$$\lim_{(x, y) \to (0, 2)} \frac{\sin xy}{x} = \lim_{(x, y) \to (0, 2)} \frac{\sin xy}{xy} \cdot \lim_{(x, y) \to (0, 2)} y = 1 \times 2 = 2.$$

(2) 令 $x^2 + y^2 = u$,则

$$\lim_{(x, y) \to (0, 0)} (x^2 + y^2) \sin \frac{1}{x^2 + y^2} = \lim_{u \to 0} u \sin \frac{1}{u} = 0.$$

**【例 8-5】** 讨论函数 $f(x, y) = \begin{cases} \dfrac{xy^2}{x^2 + y^4}, & (x, y) \neq (0, 0), \\ 0, & (x, y) = (0, 0) \end{cases}$ 当 $(x, y) \to (0, 0)$ 时极限的存在性.

**解:**因为当 $(x, y)$ 沿曲线 $x = y^2$ 趋向于 $(0, 0)$ 时,

$$\lim_{(x, y) \to (0, 0)} f(x, y) = \lim_{\substack{x = y^2 \\ y \to 0}} f(x, y) = \lim_{\substack{x = y^2 \\ y \to 0}} \frac{xy^2}{x^2 + y^4} = \lim_{y \to 0} \frac{y^4}{y^4 + y^4} = \frac{1}{2};$$

而当 $(x, y)$ 沿曲线 $x = 2y^2$ 趋向于 $(0, 0)$ 时,

$$\lim_{(x, y) \to (0, 0)} f(x, y) = \lim_{\substack{x = 2y^2 \\ y \to 0}} f(x, y) = \lim_{\substack{x = 2y^2 \\ y \to 0}} \frac{xy^2}{x^2 + y^4} = \lim_{y \to 0} \frac{2y^4}{4y^4 + y^4} = \frac{2}{5};$$

所以 $\lim\limits_{(x, y) \to (0, 0)} f(x, y)$ 是不存在的.

## 8.1.4 二元函数的连续性

**定义 8-3** 设函数 $z = f(x, y)$ 在点 $P_0(x_0, y_0)$ 的某个邻域内有定义,如果 $\lim\limits_{(x, y) \to (x_0, y_0)} f(x, y) = f(x_0, y_0)$,那么称函数 $\boldsymbol{z = f(x, y)}$ **在点** $\boldsymbol{P_0(x_0, y_0)}$ **是连续的.**

如果函数 $z=f(x, y)$ 在平面区域 $D$ 内的每一点都连续，那么就称函数 $z=f(x, y)$ 是平面区域 $D$ 内的连续函数.

如果函数 $z=f(x, y)$ 在点 $P_0(x_0, y_0)$ 处是不连续的，则称点 $P_0(x_0, y_0)$ 为函数 $z=f(x, y)$ 的一个间断点.类似一元函数间断点的刻画，如果函数 $z=f(x, y)$ 在点 $P_0(x_0, y_0)$ 处满足下列条件之一：

(1) 在点 $P_0(x_0, y_0)$ 处无定义，

(2) $\lim\limits_{(x, y)\to(x_0, y_0)} f(x, y)$ 不存在，

(3) $\lim\limits_{(x, y)\to(x_0, y_0)} f(x, y)\neq f(x_0, y_0)$，

那么，称点 $P_0(x_0, y_0)$ 为函数 $z=f(x, y)$ 的间断点.

与一元函数相同，二元连续函数的和差积商(分母不等于零)及复合函数仍然是连续的.由变量 $x$、$y$ 的基本初等函数及常数经过有限次四则运算或复合运算而构成，并且能用一个式子表示的函数称为二元初等函数.

一切二元初等函数在其定义域内都是连续的，其极限值就等于该点处的函数值，即

$$\lim_{(x, y)\to(x_0, y_0)} f(x, y)=f(x_0, y_0).$$

**【例 8-6】** 求 $\lim\limits_{(x, y)\to(1, 2)} \dfrac{x+y}{xy}$.

**解**：因为函数 $f(x, y)=\dfrac{x+y}{xy}$ 在点(1, 2)处是连续的，所以

$$\lim_{(x, y)\to(1, 2)} \frac{x+y}{xy}=f(1, 2)=\frac{3}{2}.$$

**在有界闭区域上连续的二元函数的性质：**

**性质 1(最值定理)** 如果 $f(x, y)$是有界闭区域 $D$ 上的连续二元函数，那么 $f(x, y)$ 在 $D$ 上必有最小值与最大值.

**性质 2(介值定理)** 如果 $f(x, y)$是有界闭区域 $D$ 上的二元连续函数，并且 $m\leqslant f(x, y)\leqslant M$，那么对于任意的常数 $p$，当 $m<p<M$ 时，都至少存在一点 $(\xi, \eta)\in D$，使得 $f(\xi, \eta)=p$.

## 习题 8.1

1. 求下列函数的定义域.

(1) $z=\dfrac{1}{\sqrt{y-x}}$；

(2) $z=\sqrt{x^2+y^2-1}+\ln(9-x^2-y^2)$.

2. 求下列极限.

(1) $\lim\limits_{(x, y)\to(0, 1)} \dfrac{1-xy}{x^2+y^2}$；

(2) $\lim\limits_{(x, y)\to(0, 0)} \dfrac{2-\sqrt{xy+4}}{xy}$.

3. 讨论下列二元函数在指定点处的极限.

(1) $z=\dfrac{\sin(x^2+y^2)}{x^2+y^2}$,当$(x, y)\to(0, 0)$时;

(2) $z=\dfrac{x^2y}{x^4+y^2}$,当$(x, y)\to(0, 0)$时.

# 8.2 二元函数的偏导数与全微分

## 8.2.1 偏导函数的定义

在研究一元函数时,我们从研究函数的变化率的角度引入了导数概念,对于多元函数同样需要讨论函数的变化率.但是,多元函数的自变量不止一个,所以我们先考虑只有变量 $x$(或变量 $y$)变化,而变量 $y$(或变量 $x$)固定,这时函数就是变量 $x$ 的(或变量 $y$ 的)一元函数,这个函数对 $x$(或 $y$)的导数就称为 $z$ 对 $x$ 的(或 $y$ 的)**偏导数**,即:

**定义 8-4** 设函数 $z=f(x, y)$ 在点 $P_0(x_0, y_0)$的某个邻域内有定义,如果极限 $\lim\limits_{\Delta x\to 0}\dfrac{f(x_0+\Delta x, y_0)-f(x_0, y_0)}{\Delta x}$ 存在,那么称此极限为**函数 $z=f(x, y)$ 在点 $P_0(x_0, y_0)$ 处对 $x$ 的偏导数**,记作

$$\left.\frac{\partial z}{\partial x}\right|_{\substack{x=x_0\\y=y_0}},\ \left.\frac{\partial f}{\partial x}\right|_{\substack{x=x_0\\y=y_0}},\ f'_x(x_0, y_0),\ \left.z'_x\right|_{\substack{x=x_0\\y=y_0}}.$$

一般地

$$f'_x(x_0, y_0)=\lim_{\Delta x\to 0}\frac{f(x_0+\Delta x, y_0)-f(x_0, y_0)}{\Delta x}.$$

类似地,**函数 $z=f(x, y)$ 在点 $P_0(x_0, y_0)$ 处对 $y$ 的偏导数为**

$$f'_y(x_0, y_0)=\lim_{\Delta y\to 0}\frac{f(x_0, y_0+\Delta y)-f(x_0, y_0)}{\Delta y},$$

记作

$$\left.\frac{\partial z}{\partial y}\right|_{\substack{x=x_0\\y=y_0}},\ \left.\frac{\partial f}{\partial y}\right|_{\substack{x=x_0\\y=y_0}},\ f'_y(x_0, y_0),\ \left.z'_y\right|_{\substack{x=x_0\\y=y_0}}.$$

动画

二元函数偏导数的几何意义

如果函数 $z=f(x, y)$ 在平面区域 $D$ 内的每一点对 $x$(或 $y$)的偏导数都存在,那么这个偏导数就是 $x$, $y$ 的函数,称之为**函数 $z=f(x, y)$ 对 $x$(或 $y$)的偏导函数**,记作$\dfrac{\partial z}{\partial x}$,

$\frac{\partial f}{\partial x}$，$f'_x(x,y)$，$z'_x$ $\left(或\frac{\partial z}{\partial y}, \frac{\partial f}{\partial y}, f'_y(x,y), z'_y\right)$.

一般地

$$f'_x(x,y)=\lim_{\Delta x\to 0}\frac{f(x+\Delta x,y)-f(x,y)}{\Delta x},$$

$$f'_y(x,y)=\lim_{\Delta y\to 0}\frac{f(x,y+\Delta y)-f(x,y)}{\Delta y}.$$

**注意:**(1) 定义 8-4 中的偏导数实际是偏导函数在$(x_0,y_0)$处的函数值,今后在不易引起混淆的地方把偏导函数简称为偏导数.

(2) $\Delta_x z=f(x_0+\Delta x,y_0)-f(x_0,y_0)$称之为函数$z=f(x,y)$在$(x_0,y_0)$关于$x$的偏增量,$\Delta_y z=f(x_0,y_0+\Delta y)-f(x_0,y_0)$称之为函数$z=f(x,y)$在$(x_0,y_0)$关于$y$的偏增量.

## 8.2.2 偏导数的求法

实际上,求$z=f(x,y)$的偏导数仍是一元函数的求导问题,因为式子$z=f(x,y)$里只有一个自变量变化,另一个自变量看作是固定的,即**求$\frac{\partial z}{\partial x}$时,只要把 $y$ 当作常数而对 $x$ 求导;求$\frac{\partial z}{\partial y}$时,只要把 $x$ 当作常数而对 $y$ 求导.**

**【例 8-7】** 求$z=x^2+3xy+y^2$在点(1, 2)处的偏导数.

互动练习

偏导数的求法

**解:**把$y$当作常数而对$x$求导,得:$\frac{\partial z}{\partial x}=2x+3y$;把$x$当作常数而对$y$求导,得:$\frac{\partial z}{\partial y}=3x+2y$;于是,

$$\left.\frac{\partial z}{\partial x}\right|_{\substack{x=1\\y=2}}=2\times 1+3\times 2=8,\ \left.\frac{\partial z}{\partial y}\right|_{\substack{x=1\\y=2}}=3\times 1+2\times 2=7.$$

**【例 8-8】** 求$z=x^2\sin 2y$的偏导数.

**解:**

$$\frac{\partial z}{\partial x}=2x\sin 2y,\ \frac{\partial z}{\partial y}=2x^2\cos 2y.$$

**【例 8-9】** 设$z=\sqrt{x^2+y^2}$,求证:$\left(\frac{\partial z}{\partial x}\right)^2+\left(\frac{\partial z}{\partial y}\right)^2=1$.

**证:**因为

$$\frac{\partial z}{\partial x}=\frac{x}{\sqrt{x^2+y^2}},\ \frac{\partial z}{\partial y}=\frac{y}{\sqrt{x^2+y^2}},$$

所以

$$\left(\frac{\partial z}{\partial x}\right)^2+\left(\frac{\partial z}{\partial y}\right)^2=\left(\frac{x}{\sqrt{x^2+y^2}}\right)^2+\left(\frac{y}{\sqrt{x^2+y^2}}\right)^2=1.$$

**注意:**我们知道,如果一元函数在某点有导数.那么在该点必定连续;但是,对于二元函数来说,即使在某点处**两个偏导数都存在,也不能保证函数在该点处连续.**

**【例 8-10】** 讨论函数 $z=f(x,y)=\begin{cases}\dfrac{xy}{x^2+y^2}, & (x,y)\neq(0,0),\\ 0, & (x,y)=(0,0),\end{cases}$ 在点(0,0)处的连续性与偏导数.

**解:**当 $(x,y)\xrightarrow[k\neq 0]{\text{沿直线 } y=kx}(0,0)$ 时,

$$z=f(x,y)=\frac{xy}{x^2+y^2}=\frac{kx^2}{x^2+(kx)^2}=\frac{k}{1+k^2},$$

于是,$\lim\limits_{(x,y)\to(0,0)}f(x,y)$ 不存在,从而 $z=f(x,y)$ 在点(0,0)处是不连续的.但是,

$$f'_x(0,0)=\lim_{\Delta x\to 0}\frac{f(\Delta x,0)-f(0,0)}{\Delta x}=0,$$

$$f'_y(0,0)=\lim_{\Delta y\to 0}\frac{f(0,\Delta y)-f(0,0)}{\Delta y}=0.$$

## 8.2.3 高阶偏导数

如果函数 $z=f(x,y)$ 在平面区域 $D$ 内的两个偏导数 $\dfrac{\partial z}{\partial x}$ 与 $\dfrac{\partial z}{\partial y}$ 都存在且它们的偏导数也存在,那么这两个偏导函数的偏导数称为函数 $z=f(x,y)$ 的**二阶偏导数.** $z=f(x,y)$ 的二阶偏导数有四个,分别为

释疑解难

混合偏导数相等的充分条件

$$\frac{\partial}{\partial x}\left(\frac{\partial z}{\partial x}\right)=\frac{\partial^2 z}{\partial x^2}=f''_{xx}(x,y),\quad \frac{\partial}{\partial y}\left(\frac{\partial z}{\partial y}\right)=\frac{\partial^2 z}{\partial y^2}=f''_{yy}(x,y);$$

$$\frac{\partial}{\partial y}\left(\frac{\partial z}{\partial x}\right)=\frac{\partial^2 z}{\partial x\partial y}=f''_{xy}(x,y),\quad \frac{\partial}{\partial x}\left(\frac{\partial z}{\partial y}\right)=\frac{\partial^2 z}{\partial y\partial x}=f''_{yx}(x,y).$$

其中,前两个偏导数称为**纯偏导数**,后两个称为**混合偏导数.** $f''_{xy}(x,y)$ 是 $f(x,y)$ 先对 $x$ 求偏导数,然后再将所求的偏导函数对 $y$ 求偏导数;$f''_{yx}(x,y)$ 是 $f(x,y)$ 先对 $y$ 求偏导数,然后再将所求的偏导函数对 $x$ 求偏导数.

**【例 8-11】** 求函数 $z=x^3y-3x^2y^3$ 的四个二阶偏导数.

**解:**先求一阶偏导数:$\dfrac{\partial z}{\partial x}=3x^2y-6xy^3$,$\dfrac{\partial z}{\partial y}=x^3-9x^2y^2$. 于是,

$$\frac{\partial^2 z}{\partial x^2}=6xy-6y^3;\quad \frac{\partial^2 z}{\partial x\partial y}=3x^2-18xy^2;$$

$$\frac{\partial^2 z}{\partial y\partial x}=3x^2-18xy^2;\quad \frac{\partial^2 z}{\partial y^2}=-18x^2y.$$

一般地，如果混合偏导数$\frac{\partial^2 z}{\partial x\partial y}$与$\frac{\partial^2 z}{\partial y\partial x}$在平面区域$D$内都连续，那么两者必相等，即二阶混合偏导数在连续的条件下与求偏导的顺序无关.

## 8.2.4 复合函数的偏导数

如同一元函数中复合函数求导法则的重要性一样，二元函数中求复合函数的偏导数也极其重要.

**定理 8-1** 如图 8-3 所示，设函数 $u=\varphi(x, y)$ 和 $v=\psi(x, y)$ 在$(x, y)$处的偏导都存在，并且函数 $z=f(u, v)$ 在$(x, y)$对应的点$(u, v)$处有连续的一阶偏导数，则复合函数 $z=f[\varphi(x, y), \psi(x, y)]$ 在$(x, y)$处的偏导数都存在，并且函数为

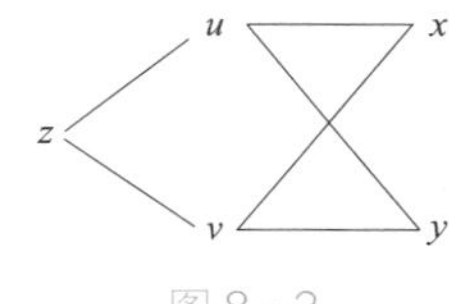

图 8-3

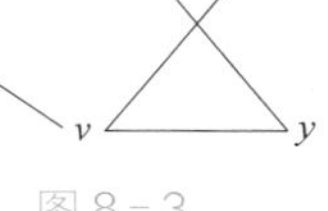
动画
二元函数的链式法则

$$\frac{\partial z}{\partial x}=\frac{\partial z}{\partial u}\frac{\partial u}{\partial x}+\frac{\partial z}{\partial v}\frac{\partial v}{\partial x};\ \frac{\partial z}{\partial y}=\frac{\partial z}{\partial u}\frac{\partial u}{\partial y}+\frac{\partial z}{\partial v}\frac{\partial v}{\partial y}.$$

上式也称为二元复合函数的求偏导的链式法则，也可以简记为：$z'_x=z'_u u'_x+z'_v v'_x$；$z'_y=z'_u u'_y+z'_v v'_y$，此求导法则也可推广到三元或四元复合函数中.

**【例 8-12】** 设 $z=\mathrm{e}^u\sin v$，$u=xy$，$v=x+y$，求$\frac{\partial z}{\partial x}$，$\frac{\partial z}{\partial y}$.

**解：**由定理 8-1 的公式得

$$\begin{aligned}\frac{\partial z}{\partial x}&=\frac{\partial z}{\partial u}\frac{\partial u}{\partial x}+\frac{\partial z}{\partial v}\frac{\partial v}{\partial x}=y\mathrm{e}^u\sin v+\mathrm{e}^u\cos v\\&=\mathrm{e}^{xy}[y\sin(x+y)+\cos(x+y)];\\\frac{\partial z}{\partial y}&=\frac{\partial z}{\partial u}\frac{\partial u}{\partial y}+\frac{\partial z}{\partial v}\frac{\partial v}{\partial y}=x\mathrm{e}^u\sin v+\mathrm{e}^u\cos v\\&=\mathrm{e}^{xy}[x\sin(x+y)+\cos(x+y)].\end{aligned}$$

特别地，如果二元函数 $z=f(u, v)$ 经由 $u=\varphi(x)$，$v=\psi(x)$ 复合而成，那么**导数**见式(8-1).

微课
多元复合函数求偏导数

$$\frac{\mathrm{d}z}{\mathrm{d}x}=\frac{\partial z}{\partial u}\frac{\mathrm{d}u}{\mathrm{d}x}+\frac{\partial z}{\partial v}\frac{\mathrm{d}v}{\mathrm{d}x}. \tag{8-1}$$

**【例 8-13】** 设 $z=(\sin x)^{x^2+1}$，求$\frac{\mathrm{d}z}{\mathrm{d}x}$.

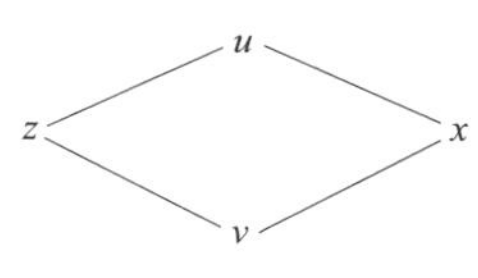

图 8-4

**解：**这是一个幂指函数，在一元函数里是通过两边取对数来求导的，过程有些麻烦.现在，考虑用式(8-1)来求.如图 8-4 所示.

令 $u=\sin x$，$v=x^2+1$，则原函数化为 $z=u^v$，于是由式(8-1)得

$$\frac{\mathrm{d}z}{\mathrm{d}x}=\frac{\partial z}{\partial u}\frac{\mathrm{d}u}{\mathrm{d}x}+\frac{\partial z}{\partial v}\frac{\mathrm{d}v}{\mathrm{d}x}=vu^{v-1}\cos x+2xu^v\ln u$$

$$=(x^2+1)(\sin x)^{x^2}\cos x+2x(\sin x)^{x^2+1}\ln\sin x.$$

* 又假设 $z=f(x, y, u)$，$u=u(x, y)$，此时 $x$，$y$ 既是中间变量，又是自变量改写函数结构 $z=f(x, y, u)$，$x=x$，$y=y$，$u=u(x, y)$（图 8-5），则

$$\frac{\partial z}{\partial x}=\frac{\partial f}{\partial x}\frac{\mathrm{d}x}{\mathrm{d}x}+\frac{\partial f}{\partial u}\frac{\partial u}{\partial x}=\frac{\partial f}{\partial x}+\frac{\partial f}{\partial u}\frac{\partial u}{\partial x},$$

$$\frac{\partial z}{\partial y}=\frac{\partial f}{\partial y}\frac{\mathrm{d}y}{\mathrm{d}y}+\frac{\partial f}{\partial u}\frac{\partial u}{\partial y}=\frac{\partial f}{\partial y}+\frac{\partial f}{\partial u}\frac{\partial u}{\partial y}.$$

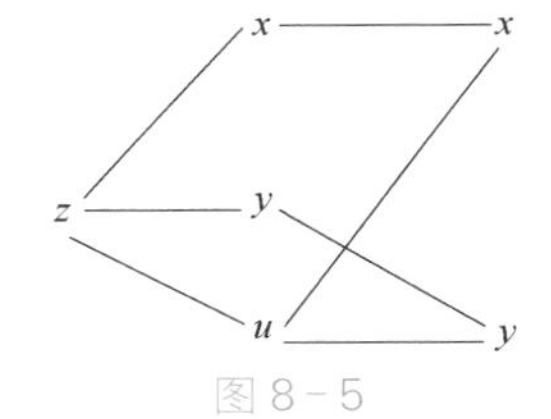

图 8-5

**注**：(1) 上述复合函数的自变量是 $x$，$y$，而中间变量是 $x$，$y$，$u$；

(2) $\frac{\partial z}{\partial x}$指的是整个复合函数对最终的自变量 $x$ 的偏导数，而$\frac{\partial f}{\partial x}$指的是复合函数对中间变量 $x$ 的偏导数；同样$\frac{\partial z}{\partial y}$与$\frac{\partial f}{\partial y}$的区别也一样.鉴于此，在中间变量中出现 $x$，$y$ 的情况下，函数对中间变量 $u$ 和 $v$ 的偏导数不写作$\frac{\partial z}{\partial u}$与$\frac{\partial z}{\partial v}$，而一律写作$\frac{\partial f}{\partial u}$与$\frac{\partial f}{\partial v}$.

释疑解难
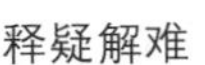

多元复合函数求导法则

* 再如：$z=(x+y)^{xy}\ln x$，求$\frac{\partial z}{\partial x}$，$\frac{\partial z}{\partial y}$.

我们可以有两种理解，同学们可以自己对比一下，进行练习.

(1) 设 $z=u^v\omega$，有 $u=x+y$，$v=xy$，$\omega=\ln x$，参见其复合结构图 8-6a.

(2) 设 $z=u^v\ln x$，有 $x=x$，$u=x+y$，$v=xy$，参见其复合结构图 8-6b.

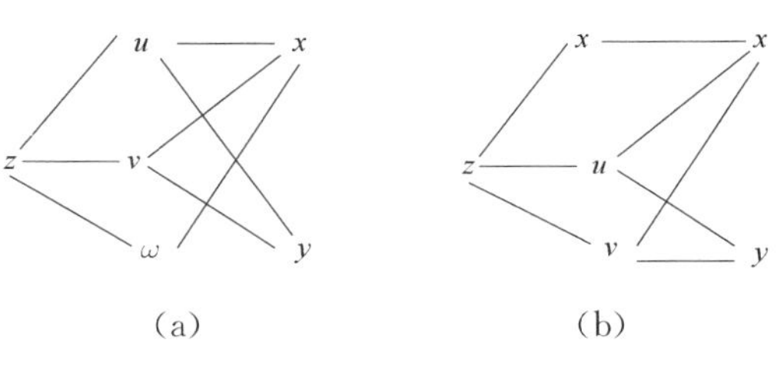

图 8-6

## 8.2.5 多元隐函数求导

之前我们所接触的函数，其表达式大多是自变量的某个算式，如：$y=x^2+1$，$u=\mathrm{e}^{xyz}(\sin xy+\sin yz+\sin zx)$.

这种形式的函数称为**显函数**.但我们也常会遇到另一种形式的函数，其自变量与因变量之间的对应法则是由一个方程式 $F(x, y)=0$ 所确定.如：

$$xy+y-1=0.$$

这个方程能确定一个定义在 $(-\infty, -1)\cup(-1, +\infty)$ 上的隐函数 $y=f(x)$. 它可以显

化为：$y=\dfrac{1}{1+x}$. 但并不是任一方程都能确定出隐函数，甚至即使方程 $F(x, y)=0$ 能确定隐函数，一般也不都是能从方程中解出 $y$，并用 $x$ 的算式来表示. 如：

$$y-x-\frac{1}{2}\sin y=0.$$

对于无法显化的多元隐函数，我们有如下定理：

**定理 8-2** （隐函数可微性定理）设 $F(x, y)$ 满足下列条件：

(1) 函数 $F(x, y)$ 在以 $P_0(x_0, y_0)$ 为内点的某一区域 $D$ 上连续；

(2) $F(x_0, y_0)=0$；

(3) 在 $D$ 内存在连续的偏导数 $F'_x(x, y)$ 和 $F'_y(x, y)$；

(4) $F'_y(x_0, y_0)\neq 0$.

则由方程 $F(x, y)=0$ 所确定的隐函数 $y=f(x)$ 在其定义域 $(x_0-\alpha, x_0+\alpha)$（$\alpha$ 为充分小的某正数）内有连续导函数，且

$$f'(x)=-\frac{F'_x(x, y)}{F'_y(x, y)}.$$

释疑解难

一个方程确定的隐函数存在定理及求导法

**【例 8-14】** 设 $y=f(x)$ 是由方程 $F(x, y)=y-x-\dfrac{1}{2}\sin y=0$ 确定的隐函数，求 $f'(x)$.

**解** 由于 $F(x, y)$ 及其偏导数在平面上任一点都连续，且 $F(0, 0)=0$，$F'_y(x, y)=1-\dfrac{1}{2}\cos y>0$.

故由定理 8-2 知

$$f'(x)=-\frac{F'_x(x, y)}{F'_y(x, y)}=\frac{1}{1-\frac{1}{2}\cos y}=\frac{2}{2-\cos y}.$$

**【例 8-15】** 已知 $\sin y+e^x-xy-1=0$，求 $\left.\dfrac{dy}{dx}\right|_{x=0}$.

**解**：设方程 $F(x, y)=\sin y+e^x-xy-1$，则

$$F'_x=e^x-y,\ F'_y=\cos y-x,$$

$$\left.\frac{dy}{dx}\right|_{x=0}=-\left.\frac{F'_x}{F'_y}\right|_{x=0}=-\left.\frac{e^x-y}{\cos y-x}\right|_{x=0,\ y=0}=-1.$$

**定理 8-3** （隐函数存在定理）设函数 $F(x, y, z)$ 在点 $P(x_0, y_0, z_0)$ 的某一邻域内具有连续的偏导数，且 $F(x_0, y_0, z_0)=0$，$F'_z(x_0, y_0, z_0)\neq 0$，则方程 $F(x, y, z)=0$ 在点 $P(x_0, y_0, z_0)$ 的某一邻域内恒能唯一确定一个单值连续且具有连续偏导数的函数 $z=z(x, y)$，使得 $z_0=z(x_0, y_0)$，且有

$$\frac{\partial z}{\partial x}=-\frac{F'_x}{F'_z},\ \frac{\partial z}{\partial y}=-\frac{F'_y}{F'_z}.$$

**【例 8-16】** 求由方程 $z^2-2xz=-2y$ 确定的隐函数 $z=z(x, y)$ 的一阶偏导数.

**解**：令 $F(x,y,z)=z^2-2xz+2y$，得

$$F'_x=-2z,\ F'_y=2,\ F'_z=2z-2x.$$

所以

$$\frac{\partial z}{\partial x}=-\frac{F'_x}{F'_z}=\frac{z}{z-x},\ \frac{\partial z}{\partial y}=-\frac{F'_y}{F'_z}=-\frac{1}{z-x}.$$

## 8.2.6 全微分

1. 定义

在实际问题中，有时需要研究多元函数中各个自变量都取得增量时因变量所获得的增量，即所谓的全增量问题.

设函数 $z=f(x,y)$ 在点 $P_0(x_0,y_0)$ 的某个邻域内有定义，并且 $P(x_0+\Delta x,y_0+\Delta y)$ 为这个邻域内的一点，则称函数值之差

$$\Delta z=f(x_0+\Delta x,y_0+\Delta y)-f(x_0,y_0),$$

**为函数 $z=f(x,y)$ 在点 $P(x_0,y_0)$ 对应于自变量增量 $\Delta x$，$\Delta y$ 的全增量.**

一般地，计算全增量 $\Delta z$ 比较复杂，与一元函数的思想一致，我们考虑用自变量的增量 $\Delta x$，$\Delta y$ 的线性函数来近似代替全增量 $\Delta z$，于是有：

**定义 8-5** 如果函数 $z=f(x,y)$ 在点 $P(x_0,y_0)$ 的全增量

$$\Delta z=f(x_0+\Delta x,y_0+\Delta y)-f(x_0,y_0)$$

可以表示为

$$\Delta z=\left.\frac{\partial z}{\partial x}\right|_{\substack{x=x_0\\y=y_0}}\Delta x+\left.\frac{\partial z}{\partial y}\right|_{\substack{x=x_0\\y=y_0}}\Delta y+o(\rho),$$

其中 $\rho=\sqrt{(\Delta x)^2+(\Delta y)^2}$，那么称**函数 $z=f(x,y)$ 在点 $P(x_0,y_0)$ 处可微分**，而 $\left.\frac{\partial z}{\partial x}\right|_{\substack{x=x_0\\y=y_0}}\Delta x+\left.\frac{\partial z}{\partial y}\right|_{\substack{x=x_0\\y=y_0}}\Delta y$ 称为**函数 $z=f(x,y)$ 在点 $P(x_0,y_0)$ 处相对于自变量的增量 $\Delta x$，$\Delta y$ 的全微分，记作 $\mathrm{d}z$**，即

$$\mathrm{d}z=\left.\frac{\partial z}{\partial x}\right|_{\substack{x=x_0\\y=y_0}}\Delta x+\left.\frac{\partial z}{\partial y}\right|_{\substack{x=x_0\\y=y_0}}\Delta y.$$

**注意**：(1) 由于自变量的增量等于自变量的微分，故函数 $z=f(x,y)$ 在点 $P(x_0,y_0)$ 处的全微分可写成 $\mathrm{d}z=\left.\frac{\partial z}{\partial x}\right|_{\substack{x=x_0\\y=y_0}}\mathrm{d}x+\left.\frac{\partial z}{\partial y}\right|_{\substack{x=x_0\\y=y_0}}\mathrm{d}y$.

(2) 二元函数可微，则二元函数一定连续，反之未必成立.

(3) 在一元函数里，导数存在是可微分的充要条件.但是对于二元函数来说，偏导数存在仅是可微分的必要条件.其必要性由定义可知，非充分性见例 8-17.

**【例 8-17】** 讨论函数 $f(x,y)=\begin{cases}\dfrac{xy}{\sqrt{x^2+y^2}}, & x^2+y^2\neq 0,\\ 0, & x^2+y^2=0\end{cases}$ 在点 $(0,0)$ 处的偏导数

与全微分.

**解**：由定义可知 $f'_x(0,0)=\lim\limits_{\Delta x\to 0}\dfrac{f(0+\Delta x,0)-f(0,0)}{\Delta x}=0$；同理 $f_y(0,0)=0$.

而
$$\Delta z-[f'_x(0,0)\Delta x+f'_y(0,0)\Delta y]=\frac{\Delta x\Delta y}{\sqrt{(\Delta x)^2+(\Delta y)^2}},$$

所以

拓展练习

二元函数的全微分 1

$$\lim_{\substack{\Delta x\to 0\\ \Delta y\to 0}}\frac{\dfrac{\Delta x\Delta y}{\sqrt{(\Delta x)^2+(\Delta y)^2}}}{\rho}=\lim_{\substack{\Delta x\to 0\\ \Delta y\to 0}}\frac{\Delta x\Delta y}{(\Delta x)^2+(\Delta y)^2}\xrightarrow{\Delta x=\Delta y}\frac{1}{2}.$$

这不符合上面的定义，故该函数在$(0,0)$点处是不可微分的.

**定理 8-4(全微分存在的充分条件)** 如果函数 $z=f(x,y)$ 的偏导数 $\dfrac{\partial z}{\partial x}$，$\dfrac{\partial z}{\partial y}$在点$(x,y)$处连续，则函数在该点可微分.

函数 $z=f(x,y)$ 的全微分 $\mathrm{d}z=\dfrac{\partial z}{\partial x}\mathrm{d}x+\dfrac{\partial z}{\partial y}\mathrm{d}y$.其中$\dfrac{\partial z}{\partial x}\mathrm{d}x$，$\dfrac{\partial z}{\partial y}\mathrm{d}y$ 分别叫作函数 $z=f(x,y)$ 的偏微分，故函数的全微分等于各偏微分的和.

### *2. 二元函数全微分形式的不变性

在一元函数微分学中我们学过微分形式的不变性，即对于函数 $y=f(u)$ 来说，无论 $u$ 是自变量还是中间变量，其微分 $\mathrm{d}y=f'(u)\mathrm{d}u$ 的形式总可以保持不变.

那么对于二元函数 $z=f(u,v)$，假设其具有连续偏导数，则有其全微分

$$\mathrm{d}z=\frac{\partial z}{\partial u}\mathrm{d}u+\frac{\partial z}{\partial v}\mathrm{d}v.$$

而如果 $u$，$v$ 是中间变量，即 $u=\varphi(x,y)$，$v=g(x,y)$，那么复合函数 $z=f[\varphi(x,y),g(x,y)]$ 的全微分为

$$\mathrm{d}z=\frac{\partial z}{\partial x}\mathrm{d}x+\frac{\partial z}{\partial y}\mathrm{d}y,$$

其中 $\dfrac{\partial z}{\partial x}=\dfrac{\partial z}{\partial u}\dfrac{\partial u}{\partial x}+\dfrac{\partial z}{\partial v}\dfrac{\partial v}{\partial x}$，$\dfrac{\partial z}{\partial y}=\dfrac{\partial z}{\partial u}\dfrac{\partial u}{\partial y}+\dfrac{\partial z}{\partial v}\dfrac{\partial v}{\partial y}$，代入上式得

$$\begin{aligned}\mathrm{d}z&=\left(\frac{\partial z}{\partial u}\frac{\partial u}{\partial x}+\frac{\partial z}{\partial v}\frac{\partial v}{\partial x}\right)\mathrm{d}x+\left(\frac{\partial z}{\partial u}\frac{\partial u}{\partial y}+\frac{\partial z}{\partial v}\frac{\partial v}{\partial y}\right)\mathrm{d}y\\&=\frac{\partial z}{\partial u}\left(\frac{\partial u}{\partial x}\mathrm{d}x+\frac{\partial u}{\partial y}\mathrm{d}y\right)+\frac{\partial z}{\partial v}\left(\frac{\partial v}{\partial x}\mathrm{d}x+\frac{\partial v}{\partial y}\mathrm{d}y\right)\\&=\frac{\partial z}{\partial u}\mathrm{d}u+\frac{\partial z}{\partial v}\mathrm{d}v.\end{aligned}$$

由此可见，无论 $u$，$v$ 是自变量，还是中间变量，其全微分总保持 $\mathrm{d}z=\dfrac{\partial z}{\partial u}\mathrm{d}u+\dfrac{\partial z}{\partial v}\mathrm{d}v$ 的形式，我们称之为二元函数全微分形式的不变性.

*【例 8－18】 已知 $z=e^u\cos v$，$u=xy$，$v=x-2y$，试用微分形式不变性求 $\frac{\partial z}{\partial x}$，$\frac{\partial z}{\partial y}$.

解：
$$\begin{aligned}dz&=\frac{\partial z}{\partial u}du+\frac{\partial z}{\partial v}dv=e^u\cos v du+e^u(-\sin v)dv\\&=e^u\cos v(y dx+x dy)-e^u\sin v(dx-2dy)\\&=e^u(y\cos v-\sin v)dx+e^u(x\cos v+2\sin v)dy\\&=e^{xy}[y\cos(x-2y)-\sin(x-2y)]dx\\&\quad+e^{xy}[x\cos(x-2y)+2\sin(x-2y)]dy\\&=\frac{\partial z}{\partial x}dx+\frac{\partial z}{\partial y}dy,\end{aligned}$$

所以

$$\frac{\partial z}{\partial x}=e^{xy}[y\cos(x-2y)-\sin(x-2y)],$$
$$\frac{\partial z}{\partial y}=e^{xy}[x\cos(x-2y)+2\sin(x-2y)].$$

*【例 8－19】 用全微分形式不变性来求例 8－16 二元隐函数的偏导数.

解：对方程 $z^2-2xz=-2y$ 的两边同时求全微分

$$2z dz-2z dx-2x dz=-2dy,$$

解得 $dz=\frac{z}{z-x}dx-\frac{1}{z-x}dy$，亦即 $dz=\frac{\partial z}{\partial x}dx+\frac{\partial z}{\partial y}dy$，所以

$$\frac{\partial z}{\partial x}=\frac{z}{z-x},\ \frac{\partial z}{\partial y}=-\frac{1}{z-x}.$$

【例 8－20】 求 $z=2x^2+y^3$ 在(1，2)点处，相应于 $\Delta x=0.1$，$\Delta y=0.2$ 的全微分.

解：先求两个偏导函数 $\frac{\partial z}{\partial x}=4x$；$\frac{\partial z}{\partial y}=3y^2$. 其次求出在(1，2)的两个偏导数值

$$\left.\frac{\partial z}{\partial x}\right|_{\substack{x=1\\y=2}}=4\times1=4,\ \left.\frac{\partial z}{\partial y}\right|_{\substack{x=1\\y=2}}=3\times2^2=12.$$

于是，全微分

$$dz=\left.\frac{\partial z}{\partial x}\right|_{\substack{x=x_0\\y=y_0}}\Delta x+\left.\frac{\partial z}{\partial y}\right|_{\substack{x=x_0\\y=y_0}}\Delta y=4\times0.1+12\times0.2=2.8.$$

互动练习

二元函数的全微分 2

【例 8－21】 求函数 $z=e^x\sin(x+y)$ 的全微分.

解：$z'_x=e^x\sin(x+y)+e^x\cos(x+y)$，$z'_y=e^x\cos(x+y)$，

于是，计算可得

$$\begin{aligned}dz&=\frac{\partial z}{\partial x}dx+\frac{\partial z}{\partial y}dy\\&=e^x[\sin(x+y)+\cos(x+y)]dx+e^x\cos(x+y)dy.\end{aligned}$$

3. 应用

在全微分的定义中，当 $|\Delta x|$ 与 $|\Delta y|$ 都很小时，全增量可以近似地表示为 $\Delta z = f(x_0+\Delta x, y_0+\Delta y)-f(x_0, y_0)\approx f'_x(x_0, y_0)\Delta x+f'_y(x_0, y_0)\Delta y$. 于是得到二元函数的近似计算公式

(1) $\Delta z\approx \mathrm{d}z=f'_x(x_0, y_0)\Delta x+f'_y(x_0, y_0)\Delta y$;

(2) $f(x_0+\Delta x, y_0+\Delta y)\approx f(x_0, y_0)+f'_x(x_0, y_0)\Delta x+f'_y(x_0, y_0)\Delta y$.

**【例 8-22】** 计算 $(1.04)^{2.02}$ 的近似值.

**解**：设 $f(x, y)=x^y$，则

$$f'_x(x, y)=yx^{y-1},\ f'_y(x, y)=x^y\ln x,\ x_0=1,\ y_0=2,\ \Delta x=0.04,\ \Delta y=0.02,$$

于是

$$\begin{aligned}(1.04)^{2.02}&=f(1.04, 2.02)\approx f(1, 2)+f'_x(1, 2)\times 0.04+f'_y(1, 2)\times 0.02\\&=1^2+2\times 1^1\times 0.04+1^2\times\ln 1\times 0.02=1.08.\end{aligned}$$

**【例 8-23】** 为增加轴承的耐磨性，在加工过程中需要在其表面镀一层铬，已知轴承是半径为 4 mm，高为 10 mm 的圆柱体，在其表面镀层厚度为 0.1 mm，问加工 10 000 个这种轴承大概需要多少克的铬（铬的密度为 7.1 g/cm$^3$）？

**解**：圆柱体的体积为 $V=\pi r^2 h$，那么镀层的体积为

$$\Delta V\approx \mathrm{d}V=\frac{\partial V}{\partial r}\Delta r+\frac{\partial V}{\partial h}\Delta h=2\pi rh\Delta r+\pi r^2\Delta h.$$

又由题意知，$r_0=4$，$h_0=10$，$\Delta r=0.1$，$\Delta h=0.2$，于是代入上式得

$$\Delta V\approx 2\pi\times 4\times 10\times 0.1+\pi\times 4^2\times 0.2=11.2\pi\ \mathrm{mm}^3,$$

所以加工 10 000 个这样的轴承所需要的铬为

$$m=10\,000\times\rho\times\Delta v=10\,000\times 7.1\times 0.011\,2\pi\approx 2\,498\ \mathrm{g}.$$

## 习题 8.2

1. 求下列函数的偏导数.

(1) $z=x^3y-xy^3$;　　(2) $z=\dfrac{x-y}{x+y}$.

2. 求下列函数的二阶偏导数.

(1) $z=x^y$;　　(2) $z=\mathrm{e}^{x^2+y^2}$.

3. 求复合函数 $z=\mathrm{e}^{xy}\cos(x+y)$ 的一阶偏导数.

4. 计算 $z=\mathrm{e}^{xy}$ 在点 $(2, 1)$ 处的全微分.

5. 利用全微分近似计算 $1.02^{0.99}$ 的值.

# 8.3 二元函数的极值

## 8.3.1 二元函数的极值及最大值、最小值

1. 有关概念

在实际问题中，往往会遇到二元函数的最大值、最小值问题，与一元函数类似，多元函数的最大值、最小值与极大值、极小值有密切关系，因此我们先来讨论二元函数的极值问题.

**定义 8－6** 设函数 $z=f(x, y)$ 在点 $P(x_0, y_0)$ 的某个邻域内有定义，如果对于这个邻域内异于 $P(x_0, y_0)$ 的点 $(x, y)$，都有：

$$f(x, y)<f(x_0, y_0)[\text{或} f(x, y)>f(x_0, y_0)],$$

那么，称点 $P(x_0, y_0)$ 为函数 $z=f(x, y)$ 的一个**极大(小)值点**，相应地，$f(x_0, y_0)$ 就称为函数 $z=f(x, y)$ 的一个**极大(小)值**.极大值、极小值统称为**极值**，使函数取得极值的点称为**极值点**.

**定义 8－7** 设点 $P(x_0, y_0)$ 是函数 $z=f(x, y)$ 的定义域 $D$ 内的一点，如果对于任意 $(x, y)\in D$，都有 $f(x, y)\leqslant f(x_0, y_0)$[或 $f(x, y)\geqslant f(x_0, y_0)$]，那么点 $P(x_0, y_0)$ 就称为函数 $z=f(x, y)$ 的最大(最小)值点.相应地，$f(x_0, y_0)$ 就称为函数 $z=f(x, y)$ 的最大(最小)值.最大值、最小值统称为**最值**，使函数取得最值的点称为**最值点**.

**注意：**二元函数的极值是一个局部概念，最值是整体概念，而且所讨论的极值点和最值点必须在定义域内.

2. 极值点的确定

在应用二元函数解决一些实际问题时，往往需要求这个二元函数的最值，而确定其极值、找出其极值点是求解问题的关键.

首先我们讨论极值：

**定理 8－5(必要条件)** 若函数 $z=f(x, y)$ 在点 $P(x_0, y_0)$ 存在偏导数，且在该点处取得极值，则必有：$f'_x(x_0, y_0)=0$，$f'_y(x_0, y_0)=0$.

微课

二元函数求极值

**注意：**(1) 满足 $f'_x(x_0, y_0)=0$，$f'_y(x_0, y_0)=0$ 的点 $P(x_0, y_0)$ 称为函数 $z=f(x, y)$ 的驻点(稳定点).

(2) 定理表明在两个偏导数都存在的前提下，$f'_x(x_0, y_0)=0$，$f'_y(x_0, y_0)=0$ 仅仅是点 $P(x_0, y_0)$ 成为极值点的必要条件而非充分条件，亦即偏导数为零的点只是可能的极值点.例如：$z=xy$ 在 $(0, 0)$ 点处的两个偏导数都为零，但该点却不是极值点!

(3) 偏导数不存在的点也有可能是极值点.例如:$z=\sqrt{x^2+y^2}$ 在(0, 0)点处的两个偏导数都是不存在的,但是不难看出(0, 0)点是极小值点.

(4) 可能的极值点只有两类:偏导数为零的点或偏导数不存在的点.

**定理 8-6(充分条件)** 设点 $P(x_0, y_0)$是函数 $z=f(x, y)$ 的驻点,并且 $z=f(x, y)$ 在 $P(x_0, y_0)$的某个邻域内具有连续的一阶和二阶偏导数,记 $A=f''_{xx}(x_0, y_0)$, $B=f''_{xy}(x_0, y_0)$, $C=f''_{yy}(x_0, y_0)$, $\Delta=B^2-AC$, 则:

(1) 当 $\Delta<0$ 时,若 $A<0$,则函数 $z=f(x, y)$ 在点 $P(x_0, y_0)$ 处有极大值;若 $A>0$,则函数 $z=f(x, y)$ 在点 $P(x_0, y_0)$处有极小值.

(2) 当 $\Delta>0$ 时,$P(x_0, y_0)$不是极值点.

(3) 当 $\Delta=0$ 时,$P(x_0, y_0)$不能判定是极值点,需要用其他方法验证.

根据以上讨论,一般地,求函数 $z=f(x, y)$ 极值的步骤如下:

(1) 求出驻点和偏导数不存在的点;

(2) 对于驻点,如果满足定理 8-6 的条件,则根据 $A$ 和 $\Delta$ 的符号判断是不是极值点;对于偏导数不存在的点,一般通过观察就可断定是否是极值点.

(3) 将过程(2)判断的极值点代入 $z=f(x, y)$ 即得到极值.

**【例 8-24】** 求函数 $f(x, y)=x^2+4y^2-6x+8y+2$ 的极值.

**解:**(1) 求可能的极值点

因为 $f'_x(x, y)=2x-6$, $f'_y(x, y)=8y+8$,所以令$\begin{cases}2x-6=0,\\8y+8=0\end{cases}$ 得驻点 $P(3, -1)$,显然偏导数不存在的点不存在.

(2) 极值点的判定

$$A=f''_{xx}(3, -1)=2>0,\ B=f''_{xy}(3, -1)=0,$$
$$C=f''_{yy}(3, -1)=8,\ \Delta=-16<0,$$

故驻点 $P(3, -1)$是极小值点.

(3) 求极值

将 $P(3, -1)$代入得极小值为:$f(3, -1)=-11$.

## 8.3.2 二元函数的最值问题

与一元函数类似,我们可以利用二元函数的极值来求其最值.如果函数 $z=f(x, y)$ 在有界闭区域 $D$ 上是连续的,那么 $z=f(x, y)$ 在 $D$ 上必定有最大值和最小值.但是,使 $z=f(x, y)$ 取得最大值和最小值的点既可能在 $D$ 的内部也可能在闭区域 $D$ 的边界上.因此,求二元函数 $z=f(x, y)$ 的最值的一般方法和步骤是:

(1) 求出函数 $z=f(x, y)$ 在 $D$ 内的所有驻点以及偏导数不存在的点的函数值;

(2) 求出函数 $z=f(x, y)$ 在 $D$ 的边界上的最值($D$ 的边界通常是关于 $y=\varphi(x)$ 且 $a\leqslant x\leqslant b$ 的一条曲线,代入 $z=f(x, y)$ 即转化为一元函数的最值问题);

(3) 将上述两步中所求的值相互比较,其中最大的就是最大值,最小的就是最小值.

**注意**：事实上，在遇到的实际问题中，如果根据问题的性质，知道函数 $z=f(x, y)$ 的最值一定在 $D$ 的内部取得，而函数在 $D$ 的内部又只有一个驻点，那么就可以肯定该驻点处的函数值就是该函数的最值.

**【例 8-25】** 求二元函数 $z=f(x, y)=x^2y(4-x-y)$ 在由直线 $x+y=6$ 与 $x$ 轴，$y$ 轴所围成的闭区域 $D$ 上的最大值和最小值.

**解**：(1) 在 $D$ 的内部：

$$f'_x(x, y)=2xy(4-x-y)-x^2y;\ f'_y(x, y)=x^2(4-x-y)-x^2y.$$

$$\begin{cases}f'_x(x, y)=2xy(4-x-y)-x^2y=0,\\ f'_y(x, y)=x^2(4-x-y)-x^2y=0.\end{cases}$$

得唯一驻点$(2, 1)$，且 $f(2, 1)=4$.

(2) 在 $D$ 的边界上：

$D$ 的边界可以分为三段：在 $y$ 轴上由于 $x=0$，所以 $f(x, y)=0$；在 $x$ 轴上由于 $y=0$，所以 $f(x, y)=0$；在直线 $x+y=6$ 上，即 $y=6-x$，于是代入可得 $f(x, y)=-2x^2(6-x)$，$0\leqslant x\leqslant 6$(这是一元函数的最值问题).不难求得当 $x=0$(此时 $y=6$) 时 $f(x, y)=-2x^2(6-x)$ 有最大值 0，当 $x=4$(此时 $y=2$) 时有最小值$-64$.

(3) 比较可得函数 $z=f(x, y)=x^2y(4-x-y)$ 的最大值为 $f(2, 1)=4$，最小值为 $f(4, 2)=-64$.

**【例 8-26】** 已知长方体相邻三边长度之和为 9，问三边的长度各为多少时长方体的体积最大？

**解**：设长方体其中两边的长度为 $x$ 和 $y$，则另外一边的长度就为 $9-x-y$. 于是长方体的体积为

$$V=xy(9-x-y),\ (x, y)\in D=\{(x, y)\mid x>0,\ y>0,\ x+y<9\}.$$

显然，$V$ 是区域 $D$ 上的连续函数，它的最值只能在 $D$ 内取得.解方程组：

$$\begin{cases}V'_x=9y-2xy-y^2=0,\\ V'_y=9x-2xy-x^2=0.\end{cases}$$

得唯一驻点$(3, 3)$，从而函数只能在点$(3, 3)$取得最大值.即当各边的长度都等于 3 时，长方体的体积最大为 27.

释疑解难

条件极值的概念及求法

* 条件极值

前面我们所介绍的极值问题又称为无条件极值问题.下面我们简要介绍增加了约束条件的极值问题.

求函数 $z=f(x, y)$ 在约束条件 $\varphi(x, y)=0$ 下的极值，一般步骤是：

(1) 构造拉格朗日函数

$$L(x, y, \lambda)=f(x, y)+\lambda\phi(x, y),$$

$\lambda$ 为待定常数，称为拉格朗日乘数.

(2) 由方程组

$$\begin{cases}L'_x(x, y, \lambda)=f'_x(x, y)+\lambda\phi'_x(x, y)=0,\\ L'_y(x, y, \lambda)=f'_y(x, y)+\lambda\phi'_y(x, y)=0,\\ L'_\lambda(x, y, \lambda)=\phi(x, y)=0.\end{cases}$$

解出 $x$, $y$ 及$\lambda$,这样得到的$(x, y)$就是函数 $f(x, y)$在约束条件 $\phi(x, y)=0$ 下的可能极值点.

(3) 判别$(x, y)$是否是极值点,一般地可以由具体问题的性质进行判别.

**【例 8-27】** 某县化肥厂生产两种钾肥,其产量分别为 $x$, $y$(单位:吨),合计总成本 $C(x, y)=2x^2+y^2-xy$ (单位:万元),根据市场调查测算,对本厂这两种化肥的需求量为 $a$,问该厂应该如何确定两种化肥的产量,才能使得总成本最低?

**分析**:求解这个问题,我们当然可以从约束条件 $x+y=a$,解得 $y=a-x$,代入成本函数中,转化成了一元函数的无条件极值问题.但对于多元函数的来说,很多时候我们很难将条件极值问题转化为无条件极值问题.故本题我们用拉格朗日乘数法,来简单实践一下该方法.

**解**:由目标函数 $C(x, y)=2x^2+y^2-xy$ 及约束条件 $x+y=a$ 构造辅助函数

$$L(x, y, \lambda)=2x^2+y^2-xy+\lambda(x+y-a),$$

求偏导数,解方程组找驻点:

$$\begin{cases}\dfrac{\partial L}{\partial x}=4x-y+\lambda=0,\\ \dfrac{\partial L}{\partial y}=2y-x+\lambda=0,\\ \dfrac{\partial L}{\partial \lambda}=x+y-a=0.\end{cases}$$

得

$$\begin{cases}x=\dfrac{3}{8}a,\\ y=\dfrac{5}{8}a,\\ \lambda=-\dfrac{7}{8}a.\end{cases}$$

因为驻点是唯一的,而根据实际情况分析,最小值是存在的,故当 $x=\dfrac{3}{8}a$, $y=\dfrac{5}{8}a$ 时,总成本最小.

## 习题 8.3

1. 求函数 $f(x, y)=4(x-y)-x^2-y^2$ 的极值.
2. 求函数 $f(x, y)=(6x-x^2)(4y-y^2)$ 的极值.

# *8.4 二重积分

在一元函数积分学中我们知道,定积分是某种确定形式的和的极限.把这种和的极限的概念推广到定义在平面区域上的二元函数的情形,就得到二重积分的概念.

## 8.4.1 二重积分的概念

**定义 8-8** 设函数 $z=f(x, y)$ 是有界闭区域 $D$ 上的有界函数.将闭区域 $D$ 任意分成 $n$ 个小闭区域:$\Delta\sigma_1, \Delta\sigma_2, \cdots, \Delta\sigma_n$,其中 $\Delta\sigma_i$ 表示第 $i$ 个小闭区域,也表示其面积.在每个 $\Delta\sigma_i$ 上任取一点 $(\xi_i, \eta_i)$,作乘积

$$f(\xi_i, \eta_i)\Delta\sigma_i (i=1, 2, \cdots, n),$$

并作和 $\sum\limits_{i=1}^{n} f(\xi_i, \eta_i)\Delta\sigma_i$. 如果各小闭区域的直径中的最大值 $\lambda$ 趋向于零时,这个和式的极限总存在,那么称此极限为函数 $z=f(x, y)$ 在闭区域 $D$ 上的二重积分,记作:

$$\iint\limits_D f(x, y)\mathrm{d}\sigma \text{ 或} \iint\limits_D f(x, y)\mathrm{d}x\mathrm{d}y,$$

即

$$\iint\limits_D f(x, y)\mathrm{d}\sigma = \lim_{\lambda\to 0}\sum_{i=1}^{n} f(\xi_i, \eta_i)\Delta\sigma_i.$$

其中,$f(x, y)$叫作被积函数,$f(x, y)\mathrm{d}\sigma$ 叫作被积表达式,$\mathrm{d}\sigma$ 叫作面积元素,$x$、$y$ 叫作积分变量,$D$ 叫作积分区域,$\sum\limits_{i=1}^{n} f(\xi_i, \eta_i)\Delta\sigma_i$ 叫作积分和.

## 8.4.2 二重积分的性质

若二重积分 $\iint\limits_D f(x, y)\mathrm{d}\sigma$、$\iint\limits_D g(x, y)\mathrm{d}\sigma$ 存在,可由定积分的性质类推出二重积分的性质如下:

**性质 1(线性叠加性)** 设 $a, b$ 为常数,则

$$\iint\limits_D [af(x, y)+bg(x, y)]\mathrm{d}\sigma = a\iint\limits_D f(x, y)\mathrm{d}\sigma + b\iint\limits_D g(x, y)\mathrm{d}\sigma.$$

**性质 2** 如果在有界闭区域 $D$ 上 $f(x, y)=k$($k$ 为常数),$\sigma$ 为区域 $D$ 的面积,则

$$\iint\limits_{D} f(x, y)\mathrm{d}\sigma = k\sigma.$$

**性质 3(积分区域的可加性)** 若 $D$ 可分割出闭区域 $D_1$, $D_2$,则

$$\iint\limits_{D} f(x, y)\mathrm{d}\sigma = \iint\limits_{D_1} f(x, y)\mathrm{d}\sigma + \iint\limits_{D_2} f(x, y)\mathrm{d}\sigma.$$

**性质 4(比较性)** 如果在区域 $D$ 上有 $f(x, y) \leqslant g(x, y)$, 则

$$\iint\limits_{D} f(x, y)\mathrm{d}\sigma \leqslant \iint\limits_{D} g(x, y)\mathrm{d}\sigma.$$

**性质 5(估值性)** 设 $M$ 和 $m$ 分别是函数 $f(x, y)$ 在有界闭区域 $D$ 上的最大值和最小值,$\sigma$ 为区域 $D$ 的面积,则

$$m\sigma \leqslant \iint\limits_{D} f(x, y)\mathrm{d}\sigma \leqslant M\sigma.$$

**性质 6(二重积分中值定理)**

设函数 $f(x, y)$ 在有界闭区域 $D$ 上连续,$\sigma$ 为区域 $D$ 的面积,则在 $D$ 上至少存在一点 $(\xi, \eta)$,使得

$$\iint\limits_{D} f(x, y)\mathrm{d}\sigma = f(\xi, \eta)\sigma.$$

### 8.4.3 二重积分的几何意义

在空间直角坐标系中,二重积分是各部分区域上柱体体积的代数和,在 $xOy$ 平面上方的取正,在 $xOy$ 平面下方的取负.特别是当 $f(x, y) \geqslant 0$ 时,二重积分就是曲顶柱体的体积.

例如二重积分 $\iint\limits_{D} \sqrt{a^2 - x^2 - y^2}\,\mathrm{d}\sigma$,其中 $D$ 为 $\{(x, y) \mid x^2 + y^2 \leqslant a^2\}$, 如图 8-7 所示,表示的是以原点为球心,以 $a$ 为半径的上半球面为顶,半径为 $a$ 的圆为底面的一个曲顶柱体,所以二重积分即为半球体的体积即

$$\iint\limits_{D} \sqrt{a^2 - x^2 - y^2}\,\mathrm{d}\sigma = \frac{2}{3}\pi a^3.$$

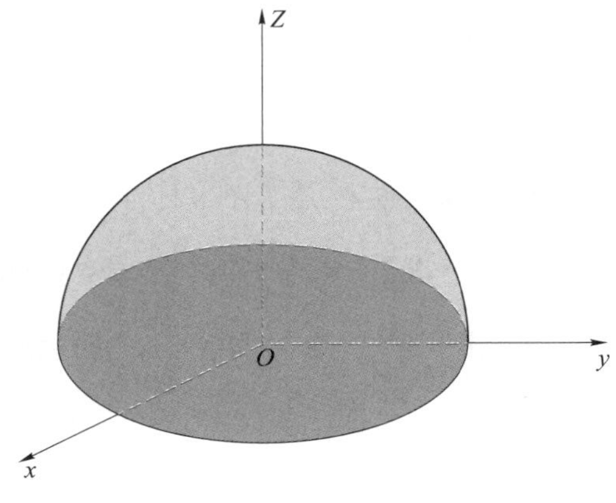

图 8-7

**思考题:**当 $D$ 为 $\{(x, y) \mid -1 \leqslant x \leqslant 1, 0 \leqslant y \leqslant 1\}$ 时,二重积分 $\iint\limits_{D} 3\mathrm{d}\sigma$ 的几何意义.

思考题

二重积分

## 8.4.4 二重积分的计算法

按照二重积分的定义来计算二重积分,对少数特别简单的被积函数和积分区域来说是可行的,但是对于一般的被积函数和积分区域来说都是相当烦琐的且不可行的.一般是把二重积分转化为两个单次积分,接下来,我们讨论利用直角坐标和极坐标计算二重积分的方法.

释疑解难

二重积分在直角坐标系下的计算

1. 利用直角坐标计算二重积分

一般地,平面直角坐标系内的区域 $D$(或将 $D$ 划分成的各个小区域)都可以表示成下面三种情形(标准型)之一:

(1) $D_1=\{(x, y) \mid a\leqslant x\leqslant b, c\leqslant y\leqslant d\}$ ………………………… **方形区域**;

(2) $D_2=\{(x, y) \mid a\leqslant x\leqslant b, \varphi_1(x)\leqslant y\leqslant \varphi_2(2)\}$ ……………… **X-型区域**;

(3) $D_3=\{(x, y) \mid c\leqslant y\leqslant d, \varphi_1(y)\leqslant x\leqslant \varphi_2(y)\}$ ……………… **Y-型区域**.

针对上面的三种积分区域的类型,我们有如下的积分公式:

(1) $\iint\limits_{D_1} f(x, y)\mathrm{d}x\mathrm{d}y=\int_c^d\left[\int_a^b f(x, y)\mathrm{d}x\right]\mathrm{d}y=\int_a^b\left[\int_c^d f(x, y)\mathrm{d}y\right]\mathrm{d}x$,特别地,有

$$\iint\limits_{D_1} f(x)\cdot g(y)\mathrm{d}x\mathrm{d}y=\left[\int_a^b f(x)\mathrm{d}x\right]\cdot\left[\int_c^d g(y)\mathrm{d}y\right];$$

微课

计算二重积分

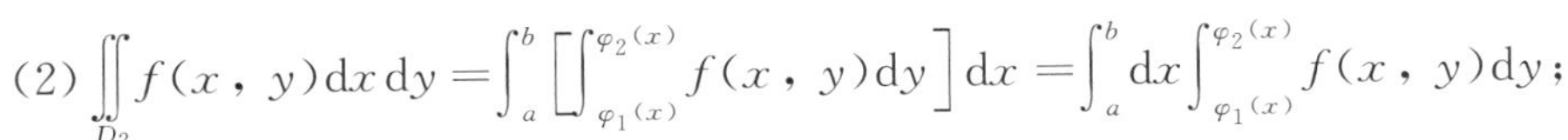

(2) $\iint\limits_{D_2} f(x, y)\mathrm{d}x\mathrm{d}y=\int_a^b\left[\int_{\varphi_1(x)}^{\varphi_2(x)} f(x, y)\mathrm{d}y\right]\mathrm{d}x=\int_a^b\mathrm{d}x\int_{\varphi_1(x)}^{\varphi_2(x)} f(x, y)\mathrm{d}y$;

(3) $\iint\limits_{D_2} f(x, y)\mathrm{d}x\mathrm{d}y=\int_c^d\left[\int_{\psi_1(y)}^{\psi_2(y)} f(x, y)\mathrm{d}x\right]\mathrm{d}y=\int_c^d\mathrm{d}y\int_{\psi_1(y)}^{\psi_2(y)} f(x, y)\mathrm{d}x$.

**注意**:(1) 上面三个等式右边的积分叫作**累次积分**(先对 $x$ 积分再对 $y$ 积分或先对 $y$ 积分再对 $x$ 积分),每一次积分都是一元积分.

(2) 二重积分化为累次积分时,确定积分限是关键.

(3) 积分区域的类型有时候是可以互相转化的,转化了积分区域的类型就意味着要改变累次积分的次序.

(4) 计算二重积分时,如果已知的积分区域尚未表示成标准型,那么首先就要根据题意画出积分区域,然后表示成标准型.

**【例 8-28】** 计算 $\iint\limits_D(2x^2+xy+y^2)\mathrm{d}x\mathrm{d}y$,其中 $D$ 是由 $\begin{cases}0\leqslant x\leqslant 2,\\0\leqslant y\leqslant 3\end{cases}$ 所围成的矩形区域.

动画

累次积分练习

**解**:由题意积分区域 $D=\{(x, y) \mid 0\leqslant x\leqslant 2, 0\leqslant y\leqslant 3\}$,于是由**方形区域**积分公式得:

$$\iint\limits_D(2x^2+xy+y^2)\mathrm{d}x\mathrm{d}y=\int_0^2\left[\int_0^3(2x^2+xy+y^2)\mathrm{d}y\right]\mathrm{d}x$$

$$=\int_0^2\left(6x^2+\frac{9}{2}x+9\right)\mathrm{d}x=\left[2x^3+\frac{9}{4}x^2+9x\right]_0^2=43.$$

补充说明:本题也可以选择先对 $x$ 积分再对 $y$ 积分的积分次序.

**【例 8-29】** 计算 $\iint\limits_D\frac{1}{xy}\mathrm{d}x\mathrm{d}y$,其中 $D$ 是由 $\begin{cases}1\leqslant x\leqslant \mathrm{e}^2,\\1\leqslant y\leqslant \mathrm{e}\end{cases}$ 所围成的矩形区域.

**解**:由积分区域的类型以及被积函数的特点知:

$$\iint_D \frac{1}{xy}\mathrm{d}x\,\mathrm{d}y=\left[\int_1^{e^2}\frac{1}{x}\mathrm{d}x\right]\cdot\left[\int_1^{e}\frac{1}{y}\mathrm{d}y\right]=[\ln x]_1^{e^2}\cdot[\ln y]_1^{e}=2.$$

**【例8-30】** 计算$\iint_D\sqrt{1-x^2}\,\mathrm{d}x\,\mathrm{d}y$,其中$D$是由$0\leqslant y\leqslant\sqrt{1-x^2}$与$0\leqslant x\leqslant 1$所围成的区域.

**解**:由题意知积分区域$D=\{(x,y)\mid 0\leqslant y\leqslant\sqrt{1-x^2},0\leqslant x\leqslant 1\}$,于是:

$$\iint_D\sqrt{1-x^2}\,\mathrm{d}x\,\mathrm{d}y=\int_0^1\left[\int_0^{\sqrt{1-x^2}}\sqrt{1-x^2}\,\mathrm{d}y\right]\mathrm{d}x=\int_0^1\left[y\sqrt{1-x^2}\right]_0^{\sqrt{1-x^2}}\mathrm{d}x$$

$$=\int_0^1(1-x^2)\mathrm{d}x=\frac{2}{3}.$$

**【例8-31】** 计算$\iint_D e^{-y^2}\mathrm{d}x\,\mathrm{d}y$,其中$D$是由直线$y=x$、$y=1$与$x=0$所围成的区域.

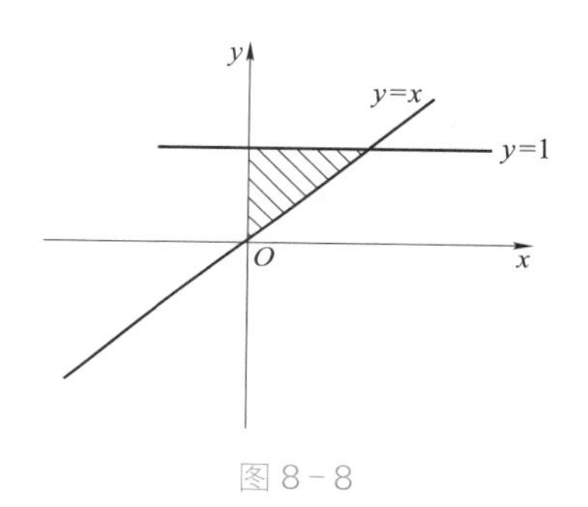

图8-8

**解**:由题意可知积分区域如图8-8所示,标准型为

$$D=\{(x,y)\mid 0\leqslant x\leqslant y,0\leqslant y\leqslant 1\},$$

于是由**Y-型区域**积分公式得

$$\iint_D e^{-y^2}\mathrm{d}x\,\mathrm{d}y=\int_0^1\left[\int_0^y e^{-y^2}\mathrm{d}x\right]\mathrm{d}y=\int_0^1 e^{-y^2}[x]_0^y\,\mathrm{d}y$$

$$=\int_0^1 y e^{-y^2}\mathrm{d}y=-\frac{1}{2}\left[e^{-y^2}\right]_0^1$$

$$=\frac{1}{2}\left(1-\frac{1}{e}\right).$$

**注意**:本题的积分区域也可以表示为X-型区域,但是在这种积分区域类型下,积分的次序就是先对$y$积分再对$x$积分,而被积函数$e^{-y^2}$对$y$积分是很困难的,所以本题必须选择先对$x$积分再对$y$积分的积分次序.这个例子表明,在化二重积分为累次积分时,为计算简便,需要选择恰当的积分次序.这时候既要考虑积分区域的形状,又要考虑被积函数的特点.只有通过做一定量的题目,具备了一定的解题经验后才能准确地作出选择.

**【例8-32】** 改变累次积分$\int_0^2\mathrm{d}x\int_x^{2x}f(x,y)\mathrm{d}y$的次序.

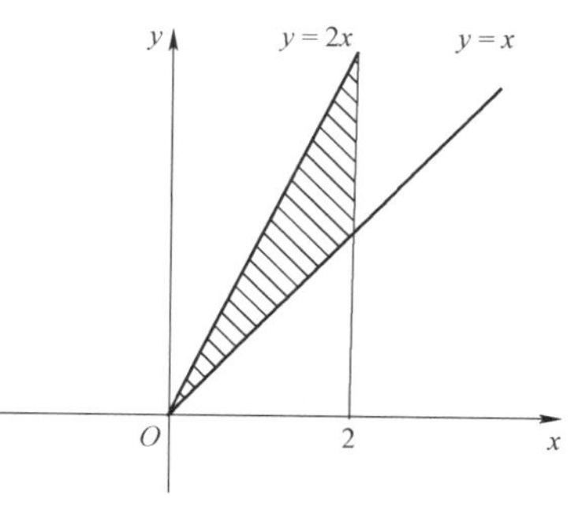

图8-9

**解** 由题意知积分区域如图8-9,$D=\{(x,y)\mid 0\leqslant x\leqslant 2,x\leqslant y\leqslant 2x\}$,可变为$D=\left\{(x,y)\mid 0\leqslant y\leqslant 2,\frac{y}{2}\leqslant x\leqslant y\right\}\cup\left\{(x,y)\mid 2\leqslant y\leqslant 4,\frac{y}{2}\leqslant\right.$

$x \leqslant 2\}$，于是，

$$\text{原积分}=\int_0^2 \mathrm{d}y\int_{\frac{y}{2}}^{y} f(x, y)\mathrm{d}x+\int_2^4 \mathrm{d}y\int_{\frac{y}{2}}^{2} f(x, y)\mathrm{d}x.$$

2. 利用极坐标计算二重积分

有许多二重积分仅仅依靠直角坐标下化为累次积分的方法难以达到简化和求解的目的.当积分区域为圆域、环域、扇域等,或被积函数用极坐标变量 $\rho$、$\theta$ 表达更简单时,就可考虑用极坐标来计算二重积分 $\iint\limits_D f(x, y)\mathrm{d}\sigma$.

在二重积分中,直角坐标与极坐标的变换关系如下：

$$x=\rho\cos\theta,\ y=\rho\sin\theta,\ \mathrm{d}\sigma=\rho\mathrm{d}\rho\mathrm{d}\theta,$$

故
$$\iint\limits_D f(x, y)\mathrm{d}\sigma=\iint\limits_D f(\rho\cos\theta, \rho\sin\theta)\rho\mathrm{d}\rho\mathrm{d}\theta.$$

现根据积分区域 $D$ 的不同,分别讨论极坐标系下二重积分化为二次积分的公式

(1) 当积分区域 $D$ 为：$\varphi_1(\theta)\leqslant\rho\leqslant\varphi_2(\theta)$，$\alpha\leqslant\theta\leqslant\beta$，如图 8 - 10所示,则

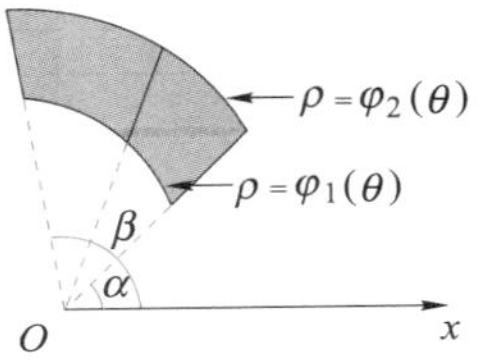

图 8 - 10

$$\iint\limits_D f(\rho\cos\theta, \rho\sin\theta)\rho\mathrm{d}\rho\mathrm{d}\theta=\int_\alpha^\beta\left[\int_{\varphi_1(\theta)}^{\varphi_2(\theta)} f(\rho\cos\theta, \rho\sin\theta)\rho\mathrm{d}\rho\right]\mathrm{d}\theta$$
$$=\int_\alpha^\beta\mathrm{d}\theta\int_{\varphi_1(\theta)}^{\varphi_2(\theta)} f(\rho\cos\theta, \rho\sin\theta)\rho\mathrm{d}\rho.$$

(2) 当积分区域 $D$ 为：$0\leqslant\rho\leqslant\varphi(\theta)$，$0\leqslant\theta\leqslant 2\pi$，如图 8 - 11 所示，则

$$\iint\limits_D f(\rho\cos\theta, \rho\sin\theta)\rho\mathrm{d}\rho\mathrm{d}\theta=\int_0^{2\pi}\mathrm{d}\theta\int_0^{\varphi(\theta)} f(\rho\cos\theta, \rho\sin\theta)\rho\mathrm{d}\rho.$$

**注意：**图 8 - 11 中极点 $O$ 是 $D$ 的内点.

(3) 当积分区域 $D$ 为：$0\leqslant\rho\leqslant\varphi(\theta)$，$-\frac{\pi}{2}\leqslant\theta\leqslant\frac{\pi}{2}$，如图 8 - 12 所示，则

$$\iint\limits_D f(\rho\cos\theta, \rho\sin\theta)\rho\mathrm{d}\rho\mathrm{d}\theta=\int_{-\frac{\pi}{2}}^{\frac{\pi}{2}}\mathrm{d}\theta\int_0^{\varphi(\theta)} f(\rho\cos\theta, \rho\sin\theta)\rho\mathrm{d}\rho.$$

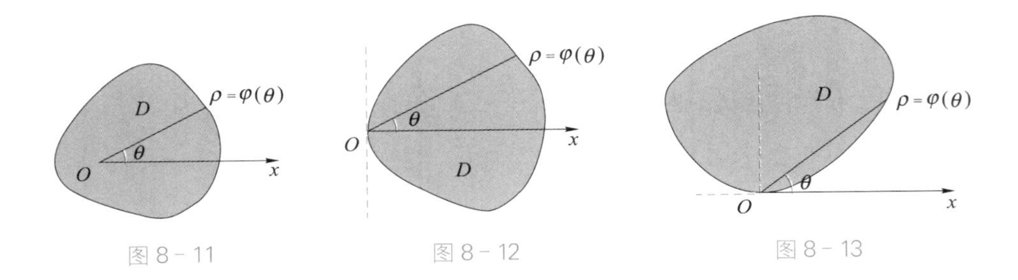


图 8 - 11　图 8 - 12　图 8 - 13

(4) 当积分区域 $D$ 为：$0\leqslant\rho\leqslant\varphi(\theta)$，$0\leqslant\theta\leqslant\pi$，如图 8-13 所示，则

$$\iint_D f(\rho\cos\theta,\rho\sin\theta)\rho\,d\rho\,d\theta=\int_0^{\pi}d\theta\int_0^{\varphi(\theta)}f(\rho\cos\theta,\rho\sin\theta)\rho\,d\rho.$$

**【例 8-33】** 计算 $\iint\limits_D e^{-x^2-y^2}dx\,dy$，其中 $D$ 是圆心在原点、半径为 $r$ 的圆周所围成的区域.

动画

极坐标下的二次积分练习

**解**：令 $\begin{cases}x=\rho\cos\theta,\\ y=\rho\sin\theta,\end{cases}$ 则 $D$ 为 $\begin{cases}0\leqslant\theta\leqslant 2\pi,\\ 0\leqslant\rho\leqslant r.\end{cases}$ 所以

$$\iint_D e^{-x^2-y^2}dx\,dy=\int_0^{2\pi}d\theta\int_0^{r}e^{-\rho^2}\rho\,d\rho=\pi(1-e^{-r^2}).$$

## 习题 8.4

1. 改变下列累次积分的次序.

(1) $\int_0^1\left[\int_x^{3x}f(x,y)dy\right]dx$；　　(2) $\int_{-1}^1\left[\int_{-\sqrt{1-x^2}}^{\sqrt{1-x^2}}f(x,y)dy\right]dx$.

2. 画出积分区域并计算下列二重积分.

(1) $\iint\limits_D(x^2+3xy+y^2)dx\,dy$，其中 $D$ 是由 $0\leqslant x\leqslant 1$，$0\leqslant y\leqslant 1$ 围成的矩形区域；

(2) $\iint\limits_D(3x+2y)dx\,dy$，其中 $D$ 是由直线 $x+y=2$ 与两个坐标轴所围成的区域.

3. 化二重积分 $I=\iint\limits_D f(x,y)dx\,dy$ 为累次积分，其中积分区域 $D$ 为：由直线 $y=x$ 及抛物线 $y^2=4x$ 所围成的闭区域.

## 拓展阅读

# 多元微积分的发展史

多元函数微积分是微积分的重要组成部分，是在一元函数微积分基本思想的发展和应用中自然而然形成的，其基本概念都是在描述和分析物理现象和规律中结合使用一元微积分的基本概念而产生的，将微积分算法和思维推广到多元函数并建立偏导数理论和多重积分理论具有重要性.

在微积分创立初期，偏导数的朴素思想就多次出现在力学研究的著作中，但是这一时期，朴素的导数与偏导数并没有被明显地区分开，人们只是注意到其物理意义不同.偏导

数是在多自变量的函数中，只考虑其中某一个自变量变化的导数.牛顿从 $x$ 和 $y$ 的多项式 $f(x, y)=0$ 中导出 $f$ 关于 $x$ 和 $y$ 的微商的表达式.雅各布·伯努利在一篇关于正交轨道的文章中也使用了偏导数，并证明了函数 $f(x, y)$ 在一定条件下，对 $x, y$ 的偏导数与求导顺序无关，即

$$\frac{\partial^2 f(x, y)}{\partial x \partial y}=\frac{\partial^2 f(x, y)}{\partial y \partial x}.$$

偏导数的理论是由瑞士数学家欧拉、法国数学家方丹、克莱罗和达朗贝尔在早期偏微分方程的研究中建立起来的.欧拉在关于流体力学的一系列文章中给出了偏导数运算法则、复合函数偏导数、偏导数反演和函数行列式等有关运算.克莱罗在关于地球形状的研究论文中首次提出全微分的概念，建立了一个全微分方程：$P\mathrm{d}x+Q\mathrm{d}y+R\mathrm{d}z=0$，并讨论了该方程可积的条件.达朗贝尔的著作《动力学》和关于弦振动的研究中，推广了偏导数的运算.不过，当时一般都用记号 d 表示导数与偏导数，现在使用的偏导数记号直到 19 世纪 40 年代才由雅克比在其行列式理论中正式启用并被逐渐普及.

牛顿在他的《自然哲学的数学原理》中讨论球与球壳作用于支点上的万有引力时就已经涉及重积分，但他是用几何形式表示的.欧拉用累次积分算出了椭圆薄片对其中心正上方一质点的引力的重积分，从而建立了平面有界区域上的二重积分理论.而拉格朗日在关于旋转椭球体引力的著作中，用三重积分表示引力.为了克服计算中的困难，他使用球坐标，建立了积分变换公式并开始了多重积分变换的研究.

俄国数学家奥斯特罗格拉茨基在研究热传导理论的过程中，证明了三重积分与曲面积分之间的关系，英国的数学家格林在研究位势方程时得到了著名的格林公式.后来，英国物理学家斯托克斯把格林公式推广到三维空间，建立了著名的斯托克斯公式.

# 第二模块　线性代数

CHAPTER 9

# 第9章 行列式

数学是科学之王.

——高斯

学习要求

- 了解二阶行列式、三阶行列式的定义，熟练掌握二阶和三阶行列式的对角线法则；
- 了解 $n$ 阶行列式的定义，掌握行列式按行(列)展开法则；
- 理解行列式的性质，掌握行列式三角化的计算方法，能综合运用各种方法计算行列式；
- 了解克拉默法则，能运用克拉默法则判断齐次线性方程组解的情形.

行列式是研究线性代数的一个基本工具(另一个重要工具是矩阵).行列式的核心问题是行列式的计算.由于行列式的定义比较复杂，所以按照定义来计算行列式的方法是非常烦琐的.而低阶的行列式和三角形行列式这两种特殊的行列式的计算相对比较简单，因此行列式计算的一般思路是:降阶与对角化.本章首先介绍二阶和三阶行列式的起源，由此给出一般的 $n$ 阶行列式的概念.然后研究行列式的运算性质，在此基础上，给出行列式计算的一般思路与方法.

## 9.1 二阶与三阶行列式

课外阅读材料

行列式

### 9.1.1 二阶行列式

在解线性方程组

$$\begin{cases} a_{11}x_1 + a_{12}x_2 = b_1, \\ a_{21}x_1 + a_{22}x_2 = b_2 \end{cases}$$

的时候，利用消元法可以得到：

$$(a_{11}a_{22}-a_{12}a_{21})x_1=b_1a_{22}-b_2a_{12},$$
$$(a_{11}a_{22}-a_{12}a_{21})x_2=b_2a_{11}-b_1a_{21}.$$

如果 $a_{11}a_{22}-a_{12}a_{21}\neq 0$，那么方程组有唯一解：

$$\begin{cases} x_1=\dfrac{b_1a_{22}-b_2a_{12}}{a_{11}a_{22}-a_{12}a_{21}}, \\ x_2=\dfrac{b_2a_{11}-b_1a_{21}}{a_{11}a_{22}-a_{12}a_{21}}. \end{cases}$$

在方程组的解的表达式里，分母都是 $a_{11}a_{22}-a_{12}a_{21}$，为便于记忆，将其表示为

$$\begin{vmatrix} a_{11} & a_{12} \\ a_{21} & a_{22} \end{vmatrix},$$

并称之为**二阶行列式**，记作 $D$，同时 $D$ 也被称为方程组的系数行列式.$D$ 中的横排称为**行**，纵排称为**列**，数 $a_{ij}(i, j=1, 2)$ 称为**元素**.元素 $a_{ij}$ 的第一个下标 $i$ 称为**行标**，说明该元素位于行列式的第 $i$ 行，第二个下标 $j$ 称为**列标**，说明该元素位于行列式的第 $j$ 列.把行列式从左上角到右下角的连线称为**主对角线**，从右上角到左下角的连线称为**副对角线**.二阶行列式共有 2 行 2 列，4 个元素，$a_{11}$、$a_{22}$ 为主对角线上的元素，$a_{12}$、$a_{21}$ 为副对角线上的元素.二阶行列式表示主对角线上元素的乘积减去副对角线上元素的乘积.按照这个法则，于是有

$$D_1=\begin{vmatrix} b_1 & a_{12} \\ b_2 & a_{22} \end{vmatrix}=b_1a_{22}-b_2a_{12},\ D_2=\begin{vmatrix} a_{11} & b_1 \\ a_{21} & b_2 \end{vmatrix}=b_2a_{11}-b_1a_{21}.$$

因此，二元一次方程组的解可以表示为

$$x_1=\frac{D_1}{D},\ x_2=\frac{D_2}{D}.$$

**【例 9-1】** 计算下列行列式：

(1) $\begin{vmatrix} 3 & -2 \\ 5 & 8 \end{vmatrix}$； (2) $\begin{vmatrix} a+b & 4b \\ a & a+b \end{vmatrix}$； (3) $\begin{vmatrix} x & y \\ 0 & z \end{vmatrix}$； (4) $\begin{vmatrix} -2 & 0 \\ 0 & 3 \end{vmatrix}$.

**解：**(1) $\begin{vmatrix} 3 & -2 \\ 5 & 8 \end{vmatrix}=3\times 8-(-2)\times 5=34$；

(2) $\begin{vmatrix} a+b & 4b \\ a & a+b \end{vmatrix}=(a+b)^2-4b\cdot a=a^2+2ab+b^2-4ab=(a-b)^2$；

(3) $\begin{vmatrix} x & y \\ 0 & z \end{vmatrix}=xz-y\cdot 0=xz$；

(4) $\begin{vmatrix} -2 & 0 \\ 0 & 3 \end{vmatrix}=-6-0=-6$.

**【例9-2】** 利用行列式求解二元一次方程组$\begin{cases}3x_1-2x_2=12,\\2x_1+x_2=1.\end{cases}$

**解**：由于

$$D=\begin{vmatrix}3 & -2\\2 & 1\end{vmatrix}=3-(-4)=7\neq 0,$$

又

$$D_1=\begin{vmatrix}12 & -2\\1 & 1\end{vmatrix}=12-(-2)=14,$$

$$D_2=\begin{vmatrix}3 & 12\\2 & 1\end{vmatrix}=3-24=-21,$$

因此，方程组的解为

$$x_1=\frac{D_1}{D}=\frac{14}{7}=2,\ x_2=\frac{D_2}{D}=\frac{-21}{7}=-3.$$

## 9.1.2 三阶行列式

类似地，对于三元线性方程组

$$\begin{cases}a_{11}x_1+a_{12}x_2+a_{13}x_3=b_1,\\a_{21}x_1+a_{22}x_2+a_{23}x_3=b_2,\\a_{31}x_1+a_{32}x_2+a_{33}x_3=b_3.\end{cases}$$

如果

$$D=a_{11}a_{22}a_{33}+a_{12}a_{23}a_{31}+a_{13}a_{21}a_{32}-a_{11}a_{23}a_{32}-a_{12}a_{21}a_{33}-a_{13}a_{22}a_{31}\neq 0,$$

那么可以求得其唯一的解：

$$\begin{cases}x_1=\dfrac{1}{D}(b_1a_{22}a_{33}+b_2a_{13}a_{32}+b_3a_{12}a_{23}-b_1a_{32}a_{23}-b_2a_{12}a_{33}-b_3a_{22}a_{13}),\\x_2=\dfrac{1}{D}(b_1a_{23}a_{31}+b_2a_{11}a_{33}+b_3a_{21}a_{13}-b_1a_{21}a_{33}-b_2a_{13}a_{31}-b_3a_{11}a_{23}),\\x_3=\dfrac{1}{D}(b_1a_{21}a_{32}+b_2a_{12}a_{31}+b_3a_{11}a_{22}-b_1a_{22}a_{31}-b_2a_{11}a_{32}-b_3a_{12}a_{21}).\end{cases}$$

为了便于记忆和表达，记

$$D=\begin{vmatrix}a_{11} & a_{12} & a_{13}\\a_{21} & a_{22} & a_{23}\\a_{31} & a_{32} & a_{33}\end{vmatrix},$$

并称之为**三阶行列式**，其中 $a_{11}$、$a_{22}$、$a_{33}$ 为主对角线上的元素，$a_{13}$、$a_{22}$、$a_{31}$ 为副对角线上的元素.

由上面定义可知，三阶行列式共有 6 项，每一项都是来自不同行、不同列的 3 个元素的乘积.三阶行列式就是这 6 个乘积的代数和，其规律遵循图 9－1 所示的对角线法则：图中的三条实线看作是平行于主对角线的连线，三条虚线看作是平行于副对角线的连线，实线上三元素的乘积冠以正号，虚线上三元素的乘积冠以负号.

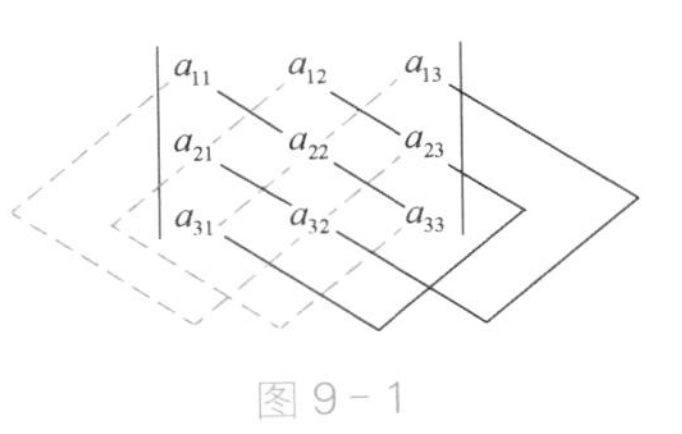

图 9－1

微课

三阶行列式的计算

这样，当 $D\neq 0$ 时，三元一次方程组的解，可以用三阶行列式表示，即

$$x_1=\frac{D_1}{D},\ x_2=\frac{D_2}{D},\ x_3=\frac{D_3}{D}.$$

其中，$D=\begin{vmatrix} a_{11} & a_{12} & a_{13} \\ a_{21} & a_{22} & a_{23} \\ a_{31} & a_{32} & a_{33} \end{vmatrix}$ 称为方程组的系数行列式，$D_j(j=1,2,3)$ 是用方程组右端的常数项替换 $D$ 的第 $j$ 列对应元素得到的行列式.

**【例 9－3】** 计算三阶行列式

$$D=\begin{vmatrix} 1 & 2 & -4 \\ -2 & 2 & 1 \\ -3 & 4 & -2 \end{vmatrix}.$$

**解：**按三阶行列式对角线法则，有

$$\begin{aligned} D&=1\times 2\times(-2)+2\times 1\times(-3)+(-4)\times(-2)\times 4 \\ &\quad -(-4)\times 2\times(-3)-2\times(-2)\times(-2)-1\times 1\times 4 \\ &=-4+(-6)+32-24-8-4=-14. \end{aligned}$$

**【例 9－4】** 解方程组

$$\begin{cases} x_1-x_2+2x_3=13, \\ x_1+x_2+x_3=10, \\ 2x_1+3x_2-x_3=1. \end{cases}$$

**解：**

$$D=\begin{vmatrix} 1 & -1 & 2 \\ 1 & 1 & 1 \\ 2 & 3 & -1 \end{vmatrix}=-1+(-2)+6-4-1-3=-5\neq 0,$$

$$D_1=\begin{vmatrix} 13 & -1 & 2 \\ 10 & 1 & 1 \\ 1 & 3 & -1 \end{vmatrix}=-13+(-1)+60-2-10-39=-5,$$

$$D_2=\begin{vmatrix}1 & 13 & 2\\1 & 10 & 1\\2 & 1 & -1\end{vmatrix}=-10+26+2-40-(-13)-1=-10,$$

$$D_3=\begin{vmatrix}1 & -1 & 13\\1 & 1 & 10\\2 & 3 & 1\end{vmatrix}=1+(-20)+39-26-(-1)-30=-35.$$

于是,方程组的解为

$$x_1=\frac{D_1}{D}=1,\ x_2=\frac{D_2}{D}=2,\ x_3=\frac{D_3}{D}=7.$$

**【例 9-5】** 求解方程

$$\begin{vmatrix}1 & 1 & 1\\2 & 3 & x\\4 & 9 & x^2\end{vmatrix}=0.$$

**解:** 方程左边的三阶行列式展开可得

$$D=3x^2+4x+18-12-2x^2-9x=x^2-5x+6,$$

即 $x^2-5x+6=0$,解得 $x_1=2,\ x_2=3$.

**习题 9.1**

1. 利用对角线法则计算下列行列式.

(1) $\begin{vmatrix}1 & 5\\2 & 8\end{vmatrix}$; (2) $\begin{vmatrix}\sin x & -\cos x\\\cos x & \sin x\end{vmatrix}$; (3) $\begin{vmatrix}0 & a & 0\\b & 0 & c\\0 & d & 0\end{vmatrix}$.

2. 请按例 9-2 的方法解方程组:

$$\begin{cases}2x_1+3x_2=2,\\6x_1-2x_2=-5.\end{cases}$$

## 9.2 n 阶行列式

### 9.2.1 n 阶行列式的定义

**定义 9-1** 由 $n^2$ 个数排成 $n$ 行 $n$ 列的数表,并在左、右两边各加一条竖线所构成的式子称为 **$n$ 阶行列式**,记作

$$D=\begin{vmatrix} a_{11} & a_{12} & \cdots & a_{1n} \\ a_{21} & a_{22} & \cdots & a_{2n} \\ \vdots & \vdots & & \vdots \\ a_{n1} & a_{n2} & \cdots & a_{nn} \end{vmatrix}.$$

$n$ 阶行列式 $D$ 代表一个确定的运算关系所确定的**数**，其中当 $n=1$ 时

$$D=|a_{11}|=a_{11};$$

当 $n=2$ 时

$$D=\begin{vmatrix} a_{11} & a_{12} \\ a_{21} & a_{22} \end{vmatrix}=a_{11}a_{22}-a_{12}a_{21};$$

当 $n=3$ 时

$$\begin{aligned} D&=\begin{vmatrix} a_{11} & a_{12} & a_{13} \\ a_{21} & a_{22} & a_{23} \\ a_{31} & a_{32} & a_{33} \end{vmatrix} \\ &=a_{11}a_{22}a_{33}+a_{12}a_{23}a_{31}+a_{13}a_{21}a_{32}-a_{11}a_{23}a_{32}-a_{12}a_{21}a_{33}-a_{13}a_{22}a_{31}. \end{aligned}$$

对角线法则仅适用于二阶与三阶行列式，四阶和更高阶的行列式该如何计算呢？中学阶段解线性方程组的基本思想是“消元”，由此可以猜想计算行列式($n\geqslant 2$)的基本方法就是“降阶”，也就是说当 $n\geqslant 2$ 时，可以利用“降价”将较高阶行列式转化为较低阶行列式再计算，为此，引进余子式和代数余子式的概念.

## 9.2.2 行列式按行(列)展开

下面先看一看三阶行列式是如何转化为二阶行列式的.

$$\begin{aligned} D_3&=a_{11}a_{22}a_{33}+a_{12}a_{23}a_{31}+a_{13}a_{21}a_{32}-a_{11}a_{23}a_{32}-a_{12}a_{21}a_{33}-a_{13}a_{22}a_{31} \\ &=a_{11}a_{22}a_{33}-a_{11}a_{23}a_{32}+a_{12}a_{23}a_{31}-a_{12}a_{21}a_{33}+a_{13}a_{21}a_{32}-a_{13}a_{22}a_{31} \\ &=a_{11}(a_{22}a_{33}-a_{23}a_{32})-a_{12}(a_{21}a_{33}-a_{23}a_{31})+a_{13}(a_{21}a_{32}-a_{22}a_{31}) \\ &=a_{11}\begin{vmatrix} a_{22} & a_{23} \\ a_{32} & a_{33} \end{vmatrix}-a_{12}\begin{vmatrix} a_{21} & a_{23} \\ a_{31} & a_{33} \end{vmatrix}+a_{13}\begin{vmatrix} a_{21} & a_{22} \\ a_{31} & a_{32} \end{vmatrix}. \end{aligned}$$

这样，三阶行列式就可以用二阶行列式来表示，并且每一个二阶行列式都与它前面的元素所在的位置有关.如二阶行列式 $\begin{vmatrix} a_{21} & a_{23} \\ a_{31} & a_{33} \end{vmatrix}$ 前面的元素 $a_{12}$ 位于第1行、第2列，$\begin{vmatrix} a_{21} & a_{23} \\ a_{31} & a_{33} \end{vmatrix}$ 就是 $D_3$ 划掉第1行和第2列

知识拓展

排列与行列式

$$\begin{vmatrix} a_{11} & a_{12} & a_{13} \\ a_{21} & a_{22} & a_{23} \\ a_{31} & a_{32} & a_{33} \end{vmatrix}$$

得到的，称为 $a_{12}$ 的余子式，$-\begin{vmatrix} a_{21} & a_{23} \\ a_{31} & a_{33} \end{vmatrix}$ 称为 $a_{12}$ 的代数余子式.

**定义 9-2** 对于行列式中的元素 $a_{ij}$，将 $a_{ij}$ 所在的第 $i$ 行和第 $j$ 列元素划去，剩下的元素按原来相对位置构成的一个 $n-1$ 阶行列式，称为元素 $a_{ij}$ 的**余子式**，记为 $M_{ij}$，即

$$M_{ij}=\begin{vmatrix} a_{11} & \cdots & a_{1,j-1} & a_{1,j+1} & \cdots & a_{1n} \\ \vdots & & \vdots & \vdots & & \vdots \\ a_{i-1,1} & \cdots & a_{i-1,j-1} & a_{i-1,j+1} & \cdots & a_{i-1,n} \\ a_{i+1,1} & \cdots & a_{i+1,j-1} & a_{i+1,j+1} & \cdots & a_{i+1,n} \\ \vdots & & \vdots & \vdots & & \vdots \\ a_{n1} & \cdots & a_{n,j-1} & a_{n,j+1} & \cdots & a_{nn} \end{vmatrix};$$

$A_{ij}=(-1)^{i+j}M_{ij}$ 称为元素 $a_{ij}$ 的**代数余子式**.

给定行列式 $\begin{vmatrix} 6 & 5 & 8 & 10 \\ 1 & 3 & 6 & 0 \\ 2 & 1 & 3 & 9 \\ 4 & 7 & 1 & 3 \end{vmatrix}$，元素 9 的余子式 $M_{34}=\begin{vmatrix} 6 & 5 & 8 \\ 1 & 3 & 6 \\ 4 & 7 & 1 \end{vmatrix}$，代数余子式 $A_{34}=(-1)^{3+4}\times M_{34}=-\begin{vmatrix} 6 & 5 & 8 \\ 1 & 3 & 6 \\ 4 & 7 & 1 \end{vmatrix}$（类似地，同学们可以写出其余元素的余子式和代数余子式）.

于是，$D_3=a_{11}M_{11}-a_{12}M_{12}+a_{13}M_{13}=a_{11}A_{11}+a_{12}A_{12}+a_{13}A_{13}$.

这种方法可以推广到一般情况.

微课 行列式按行（列）展开法则

**定理 9-1[行列式按行(列)展开法则]** 行列式等于它的任意一行(列)的所有元素与其对应的代数余子式乘积之和.即

$$D=a_{i1}A_{i1}+a_{i2}A_{i2}+\cdots+a_{in}A_{in}\quad(i=1,2,\cdots,n),$$

或

$$D=a_{1j}A_{1j}+a_{2j}A_{2j}+\cdots+a_{nj}A_{nj}\quad(j=1,2,\cdots,n).$$

**【例 9-6】** 利用行列式按行(列)展开法则计算下列行列式：

(1) $\begin{vmatrix} 1 & 2 & 3 \\ -2 & 1 & -1 \\ -1 & -4 & 2 \end{vmatrix}$； (2) $\begin{vmatrix} a & 0 & 0 & b \\ 0 & c & d & 0 \\ 0 & e & f & 0 \\ g & 0 & 0 & h \end{vmatrix}$.

**解：**(1) 按照第一列展开

$$\begin{vmatrix} 1 & 2 & 3 \\ -2 & 1 & -1 \\ -1 & -4 & 2 \end{vmatrix}=a_{11}\times A_{11}+a_{21}\times A_{21}+a_{31}\times A_{31}$$

$$=1\times\begin{vmatrix} 1 & -1 \\ -4 & 2 \end{vmatrix}-(-2)\times\begin{vmatrix} 2 & 3 \\ -4 & 2 \end{vmatrix}+(-1)\times\begin{vmatrix} 2 & 3 \\ 1 & -1 \end{vmatrix}$$

$$=1\times(-2)+2\times16-1\times(-5)=35;$$

(2) 按照第一行展开有

$$\begin{vmatrix} a & 0 & 0 & b \\ 0 & c & d & 0 \\ 0 & e & f & 0 \\ g & 0 & 0 & h \end{vmatrix} = a_{11} \cdot A_{11} + a_{14} \cdot A_{14}$$

$$= a \cdot \begin{vmatrix} c & d & 0 \\ e & f & 0 \\ 0 & 0 & h \end{vmatrix} - b \cdot \begin{vmatrix} 0 & c & d \\ 0 & e & f \\ g & 0 & 0 \end{vmatrix} = ah \begin{vmatrix} c & d \\ e & f \end{vmatrix} - bg \begin{vmatrix} c & d \\ e & f \end{vmatrix}$$

$$= ahcf - adeh + bdeg - bcfg.$$

由定理 9-1 很容易得出结论：

**推论 1** 若行列式的某一行(列)的元素全为 0，则该行列式等于 0.

主对角线以下(上)的元素全为 0 的行列式称为**上(下)三角形行列式**，上、下三角形行列式统称为**三角形行列式**. 主对角线以外的元素全为 0 的行列式称为**对角行列式**. 如 $\begin{vmatrix} c & 0 & 0 \\ e & f & 0 \\ 0 & 0 & h \end{vmatrix}$ 为下三角形行列式，$\begin{vmatrix} 1 & 0 & 0 \\ 0 & 3 & 0 \\ 0 & 0 & -2 \end{vmatrix}$ 为对角行列式.

**【例 9-7】** 计算上三角形行列式

$$D = \begin{vmatrix} a_{11} & a_{12} & \cdots & a_{1n} \\ 0 & a_{22} & \cdots & a_{2n} \\ \vdots & \vdots & & \vdots \\ 0 & 0 & \cdots & a_{nn} \end{vmatrix}.$$

**解：**

$$D \xlongequal{\text{按第一列展开}} a_{11} \begin{vmatrix} a_{22} & a_{23} & \cdots & a_{2n} \\ 0 & a_{33} & \cdots & a_{3n} \\ \vdots & \vdots & & \vdots \\ 0 & 0 & \cdots & a_{nn} \end{vmatrix}$$

$$\xlongequal{\text{按新的第一列展开}} a_{11} a_{22} \begin{vmatrix} a_{33} & a_{34} & \cdots & a_{3n} \\ 0 & a_{44} & \cdots & a_{4n} \\ \vdots & \vdots & & \vdots \\ 0 & 0 & \cdots & a_{nn} \end{vmatrix}$$

$$= \cdots = a_{11} a_{22} a_{33} \cdots a_{nn}.$$

容易得出，下三角形行列式和对角行列式也有此结论.

**推论 2** 三角形行列式等于其主对角线上元素的乘积.

二阶、三阶行列式都表示若干项的代数和，每一项都是取自不同行、不同列的元素的乘积. 二阶行列式每一项是 2 个数的乘积，共 2 项；三阶行列式每一项是 3 个数的乘积，共 6 项. 由**行列式按行(列)展开法则**可知：四阶行列式每一项是 4 个数的乘积，共 24 项，依次类推，$n$ 阶行列式每一项是 $n$ 个数的乘积，共 $n!$ 项.

将一个 $n$ 阶行列式按照某一行(列)展开,从理论上来说要计算 $n$ 个 $n-1$ 阶的行列式,而事实上当行列式的某一行(列)的零元素比较多,譬如只有一个或两个非零元素时,那么按照该行(列)展开,降阶的简捷性就显现出来了.当行列式阶数较高且零元素较少时,利用展开法则计算行列式的工作量会很大.如何减少工作量呢?由推论 2 知三角形行列式容易计算,因此猜想能否将行列式转化为三角形行列式再计算呢?答案是肯定的!要达到这个目的需要先学习行列式的性质.

**习题 9.2**

1. 求行列式 $\begin{vmatrix} -2 & 18 & 1 \\ 3 & 7 & 3 \\ 5 & 4 & -2 \end{vmatrix}$ 中元素 4 的余子式和代数余子式,若将 4 改为 14,则其余子式和代数余子式是否会发生变化?

2. 按照行列式按行(列)展开法则计算行列式:

$$\begin{vmatrix} 2 & 3 & 6 \\ 1 & -1 & 0 \\ 4 & -5 & 3 \end{vmatrix}.$$

3. 由例 9-6 的第(2)小题可知 $\begin{vmatrix} a & 0 & 0 & b \\ 0 & c & d & 0 \\ 0 & e & f & 0 \\ g & 0 & 0 & h \end{vmatrix} = ah\begin{vmatrix} c & d \\ e & f \end{vmatrix} - bg\begin{vmatrix} c & d \\ e & f \end{vmatrix} = (ah - bg)\cdot\begin{vmatrix} c & d \\ e & f \end{vmatrix} = \begin{vmatrix} a & b \\ g & h \end{vmatrix}\cdot\begin{vmatrix} c & d \\ e & f \end{vmatrix}$.请用这种方法计算 $D = \begin{vmatrix} 1 & 0 & 0 & 2 \\ 0 & 3 & 4 & 0 \\ 0 & 5 & 6 & 0 \\ 7 & 0 & 0 & 8 \end{vmatrix}$.

## 9.3 行列式的性质

设 $n$ 阶行列式

$$D = \begin{vmatrix} a_{11} & a_{12} & \cdots & a_{1n} \\ a_{21} & a_{22} & \cdots & a_{2n} \\ \vdots & \vdots & & \vdots \\ a_{n1} & a_{n2} & \cdots & a_{nn} \end{vmatrix},$$

将行列式 $D$(同序号的)行和列互换,得到的新行列式称为 $D$ 的**转置行列式**,记为 $D^{\mathrm{T}}$,即

数学实验

行列式的计算

$$D^{\mathrm{T}}=\begin{vmatrix} a_{11} & a_{21} & \cdots & a_{n1} \\ a_{12} & a_{22} & \cdots & a_{n2} \\ \vdots & \vdots & & \vdots \\ a_{1n} & a_{2n} & \cdots & a_{nn} \end{vmatrix}.$$

为了便于理解,我们以三阶行列式为例来介绍转置行列式的性质.

**性质 9-1** 行列式与它的转置行列式相等,即 $D=D^{\mathrm{T}}$.

由此性质可知,行列式中的行与列具有同等的地位,凡是对行成立的行列式的性质对列也成立,反之亦然.

**性质 9-2** 互换行列式的两行(列),行列式的值变号.

以 $r_i$ 表示行列式的第 $i$ 行(row),以 $c_i$ 表示行列式的第 $i$ 列(column),交换 $i$、$j$ 两行记作 $r_i \leftrightarrow r_j$,交换 $i$、$j$ 两列记作 $c_i \leftrightarrow c_j$,例如

$$\begin{vmatrix} a_{11} & a_{12} & a_{13} \\ a_{21} & a_{22} & a_{23} \\ a_{31} & a_{32} & a_{33} \end{vmatrix} \xlongequal{r_2 \leftrightarrow r_3} -\begin{vmatrix} a_{11} & a_{12} & a_{13} \\ a_{31} & a_{32} & a_{33} \\ a_{21} & a_{22} & a_{23} \end{vmatrix}.$$

**推论** 如果行列式的两行(列)对应元素相同,那么该行列式的值等于零.

**证:**因为两行(列)元素对应相同,故互换这两行后,行列式不变.

由性质 9-2 知,互换这两行(列),行列式变号.因此有 $D=-D$,故得 $D=0$.

例如

$$\begin{vmatrix} a & b & c \\ a & b & c \\ a_1 & b_1 & c_1 \end{vmatrix}=0.$$

**性质 9-3(单行可提性)** 行列式的某一行(列)的元素都乘以常数 $k$,等于用常数 $k$ 乘以该行列式.

第 $i$ 行(列)乘以 $k$,记作 $kr_i(kc_i)$,如

$$\begin{vmatrix} a_{11} & a_{12} & a_{13} \\ ka_{21} & ka_{22} & ka_{23} \\ a_{31} & a_{32} & a_{33} \end{vmatrix}=k\begin{vmatrix} a_{11} & a_{12} & a_{13} \\ a_{21} & a_{22} & a_{23} \\ a_{31} & a_{32} & a_{33} \end{vmatrix}.$$

下面我们证明一下上面的结论.

**证:**

$$\begin{vmatrix} a_{11} & a_{12} & a_{13} \\ ka_{21} & ka_{22} & ka_{23} \\ a_{31} & a_{32} & a_{33} \end{vmatrix} \xlongequal{\text{按第二行展开}} (ka_{21})A_{21}+(ka_{22})A_{22}+(ka_{23})A_{23}$$

$$=k(a_{21}A_{21}+a_{22}A_{22}+a_{23}A_{23})=k\begin{vmatrix}a_{11}&a_{12}&a_{13}\\a_{21}&a_{22}&a_{23}\\a_{31}&a_{32}&a_{33}\end{vmatrix}.$$

由上面的结论可以看出,行列式的行(列)的公因子可以提到行列式记号的外面,因此该性质被称为**单行可提性**.例如

$$\begin{vmatrix}2a_{11}&6a_{12}&2a_{13}\\a_{21}&3a_{22}&k_{23}\\a_{31}&3a_{32}&a_{33}\end{vmatrix}\xlongequal[\text{第 2 列提出 3}]{\text{第 1 行提出 2}}6\begin{vmatrix}a_{11}&a_{12}&a_{13}\\a_{21}&a_{22}&a_{23}\\a_{31}&a_{32}&a_{33}\end{vmatrix}$$

**推论** 如果行列式的两行(列)元素成比例,那么该行列式等于零.例如

$$\begin{vmatrix}a_{11}&a_{12}&a_{13}\\a_{21}&a_{22}&a_{23}\\3a_{11}&3a_{12}&3a_{13}\end{vmatrix}=0.$$

**性质 9-4** 如果行列式的某一行(列)元素都能表示成两个数的和,那么该行列式可以表示成两个行列式之和.例如

$$\begin{vmatrix}a_{11}&a_{12}&a_{13}\\a_1+b_1&a_2+b_2&a_3+b_3\\a_{31}&a_{32}&a_{33}\end{vmatrix}=\begin{vmatrix}a_{11}&a_{12}&a_{13}\\a_1&a_2&a_3\\a_{31}&a_{32}&a_{33}\end{vmatrix}+\begin{vmatrix}a_{11}&a_{12}&a_{13}\\b_1&b_2&b_3\\a_{31}&a_{32}&a_{33}\end{vmatrix}.$$

**性质 9-5** 把行列式的某一行(列)元素都乘以同一常数,加到另一行(列)相应的元素上去,行列式的值不变.

将常数 $k$ 乘以第 $j$ 行(列)后再加到第 $i$ 行(列)上,记作 $kr_j+r_i(kc_j+c_i)$, 即

$$\begin{vmatrix}a_{11}&a_{12}&a_{13}\\a_{21}&a_{22}&a_{23}\\a_{31}&a_{32}&a_{33}\end{vmatrix}\xlongequal{kr_1+r_2}\begin{vmatrix}a_{11}&a_{12}&a_{13}\\a_{21}+ka_{11}&a_{22}+ka_{12}&a_{23}+ka_{13}\\a_{31}&a_{32}&a_{33}\end{vmatrix}.$$

**注意:**在使用该性质时,行列式不变,第 $j$ 行(列)不变,只有第 $i$ 行(列)改变了.利用该性质可以将行列式中的元素“零化”,从而简化计算.

**【例 9-8】** 计算行列式 $D=\begin{vmatrix}1&2&3\\1\,004&2\,005&3\,006\\7&8&9\end{vmatrix}$.

拓展练习
行列式的性质

**解:**

$$D\xlongequal[-7r_1+r_3]{-1\,004r_1+r_2}\begin{vmatrix}1&2&3\\0&-3&-6\\0&-6&-12\end{vmatrix}=0.$$

当某行(列)元素的绝对值较大时,可考虑先用性质 9-4,将原行列式化成两个行列式的和,使其中一个行列式为零,这样将原行列式转化为一个较易计算的行列式,再计算.因此,本题也可用如下方法:

$$D=\begin{vmatrix}1 & 2 & 3\\ 1\,000+4 & 2\,000+5 & 3\,000+6\\ 7 & 8 & 9\end{vmatrix}=\begin{vmatrix}1 & 2 & 3\\ 1\,000 & 2\,000 & 3\,000\\ 7 & 8 & 9\end{vmatrix}+\begin{vmatrix}1 & 2 & 3\\ 4 & 5 & 6\\ 7 & 8 & 9\end{vmatrix}$$

$$=\begin{vmatrix}1 & 2 & 3\\ 4 & 5 & 6\\ 7 & 8 & 9\end{vmatrix}\xlongequal[-7r_1+r_3]{-4r_1+r_2}\begin{vmatrix}1 & 2 & 3\\ 0 & -3 & -6\\ 0 & -6 & -12\end{vmatrix}=0.$$

在计算过程中,一般方法是选择适当的性质,将原行列式变为三角形行列式再计算.

**【例 9-9】** 计算行列式 $D=\begin{vmatrix}3 & 1 & -1 & 2\\ -5 & 1 & 3 & -4\\ 2 & 0 & 1 & -1\\ 1 & -5 & 3 & -3\end{vmatrix}$.

**解:** $D=\begin{vmatrix}3 & 1 & -1 & 2\\ -5 & 1 & 3 & -4\\ 2 & 0 & 1 & -1\\ 1 & -5 & 3 & -3\end{vmatrix}\xlongequal{c_1\leftrightarrow c_2}-\begin{vmatrix}1 & 3 & -1 & 2\\ 1 & -5 & 3 & -4\\ 0 & 2 & 1 & -1\\ -5 & 1 & 3 & -3\end{vmatrix}$

$$\xlongequal[5r_1+r_4]{-r_1+r_2}\begin{vmatrix}1 & 3 & -1 & 2\\ 0 & -8 & 4 & -6\\ 0 & 2 & 1 & -1\\ 0 & 16 & -2 & 7\end{vmatrix}\xlongequal{r_2\leftrightarrow r_3}\begin{vmatrix}1 & 3 & -1 & 2\\ 0 & 2 & 1 & -1\\ 0 & -8 & 4 & -6\\ 0 & 16 & -2 & 7\end{vmatrix}$$

$$\xlongequal[-8r_2+r_4]{4r_2+r_3}\begin{vmatrix}1 & 3 & -1 & 2\\ 0 & 2 & 1 & -1\\ 0 & 0 & 8 & -10\\ 0 & 0 & -10 & 15\end{vmatrix}$$

$$\xlongequal{\frac{5}{4}r_3+r_4}\begin{vmatrix}1 & 3 & -1 & 2\\ 0 & 2 & 1 & -1\\ 0 & 0 & 8 & -10\\ 0 & 0 & 0 & \frac{5}{2}\end{vmatrix}=1\times 2\times 8\times\frac{5}{2}=40.$$

上述解法中,先用 $c_1\leftrightarrow c_2$,把 $a_{11}$ 转化成 1,从而利用 $-a_{i1}r_1+r_i$ 将元素 $a_{i1}(i=2,3,4)$ 变为 0.如果不先做 $c_1\leftrightarrow c_2$ 变换,则由于原式中 $a_{11}=3$,需要用运算 $-\frac{a_{i1}}{3}r_1+r_i$ 把 $a_{i1}$ 变为 0,这样有分数的计算比较麻烦,即,在使用 $kr_j+r_i(kc_j+c_i)$ 时尽量避免分数运算.

**【例 9-10】** 计算行列式 $D=\begin{vmatrix}3 & 1 & 1 & 1\\ 1 & 3 & 1 & 1\\ 1 & 1 & 3 & 1\\ 1 & 1 & 1 & 3\end{vmatrix}$.

**分析:** 通过观察,这个行列式的特点是各行(列)的 4 个元素之和都等于 6,因此把第 2、第 3、第 4 列(行)都加到第 1 列(行)上,再提出公因子 6,于是,第 1 列(行)的元素全部变为1,这样极易将$a_{11}$下(右)面的元素变为0,进一步将行列式化为上(下)三角形行列式.下面选择将行列式化为上三角形行列式进行计算.

**解**:$$D\xlongequal[c_4+c_1]{\substack{c_2+c_1\\c_3+c_1}}\begin{vmatrix}6&1&1&1\\6&3&1&1\\6&1&3&1\\6&1&1&3\end{vmatrix}=6\begin{vmatrix}1&1&1&1\\1&3&1&1\\1&1&3&1\\1&1&1&3\end{vmatrix}\xlongequal[i=2,3,4]{-r_1+r_i}6\begin{vmatrix}1&1&1&1\\0&2&0&0\\0&0&2&0\\0&0&0&2\end{vmatrix}=48.$$

**注意**:例9-10一般形式是:$n$阶行列式$D=\begin{vmatrix}a&b&b&\cdots&b\\b&a&b&\cdots&b\\b&b&a&\cdots&b\\\vdots&\vdots&\vdots&&\vdots\\b&b&b&\cdots&a\end{vmatrix}$,称为$ab$-型行列式,可以证明

$$D=[a+(n-1)b](a-b)^{n-1}.$$

在将行列式化为三角形行列式时,要将不少元素"零化",尤其是在数字复杂或行列式为字母型行列式时,运算会比较复杂.在实际操作中,一般是综合运用行列式性质、降阶法则、对角线法则来解题.利用性质选择将某一行(列)化成只有一个或两个非零元素的形式,再按照该行(列)展开.下面综合运用这些方法来计算例9-9中的行列式.

$$D=\begin{vmatrix}3&1&-1&2\\-5&1&3&-4\\2&0&1&-1\\1&-5&3&-3\end{vmatrix}\xlongequal[c_3+c_4]{-2c_3+c_1}\begin{vmatrix}5&1&-1&1\\-11&1&3&-1\\0&0&1&0\\-5&-5&3&0\end{vmatrix}$$

$$\xlongequal{\text{按第3行展开}}(-1)^{3+3}\begin{vmatrix}5&1&1\\-11&1&-1\\-5&-5&0\end{vmatrix}\xlongequal{r_1+r_2}\begin{vmatrix}5&1&1\\-6&2&0\\-5&-5&0\end{vmatrix}$$

$$\xlongequal{\text{按第3列展开}}=(-1)^{1+3}\begin{vmatrix}-6&2\\-5&-5\end{vmatrix}=30-(-10)=40.$$

**【例9-11】** 已知行列式$D=\begin{vmatrix}1&2&1&a\\2&4&1&b\\4&1&1&c\\3&4&1&d\end{vmatrix}=-57$,计算下列各式:

微课

例9-11解答

(1) $A_{11}+2A_{21}+4A_{31}+3A_{41}$;(2) $A_{11}+A_{21}+A_{31}+A_{41}$.

**解**:(1) $A_{11}+2A_{21}+4A_{31}+3A_{41}=a_{11}A_{11}+a_{21}A_{21}+a_{31}A_{31}+a_{41}A_{41}$
$=D=-57$;

(2) $$A_{11}+A_{21}+A_{31}+A_{41}=\begin{vmatrix}1&2&1&a\\1&4&1&b\\1&1&1&c\\1&4&1&d\end{vmatrix}\xlongequal{c_1=c_3}0.$$

由此可以得到行列式的下列性质：

**性质 9-6** 行列式的任意一行(列)元素与另外一行(列)对应元素的代数余子式乘积之和为零.即

$$a_{i1}A_{j1}+a_{i2}A_{j2}+\cdots+a_{in}A_{jn}=0\quad(i\neq j)$$

或

$$a_{1i}A_{1j}+a_{2i}A_{2j}+\cdots+a_{ni}A_{nj}=0\quad(i\neq j).$$

综合定理 9-1 和性质 9-6,有关于代数余子式的重要性质可知,若

$$D=\begin{vmatrix} a_{11} & a_{12} & \cdots & a_{1n} \\ a_{21} & a_{22} & \cdots & a_{2n} \\ \vdots & \vdots & & \vdots \\ a_{n1} & a_{n2} & \cdots & a_{nn} \end{vmatrix},$$

则有

$$a_{i1}A_{j1}+a_{i2}A_{j2}+\cdots+a_{in}A_{jn}=\begin{cases}D, & i=j,\\ 0, & i\neq j.\end{cases}$$

或

$$a_{1i}A_{1j}+a_{2i}A_{2j}+\cdots+a_{ni}A_{nj}=\begin{cases}D, & i=j,\\ 0, & i\neq j.\end{cases}$$

可用求和符号简写为：

$$\sum_{k=1}^{n}a_{ik}A_{jk}=\begin{cases}D, & i=j,\\ 0, & i\neq j;\end{cases}\text{或}\sum_{k=1}^{n}a_{ki}A_{kj}=\begin{cases}D, & i=j,\\ 0, & i\neq j.\end{cases}$$

## 习题 9.3

1. 用三角化的方法计算下列行列式：

$$\begin{vmatrix} 1 & 1 & 2 & 3 \\ 3 & -1 & -1 & 2 \\ 2 & 3 & -1 & -1 \\ 1 & 2 & 3 & 0 \end{vmatrix}.$$

2. 计算下列行列式：

(1) $\begin{vmatrix} 1 & 2 & 0 & 3 \\ 4 & 1 & 5 & 4 \\ 9 & 0 & 3 & 5 \\ 0 & 1 & 1 & 6 \end{vmatrix}$； (2) $\begin{vmatrix} 1+x & 1 & 1 & 1 \\ 1 & 1-x & 1 & 1 \\ 1 & 1 & 1+y & 1 \\ 1 & 1 & 1 & 1-y \end{vmatrix}$.

3. 已知三阶行列式 $\begin{vmatrix} a & b & c \\ x & y & z \\ 1 & 1 & 1 \end{vmatrix}=1$，求下列行列式.

(1) $\begin{vmatrix} a & 2b & c \\ 2x & 4y & 2z \\ 1 & 2 & 1 \end{vmatrix}$； (2) $\begin{vmatrix} 1 & 1 & 1 \\ a & b & c \\ x & y & z \end{vmatrix}$； (3) $\begin{vmatrix} \frac{1}{2}a+2 & \frac{1}{2}b+2 & \frac{1}{2}c+2 \\ x-1 & y-1 & z-1 \\ 4 & 4 & 4 \end{vmatrix}$.

## 9.4 克拉默法则

通过第一节的学习，我们已经知道用二阶行列式可以解含有两个未知量、两个方程的线性方程组，用三阶行列式可以解含有三个未知量、三个方程的线性方程组，这种方法是否可以推广到一般情况呢？本书就来解决这个问题.

设含有 $n$ 个未知量 $x_1, x_2, \cdots, x_n$ 的 $n$ 个线性方程的方程组为

$$\begin{cases} a_{11}x_1+a_{12}x_2+\cdots+a_{1n}x_n=b_1, \\ a_{21}x_1+a_{22}x_2+\cdots+a_{2n}x_n=b_2, \\ \cdots\cdots\cdots\cdots \\ a_{n1}x_1+a_{n2}x_2+\cdots+a_{nn}x_n=b_n. \end{cases} \tag{9-1}$$

记

$$D=\begin{vmatrix} a_{11} & a_{12} & \cdots & a_{1n} \\ a_{21} & a_{22} & \cdots & a_{2n} \\ \vdots & \vdots & & \vdots \\ a_{n1} & a_{n2} & \cdots & a_{nn} \end{vmatrix}, D_j=\begin{vmatrix} a_{11} & \cdots & a_{1,j-1} & b_1 & a_{1,j+1} & \cdots & a_{1n} \\ a_{21} & \cdots & a_{2,j-1} & b_2 & a_{2,j+1} & \cdots & a_{2n} \\ \vdots & & \vdots & \vdots & \vdots & & \vdots \\ a_{n1} & \cdots & a_{n,j-1} & b_n & a_{n,j+1} & \cdots & a_{nn} \end{vmatrix},$$

其中，$D$ 称为方程组(9-1)的**系数行列式**，$D_j(j=1, 2, \cdots, n)$ 是把 $D$ 中的第 $j$ 列(即 $x_j$ 的系数)用方程组右端的常数项代替后所得的行列式.

**定理 9-2(克拉默法则)** 若线性方程组(9-1)的系数行列式 $D\neq 0$，则方程组有唯一解

$$x_1=\frac{D_1}{D}, x_2=\frac{D_2}{D}, \cdots, x_n=\frac{D_n}{D}.$$

【例 9-12】 解线性方程组：

$$\begin{cases}x_1-x_2+x_3-2x_4=2,\\2x_1-x_3+4x_4=4,\\3x_1+2x_2+x_3=-1,\\-x_1+2x_2-x_3+2x_4=-4.\end{cases}$$

解：$D=\begin{vmatrix}1&-1&1&-2\\2&0&-1&4\\3&2&1&0\\-1&2&-1&2\end{vmatrix}\xlongequal[r_4+r_1]{2r_1+r_2}\begin{vmatrix}0&1&0&0\\4&-2&1&0\\3&2&1&0\\-1&2&-1&2\end{vmatrix}=2\begin{vmatrix}0&1&0\\4&-2&1\\3&2&1\end{vmatrix}$

$=-2\begin{vmatrix}4&1\\3&1\end{vmatrix}=-2\neq0,$

$$D_1=\begin{vmatrix}2&-1&1&-2\\4&0&-1&4\\-1&2&1&0\\-4&2&-1&2\end{vmatrix}\xlongequal[2r_1+r_4]{2r_1+r_3}\begin{vmatrix}2&-1&1&-2\\4&0&-1&4\\3&0&3&-4\\0&0&1&-2\end{vmatrix}=-(-1)\begin{vmatrix}4&-1&4\\3&3&-4\\0&1&-2\end{vmatrix}$$

$$\xlongequal[-2r_3+r_2]{2r_3+r_1}\begin{vmatrix}4&1&0\\3&1&0\\0&1&-2\end{vmatrix}=-2\begin{vmatrix}4&1\\3&1\end{vmatrix}=-2,$$

$$D_2=\begin{vmatrix}1&2&1&-2\\2&4&-1&4\\3&-1&1&0\\-1&-4&-1&2\end{vmatrix}\xlongequal[-2r_4+r_2]{r_4+r_1}\begin{vmatrix}0&-2&0&0\\4&12&1&0\\3&-1&1&0\\-1&-4&-1&2\end{vmatrix}=2\begin{vmatrix}0&-2&0\\4&12&1\\3&-1&1\end{vmatrix}$$

$$=2[-(-2)]\begin{vmatrix}4&1\\3&1\end{vmatrix}=4,$$

$$D_3=\begin{vmatrix}1&-1&2&-2\\2&0&4&4\\3&2&-1&0\\-1&2&-4&2\end{vmatrix}=0,\ D_4=\begin{vmatrix}1&-1&1&2\\2&0&-1&4\\3&2&1&-1\\-1&2&-1&-4\end{vmatrix}=-1.$$

由克拉默法则可知，方程组有唯一解：

$$x_1=\frac{D_1}{D}=1,\ x_2=\frac{D_2}{D}=-2,\ x_3=\frac{D_3}{D}=0,\ x_4=\frac{D_4}{D}=\frac{1}{2}.$$

如果方程组(9-1)的常数项全部为零，即

$$\begin{cases} a_{11}x_1+a_{12}x_2+\cdots+a_{1n}x_n=0, \\ a_{21}x_1+a_{22}x_2+\cdots+a_{2n}x_n=0, \\ \cdots\cdots\cdots\cdots \\ a_{n1}x_1+a_{n2}x_2+\cdots+a_{nn}x_n=0. \end{cases} \tag{9-2}$$

微课

判断齐次线性方程组是否有解

则方程组称为**齐次线性方程组**，而常数项不全为0的线性方程组称为**非齐次线性方程组**.

显然，$x_1=x_2=\cdots=x_n=0$ 一定是方程组(9-2)的解，这个解叫作齐次线性方程组的**零解**.对于齐次线性方程组我们关心的是除零解外是否还有**非零解**($x_1, x_2, \cdots, x_n$ 中至少有一个不为0).齐次线性方程组一定有零解，但不一定有非零解.如果说齐次线性方程组有唯一解，那一定是零解.

将克拉默法则应用于方程组(9-2)，可得：

**推论**　若齐次线性方程组的系数行列式 $D\neq0$，则方程组仅有零解；若齐次线性方程组有非零解，则它的系数行列式 $D=0$.

**【例9-13】**　问 $\lambda$ 取何值时，齐次线性方程组

$$\begin{cases} (1-\lambda)x_1-2x_2+4x_3=0, \\ 2x_1+(3-\lambda)x_2+x_3=0, \\ x_1+x_2+(1-\lambda)x_3=0, \end{cases}$$

有非零解?

**解：**

$$D=\begin{vmatrix} 1-\lambda & -2 & 4 \\ 2 & 3-\lambda & 1 \\ 1 & 1 & 1-\lambda \end{vmatrix}=\begin{vmatrix} 1-\lambda & \lambda-3 & (\lambda+1)(3-\lambda) \\ 2 & 1-\lambda & 2\lambda-1 \\ 1 & 0 & 0 \end{vmatrix}$$

$$=\begin{vmatrix} \lambda-3 & (\lambda+1)(3-\lambda) \\ 1-\lambda & 2\lambda-1 \end{vmatrix}=(\lambda-3)\begin{vmatrix} 1 & -(\lambda+1) \\ 1-\lambda & 2\lambda-1 \end{vmatrix}$$

$$=-\lambda(\lambda-2)(\lambda-3),$$

由 $D=0$，得　　$\lambda=0, \lambda=2, \lambda=3.$

不难验证，当 $\lambda=0, 2, 3$ 时，所给齐次线性方程组有非零解.

**注意**：本章内容说明 $D=0$ 是齐次线性方程组有非零解的必要条件，而未提及充分条件，第11章还将说明这个条件也是充分条件.

## 习题 9.4

填空题：

(1) 若线性方程组 $\begin{cases} x_1+x_2=1, \\ \lambda x_1+x_2=2 \end{cases}$ 有唯一解，则 $\lambda$ 的值为________.

(2) 若齐次线性方程组 $\begin{cases} \lambda x_1+3x_2=0, \\ x_1+(\lambda-2)x_2=0 \end{cases}$ 有非零解，则 $\lambda=$________.

# 第 10 章 CHAPTER 10
# 矩阵和线性方程组

没有哪门学科能比数学更为清晰地阐明自然界的和谐性.

——卡罗斯

学习要求

- 理解矩阵的概念,了解零矩阵、对角矩阵、单位矩阵等特殊的矩阵;
- 熟练掌握矩阵的加法、数乘,矩阵的乘法,矩阵的转置,方阵的行列式的运算;
- 理解矩阵的初等变换、初等阵及矩阵的秩等概念,会利用初等行变换法化成阶梯形矩阵并确定矩阵的秩;
- 理解逆矩阵的概念,矩阵可逆的充要条件,理解伴随矩阵的概念和性质,会用伴随矩阵法及初等行变换法求矩阵的逆矩阵;
- 理解 $n$ 维向量的概念,理解向量的线性组合、线性表示、线性相关、线性无关等概念;
- 了解有关向量组相关性的定理,会判别向量组的线性相关性;
- 理解向量组等价、向量组的秩、向量组的极大无关组等概念,理解向量组的秩与矩阵秩的关系;
- 掌握用矩阵的初等行变换求向量组的秩和极大无关组的方法;
- 掌握齐次线性方程组与非齐次线性方程组解的判定,熟悉线性方程组基础解系的求法、通解的表示方法.

矩阵是现代科学技术不可缺少的工具之一,随着计算机的普及,矩阵得到了更广泛的应用.作为数学工具,矩阵越来越多地应用于自然科学、工程技术、社会经济管理等领域中.

本章首先给出矩阵的有关概念及矩阵的初等运算的一般介绍;然后,详细介绍矩阵的秩和逆矩阵这两个重要概念;接下来,利用矩阵的初等变换求矩阵的秩和逆矩阵;最后,利用矩阵的初等变换研究了线性方程组解的求法和一般解的表示.

# 10.1 矩阵的有关概念及初等运算

## 10.1.1 矩阵的概念

1. 引例

【例 10-1】 大家可能都很熟悉"田忌赛马"的故事,故事说的是战国时期齐国大将田忌与齐王赛马的故事,双方约定分别出上、中、下三个等次的马各一匹进行比赛,共赛三场,每场败方需付给赢方 100 金.通常同一等次的马的比赛,齐王可稳操胜券,而田忌上、中等次的马可分别战胜齐王中、下等次的马.齐王与田忌每人赛马出场的策略有 6 种:

方案 1(上,中,下),方案 2(中,上,下),方案 3(下,中,上),
方案 4(上,下,中),方案 5(中,下,上),方案 6(下,上,中).

于是齐王与田忌每人赛马出场的策略和比赛结果可以通过下面的数表清楚地表示出来:

$$\begin{pmatrix} 3 & 1 & 1 & 1 & 1 & -1 \\ 1 & 3 & 1 & -1 & 1 & 1 \\ 1 & -1 & 3 & 1 & 1 & 1 \\ 1 & 1 & -1 & 3 & 1 & 1 \\ -1 & 1 & 1 & 1 & 3 & 1 \\ 1 & 1 & 1 & 1 & -1 & 3 \end{pmatrix}.$$

其中每个数字所在的行数表示齐王赛马的出场方案,列数表示田忌赛马的出场方案.比如上面数表中第三行第四个数 $a_{34}=1$,这意味着齐王采用方案 3,即按照下,中,上的顺序出赛,田忌采用方案 4,即按照上,下,中的顺序出赛,比赛结果齐王赢得 100 金.可见,上面的数表直观地表示了各种策略下的比赛结果.

【例 10-2】 假设华东地区共有 $n$ 个发电厂 $B_1, B_2, \cdots, B_n$,需要从 $s$ 个煤炭产地 $A_1, A_2, \cdots, A_s$ 调运煤炭,那么一个调运方案就可以用一个数表来表示:

$$\begin{pmatrix} a_{11} & a_{12} & \cdots & a_{1n} \\ a_{21} & a_{22} & \cdots & a_{2n} \\ \vdots & \vdots & & \vdots \\ a_{s1} & a_{s2} & \cdots & a_{sn} \end{pmatrix}$$

其中 $a_{ij}$ 表示由煤炭产地 $A_i$ 往发电厂 $B_j$ 的运煤量.

这两个例子表明不仅是数学本身,在社会科学和工程技术中都经常通过数表来表示变量相互间的关系,于是由数表就抽象出了矩阵的概念.

2. 矩阵的定义

**定义 10-1** 由 $m\times n$ 个数排成 $m$ 行 $n$ 列的矩形数表：

$$A=\begin{pmatrix} a_{11} & a_{12} & \cdots & a_{1n} \\ a_{21} & a_{22} & \cdots & a_{2n} \\ \vdots & \vdots & & \vdots \\ a_{m1} & a_{m2} & \cdots & a_{mn} \end{pmatrix}$$

称为一个 $m\times n$ 型的矩阵，记为 $\boldsymbol{A}=(a_{ij})_{m\times n}$. 其中，$a_{ij}$ 是该矩阵的第 $i$ 行的第 $j$ 个元素，$i$ 表示该元素的行指标，$j$ 表示该元素的列指标.

**注意：**(1) 若矩阵中的元素都是实(复)数，则称为实(复)矩阵，本书中的矩阵都是实矩阵；

(2) 记号 $M_{m\times n}$ 表示所有 $m\times n$ 型的矩阵之集合；

(3) 矩阵与行列式的区别：行列式是在数表的两边加竖线，而矩阵是在数表两边加括号；行列式的行数和列数必须相等，而矩阵的行数和列数不一定相等；行列式实质上是一个数值，而矩阵就是一张表.另外，在运算性质上两者也有显著的区别.

3. 特殊的矩阵

(1) 行矩阵与列矩阵

**定义 10-2** 只有一行的矩阵$(a_1, a_2, \cdots, a_n)$称为行矩阵；只有一列的矩阵$\begin{pmatrix} b_1 \\ b_2 \\ \vdots \\ b_m \end{pmatrix}$称为列矩阵.

(2) 零矩阵

**定义 10-3** 元素全部为零的矩阵称为零矩阵.一个 $m\times n$ 型的零矩阵记作：$\boldsymbol{O}_{m\times n}$.

(3) 方阵

**定义 10-4** 行数和列数相等的矩阵称为方阵.

方阵是我们主要研究的一类矩阵，在方阵里又有几类特殊的矩阵.分别是：三角形矩阵、对角矩阵、纯量矩阵和单位矩阵.

**定义 10-5** 主对角线上方(或下方)的元素全为零的方阵称为三角形矩阵.

知识拓展

矩阵的分类

例如：$\boldsymbol{A}=\begin{pmatrix} 1 & -6 & 8 \\ 0 & 9 & 3 \\ 0 & 0 & 5 \end{pmatrix}$ 就是一个三角形矩阵，也称为上三角形矩阵. $\boldsymbol{B}=\begin{pmatrix} 1 & 0 & 0 \\ 3 & 9 & 0 \\ 6 & 2 & 5 \end{pmatrix}$ 也是一个三角形矩阵，称为下三角形矩阵.

**定义 10-6** 主对角线以外的元素全为零的矩阵，称为对角矩阵.

例如：
$$\boldsymbol{D}=\begin{pmatrix} d_1 & 0 & \cdots & 0 \\ 0 & d_2 & \cdots & 0 \\ \vdots & \vdots & & \vdots \\ 0 & 0 & \cdots & d_n \end{pmatrix}$$

**定义 10－7** 主对角线上的元素相等的对角矩阵称为纯量矩阵.

例如：
$$D=\begin{pmatrix}k&0&\cdots&0\\0&k&\cdots&0\\\vdots&\vdots&&\vdots\\0&0&\cdots&k\end{pmatrix}$$

**定义 10－8** 主对角线上的元素全为 1 的纯量矩阵称为单位矩阵.

例如：$E_n=\begin{pmatrix}1&0&\cdots&0\\0&1&\cdots&0\\\vdots&\vdots&&\vdots\\0&0&\cdots&1\end{pmatrix}$表示的是 $n$ 阶单位矩阵.

**定义 10－9** 满足以下三个条件的矩阵就称为阶梯形矩阵：

(1) 零行(如果有的话)位于非零行的下方；

(2) 每一行的第一个不等于零的元素下方的元素全为零；

(3) 行之间的第一个不等于零的元素的列指标严格递增.

例如：$\begin{pmatrix}1&3&7&3\\0&0&1&4\\0&0&0&6\\0&0&0&0\end{pmatrix}$就是一个阶梯形矩阵；而$\begin{pmatrix}3&5&6&7\\0&0&3&1\\0&4&0&8\\0&0&0&3\end{pmatrix}$就不是阶梯形矩形.(请同学们思考理由.)

**定义 10－10** 满足以下两个条件的阶梯形矩阵称为简化阶梯形矩阵：

(1) 每一行的第一个不等于零的元素为 1；

(2) 每一行的第一个不等于零的元素 1 所在列的其余元素都为零.

例如：$\begin{pmatrix}1&0&0\\0&1&0\\0&0&0\end{pmatrix}$就是简化阶梯形矩阵.

## 10.1.2 矩阵的初等运算

1. 加、减法

**定义 10－11** 两个行数和列数都相等的矩阵称为同型矩阵.

**定义 10－12** 矩阵相等是指两个矩阵同型且对应元素相等.

**定义 10－13** 设 $A$，$B\in M_{m\times n}$，把 $A$ 和 $B$ 的对应元素相加得到的矩阵称为矩阵 $A$ 和 $B$ 的和.

例如
$$\begin{pmatrix}1&2&3\\3&9&7\\2&4&7\end{pmatrix}+\begin{pmatrix}9&1&3\\5&7&1\\4&4&8\end{pmatrix}=\begin{pmatrix}10&3&6\\8&16&8\\6&8&15\end{pmatrix}.$$

**注意：**(1) 只有同型矩阵才能相加；

(2) 两个同型矩阵相减就是把它们对应位置的元素相减.

2. 数乘运算

**定义 10－14** 设 $\boldsymbol{A}\in M_{m\times n}$，$k\in\mathbf{R}$，常数 $k$ 与矩阵 $\boldsymbol{A}$ 的乘积等于矩阵 $\boldsymbol{A}$ 的每个元素都乘以 $k$ 得到的矩阵.

例如：
$$3\begin{pmatrix}1 & 4\\ -4 & 6\end{pmatrix}=\begin{pmatrix}3 & 12\\ -12 & 18\end{pmatrix}.$$

3. 矩阵的乘法

**定义 10－15** 设 $\boldsymbol{A}\in M_{m\times n}$，$\boldsymbol{B}\in M_{n\times p}$，规定矩阵 $\boldsymbol{A}$ 与 $\boldsymbol{B}$ 的乘积 $\boldsymbol{AB}=\boldsymbol{C}\in M_{m\times p}$，其中 $\boldsymbol{C}$ 的第 $i$ 行的第 $j$ 个元素 $c_{ij}$ 等于矩阵 $\boldsymbol{A}$ 的第 $i$ 行元素与矩阵 $\boldsymbol{B}$ 的第 $j$ 列对应元素乘积之和.即
$$c_{ij}=a_{i1}b_{1j}+a_{i2}b_{2j}+\cdots+a_{in}b_{nj}\qquad(i=1,2,\cdots,m;\ j=1,2,\cdots,p).$$

**注意：**(1) 矩阵 $\boldsymbol{A}$ 与 $\boldsymbol{B}$ 的乘积只能记作 $\boldsymbol{AB}$ 而不能写成 $\boldsymbol{BA}$；

(2) 只有当前一个矩阵的列数等于后一个矩阵的行数时，两个矩阵才能相乘.(请思考原因)

**【例 10－3】** 已知 $\boldsymbol{A}=\begin{pmatrix}1 & -1\\ -1 & 1\end{pmatrix}$，$\boldsymbol{B}=\begin{pmatrix}1 & 1\\ -1 & -1\end{pmatrix}$，$\boldsymbol{C}=\begin{pmatrix}2 & 0\\ 0 & 2\end{pmatrix}$，求 $\boldsymbol{AB}$，$\boldsymbol{BA}$，$\boldsymbol{AC}$.

知识拓展

密码学

**解：**
$$\boldsymbol{AB}=\begin{pmatrix}1 & -1\\ -1 & 1\end{pmatrix}\begin{pmatrix}1 & 1\\ -1 & -1\end{pmatrix}=\begin{pmatrix}2 & 2\\ -2 & -2\end{pmatrix};$$
$$\boldsymbol{BA}=\begin{pmatrix}1 & 1\\ -1 & -1\end{pmatrix}\begin{pmatrix}1 & -1\\ -1 & 1\end{pmatrix}=\begin{pmatrix}0 & 0\\ 0 & 0\end{pmatrix};$$
$$\boldsymbol{AC}=\begin{pmatrix}1 & -1\\ -1 & 1\end{pmatrix}\begin{pmatrix}2 & 0\\ 0 & 2\end{pmatrix}=\begin{pmatrix}2 & -2\\ -2 & 2\end{pmatrix}.$$

**注意：**(1) 矩阵相乘一般不满足交换律，如果 $\boldsymbol{AB}=\boldsymbol{BA}$，则称 $\boldsymbol{A}$ 与 $\boldsymbol{B}$ 为可交换矩阵；

(2) 两个非零矩阵的乘积可能为零矩阵，即由 $\boldsymbol{AB}=\boldsymbol{O}$ 往往不能推出 $\boldsymbol{A}=\boldsymbol{O}$ 或者 $\boldsymbol{B}=\boldsymbol{O}$；

(3) 消去律不成立，即由 $\boldsymbol{A}\neq\boldsymbol{O}$ 且 $\boldsymbol{AB}=\boldsymbol{AC}$，不能推出 $\boldsymbol{B}=\boldsymbol{C}$.

**【例 10－4】** 图 10－1 表明了 $d$ 国 3 座城市，与 $e$ 国 3 座城市间的交通情况.

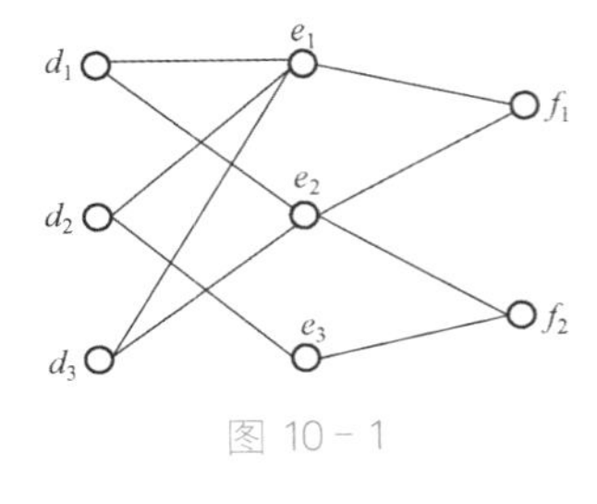

图 10－1

在 $d$ 国和 $e$ 国间，城市交通情况可用下列矩阵表示：
$$\begin{matrix} & e_1 & e_2 & e_3\\ d_1 & 1 & 1 & 0\\ d_2 & 1 & 0 & 1\\ d_3 & 1 & 1 & 0\end{matrix}.$$

其中的数字 1 与 0 指相应城市间的通路数.试写出 $e$ 国与 $f$ 国的通路矩阵，并进一步写出 $d$ 国与 $f$ 国的通路矩阵.

**解：** 由图可知，$e$ 国与 $f$ 国的通路矩阵可以表示为

$$\begin{array}{c} \\ \boldsymbol{B}= \begin{array}{c} e_1 \\ e_2 \\ e_3 \end{array} \end{array} \begin{array}{c} \begin{array}{cc} f_1 & f_2 \end{array} \\ \begin{pmatrix} 1 & 0 \\ 1 & 1 \\ 0 & 1 \end{pmatrix} \end{array}.$$

而 $d$ 国和 $e$ 国间的通路矩阵为

$$\boldsymbol{A}=\begin{pmatrix} 1 & 1 & 0 \\ 1 & 0 & 1 \\ 1 & 1 & 0 \end{pmatrix}.$$

利用矩阵的乘法运算，得 $d$ 国与 $f$ 国的通路矩阵为

$$\boldsymbol{C}=\boldsymbol{AB}=\begin{pmatrix} 1 & 1 & 0 \\ 1 & 0 & 1 \\ 1 & 1 & 0 \end{pmatrix}\begin{pmatrix} 1 & 0 \\ 1 & 1 \\ 0 & 1 \end{pmatrix}=\begin{pmatrix} 2 & 1 \\ 1 & 1 \\ 2 & 1 \end{pmatrix}.$$

**注意**:在实际应用中，常用数字 1 或 0 分别表示电路、交通以及网络等的连通状态.一般地，用数字 1 表示连通，数字 0 表示不连通.故对于复杂的网络连接图，可用 0－1 矩阵表示结点的连通状况.

4. 矩阵的转置

**定义 10－16** 把矩阵 $\boldsymbol{A}$ 的行依次换成相应的列(与此同时列也换成相应的行)所得到的矩阵称为矩阵 $\boldsymbol{A}$ 的转置矩阵，记作:$\boldsymbol{A}^{\mathrm{T}}$.

如 $\boldsymbol{A}=\begin{pmatrix} 1 & 0 \\ 1 & 0 \\ 1 & 0 \end{pmatrix}$，则 $\boldsymbol{A}^{\mathrm{T}}=\begin{pmatrix} 1 & 1 & 1 \\ 0 & 0 & 0 \end{pmatrix}$.

**注意**:(1) 若 $\boldsymbol{A}\in M_{m\times n}$，则 $\boldsymbol{A}^{\mathrm{T}}\in M_{n\times m}$.

(2) 转置运算满足

$(\boldsymbol{A}^{\mathrm{T}})^{\mathrm{T}}=\boldsymbol{A}$；$(\boldsymbol{A}+\boldsymbol{B})^{\mathrm{T}}=\boldsymbol{A}^{\mathrm{T}}+\boldsymbol{B}^{\mathrm{T}}$；

$(k\boldsymbol{A})^{\mathrm{T}}=k\boldsymbol{A}^{\mathrm{T}}$($k$ 为常数)；$(\boldsymbol{AB})^{\mathrm{T}}=\boldsymbol{B}^{\mathrm{T}}\boldsymbol{A}^{\mathrm{T}}$.

(3) 如果 $\boldsymbol{A}$ 是一个方阵且满足 $\boldsymbol{A}^{\mathrm{T}}=\boldsymbol{A}$，那么称 $\boldsymbol{A}$ 为对称矩阵.

(4) 若 $\boldsymbol{A}$ 是方阵，则 $\boldsymbol{A}\times\boldsymbol{A}$ 可记为 $\boldsymbol{A}^2$，$\boldsymbol{A}^0=\boldsymbol{E}$.

知识拓展

转移模型

5. 方阵形成的行列式

**定义 10－17** 设 $\boldsymbol{A}\in M_{n\times n}$，由 $\boldsymbol{A}$ 的元素保持原来的位置不变所形成的行列式称为方阵 $\boldsymbol{A}$ 的行列式，记作:$|\boldsymbol{A}|$或 $\det\boldsymbol{A}$.

**注意**:(1) 只有方阵才能形成行列式；

(2) 设 $\boldsymbol{A}$，$\boldsymbol{B}\in M_{n\times n}$，$k$ 为常数，则

$$|\boldsymbol{A}^{\mathrm{T}}|=|\boldsymbol{A}|,\ |k\boldsymbol{A}|=k^n|\boldsymbol{A}|,\ |\boldsymbol{AB}|=|\boldsymbol{A}||\boldsymbol{B}|.$$

**【例 10－5】** 已知 $\boldsymbol{A}$ 是一个三阶方阵，且 $|\boldsymbol{A}|=5$，则 $|3\boldsymbol{A}|=$________.

**解**:由 $|k\boldsymbol{A}|=k^n|\boldsymbol{A}|$ 得，$|3\boldsymbol{A}|=3^3|\boldsymbol{A}|=27\times5=135$.

**习题 10.1**

1. 计算下列矩阵.

(1) $\begin{pmatrix}1 & 7 & 9\\2 & 4 & 6\end{pmatrix}+\begin{pmatrix}-3 & -4 & 1\\7 & 5 & 0\end{pmatrix}$；　　(2) $(1\quad 2\quad 3)\begin{pmatrix}4\\5\\6\end{pmatrix}$.

2. 设 $\boldsymbol{A}$，$\boldsymbol{B}\in M_{4\times4}$，且 $|\boldsymbol{A}|=2$，$|\boldsymbol{B}|=3$，求 $|3\boldsymbol{A}|$ 和 $|\boldsymbol{AB}|$.

# 10.2 逆矩阵和矩阵的秩

## 10.2.1 逆矩阵的概念

**定义 10-18** 设 $\boldsymbol{A}\in M_{n\times n}$，若存在 $\boldsymbol{B}\in M_{n\times n}$ 使得 $\boldsymbol{AB}=\boldsymbol{BA}=\boldsymbol{E}_n$，则称矩阵 $\boldsymbol{A}$ 是**可逆的**，并称矩阵 $\boldsymbol{B}$ 为矩阵 $\boldsymbol{A}$ 的**逆矩阵**，记作：$\boldsymbol{A}^{-1}=\boldsymbol{B}$.

**注意：**(1) 矩阵 $\boldsymbol{A}$ 是可逆的也称矩阵 $\boldsymbol{A}$ 是非退化的；$\boldsymbol{A}$ 是不可逆的也称 $\boldsymbol{A}$ 是退化的；

(2) 只有方阵才可能有逆矩阵(可逆)，但是并非所有的方阵都可逆.例如矩阵 $\boldsymbol{A}=\begin{pmatrix}1 & 1\\0 & 0\end{pmatrix}$ 就不可逆，因为找不到 $\boldsymbol{B}\in M_{2\times2}$，使 $\boldsymbol{AB}=\boldsymbol{BA}=\boldsymbol{E}_2$；

(3) 若有 $\boldsymbol{AB}=\boldsymbol{BA}=\boldsymbol{E}_n$ 成立，则称矩阵 $\boldsymbol{B}$ 是可逆的，此时 $\boldsymbol{A}$ 与 $\boldsymbol{B}$ 互逆；

(4) 事实上，只要有 $\boldsymbol{AB}=\boldsymbol{E}_n$ 就足以表明矩阵 $\boldsymbol{A}$ 是可逆的了；进一步地，如果能证明 $\boldsymbol{AB}=k\boldsymbol{E}_n$，$k\neq0$，那么矩阵 $\boldsymbol{A}$ 就是可逆的，并且 $\boldsymbol{A}^{-1}=\frac{1}{k}\boldsymbol{B}$.

微课

逆矩阵例题讲解

**【例 10-6】** 设 $\boldsymbol{A}\in M_{n\times n}$，满足 $\boldsymbol{A}^2-3\boldsymbol{A}-\boldsymbol{E}_n=\boldsymbol{O}$，证明：$\boldsymbol{A}+\boldsymbol{E}_n$ 是可逆的，并求 $(\boldsymbol{A}+\boldsymbol{E}_n)^{-1}$.

**解：**由 $\boldsymbol{A}^2-3\boldsymbol{A}-\boldsymbol{E}_n=\boldsymbol{O}$ 可得 $(\boldsymbol{A}+\boldsymbol{E}_n)(\boldsymbol{A}-4\boldsymbol{E}_n)=-3\boldsymbol{E}_n$，于是 $\boldsymbol{A}+\boldsymbol{E}_n$ 是可逆的，并且 $(\boldsymbol{A}+\boldsymbol{E}_n)^{-1}=-\frac{1}{3}(\boldsymbol{A}-4\boldsymbol{E}_n)$.

## 10.2.2 可逆矩阵的性质

**命题 10-1** 设 $\boldsymbol{A}$，$\boldsymbol{B}\in M_{n\times n}$，若 $\boldsymbol{A}$ 和 $\boldsymbol{B}$ 都是可逆的，$k$ 是非零常数，则：

(1) $\boldsymbol{A}$ 的逆矩阵是唯一的；

(2) $(\boldsymbol{A}^{-1})^{-1}=\boldsymbol{A}$；

(3) $(k\boldsymbol{A})^{-1}=\frac{1}{k}\boldsymbol{A}^{-1}$；

(4) $(\boldsymbol{AB})^{-1}=\boldsymbol{B}^{-1}\boldsymbol{A}^{-1}$；

**注意：**$(\boldsymbol{A}+\boldsymbol{B})^{-1}\neq\boldsymbol{A}^{-1}+\boldsymbol{B}^{-1}$(甚至 $\boldsymbol{A}+\boldsymbol{B}$ 不一定可逆).

## 10.2.3 矩阵可逆的条件

不是所有的矩阵都可逆，甚至很多方阵都是不可逆的，那么讨论矩阵的可逆条件就显得非常必要了.定义 10 - 18 本身就是矩阵可逆的一个充要条件.

**定理 10 - 1** 设 $\boldsymbol{A}\in M_{n\times n}$，则 $\boldsymbol{A}$ 可逆 $\Leftrightarrow|\boldsymbol{A}|\neq 0$，且 $\boldsymbol{A}^{-1}=\frac{1}{|\boldsymbol{A}|}\boldsymbol{A}^{*}$. 其中

$$\boldsymbol{A}^{*}=\begin{pmatrix}\boldsymbol{A}_{11} & \boldsymbol{A}_{21} & \cdots & \boldsymbol{A}_{n1}\\ \boldsymbol{A}_{12} & \boldsymbol{A}_{22} & \cdots & \boldsymbol{A}_{n2}\\ \vdots & \vdots & & \vdots\\ \boldsymbol{A}_{1n} & \boldsymbol{A}_{2n} & \cdots & \boldsymbol{A}_{nn}\end{pmatrix},$$

叫作矩阵 $\boldsymbol{A}$ 的**伴随矩阵**.但是按照公式：$\boldsymbol{A}^{-1}=\frac{1}{|\boldsymbol{A}|}\boldsymbol{A}^{*}$ 来求 $\boldsymbol{A}^{-1}$ 的计算量仍然很大，比较适合于二阶和三阶方阵，但是用这个定理判断矩阵是否可逆还是很方便的. 比如：当 $ad-bc\neq 0$ 时，可知矩阵 $\begin{pmatrix}a & b\\ c & d\end{pmatrix}$ 可逆，且逆矩阵为 $\frac{1}{ad-bc}\begin{pmatrix}d & -b\\ -c & a\end{pmatrix}$.

**【例 10 - 7】** 判断下列矩阵是否可逆.

(1) $\boldsymbol{A}=\begin{pmatrix}1 & 2 & 3\\ 4 & 5 & 6\\ 7 & 8 & 9\end{pmatrix}$；　　(2) $\boldsymbol{B}=\begin{pmatrix}1 & 0 & 2 & 4\\ 0 & 3 & 6 & 9\\ 0 & 0 & 5 & 8\\ 0 & 0 & 0 & 7\end{pmatrix}$.

**解：**因为 $|\boldsymbol{A}|=\begin{vmatrix}1 & 2 & 3\\ 4 & 5 & 6\\ 7 & 8 & 9\end{vmatrix}=\begin{vmatrix}1 & 2 & 3\\ 0 & -3 & -6\\ 0 & -6 & -12\end{vmatrix}=0$，所以矩阵 $\boldsymbol{A}$ 是不可逆的.

因为 $|\boldsymbol{B}|=\begin{vmatrix}1 & 0 & 2 & 4\\ 0 & 3 & 6 & 9\\ 0 & 0 & 5 & 8\\ 0 & 0 & 0 & 7\end{vmatrix}=105\neq 0$，所以矩阵 $\boldsymbol{B}$ 是可逆的.

## 10.2.4 矩阵的秩

矩阵的秩是矩阵的一个重要的特征量，这个特征量从某种程度上反映了矩阵的很多

性质.

矩阵的秩从不同的角度有不同的定义方式，比较经典的定义方式是从子式的角度定义的.

**定义 10-19** 设 $\boldsymbol{A}\in M_{m\times n}$，在 $\boldsymbol{A}$ 中任意选定 $k$ 行、$k$ 列，那么位于这 $k$ 行、$k$ 列交叉点上的 $k^2$ 个元素就能构成一个 $k$ 阶行列式，称之为 $\boldsymbol{A}$ 的一个 $k$ 阶子式.

例如：$\boldsymbol{A}=\begin{pmatrix}1&2&3\\4&5&6\\7&8&9\end{pmatrix}$，$\begin{vmatrix}4&6\\7&9\end{vmatrix}$就是 $\boldsymbol{A}$ 的一个二阶子式.

**注意**：(1) $k\leqslant\min\{m, n\}$；

(2) 若 $\boldsymbol{A}\in M_{m\times n}$，则 $\boldsymbol{A}$ 的 $k$ 阶子式共有 $C_m^k\cdot C_n^k$ 个.

**定义 10-20** 设 $\boldsymbol{A}\in M_{m\times n}$，如果 $\boldsymbol{A}$ 有一个 $k$ 阶子式不为零，而它所有的 $k+1$ 阶子式都为零，那么就称 $k$ 为矩阵 $\boldsymbol{A}$ 的秩，记作：$r(\boldsymbol{A})=k$ 或 $\operatorname{rank}(\boldsymbol{A})=k$.

**注意**：矩阵 $\boldsymbol{A}$ 的秩通常也简便地定义为矩阵 $\boldsymbol{A}$ 的非零子式的最高阶数.

一般地，给定 $\boldsymbol{A}\in M_{m\times n}$，利用定义求 $r(\boldsymbol{A})$十分烦琐，会在下一节里利用矩阵的初等变换给出简便的、具有可操作性的一般方法.

**习题 10.2**

当 $\lambda$ 取何值时，矩阵 $\begin{pmatrix}1&1&1\\-1&\lambda&1\\-1&-1&\lambda^2\end{pmatrix}$ 可逆？当 $\lambda$ 取何值时不可逆？

# 10.3 矩阵的初等变换及应用

## 10.3.1 矩阵的初等变换

**定义 10-21** 下面三种变换统称为矩阵的初等变换：

(1) 矩阵两行(或两列)对应元素互换，记为：$r_i\leftrightarrow r_j$ 或 $c_i\leftrightarrow c_j$.

(2) 用非零常数 $k$ 乘以矩阵的某一行(或列)的每个元素，记为：$kr_i$ 或 $kc_i$.

(3) 某一行(或列)元素的 $k$ 倍加到另外一行(或列)对应元素上去记为：$kr_i+r_j$ 或 $kc_i+c_j$.

**定义 10-22** 矩阵 $\boldsymbol{A}$ 经过若干次初等变换变成矩阵 $\boldsymbol{B}$，则称矩阵 $\boldsymbol{A}$ 与 $\boldsymbol{B}$ 等价，记作：$\boldsymbol{A}\sim\boldsymbol{B}$.

矩阵的初等变换是矩阵的灵魂，是处理有关矩阵问题的“万能工具”.线性代数的所有问题基本都围绕矩阵展开，而矩阵的问题基本都可以用初等变换来解决.

下面我们就利用初等变换来解决上一节求矩阵的逆和秩的问题.

## 10.3.2 矩阵的初等变换的应用

1. 求矩阵的逆矩阵

利用初等变换求逆矩阵的有关原理比较琐碎，这里不再赘述，只给出相关定理，同学们需学会用这个定理求逆矩阵.

微课

求矩阵的逆矩阵

**定理 10-2** 设 $\boldsymbol{A}\in M_{n\times n}$ 且 $\boldsymbol{A}$ 可逆，则 $(\boldsymbol{A}\,\vdots\,\boldsymbol{E}_n)\xrightarrow{\text{一系列初等行变换}}(\boldsymbol{E}_n\,\vdots\,\boldsymbol{A}^{-1})$.

**说明:** 定理 10-2 中给定 $n$ 阶可逆方阵 $\boldsymbol{A}$，要求 $\boldsymbol{A}$ 的逆矩阵，只要作出 $n\times 2n$ 的矩阵 $(\boldsymbol{A}\,\vdots\,\boldsymbol{E}_n)$，并对该矩阵实施一系列初等行变换(只能实施行变换)，当把矩阵 $(\boldsymbol{A}\,\vdots\,\boldsymbol{E}_n)$ 里的 $\boldsymbol{A}$ 变成 $\boldsymbol{E}_n$ 时，原来的 $\boldsymbol{E}_n$ 就相应地变成了 $\boldsymbol{A}^{-1}$.

**【例 10-8】** 已知 $\boldsymbol{A}=\begin{pmatrix}1&2&3\\2&2&1\\3&4&3\end{pmatrix}$，求 $\boldsymbol{A}^{-1}$.

**解:**
$$(\boldsymbol{A}\,\vdots\,\boldsymbol{E}_3)=\left(\begin{array}{ccc:ccc}1&2&3&1&0&0\\2&2&1&0&1&0\\3&4&3&0&0&1\end{array}\right)\xrightarrow[-3r_1+r_3]{-2r_1+r_2}\left(\begin{array}{ccc:ccc}1&2&3&1&0&0\\0&-2&-5&-2&1&0\\0&-2&-6&-3&0&1\end{array}\right),$$

$$\to\cdots\to\left(\begin{array}{ccc:ccc}1&0&0&1&3&2\\0&1&0&-\frac{3}{2}&-3&\frac{5}{2}\\0&0&1&1&1&-1\end{array}\right),$$

所以
$$\boldsymbol{A}^{-1}=\begin{pmatrix}1&3&-2\\-\frac{3}{2}&-3&\frac{5}{2}\\1&1&-1\end{pmatrix}.$$

**注意:** (1) 在上述方法中，每一步都应是对整个 $(\boldsymbol{A}\,\vdots\,\boldsymbol{E}_n)$ 进行初等行变换，而不是只对左边的 $\boldsymbol{A}$ 进行初等行变换.

(2) 整个过程只能进行行变换，千万不能进行列变换(请思考原因).

(3) 上述方法是求逆矩阵的常用的方法，但对有的构造比较特殊的矩阵来说却不是最简单的方法，对于特殊的矩阵有时可需采取特殊方法.

**【例 10-9】** 设 $\boldsymbol{A}=\begin{pmatrix}1&1&1&1\\1&-1&1&-1\\1&1&-1&-1\\1&-1&-1&1\end{pmatrix}$，求 $\boldsymbol{A}^{-1}$.

**解:** 用初等变换来求 $\boldsymbol{A}^{-1}$ 是相当麻烦的(同学们不妨一试).观察这个矩阵的特点，不

难验证 $\boldsymbol{AA}=4\boldsymbol{E}_4$，所以 $\boldsymbol{A}^{-1}=\dfrac{1}{4}\boldsymbol{A}$.

**【例 10 - 10】** 在军事通信中，常将字符(信号)与数字对应，如 a b c d e 分别对应 1 2 3 4 5，如 are 对应矩阵$(1,\ 18,\ 5)^{\mathrm{T}}$，但如果按这种方式传输，则很容易被破译. 于是必须采取加密措施，即用约定的加密矩阵 $\boldsymbol{A}$ 乘原信号 $\boldsymbol{B}$，得到传输信号为 $\boldsymbol{C}=\boldsymbol{AB}^{\mathrm{T}}$，收到信号的一方再将信号还原. 如果不知道加密矩阵，则很难破译. 设收到的信号为 $\boldsymbol{C}=(20,\ 21,\ 33)^{\mathrm{T}}$，并已知加密矩阵为

$$\boldsymbol{A}=\begin{pmatrix}-1 & 0 & 1\\ 0 & 1 & 1\\ 1 & 1 & 1\end{pmatrix},$$

求原信号 $\boldsymbol{B}$.

**解:** 由加密原理知 $\boldsymbol{B}^{\mathrm{T}}=\boldsymbol{A}^{-1}\boldsymbol{C}$，先求 $\boldsymbol{A}^{-1}$，构造$(\boldsymbol{A}\,\vdots\,\boldsymbol{E})$，则

$$\left(\begin{array}{ccc:ccc}-1 & 0 & 1 & 1 & 0 & 0\\ 0 & 1 & 1 & 0 & 1 & 0\\ 1 & 1 & 1 & 0 & 0 & 1\end{array}\right)\xrightarrow{r_1+r_3}\left(\begin{array}{ccc:ccc}-1 & 0 & 1 & 1 & 0 & 0\\ 0 & 1 & 1 & 0 & 1 & 0\\ 0 & 1 & 2 & 1 & 0 & 1\end{array}\right)\xrightarrow{-r_2+r_3}\left(\begin{array}{ccc:ccc}-1 & 0 & 1 & 1 & 0 & 0\\ 0 & 1 & 1 & 0 & 1 & 0\\ 0 & 0 & 1 & 1 & -1 & 1\end{array}\right)$$

$$\xrightarrow[-r_3+r_1]{-r_3+r_2}\left(\begin{array}{ccc:ccc}-1 & 0 & 0 & 0 & 1 & -1\\ 0 & 1 & 0 & -1 & 2 & -1\\ 0 & 0 & 1 & 1 & -1 & 1\end{array}\right)\xrightarrow{-r_1}\left(\begin{array}{ccc:ccc}1 & 0 & 0 & 0 & -1 & 1\\ 0 & 1 & 0 & -1 & 2 & -1\\ 0 & 0 & 1 & 1 & -1 & 1\end{array}\right),$$

则

$$\boldsymbol{A}^{-1}=\begin{pmatrix}0 & -1 & 0\\ -1 & 2 & -1\\ 1 & -1 & 1\end{pmatrix},$$

所以

$$\boldsymbol{B}^{\mathrm{T}}=\boldsymbol{A}^{-1}\boldsymbol{C}=\begin{pmatrix}0 & -1 & 1\\ -1 & 2 & -1\\ 1 & -1 & 1\end{pmatrix}\begin{pmatrix}20\\ 21\\ 33\end{pmatrix}=\begin{pmatrix}12\\ -11\\ 32\end{pmatrix},$$

$$\boldsymbol{B}=(12,\ -11,\ 32).$$

2. 求矩阵的秩

在上一节，我们已经看到求一般矩阵的秩是不容易的，但是对于特殊的阶梯形矩阵，其秩是很容易求的，故有以下定理.

**定理 10 - 3** 行阶梯形矩阵的秩等于其非零行的行数.

思考:(1)任意一般的矩阵能否通过初等变换化成阶梯形矩阵?(2)在将矩阵化成阶梯形矩阵的过程中，矩阵的秩是否保持不变? 对于这两个问题，可参照如下定理.

**定理 10 - 4** 任意矩阵总可以经过若干次初等变换化成阶梯形矩阵.

**定理 10 - 5** 初等变换不改变矩阵的秩.

根据上面的三个定理，求一个矩阵的秩，只要通过初等变换，将矩阵化成行阶梯形矩阵就可以了.

拓展练习

矩阵的初等变换及应用

**【例10-11】** 设$\boldsymbol{A}=\begin{pmatrix}0&2&-1\\1&1&2\\-1&-1&-1\end{pmatrix}$，求$r(\boldsymbol{A})$.

**解：**$\boldsymbol{A}=\begin{pmatrix}0&2&-1\\1&1&2\\-1&-1&-1\end{pmatrix}\xrightarrow{r_1\leftrightarrow r_2}\begin{pmatrix}1&1&2\\0&2&-1\\-1&-1&-1\end{pmatrix}\xrightarrow{r_1+r_3}\begin{pmatrix}1&1&2\\0&2&-1\\0&0&1\end{pmatrix}$，

所以$r(\boldsymbol{A})=3$.

**说明：**在将一个矩阵阶梯化的过程中，依据是定义10-21的条件(3)，用初等行变换把矩阵每一行的第一个不等于零的元素下方的元素都化成零（这一过程应尽量避免分数运算）.

## 习题10.3

1. 将矩阵$\begin{pmatrix}1&2&3\\4&5&6\\8&9&10\end{pmatrix}$化为阶梯形矩阵.

2. 求下列矩阵的秩.

(1) $\boldsymbol{A}=\begin{pmatrix}1&3&0\\-1&1&2\\3&1&-5\end{pmatrix}$；　(2) $\boldsymbol{A}=\begin{pmatrix}2&-1&-1&-2\\-1&1&2&1\\1&-1&-2&2\end{pmatrix}$.

3. 求下列矩阵的逆矩阵.

(1) $\boldsymbol{A}=\begin{pmatrix}2&1&-1\\2&1&0\\1&-1&1\end{pmatrix}$；　(2) $\boldsymbol{A}=\begin{pmatrix}1&1&1&1\\1&1&-1&-1\\1&-1&1&-1\\1&-1&-1&1\end{pmatrix}$.

# 10.4 线性方程组

代数学（Algebra）一语起源于古希腊，意思是解方程的科学，因此线性代数的一大任务就是研究线性方程组的解.本节将利用矩阵来解线性方程组.

### 10.4.1 线性方程组的矩阵表示

线性代数中研究的线性方程组的一般形式是：

$$\begin{cases} a_{11}x_1+a_{12}x_2+\cdots+a_{1n}x_n=b_1, \\ a_{21}x_1+a_{22}x_2+\cdots+a_{2n}x_n=b_2, \\ \cdots\cdots\cdots\cdots \\ a_{m1}x_1+a_{m2}x_2+\cdots+a_{mn}x_n=b_m. \end{cases} \tag{10-1}$$

其中，$a_{ij}(1\leqslant i\leqslant m,\ 1\leqslant j\leqslant n)$是第$i$个方程里第$j$个未知量的系数，$x_1,\ x_2,\ \cdots,\ x_n$是未知量，$n$是未知量的个数，$m$是方程的个数，$b_1,\ b_2,\ \cdots,\ b_m$是常数项.

特别地，当$b_1=b_2=\cdots=b_m=0$时，

$$\begin{cases} a_{11}x_1+a_{12}x_2+\cdots+a_{1n}x_n=0, \\ a_{21}x_1+a_{22}x_2+\cdots+a_{2n}x_n=0, \\ \cdots\cdots\cdots\cdots \\ a_{m1}x_1+a_{m2}x_2+\cdots+a_{mn}x_n=0. \end{cases} \tag{10-2}$$

式(10-2)叫作齐次线性方程组，也叫式(10-1)的导出组.

注意到式(10-1)的未知量的系数、未知量、右边的常数项分别能化成矩阵：

$$\boldsymbol{A}=\begin{pmatrix} a_{11} & a_{12} & \cdots & a_{1n} \\ a_{21} & a_{22} & \cdots & a_{2n} \\ \vdots & \vdots & & \vdots \\ a_{m1} & a_{m2} & \cdots & a_{mn} \end{pmatrix};\ \boldsymbol{X}=\begin{pmatrix} x_1 \\ x_2 \\ \vdots \\ x_n \end{pmatrix};\ \boldsymbol{B}=\begin{pmatrix} b_1 \\ b_2 \\ \vdots \\ b_m \end{pmatrix}.$$

于是根据矩阵的乘法，式(10-1)就可化为：

$$\boldsymbol{AX}=\boldsymbol{B} \tag{10-3}$$

类似地，式(10-2)就相当于：

$$\boldsymbol{AX}=\boldsymbol{O}_{m\times 1} \tag{10-4}$$

式(10-3)和式(10-4)分别称为线性方程组式(10-1)和式(10-2)的矩阵表示；其中矩阵$\boldsymbol{A}$叫作线性方程组的系数矩阵，$\boldsymbol{X}$叫作未知量矩阵，$\boldsymbol{B}$叫作常数项矩阵，而矩阵

$$\bar{\boldsymbol{A}}=\begin{pmatrix} a_{11} & a_{12} & \cdots & a_{1n} & b_1 \\ a_{21} & a_{22} & \cdots & a_{2n} & b_2 \\ \vdots & \vdots & & \vdots & \vdots \\ a_{m1} & a_{m2} & \cdots & a_{mn} & b_m \end{pmatrix}$$

叫作式(10-1)的增广矩阵.

式(10-3)和式(10-4)不仅使线性方程组在形式上得到简化，更重要的是启发了我

们用矩阵这个先进的工具来解线性方程组这一古老的问题.

如果$\begin{cases}x_1=k_1\\x_2=k_2\\\cdots\cdots\\x_n=k_n\end{cases}$能使线性方程组式(10-1)中每个等式都成立,那么就称之为式(10-1)的一组解,也可记为:$\boldsymbol{X}=\begin{pmatrix}k_1\\k_2\\\vdots\\k_n\end{pmatrix}$.

## 10.4.2 线性方程组的高斯消元法的矩阵表示

解线性方程组的根本思路是“消元”,但是当未知量的个数比较多时,消元的过程是相当烦琐的.例如,解线性方程组

$$\begin{cases}2x_1-x_2+3x_3=1,\\4x_1+2x_2+5x_3=4,\\2x_1+2x_3=6.\end{cases}$$

将第一个方程的$-2$倍和$-1$倍分别加到第二个方程和第三个方程,就得到通解方程组

$$\begin{cases}2x_1-x_2+3x_4=1,\\4x_2-x_3=2,\\x_2-x_3=5.\end{cases}$$

把第二和第三个方程的位置互换

$$\begin{cases}2x_1-x_2+3x_4=1,\\x_2-x_3=5,\\4x_2-x_3=2.\end{cases}$$

将第二个方程的$-4$倍加到第三个方程

$$\begin{cases}2x_1-x_2+3x_4=1,\\x_2-x_3=5,\\3x_3=-18.\end{cases}$$

最后,很容易求出方程组的解为$\begin{cases}x_1=9,\\x_2=-1,\\x_3=-6.\end{cases}$

纵观上面消元的全过程,无非是对线性方程组作三种变换:变换两个方程的位置;某

微课

解线性方程组

一个方程的两边同时乘以某一个非零常数；把一个方程的常数倍加到另外一个方程上去．式(10－1)中的每一个方程都与矩阵$\bar{A}$的某一行对应．因此很自然地猜想消元的烦琐过程能否通过矩阵$\bar{A}$的初等行变换简单地表示出来呢？事实上，上面的消化过程反映在矩阵上就是

$$A=\begin{pmatrix}2&-1&3&1\\4&2&5&4\\2&0&2&6\end{pmatrix}\to\begin{pmatrix}2&-1&3&1\\0&4&-1&2\\0&1&-1&5\end{pmatrix}\to\begin{pmatrix}2&-1&3&1\\0&1&-1&5\\0&4&-1&2\end{pmatrix}\to\begin{pmatrix}2&-1&3&1\\0&1&-1&5\\0&0&3&-18\end{pmatrix}.$$

一般地，对于给定的线性方程组[式(10－1)]，对其增广矩阵$\bar{A}$实施一系列的初等行变换(**只实施行变换**)后，得到阶梯形矩阵$\overline{A'}$，那么原方程组就与以矩阵$\overline{A'}$为增广矩阵的方程组是同解的，这就是：

**定理 10－6** 若$\bar{A}=[A\ \vdots\ B]\xrightarrow{\text{一系列初等行变换}}[A'\ \vdots\ B']=\overline{A'}$，则$AX=B$与$A'X=B'$是同解的．

由于阶梯形矩阵$\overline{A'}$的构造比较简单，自然它所对应的线性方程组(称为阶梯形方程组)的解也应该很容易求出了．

**【例 10－12】** 解线性方程组

$$\begin{cases}x_1-x_2+2x_3-3x_4=1,\\x_1+3x_2+0x_3+x_4=1,\\0x_1+x_2-x_3+x_4=-3,\\x_1-4x_2+3x_3+2x_4=-2.\end{cases}$$

**解：**

$$\bar{A}=\begin{pmatrix}1&-1&2&-3&1\\1&3&0&1&1\\0&1&-1&1&-3\\1&-4&3&2&-2\end{pmatrix}\to\begin{pmatrix}1&-1&2&-3&1\\0&4&-2&4&0\\0&1&-1&1&-3\\1&-3&1&5&-3\end{pmatrix}$$

$$\to\begin{pmatrix}1&-1&2&-3&1\\0&1&-1&1&-3\\0&4&-2&4&0\\0&-3&1&5&-3\end{pmatrix}\to\begin{pmatrix}1&-1&2&-3&1\\0&1&-1&1&-3\\0&0&2&0&12\\0&0&-2&8&-12\end{pmatrix}$$

$$\to\begin{pmatrix}1&-1&2&-3&1\\0&1&-1&1&-3\\0&0&2&0&12\\0&0&0&8&0\end{pmatrix}$$

于是，原方程组就与方程组

$$\begin{cases}x_1-x_2+2x_3-3x_4=1,\\x_2-x_3+x_4=-3,\\2x_3+0x_4=12,\\8x_4=0\end{cases}$$

同解，即解为：$\begin{cases} x_1=-8, \\ x_2=3, \\ x_3=6, \\ x_4=0. \end{cases}$

通过这个例子可以发现，利用矩阵的初等变换解线性方程组过程简洁、思路明晰，避免了烦琐的消元过程.更有意思的是，当把上面的阶梯形矩阵进一步化成简化阶梯形矩阵时，简化阶梯矩阵对应的线性方程组的解甚至"一目了然"！事实上：

$$\bar{\boldsymbol{A}}=\begin{pmatrix} 1 & -1 & 2 & -3 & 1 \\ 1 & 3 & 0 & 1 & 1 \\ 0 & 1 & -1 & 1 & -3 \\ 1 & -4 & 3 & 2 & -2 \end{pmatrix} \rightarrow \cdots \rightarrow \begin{pmatrix} 1 & -1 & 2 & -3 & 1 \\ 0 & 1 & -1 & 1 & -3 \\ 0 & 0 & 2 & 0 & 12 \\ 0 & 0 & 0 & 8 & 0 \end{pmatrix}$$

$$\rightarrow \begin{pmatrix} 1 & 0 & 0 & 0 & -8 \\ 0 & 1 & 0 & 0 & -3 \\ 0 & 0 & 1 & 0 & 6 \\ 0 & 0 & 0 & 1 & 0 \end{pmatrix},$$

对应的同解方程组为$\begin{cases} x_1=-8, \\ x_2=3, \\ x_3=6, \\ x_4=0. \end{cases}$

但是，线性代数研究的线性方程组在形式上比中学里研究的多元一次方程组要更一般化.因此，方程组的解的情况也多样化，不再仅仅是有唯一解的情况，有可能无解，有可能有唯一解，还有可能有无穷多解.所以解线性方程组前，弄清楚解的情况是必要且关键的.

## 10.4.3 线性方程组的解的判别定理

矩阵的秩是矩阵的一个重要的特征量，我们正是根据$\bar{\boldsymbol{A}}$的秩与 $\boldsymbol{A}$ 的秩之间的关系来判断线性方程组[式(10－1)]的解的情况.即：

**定理 10－7** 当 $r(\bar{\boldsymbol{A}})\neq r(\boldsymbol{A})$ 时，线性方程组无解；

当 $r(\bar{\boldsymbol{A}})=r(\boldsymbol{A})=n$ 时，线性方程组有唯一解；

当 $r(\bar{\boldsymbol{A}})=r(\boldsymbol{A})<n$ 时，线性方程组有无穷多组解.

特别地，齐次线性方程组[式(10－2)]总是有解的，因为总有 $r(\bar{\boldsymbol{A}})=r(\boldsymbol{A})$（请思考原因）.事实上，至少$(0, 0, \cdots, 0)^{\mathrm{T}}$就是齐次线性方程组的一组解，我们称之为零解，除零解以外的解称为非零解.当 $r(\boldsymbol{A})<n$ 时，齐次线性方程组有非零解.

**【例 10－13】** 判断下列方程组的解的情况.

(1) $\begin{cases}2x_1+x_2+3x_3=6,\\3x_1+2x_2+x_3=1,\\5x_1+3x_2+4x_3=27;\end{cases}$

(2) $\begin{cases}x_1+x_2+x_3+2x_4=3,\\2x_1-x_2+3x_3+8x_4=8,\\-3x_1+2x_2-x_3-9x_4=-5,\\0x_1+x_2-2x_3-3x_4=-4;\end{cases}$

(3) $\begin{cases}2x_1+2x_2-3x_3=0,\\x_1+2x_2+x_3=0,\\3x_1+9x_2+2x_3=19.\end{cases}$

**解**:(1) $\bar{\mathbf{A}}=\begin{pmatrix}2&1&3&6\\3&2&1&1\\5&3&4&27\end{pmatrix}\to\cdots\to\begin{pmatrix}1&1&-2&-5\\0&1&-7&-16\\0&0&0&20\end{pmatrix}$

显然,$r(\bar{\mathbf{A}})=3\neq 2=r(\mathbf{A})$,故原方程组无解.

(2) $\bar{\mathbf{A}}=\begin{pmatrix}1&1&1&2&3\\2&-1&3&8&8\\-3&2&-1&-9&-5\\0&1&-2&-3&-4\end{pmatrix}\to\cdots\to\begin{pmatrix}1&1&1&2&3\\0&1&-2&-3&-4\\0&0&1&1&2\\0&0&0&0&0\end{pmatrix}$

显然,$r(\bar{\mathbf{A}})=r(\mathbf{A})<4$,故原方程组有无穷多组解.

(3) $\bar{\mathbf{A}}=\begin{pmatrix}2&2&-3&0\\1&2&1&0\\3&9&2&19\end{pmatrix}\to\cdots\to\begin{pmatrix}1&2&1&0\\0&1&-6&19\\0&0&17&-38\end{pmatrix}$

显然,$r(\bar{\mathbf{A}})=r(\mathbf{A})=3$,故原方程组有唯一解.

## 10.4.4 $n$ 维向量空间

1. $n$ 维向量组的概念

**定义 10-23** 由实数集 $\mathbf{R}$ 中的 $n$ 个数组成的有序数组$(a_1, a_2, \cdots, a_n)$称为一个 $n$ 维向量,其中 $a_i$ 称为向量的第 $i$ 个分量.

**定义 10-24** 称向量 $\boldsymbol{\gamma}=(a_1+b_1, a_2+b_2, \cdots, a_n+b_n)$ 为向量 $\boldsymbol{\alpha}=(a_1, a_2, \cdots, a_n)$, $\boldsymbol{\beta}=(b_1, b_2, \cdots, b_n)$ 的和,记为 $\boldsymbol{\alpha}+\boldsymbol{\beta}$;称向量$(ka_1, ka_2, \cdots, ka_n)$为常数 $k$ 与向量 $\boldsymbol{\alpha}=(a_1, a_2, \cdots, a_n)$ 的数量乘积,简称数乘,记为 $k\boldsymbol{\alpha}$.

**定义 10-25** $n$ 维实向量形成的集合加上所定义的加法和数乘运算就成为一个 $n$ 维向量空间,记为 $\mathbf{R}^n$.

2. 向量组的线性相关性

**定义 10-26** 设 $\boldsymbol{\alpha}_1, \boldsymbol{\alpha}_2, \cdots, \boldsymbol{\alpha}_s$ 构成一个 $n$ 维向量组,如果对 $n$ 维向量 $\boldsymbol{\beta}$,存在实数

$k_1, k_2, \cdots, k_s$,使 $\boldsymbol{\beta}=k_1\boldsymbol{\alpha}_1+k_2\boldsymbol{\alpha}_2+\cdots+k_s\boldsymbol{\alpha}_s$,那么称向量 $\boldsymbol{\beta}$ 可以由向量组

$$\boldsymbol{\alpha}_i=(\boldsymbol{\alpha}_1, \boldsymbol{\alpha}_2, \cdots, \boldsymbol{\alpha}_s)$$

线性表示.

**定义 10-27** $\boldsymbol{\alpha}_1, \boldsymbol{\alpha}_2, \cdots, \boldsymbol{\alpha}_s$ 构成一个 $n$ 维向量组,如果存在其中一个向量可以由其余向量线性表示,那么称这个向量组是线性相关的,否则就称这个向量组是线性无关的.

**注意:**(1) $n$ 维向量组 $\boldsymbol{\alpha}_1, \boldsymbol{\alpha}_2, \cdots, \boldsymbol{\alpha}_s$ 线性相关等价于存在一组不全为零的实数 $k_1$, $k_2, \cdots, k_s$,使

$$k_1\boldsymbol{\alpha}_1+k_2\boldsymbol{\alpha}_2+\cdots+k_s\boldsymbol{\alpha}_s=(0, 0, \cdots, 0).$$

(2) 各分量全为零的向量称为零向量.

3. 向量组的极大线性无关组

**定义 10-28** 对于 $n$ 维向量组 $\boldsymbol{\alpha}_i=(a_{i1}, a_{i2}, \cdots, a_{in})$, $i=1, 2, \cdots, s$,如果有一个部分组是线性无关的并且这个向量组中任意一个向量都可以由这个部分组线性表示,则称这个部分组为这个向量组的一个极大线性无关组.

例如,向量组 $\boldsymbol{e}_i=(0, \cdots, 1, 0, \cdots, 0)$,第 $i$ 个分量是 1,其余分量都是零, $i=1, 2, \cdots, n$,就是向量组 $\mathbf{R}^n$ 的一个极大线性无关组.

## 10.4.5 线性方程组的解的结构与通解

**【例 10-14】** 解线性方程组 $\begin{cases}x_1+x_2-2x_3+5x_4=3,\\ x_1+2x_2+x_3+x_4=5,\\ 2x_1+3x_2-x_3+6x_4=8,\\ x_1+3x_2+4x_3-3x_4=7.\end{cases}$

**解:**

$$\bar{\mathbf{A}}=\begin{pmatrix}1&1&-2&5&3\\1&2&1&1&5\\2&3&-1&6&8\\1&3&4&-3&7\end{pmatrix}\xrightarrow{-r_1+r_2,\ -2r_1+r_3,\ -r_1+r_4}\begin{pmatrix}1&1&-2&5&3\\0&1&3&-4&2\\0&1&3&-4&2\\0&2&6&-8&4\end{pmatrix}$$

$$\xrightarrow{-r_2+r_3,\ -2r_2+r_4}\begin{pmatrix}1&1&-2&5&3\\0&1&3&-4&2\\0&0&0&0&0\\0&0&0&0&0\end{pmatrix}\xrightarrow{-r_2+r_1}\begin{pmatrix}1&0&-5&9&1\\0&1&3&-4&2\\0&0&0&0&0\\0&0&0&0&0\end{pmatrix}.$$

于是, $r(\bar{\mathbf{A}})=r(\mathbf{A})=2<4$,所以由定理 10-7 可知方程组有无穷多组解.再由定理 10-6可知,原方程组与方程组: $\begin{cases}x_1-5x_3+9x_4=1,\\ x_2+3x_3-4x_4=2\end{cases}$ 同解,注意到该方程组里任意取

$\begin{cases} x_3 = c_1, \\ x_4 = c_2, \end{cases}$ 其中 $c_1$, $c_2$ 为任意常数,那么 $x_1$, $x_2$ 的值随之而定,即得

$$\begin{cases} x_1 = 1 + 5c_1 - 9c_2, \\ x_2 = 2 - 3c_1 + 4c_2, \\ x_3 = c_1, \\ x_4 = c_2. \end{cases} \tag{10-5}$$

这就意味着每取定一组 $c_1$, $c_2$ 的值,就得到原方程组的一组解.故称式(10-5)为线性方程组解的一般表达式,即通解.

**注意:**(1) 我们往往把通解里面的 $x_3$, $x_4$ 叫作自由未知量(可以任意取值);事实上 $x_1$, $x_2$ 也可以作为自由未知量.

(2) 对于式(10-1),如果 $r(\bar{\mathbf{A}}) = r(\mathbf{A}) = r < n$,那么就有 $n-r$ 个自由未知量.一般地,取 $x_{r+1}, \cdots, x_n$ 为自由未知量,再将 $x_1, \cdots, x_r$ 用自由未知量表示出来,即得方程组的通解.

(3) 解形如式(10-1)的线性方程组的一般步骤:首先,由方程组写出其增广矩阵 $\bar{\mathbf{A}}$,然后对 $\bar{\mathbf{A}}$ 实施一系列的初等行变换(千万不可作列变换),将其化为阶梯形.如果 $r(\bar{\mathbf{A}}) \neq r(\mathbf{A})$,则方程组无解;如果 $r(\bar{\mathbf{A}}) = r(\mathbf{A}) = n$,则方程组有唯一解,很容易求出所化成的阶梯形矩阵所对应的阶梯形方程组的解,即为所求方程组的解(事实上,如果能把 $\bar{\mathbf{A}}$ 化成简化阶梯形,那么方程组的唯一解是一目了然的);如果 $r(\bar{\mathbf{A}}) = r(\mathbf{A}) = r < n$,则方程组有无穷多组解,先确定 $n-r$ 个自由未知量,再将其余未知量用自由未知量表示出来,即得到方程组的通解.

**【例 10-15】** 对线性方程组 $\begin{cases} ax_1 + x_2 + x_3 = 0, \\ x_1 + ax_2 + x_3 = 3, \\ x_1 + x_2 + ax_3 = a - 1, \end{cases}$ 当 $a$ 为何值时,此方程组:

(1) 有唯一解;(2) 无解;(3) 有无穷多解?

**解:**

$$\bar{\mathbf{A}} = \begin{pmatrix} a & 1 & 1 & 0 \\ 1 & a & 1 & 3 \\ 1 & 1 & a & a-1 \end{pmatrix} \xrightarrow{r_1 \leftrightarrow r_3} \begin{pmatrix} 1 & 1 & a & a-1 \\ 1 & a & 1 & 3 \\ a & 1 & 1 & 0 \end{pmatrix}$$

$$\xrightarrow{-r_1 + r_2,\ -ar_1 + r_3} \begin{pmatrix} 1 & 1 & a & a-1 \\ 0 & a-1 & 1-a & 4-a \\ 0 & 1-a & 1-a^2 & a-a^2 \end{pmatrix}$$

$$\xrightarrow{r_2 + r_3} \begin{pmatrix} 1 & 1 & a & a-1 \\ 1 & a-1 & 1-a & 4-a \\ 0 & 0 & 2-a-a^2 & 4-a^2 \end{pmatrix}$$

$$\longrightarrow \begin{pmatrix} 1 & 1 & a & a-1 \\ 0 & a-1 & 1-a & 4-a \\ 0 & 0 & (1-a)(2-a) & (2+a)(2+a) \end{pmatrix}.$$

(1) 当 $a \neq 1$ 且 $a \neq -2$ 时，$r(\bar{\boldsymbol{A}})=r(\boldsymbol{A})=3$，方程组有唯一解；

(2) 当 $a=1$ 时，$r(\boldsymbol{A})=1 \neq 2=r(\bar{\boldsymbol{A}})$，方程组无解；

(3) 当 $a=-2$ 时，$r(\bar{\boldsymbol{A}})=r(\boldsymbol{A})=2<3$，方程组有无穷多解.

在实际生活中，有一些复杂的实际问题往往可以简化为一个线性问题，而线性方程或线性方程组是最简单、最常见的方程或方程组.如大型的机械结构、输电、交通网络等，通过分析均可直接归结为线性方程组.不仅如此，商品销售、经济学中的投入产出分析以及人体保健等都可以通过线性方程组进行建模.

**【例 10-16】** 图 10-2 所示是某地的交通网络图，设道路均为单行道，路边不能停车，图中的箭头标识了交通的方向.标识的数据为高峰时单位时间进出道路网络的车辆数.若每个交叉点的进入车辆数等于离开车辆数，则交通流量达到平衡，交通就不出现堵塞.问各支路交通流量各为多少时交通流量恰好达到平衡?

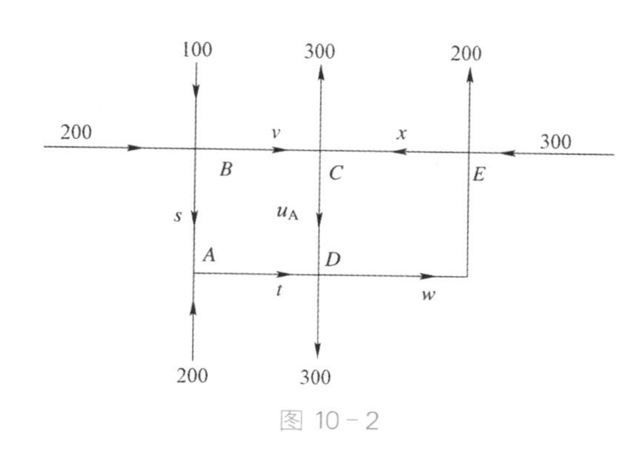


图 10-2

**解**：设每小时进、出交叉点的车辆数如图 10-2 所示，根据题意，可建立如下交通流量平衡的线性方程组

$$
\begin{aligned}
&A: 200+s=t;\\
&B: 200+100=s+v;\\
&C: v+x=300+u;\\
&D: u+t=300+w;\\
&E: 300+w=200+x.
\end{aligned}
$$

对方程组的增广矩阵进行线性变换可得

$$
\begin{pmatrix}
1 & 0 & 0 & 1 & 0 & 0 & 300\\
0 & 1 & 0 & 1 & 0 & 0 & 500\\
0 & 0 & 1 & -1 & 0 & -1 & -300\\
0 & 0 & 0 & 0 & 1 & -1 & -100\\
0 & 0 & 0 & 0 & 0 & 0 & 0
\end{pmatrix},
$$

知识拓展

线性代数补充习题

由此可知方程组有无穷多组解，方程组的解为

$$
\begin{cases}
s=300-v,\\
t=500-v,\\
u=-300+v+x,\\
w=-100+x.
\end{cases}
$$

$v$，$x$ 为自由变量.由于出入各交叉点的车辆不能为负数，即各未知数必须为正.$v$，$x$ 还必须满足以下条件：$0 \leqslant v \leqslant 300$，$x \geqslant 100$，取 $v=150$，$x=200$，则得到实际问题的一

组解为(150，350，50，150，150，200).

**【例 10-17】** 表 10-1 是某食谱中的三种食物及每 100 g 食物中各种营养素的含量.

表 10-1 某食谱中的三种食物及每 100 g 食物中各种营养素的含量 单位:g

| 营养素 | 100 克成分中所含营养素 | | | 食谱每天供应量 |
|---|---|---|---|---|
| | 脱脂牛奶 | 乳清 | 大豆粉 | |
| 碳水化合物 | 52 | 74 | 34 | 45 |
| 蛋白质 | 36 | 13 | 51 | 33 |
| 脂肪 | 0 | 1.1 | 7 | 3 |

求出三种营养素的某种组合，使该食谱每天能供给表中规定的碳水化合物、蛋白质、脂肪的含量(结果保留两位小数).

**解:** 设需要提供的脱脂牛奶，大豆粉，乳清分别为 $x_1$，$x_2$，$x_3$(单位:100 g)时能供给表中规定的碳水化合物、蛋白质和脂肪的含量，得方程组

$$\begin{cases}52x_1+34x_2+74x_3=45,\\36x_1+51x_2+13x_3=33,\\7x_2+1.1x_3=3.\end{cases}$$

解得

$$x_1=0.28,\ x_2=0.39,\ x_3=0.23.$$

故 28 g 脱脂牛奶，23 g 乳清，39 g 大豆粉能满足规定的碳水化合物、蛋白质、脂肪含量供给.

**【例 10-18】** 假设某个城市几条单行线道路每小时的车流量统计如图 10-3 所示(按箭头方向行驶).

(1) 建立确定每条道路流量的线性方程组.

(2) 为了唯一确定未知流量，还需要添加哪几条道路的流量统计?

(3) 当 $x_4=350$ 时，确定 $x_1$，$x_2$，$x_3$ 的值.

(4) 若 $x_4=200$，则单行线应该如何改动才合理?

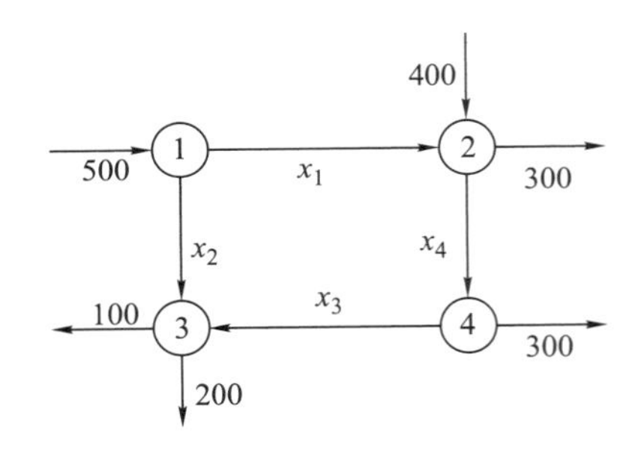


图 10-3 某城市单行线车流量

**解:【模型假设】** (1)每条道路都是单行线.(2)每个交叉路口进入和离开的车辆数目相等.

**【模型建立】** 根据图 10-3 和上述假设，在①，②，③，④四个路口进出车辆数目分别满足

$$①: 500=x_1+x_2,$$
$$②: 400+x_1=x_4+300,$$
$$③: x_2+x_3=100+200,$$
$$④: x_4=x_3+300.$$

**【模型求解】** 根据上述等式可得如下线性方程组

$$\begin{cases}x_1+x_2=500,\\x_1-x_4=-100,\\x_2-x_3=300,\\-x_3+x_4=300.\end{cases}$$

其增广矩阵为

$$(\boldsymbol{A},\boldsymbol{b})=\begin{pmatrix}1&1&0&0&500\\1&0&0&-1&-100\\0&1&1&0&300\\0&0&-1&1&300\end{pmatrix}\xrightarrow{\text{初等行变换}}\begin{pmatrix}1&0&0&-1&-100\\0&1&0&1&600\\0&0&1&-1&-300\\0&0&0&0&0\end{pmatrix},$$

由此可得

$$\begin{cases}x_1-x_4=-100,\\x_2+x_4=600,\\x_3-x_4=-300.\end{cases}$$

即

$$\begin{cases}x_1=x_4-100,\\x_2=-x_4+600,\\x_3=x_4-300.\end{cases}$$

为了唯一确定未知流量，只要添加 $x_4$ 统计的值即可.

当 $x_4=350$ 时，确定 $x_1=250$，$x_2=250$，$x_3=50$.

若 $x_4=200$，则 $x_1=100$，$x_2=400$，$x_3=-100<0$. 这表明单行线“③←④”应该改为“③→④”才合理.

**【例 10－19】** 一种佐料由四种原料 A、B、C、D 混合而成. 这种佐料现有两种规格，第一种规格每袋净重 7 g，第二种规格每袋净重 6 g. 这两种规格的佐料中，四种原料的比例分别为 2∶3∶1∶1 和 1∶2∶1∶2. 现在需要四种原料的比例为 4∶7∶3∶5 的第三种规格的佐料，问：第三种规格的佐料能否由前两种规格的佐料按一定比例配制而成？

**解：**设最后配成第三种规格的佐料为 19 g，其中使用前两种规格的佐料分别为 $7x$（单位：g）和 $6y$（单位：g），则

$$\begin{cases}2x+y=4,\\3x+2y=7,\\x+y=3,\\x+2y=5.\end{cases}$$

其增广矩阵

$$(\boldsymbol{A}, \boldsymbol{b})=\begin{pmatrix}2 & 1 & 4\\3 & 2 & 7\\1 & 1 & 3\\1 & 2 & 5\end{pmatrix}\xrightarrow{\text{初等行变换}}\begin{pmatrix}1 & 0 & 1\\0 & 1 & 2\\0 & 0 & 0\\0 & 0 & 0\end{pmatrix}.$$

由此可得 $\begin{cases}x=1,\\y=2.\end{cases}$ 所以第三种规格的佐料能由前两种规格的佐料按 7 : 12 的比例配制而成.

## 习题 10.4

1. 判断下列齐次线性方程组有无非零解.

$$\begin{cases}2x_1+2x_2-x_3=0,\\x_1-2x_2+4x_3=0,\\5x_1+8x_2-2x_3=0.\end{cases}$$

2. 当 $a$ 取什么值时，齐次线性方程组 $\begin{cases}ax_1+x_2-x_3=0,\\x_1+ax_2-x_3=0,\\2x_1-x_2+x_3=0\end{cases}$ 仅有零解，$a$ 取什么值时方程组有非零解?

# 第三模块　概率论与统计初步

CHAPTER 11

# 第 11 章　随机事件及其概率

算术者，科学之大本，而数理之源.

——阮元

学习要求

- 理解确定性现象和随机现象的概念，理解随机试验的概念和特点，理解样本空间和样本点的概念，会写出随机试验的样本空间，理解随机事件和基本事件的概念；
- 掌握事件间的关系与事件的运算；
- 理解概率的古典定义、统计定义，并能够运用古典概型进行简单的概率计算；
- 理解条件概率的定义，掌握其计算方法，掌握概率的加法公式与乘法公式在计算概率中的应用；
- 理解样本空间的一个划分的概念，掌握全概率公式的应用，了解贝叶斯公式及其应用；
- 理解事件相互独立需满足的条件，掌握相互独立事件在实际中的应用计算.

本章将从随机试验着手，介绍概率中的基本概念——样本空间、随机事件及其概率，重点阐述了古典概型的情况，并进一步讨论随机事件的关系运算及其性质，概率的性质和计算方法.

## 11.1　随机事件及其概率

### 11.1.1　随机试验

在科学研究和社会实践中常常会出现各种各样的现象.有一类现象，在一定的条件下一定会发生(或不发生),例如,在标准大气压下,水加热到 100 ℃就会沸腾;在没有外力作用下,物体会保持匀速直线运动或静止状态等;这类在一定条件下一定发生的现象称为**确定性现象**.还有一类现象,在观测之前无法预知其确切结果.例如,掷一颗骰子,可能出现的点数为 1, 2, 3, 4, 5, 6; 5 件产品中有 3 件次品,从中任意取 2 件,取到的次品件数可能为 0, 1, 2;投掷一枚质地均匀的硬币,可能正面朝上,也可能反面朝上;向某一目标射击,弹着点按照一定的规律分布.这些现象在个别试验中呈现不确定性,但在大量重复试验中其结果又具有统计规律的特点,这些现象统称为**随机现象**.

微课

随机现象及随机事件的概念

为了研究随机现象,我们把对自然界现象进行一次观测或做一次试验,称为试验.

**定义 11-1** 如果试验具备以下三个特点:

(1) 试验可以在相同的条件下重复进行(可重复性);

(2) 每次试验的结果具有多种可能,且试验之前可知试验的所有可能结果(可观察性);

(3) 每次试验前不能确定哪一个结果会出现(随机性).

则称这种试验为**随机试验**,简称试验,记作 $E$.对于一次试验 $E$,所有可能结果组成的集合称为 $E$ 的**样本空间**,记作 $\Omega$;试验的每一个可能结果,即 $\Omega$ 中的元素,称为样本点,记作 $\omega$.

**定义 11-2** 在随机试验中,把一次试验中可能出现也可能不出现,但在大量重复试验中却出现某种统计规律的随机现象称为**随机事件**,简称**事件**,常用大写英文字母 $A$、$B$、$C$ 等表示.事件可表述为样本空间中基本事件的某个集合.

每次试验中一定会发生的事件称为**必然事件**(记作 $\Omega$);每次试验中一定不会发生的事件称为**不可能事件**(记作$\varnothing$).只含一个样本点的事件称为**基本事件**.

**【例 11-1】** 投掷一枚质地均匀的硬币,观察出现正反面的情况,其样本空间为

$$\Omega_1=\{\text{正面朝上,反面朝上}\}.$$

该事件共有 2 个基本事件,其中 $A=\{\text{正面朝上}\}$, $B=\{\text{反面朝上}\}$ 都是随机事件.

**【例 11-2】** 投掷一枚骰子,观察出现的点数,其样本空间为

$$\Omega_2=\{1, 2, 3, 4, 5, 6\},$$

该事件共有 6 个基本事件. $A=\{\text{出现 3 点}\}$, $B=\{\text{出现奇数点}\}$, $C=\{\text{点数之和为 5}\}$ 等都是随机事件.

**【例 11-3】** 5 件产品中有 2 件次品(分别记作 $a_1$, $a_2$)和 3 件正品(分别记作 $b_1$, $b_2$, $b_3$),从中任意取两件,则样本空间为

$$\begin{aligned}\Omega_3=\{&(a_1, a_2), (a_1, b_1), (a_1, b_2), (a_1, b_3), (a_2, b_1),\\&(a_2, b_2), (a_2, b_3), (b_1, b_2), (b_1, b_3), (b_2, b_3)\},\end{aligned}$$

该事件共 10 个基本事件. $A=\{\text{至少有 1 件次品}\}$, $B=\{\text{不全是次品}\}$, $C=\{\text{有 2 件正品}\}$ 等都是随机事件.

**【例 11-4】** 从一批电子元件中随机抽取 1 件,检测它的寿命,其样本空间为

$$\Omega_4=\{t \mid t\geqslant 0\},$$

该事件有无数个基本事件. $A_1=\{\text{寿命在 100 h 以内}\}$, $A_2=\{\text{寿命在 1 000 到 2 000 h 之

间}，$A_3$={寿命在3 000 h以上}等都是随机事件.

【例11-5】 写出下列随机试验的样本空间及下列事件包含的基本事件.

(1) 投掷一枚质地均匀的硬币两次：①第一次出现正面；②两次出现同一面；③至少有一次出现正面.

(2) 在1，2，3，4四个数中可重复地抽取两个数，其中一个数是另一个数的两倍.

(3) 将$a$，$b$两只球随机地放到3个盒子中去，第一个盒子中至少有一个球.

分析：可对照集合的概念来理解样本空间和基本事件，样本空间指全集，基本事件是元素，事件则是包含在全集中的子集.

解：(1) 投掷一枚质地均匀硬币两次，其结果有四种可能，若用(正，反)表示"第一次出现正面，第二次出现反面"这一基本事件，其余类似，则样本空间为

$$\Omega_1=\{(正,正),(正,反),(反,正),(反,反)\},$$

用$A$、$B$、$C$分别表示上述事件①、②、③，则

事件$A$={(正，正)，(正，反)}；

事件$B$={(正，正)，(反，反)}；

事件$C$={(正，正)，(正，反)，(反，正)}.

(2) 在1，2，3，4四个数中可重复地抽取两个数，共有$4^2=16$种可能，若用$(i, j)$表示"第一次取数$i$，第二次取数$j$"这一基本事件，则样本空间为

$$\Omega_2=\{(i, j) \mid i, j=1, 2, 3, 4\},$$

其中一个数是另一个数的两倍的事件为：{(1，2)，(2，1)，(2，4)，(4，2)}.

(3) 三个盒子分别记作甲、乙、丙，将$a$，$b$两只球随机地放到3个盒子中去共有$3^2=9$种结果.若用(甲、乙)表示"$a$球放入甲盒，$b$球放入乙盒"这一基本事件，其余类似，则样本空间为

$$\Omega_3=\{(甲,甲),(甲,乙),(甲,丙),(乙,乙),(乙,甲),(乙,丙),(丙,甲),(丙,乙),(丙,丙)\}.$$

第一个盒子中至少有一个球的事件为：{(甲，甲)，(甲，乙)，(甲，丙)，(乙，甲)，(丙，甲)}.

## 11.1.2 事件的关系与运算

1. 事件的并(或和)

事件$A$与事件$B$至少有一个发生，称为事件$A$与$B$的和(或并).它是由属于$A$或$B$的所有基本事件构成的集合，如图11-1所示，记作$A \cup B$，即

$$A \cup B=\{e \mid e \in A 或 e \in B\}.$$

如果$n$个事件$A_1$，…，$A_n$中至少有一个发生，则称之为事件$A_1$，…，$A_n$的并，记作

$$A_1 \cup \cdots \cup A_n 或 \bigcup_{i=1}^{n} A_i.$$

如果可列多个事件 $A_1, \cdots, A_n, \cdots$ 中至少有一个发生，则称之为可列多个事件 $A_1, \cdots, A_n, \cdots$ 的和，记作 $\bigcup_{i=1}^{\infty} A_i$.

2. 事件的交(或积)

两个事件 $A$ 与 $B$ 同时发生，称为事件 $A$ 与 $B$ 的交.它是由属于 $A$ 且属于 $B$ 的基本事件构成的集合，如图 11-2 所示，记作 $A \cap B$ 或 $AB$，即

$$A \cap B = AB = \{e \mid e \in A \text{ 且 } e \in B\}.$$

如果 $n$ 个事件 $A_1, \cdots, A_n$ 同时发生，则称之为事件 $A_1, \cdots, A_n$ 的交，记作

$$A_1 \cap A_2 \cap \cdots \cap A_n \text{ 或 } A_1 A_2 \cdots A_n.$$

如果可列多个事件 $A_1, \cdots, A_n, \cdots$ 同时发生，则称之为可列多个事件 $A_1, \cdots, A_n, \cdots$ 的交，记作

$$A_1 \cap A_2 \cap \cdots \cap A_n \cap \cdots \text{ 或 } \bigcap_{i=1}^{\infty} A_i.$$

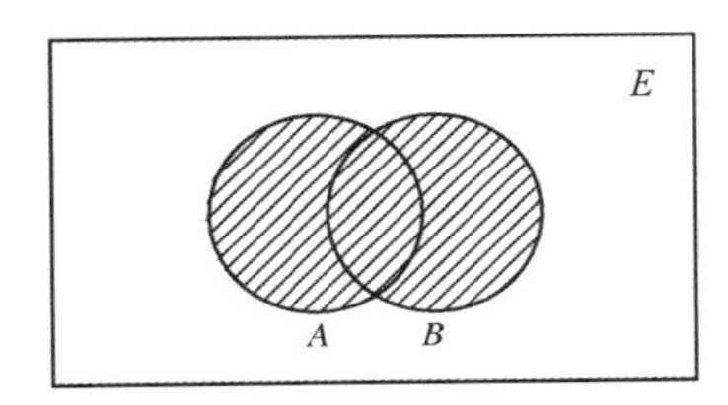

图 11-1

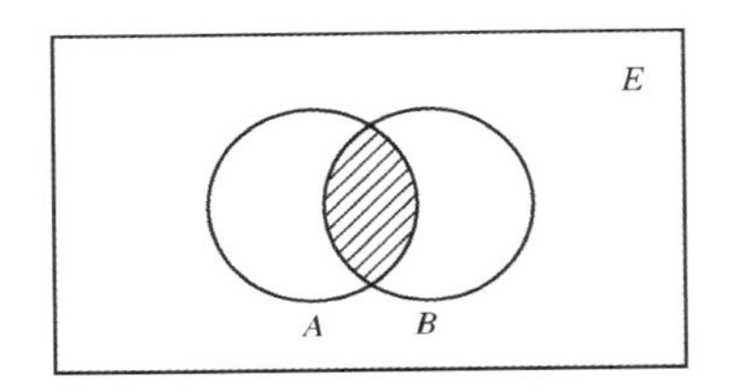

图 11-2

3. 事件的差

事件 $A$ 发生而 $B$ 不发生，称为事件 $A$ 与 $B$ 的差.它是由属于 $A$ 且不属于 $B$ 的基本事件构成的集合，如图 11-3 所示，记作 $A-B$，则

$$A - B = \{e \mid e \in A \text{ 且 } e \notin B\}.$$

4. 事件的包含关系

如果事件 $A$ 发生必导致事件 $B$ 发生，则称事件 $B$ 包含事件 $A$ 或事件 $A$ 包含于事件 $B$，如图 11-4 所示，记作 $B \supset A$ 或 $A \subset B$，显然对于任何事件 $A$，有 $\varnothing \subset A \subset \Omega$.

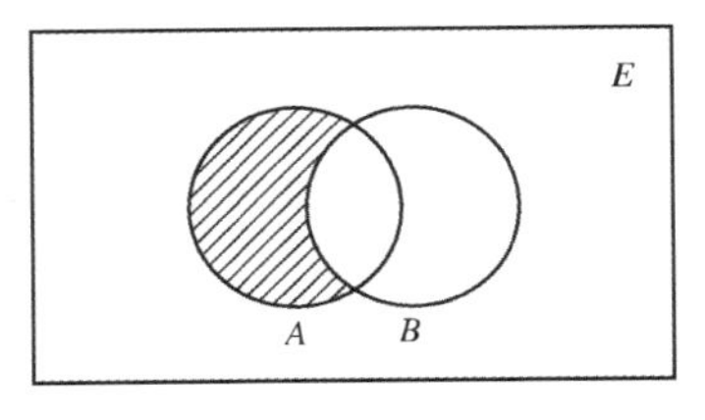

图 11-3

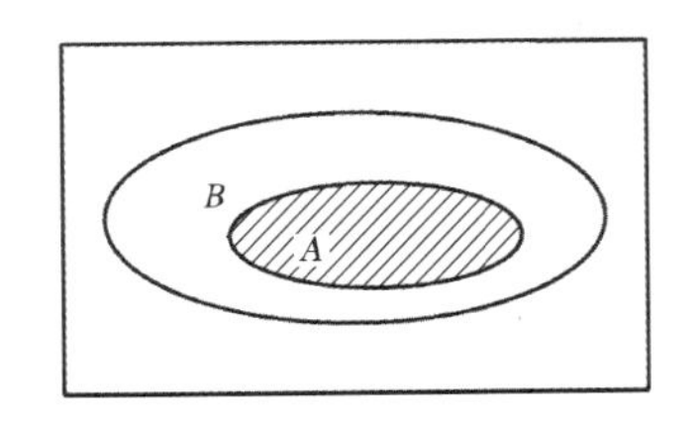

图 11-4

例如，在图 11-4 中，设事件 $A$ 表示点随机落在小圆内，事件 $B$ 表示点随机落在大圆内，则有 $B \supset A$.

5. 事件的相等关系

如果“事件 $A$ 发生必导致事件 $B$ 发生”且“事件 $B$ 发生必导致事件 $A$ 发生”，即 $A \subset B$ 且 $B \subset A$，则称 $A$ 与 $B$ 相等，即 $A$ 与 $B$ 中的基本事件完全相同，记作 $A = B$.

6. 事件的互斥关系（互不相容）

如果事件 $A$ 与事件 $B$ 不能同时发生，即 $AB = \varnothing$，则称事件 $A$ 与 $B$ 互斥（互不相容），如图 11－5 所示.显然事件 $A$ 与 $B$ 没有共同的基本事件.

在任一随机试验中，基本事件是互斥的；对于任意的事件 $A$ 和 $B$，$A \cap (B - A) = \varnothing$.

若 $A$ 与 $B$ 互斥，则和事件 $A \cup B$ 可以简记为 $A+B$. 若 $n$ 个事件 $A_1, \cdots, A_n$ 中的任意两个不同事件互斥，即 $A_iA_j = \varnothing (i \neq j, i, j = 1, 2, \cdots, n)$，则称 $n$ 个事件两两互斥（两两互不相容），此时 $\bigcup\limits_{i=1}^{n} A_i$ 也可简记作

$$\bigcup_{i=1}^{n} A_i = A_1 + A_2 + \cdots + A_n.$$

两两互斥的概念可以推广到可列多个事件的情形，并且把 $\bigcup\limits_{i=1}^{\infty} A_i$ 简记为 $\sum\limits_{i=1}^{\infty} A_i$，如图 11－6所示.

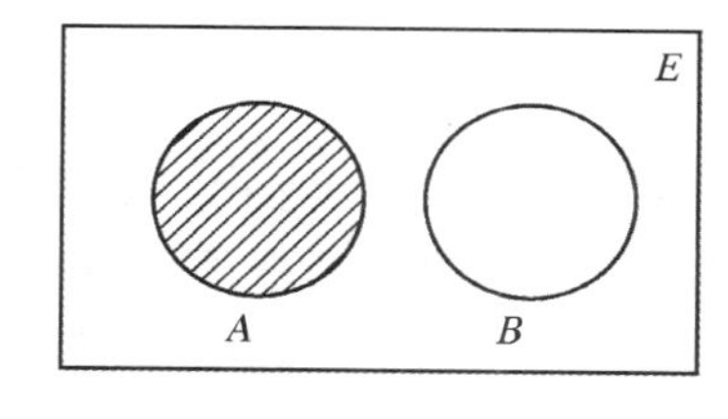

图 11－5

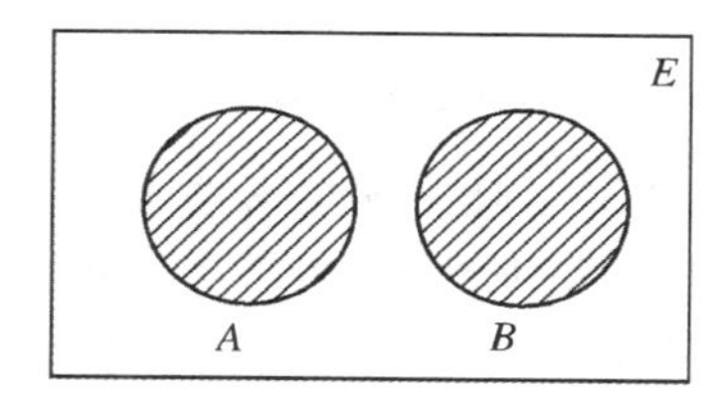

图 11－6

7. 事件的对立关系（逆事件）

如果事件 $A$ 与事件 $B$ 满足 $A \cup B = \Omega$，且 $AB = \varnothing$，则称事件 $A$ 与事件 $B$ 互为对立事件（或逆事件），记作 $B = \bar{A}$. 显然，$A\bar{A} = \varnothing$，$A + \bar{A} = \Omega$，$\bar{\bar{A}} = A$.

思考题

对立事件与不相容事件

## 11.1.3 事件的运算规律

在事件运算时，常用到下面的运算法则.

**交换律：** $A \cup B = B \cup A$，$AB = BA$；

**结合律：** $A \cup (B \cup C) = (A \cup B) \cup C$，$(A \cap B) \cap C = A \cap (B \cap C)$；

**分配律：** $(A \cap B) \cup C = (A \cup C) \cap (B \cup C)$，$(A \cup B) \cap C = (A \cap C) \cup (B \cap C)$；

**对偶律：** $\overline{A \cap B} = \bar{A} \cup \bar{B}$，$\overline{A \cup B} = \bar{A} \cap \bar{B}$，可推广至有限个情形：$\overline{\bigcup\limits_{i=1}^{n} A_i} = \bigcap\limits_{i=1}^{n} \overline{A_i}$，$\overline{\bigcap\limits_{i=1}^{n} A_i} = \bigcup\limits_{i=1}^{n} \overline{A_i}$.

**【例 11－6】** 设 $A$、$B$、$C$ 为三个事件，用 $A$、$B$、$C$ 的运算关系表示下列各事件：

(1) $A$、$B$、$C$ 都发生；
(2) 仅 $B$ 发生；
(3) 恰有一个事件发生；
(4) 至少有一个事件发生；
(5) 至多有两个事件发生；
(6) 所有三个事件都不发生；
(7) 恰有两个事件发生；
(8) 至少有两个事件发生.

互动练习

对立事件

**解**：(1) $ABC$；
(2) $\bar{A}B\bar{C}$；
(3) $A\bar{B}\bar{C}+\bar{A}B\bar{C}+\bar{A}\bar{B}C$；
(4) $A\bar{B}\bar{C}+\bar{A}B\bar{C}+\bar{A}\bar{B}C+\bar{A}BC+A\bar{B}C+AB\bar{C}+ABC$ 或 $A\cup B\cup C$；
(5) $\overline{ABC}$；
(6) $\bar{A}\bar{B}\bar{C}$；
(7) $AB\bar{C}+A\bar{B}C+\bar{A}BC$；
(8) $ABC+AB\bar{C}+A\bar{B}C+\bar{A}BC$ 或 $AB\cup AC\cup BC$.

## 11.1.4 频率与概率

在一次试验中，任一随机事件有可能发生也有可能不发生，但是我们常常需要知道某一个事件发生的可能性大小.在大量重复某一试验时，会发现有的事件发生的次数多，有的事件发生的次数少，也就是说事件发生的可能性大小不一样，那如何来度量这种可能性的大小呢？为此引入频率的概念.

**定义 11-3** 事件 $A$ 在 $n$ 次重复试验中出现 $n_A$ 次，则比值 $\frac{n_A}{n}$ 称为事件 $A$ 在 $n$ 次重复试验中出现的频率，记作 $f_n(A)$，即 $f_n(A)=\frac{n_A}{n}$. 频率 $f_n(A)$ 有如下性质：

**性质 11-1** $0\leqslant f_n(A)\leqslant 1$；

**性质 11-2** $f_n(\Omega)=1$；

**性质 11-3** 若 $A$ 与 $B$ 互斥，即 $AB=\varnothing$，则 $f_n(A\cup B)=f_n(A)+f_n(B)$.

历史上著名的统计学家德·摩根、蒲丰和皮尔逊进行过大量掷硬币的试验，如表 11-1 所示.

表 11-1 掷硬币试验结果

| 试验者 | 投掷次数 $n$ | 出现正面朝上次数 $m$ | 出现正面朝上频率 $\frac{m}{n}$ |
|---|---|---|---|
| 德·摩根 | 2 048 | 1 061 | 0.518 |
| 蒲 丰 | 4 040 | 2 048 | 0.506 9 |
| 皮尔逊 | 12 000 | 6 019 | 0.501 6 |
| 皮尔逊 | 24 000 | 12 012 | 0.500 5 |

由表11-1可知，出现正面的频率接近0.5，并且投掷次数越多，频率越接近0.5.经验表明，当试验重复多次时，随机事件$A$的频率具有一定的稳定性，即在不同的试验中，当试验次数$n$充分大时，随机事件$A$的频率$f_n(A)$常在一个稳定值附近摆动，因此我们可以用该稳定值定量地描述随机事件发生的可能性大小.

1. 统计概率

**定义11-4** 在不变的条件下，重复进行$n$次试验，若事件$A$发生的频率稳定地在某一常数$p$附近摆动，且一般说来，$n$越大，摆动的幅度越小，则称常数$p$为事件$A$的概率，记作$P(A)$.

例如0.5就是投掷一枚硬币，出现正面朝上可能性的大小.概率的稳定性是概率论的基础，一个事件发生的概率完全取决于事件本身的结构，是先于试验客观存在的.

2. 概率的公理化定义及性质

为了研究需要，下面来建立概率的公理化定义.

由于概率是频率的稳定值，因而概率也具有如下性质.

(1) 非负性：对任何事件$A$，有$0 \leqslant P(A) \leqslant 1$.

(2) 规范性：$P(\Omega)=1$.

(3) 可加性：若$A_iA_j=\varnothing(i \neq j,\ i,\ j=1,\ 2,\ \cdots,\ n)$，有

$$P\left(\bigcup_{i=1}^{n} A_i\right)=\sum_{i=1}^{n} P(A_i).$$

若$A_iA_j=\varnothing(i \neq j,\ i,\ j=1,\ 2,\ \cdots,\ n,\ \cdots)$，有

$$P\left(\bigcup_{i=1}^{\infty} A_i\right)=\sum_{i=1}^{\infty} P(A_i).$$

以上三条性质也称作概率的公理化定义，可以推导出概率的一些其他性质.

3. 概率的其他性质

**性质11-4** $P(\varnothing)=0$.

**性质11-5** 对于任一事件$A$，有$P(\bar{A})=1-P(A)$.

**证**：由于$A+\bar{A}=\Omega$，$A\bar{A}=\varnothing$，由概率的可加性知

$$P(\bar{A})+P(A)=P(\bar{A}+A)=P(\Omega)=1,$$

从而

$$P(\bar{A})=1-P(A).$$

**性质11-6** $P(A-B)=P(A\bar{B})=P(A)-P(AB)$.

特别地，若$A \supset B$，则$P(A-B)=P(A)-P(B)$.

**证**：因为$A=AB \cup (A-B)$且$(AB) \cap (A-B)=\varnothing$，由概率的有限可加性得$P(A)=P(AB)+P(A-B)$，移项即可得性质11-6.

思考题

概率

**性质11-7** 设$A$，$B$为两事件，则$P(A \cup B)=P(A)+P(B)-P(AB)$.

**证**：因为$A \cup B=A \cup (B-A)$且$A \cap (B-A)=\varnothing$，由概率的可加性知

$$P(A \cup B)=P(A)+P(B-A)=P(A)+P(B)-P(AB).$$

**【例 11-7】** 已知 $A \supset B$, $P(A)=0.5$, $P(B)=03$, 求:

(1) $P(\bar{A})$; (2) $P(A-B)$; (3) $P(A \cup B)$; (4) $P(B-A)$.

**解:** (1) $P(\bar{A})=1-P(A)=0.5$;

(2) $P(A-B)=P(A)-P(B)=0.2$;

(3) $P(A \cup B)=P(A)=0.5$;

(4) $P(B-A)=P(B)-P(AB)=P(B)-P(B)=0$.

**【例 11-8】** 已知某奶厂生产 $A$, $B$ 两种牛奶,在一城市中,订购 $A$ 种牛奶的有 50%,订购 $B$ 种牛奶的有 45%,同时订购 $A$, $B$ 两种牛奶的有 15%,求下列事件的概率.

(1) 只订购 $A$ 种牛奶;

(2) 至少订购一种牛奶;

(3) 至多订购一种牛奶.

**解:** 设 $A$, $B$ 分别表示订购 $A$ 种牛奶, $B$ 种牛奶事件,由题意可知,

$$P(A)=0.5,\ P(B)=0.45,\ P(AB)=0.15;$$

(1) 只订购 $A$ 种牛奶的概率

$$P(A\bar{B})=P(A)-P(AB)=0.5-0.15=0.35;$$

(2) 至少订购一种牛奶的概率

$$P(A \cup B)=P(A)+P(B)-P(AB)=0.5+0.45-0.15=0.8;$$

(3) 至多订购一种牛奶的概率

$$P(\overline{AB})=1-P(AB)=1-0.15=0.85.$$

## 习题 11.1

1. 对于事件 $A$, $B$, $C$, 试用 $A$, $B$, $C$ 的运算表示下列事件:

(1) $A$ 不发生,而 $B$, $C$ 中至少有一个发生;

(2) $A$, $B$, $C$ 中不多于一个发生.

2. 有 100 个产品,其中 95 个正品,5 个次品,求:

(1) 任取 3 个,共有多少种取法?

(2) 任取 3 个,要求不出现次品,问有多少种取法?

(3) 任取 3 个,正好有 1 个次品,问有多少种取法?

3. 写出下列事件的样本空间:

(1) 一口袋中有许多红色、白色、蓝色球,在其中任取 4 只,观察它们的颜色;

(2) 生产产品直到得到 10 件正品,记录生产产品的总件数.

4. 设 $P(A)=x$, $P(B)=y$, $P(AB)=z$, 用 $x$, $y$, $z$ 表示事件 $P(A \cup B)$ 的概率.

# 11.2 古典概型

## 11.2.1 古典概型

**定义 11-5** 若随机试验 $E$ 满足下列条件：

(1) 随机试验的样本空间只有有限个样本点，即 $\Omega=\{\omega_1, \omega_2, \cdots, \omega_n\}$；

(2) 若每个样本点发生的可能性相同，即 $P(\omega_1)=P(\omega_2)=\cdots=P(\omega_n)=\dfrac{1}{n}$，则称此试验为**古典概型**，也称为等可能概型，这是一类最简单也是最常见的随机试验.

下面介绍古典概型中事件概率的计算公式.

设随机试验 $E$ 的样本空间 $\Omega=\{\omega_1, \omega_2, \cdots, \omega_n\}$，且每个基本事件出现的概率相等，于是易知 $P(\{\omega_i\})=\dfrac{1}{n}(i=1, 2, \cdots, n)$.

**定理 11-1** 对于任一随机事件 $A$，若 $A$ 包含 $m$ 个基本事件，即 $A=\{\omega_{i_1}, \omega_{i_2}, \cdots, \omega_{i_m}\}$，则有

$$P(A)=P(\omega_{i_1})+P(\omega_{i_2})+\cdots+P(\omega_{i_m})=\frac{m}{n},$$

即

$$P(A)=\frac{m}{n}=\frac{A\text{ 中包含的基本事件数}}{\Omega\text{ 中基本事件总数}}=\frac{|A|}{|\Omega|}.$$

其中 $|A|$ 表示事件 $A$ 所包含的基本事件总数.上式表明，在古典概型中，事件 $A$ 的概率仅仅与样本空间包含基本事件总数和 $A$ 包含的基本事件个数有关，而与 $A$ 包含的是哪些具体的基本事件无关.

## 11.2.2 古典概型概率的计算

1. 抽样问题

**【例 11-9】** 某袋子中有 2 个白球，4 个黑球，从中任取 2 个球，计算取出的两个球都是黑球的概率.

**解：** 该试验的基本事件总数 $|\Omega|=C_6^2$，若用 $A$ 表示"取出的两个球都是黑球"，则 $|A|=C_4^2$，由定理 11-1 得

$$P(A)=\frac{|A|}{|\Omega|}=\frac{C_4^2}{C_6^2}=\frac{6}{15}=0.4.$$

**【例 11－10】** 一批产品共 100 件，其中次品 3 件，从中连续抽取两件，请考虑以下两种情形.

(1) 不放回抽取：即第一次抽取 1 件不放回，第二次再抽取一件(记为事件 $B$)；

(2) 放回抽取：即第一次抽取 1 件检查后放回，第二次再抽取一件(记为事件 $C$).

试分别就上述情况，求第一次抽到正品，第二次抽到次品的概率.

**解：**(1) 不放回抽取时，由于要考虑 2 件产品取出的顺序，连续两次抽取共有 $\mathrm{A}_{100}^{2}$ 种方法，即 $|\Omega|=\mathrm{A}_{100}^{2}$. 第一次在 97 个正品中抽取，共有 97 种抽取方法，第二次在 3 个次品中抽取，共有 3 种抽取方法.这样，$|B|=97\times 3$，从而所求的概率为

$$P(B)=\frac{|B|}{|\Omega|}=\frac{97\times 3}{\mathrm{A}_{100}^{2}}\approx 0.029\,4;$$

(2) 放回抽取时，第一次抽取共有 100 种方法，然后将抽取的产品放回再进行第二次抽取，这样第二次抽取还是有 100 种方法，因此 $|\Omega|=100\times 100$. 此时 $|C|$ 仍然为 $97\times 3$，则所求的概率为

$$P(C)=\frac{|C|}{|\Omega|}=\frac{97\times 3}{100\times 100}0.029\,1.$$

2. 占位问题

**【例 11－11】** 某班级共有 $n$ 个人 ($n\leqslant 365$)，问至少有两个人的生日在同一天的概率是多少？

**解：**假设一年按 365 天计算，则 $n$ 个人的生日共有 $365^n$ 种可能，即 $|\Omega|=365^n$. 若 $A=\{n$ 个人中至少有两个人的生日相同$\}$，则 $\bar{A}=\{n$ 个人中生日全不相同$\}$，由排列组合知识可知 $|\bar{A}|=\mathrm{A}_{365}^{n}$，因此

$$P(\bar{A})=\frac{\mathrm{A}_{365}^{n}}{365^n}=\frac{365!}{365^n\cdot(365-n)!}.$$

由于

$$P(\bar{A})+P(A)=1,$$

于是

$$P(A)=1-\frac{365!}{365^n\cdot(365-n)!}.$$

这个例子是历史上有名的“生日问题”，对不同的一些 $n$ 值，计算得相应的 $P(A)$ 值如表 11－2 所示.

表 11－2　某班级至少有两个人的生日在同一天的概率

| $n$ | 10 | 20 | 23 | 30 | 40 | 50 |
|---|---|---|---|---|---|---|
| $P(A)$ | 0.12 | 0.41 | 0.51 | 0.71 | 0.89 | 0.97 |

表 12－1 的答案也许令我们惊奇，但也告诉我们，“直觉”并不可靠，这有力地说明了研究随机现象统计规律的重要性.

**【例 11－12】** 把 $n$ 个不同的球随机地放入 $N$ ($N\geqslant n$) 个盒子中，求下列事件的概率：

(1) 某指定的 $n$ 个盒子中各有一个球(设为事件 $A$);

(2) 任意 $n$ 个盒子中各有一个球(设为事件 $B$);

(3) 指定的某个盒子中恰有 $m$ $(m<n)$ 个球(设为事件 $C$).

微课

占位问题

**解:** 这是一个典型的古典概型问题.每个球都有 $N$ 种放法,$n$ 个球共有 $N^n$ 种不同的放法,即样本空间中所含的基本事件数为 $|\Omega|=N^n$.

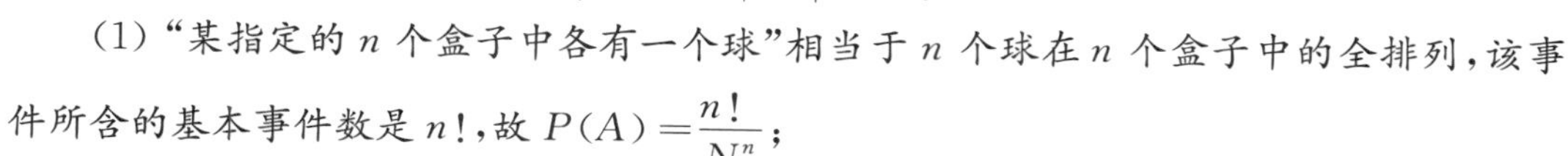

(1)“某指定的 $n$ 个盒子中各有一个球”相当于 $n$ 个球在 $n$ 个盒子中的全排列,该事件所含的基本事件数是 $n!$,故 $P(A)=\dfrac{n!}{N^n}$;

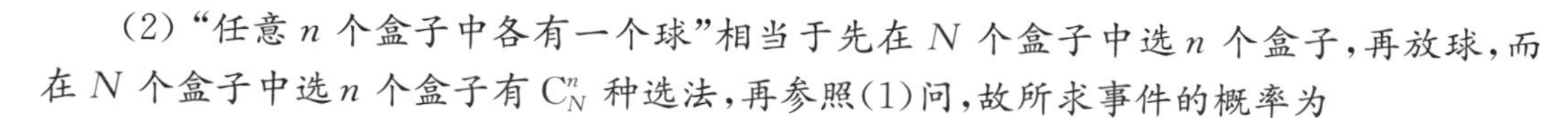

(2)“任意 $n$ 个盒子中各有一个球”相当于先在 $N$ 个盒子中选 $n$ 个盒子,再放球,而在 $N$ 个盒子中选 $n$ 个盒子有 $\mathrm{C}_N^n$ 种选法,再参照(1)问,故所求事件的概率为

$$P(B)=\frac{\mathrm{C}_N^n\cdot n!}{N^n};$$

(3)“指定的某个盒子中恰有 $m$ $(m<n)$ 个球”相当于先从 $n$ 个球中取 $m$ 个放入某指定的盒中,再把剩下的 $n-m$ 个球放入 $N-1$ 个盒中.从 $n$ 个球中取 $m$ 个有 $\mathrm{C}_n^m$ 种选法,剩下的 $n-m$ 个球中的每一个球都有 $N-1$ 种放法,故所求事件的概率为

$$P(B)=\frac{\mathrm{C}_n^m\cdot(N-1)^{n-m}}{N^n}.$$

3. 抽签问题

**【例 11-13】** 设袋子中有 $a$ 个白球和 $b$ 个黑球,某人从袋子中取球,在有放回情形和不放回情形下,试求该人第 $k$ 次取到的球是白球(记为事件 $A$)的概率 $(1\leqslant k\leqslant a+b)$.

**解:** (1) 有放回情形下,显然每次取球前袋子中的球是一样的,故有

$$P(A)=\frac{a}{a+b}.$$

(2) 不放回情形下,把第 1 次取球到第 $k$ 次取球整体可以看作一个基本事件,这样共有 $|\Omega|=(a+b)(a+b-1)\cdots[a+b-(k-1)]=\mathrm{A}_{a+b}^k$ 个基本事件.对于 $A=\{$第 $k$ 次取的球是白球$\}$,可以分两步来处理,首先,定位第 $k$ 次取的球是白球有 $a$ 种可能,其次,前面的 $k-1$ 次取球中,第一次取球只能在 $a+b-1$ 个球中任取一个,共有 $(a+b-1)(a+b-2)\cdots[(a+b-1)-(k-1)+1]=\mathrm{A}_{a+b-1}^{k-1}$ 种取法,于是 $|A|=a\mathrm{A}_{a+b-1}^{k-1}$,从而有

$$P(A)=\frac{a\mathrm{A}_{a+b-1}^{k-1}}{\mathrm{A}_{a+b}^k}=\frac{a}{a+b}.$$

上述答案显然与取球的次数 $k$ 无关,即对于不同的取球次数,取到白球的概率是一样的.这就是我们常见的抓阄模型.值得注意的是,在本题中,有放回的情况下和无放回的情况下 $P(A)$ 的概率都是一样的.

4. 配对问题

**【例 11-14】** 从 $n$ 对不同款式的耳环中任取 $2r$ $(2r<n)$ 只,求下列事件的概率:

(1) 没有成对的耳环；　　(2) 只有一对耳环；

(3) 恰有两对耳环；　　(4) 有 $r$ 对耳环.

**解**:从 $n$ 对不同款式的耳环中任取 $2r(2r<n)$ 只，共有 $C_{2n}^{2r}$ 种取法.

(1) 先从 $n$ 对不同款式的耳环中取 $2r$ 对，有 $C_n^{2r}$ 种取法，然后从每对中取出 1 只，即 $\underbrace{C_2^1\cdot C_2^1\cdot\cdots\cdot C_2^1}_{2r}$ 种取法，故所求概率为

$$p_1=\frac{C_n^{2r}(C_2^1)^{2r}}{C_{2n}^{2r}};$$

(2) 先从 $n$ 对中任取 1 对，有 $C_n^1$ 种取法，再从剩下的 $n-1$ 对中取 $2r-2$ 对，有 $C_{n-1}^{2r-2}$ 种取法，最后从每对中取出一只，有 $(C_2^1)^{2r-2}$ 种取法，故所求概率为

$$p_2=\frac{C_n^1C_{n-1}^{2r-2}(C_2)^{2r-2}}{C_{2n}^{2r}};$$

(3) 先从 $n$ 对中任取 2 对，有 $C_n^2$ 种取法，再从剩下的 $n-2$ 对中取 $2r-4$ 对，有 $C_{n-2}^{2r-4}$ 种取法，最后从每对中取出一只，有 $(C_2^1)^{2r-4}$ 种取法，故所求概率为

$$p_3=\frac{C_n^2C_{n-2}^{2r-4}(C_2^1)^{2r-4}}{C_{2n}^{2r}};$$

(4) 从 $n$ 对中任取 $r$ 对即可，故所求概率为

$$p_4=\frac{C_n^r}{C_{2n}^{2r}}.$$

5. 取数问题(整除、非整除问题)

**【例 11-15】** 在 1～2 000 的整数里随机地取一个数，问取到的整数既不能被 6 整除也不能被 8 整除的概率是多少？

**解**:从 1～2 000 的整数里随机地取一个数，样本空间的总样本点数为 2 000.

设事件 $A$ 表示“取到的数能被 6 整除”，事件 $B$ 表示“取到的整数能被 8 整除”，则所求事件为 $\overline{A\cup B}$.

思考题

实际推断原理

对于事件 $A$，　　$6x\leqslant 2\,000,\ x=333,$

即　　$$n(A)=333,\ P(A)=\frac{333}{2\,000},$$

同理，

$$n(B)=250,\ P(B)=\frac{250}{2\,000},$$

对于事件 $AB$，　　$24z\leqslant 2\,000,\ z=83,$

即　　$$n(AB)=83,\ P(AB)=\frac{83}{2\,000}.$$

故所求概率为

$$P(\overline{A\cup B})=1-P(A\cup B)=1-[P(A)+P(B)-P(AB)]=\frac{3}{4}.$$

**习题 11.2**

1. 分别写着号码1，2，…，10的10张卡片装在一个袋子中，从中任取3张，问在中间的卡片其号码恰好为5的概率是多少？

2. 袋子中有红、黄、白、蓝色球各一个，每次任取一个，有放回地抽取三次，求下列事件的概率：

(1) 三个球都是红色；

(2) 三个球的颜色全不同；

(3) 三个球中没有红色的；

(4) 三个球全是红球或蓝球.

3. 从$n$双型号各不相同的鞋子中任取$2r$只$(2r\leqslant n)$，试求下列事件的概率：

(1) 没有一双鞋配对；

(2) 恰有一双鞋配对；

(3) $r$双鞋都配对.

4. $n$个人随机地围绕圆桌而坐，求其中甲、乙两人座位相邻的概率.

5. 随机地将15名新生平均分配到三个班级中去，这15名新生中有3名是优秀生，问：3名优秀生分到同一个班级的概率是多少？

6. 有3名女性，每人有同等的机会分配到10间房中的任一间，试求下列事件的概率：

(1) 某指定的3间房中各有1人；

(2) 某指定的1间房中恰有2个人.

7. 从所有三位数(100～999)中随机取一个数，求它能被5或者8整除的概率.

# 11.3 条件概率

## 11.3.1 条件概率与乘法公式

在实际问题中，我们除了要知道事件$A$概率$P(A)$，有时还需要知道“在事件$B$发生的条件下，事件$A$发生的概率”.

例如产品的次品率问题，两台机床加工同一零件，得到合格及次品零件的数量如

表 11-3所示.

表 11-3 两台机床加工零件情况

| | 合格品数 | 次品数 | 总计 |
|---|---|---|---|
| 第一台机床 | 35 | 5 | 40 |
| 第二台机床 | 50 | 10 | 60 |
| 总 计 | 85 | 15 | 100 |

显然从这 100 个零件中任取一个零件，令 $A=\{$取到的零件为合格品$\}$，$B=\{$取到的零件是第一台机床加工的$\}$，由题意可知 $P(A)=\frac{85}{100}=0.85$.

如果从 100 个零件中任意取一个，已知取到的是第一台机床加工的零件，问它的合格品的概率是多少？于是所求的概率是事件 $B$ 发生的条件下事件 $A$ 发生的概率，所以称它为 $B$ 发生的条件下事件 $A$ 发生的概率，记作 $P(A|B)$. 由于取到的是第一台机床加工的零件，已知第一台机床共加工了 40 个零件，其中 35 个合格，所以

$$P(A \mid B)=\frac{35}{40}.$$

经过观察，不难发现它们之间有如下的关系：

$$P(A \mid B)=\frac{35}{40}=\frac{35/100}{40/100}=\frac{P(AB)}{P(B)}.$$

**定义 11-6** 设 $E$ 的样本空间为 $\Omega$，对任意两个事件 $A$，$B$，其中 $P(B)>0$，则称

$$P(A \mid B)=\frac{P(AB)}{P(B)} \tag{11-1}$$

为在已知事件 $B$ 发生的条件下事件 $A$ 发生的条件概率.

类似地，

$$P(B \mid A)=\frac{P(AB)}{P(A)},\ P(A)>0 \tag{11-2}$$

表示事件 $A$ 发生的条件下事件 $B$ 发生的条件概率.

**【例 11-16】** 一个家庭中有两个孩子，已知其中 A 是女孩，求此时 B 还是女孩的概率(假定一个孩子是男孩还是女孩的概率是等可能的).

**解:** 根据题意可知，样本空间为

$\Omega=\{$(A 男,B 男),(B 男,A 男),(A 男,B 女),(B 女,A 男),(A 女,B 男),(B 男,A 女),(A 女,B 女),(B 女,A 女)$\}$(位置在前的表示年纪大的孩子),

$A=\{$A 是女孩$\}=\{$(A 女,B 男),(B 男,A 女),(A 女,B 女),(B 女,A 女)$\}$,

$AB=\{$A 是女孩,B 还是女孩$\}=\{$(A 女,B 女),(B 女,A 女)$\}$,

于是所求的概率为

$$P(B \mid A)=\frac{P(AB)}{P(A)}=\frac{\frac{2}{8}}{\frac{4}{8}}=\frac{1}{2}.$$

也就是说，$A$ 是不是女孩不影响 $B$ 的性别，所以这是一种无条件概率.

**定义 11－7** 若将公式(11－1)改写为

$$P(AB)=P(B)P(A \mid B),\ P(B)>0. \tag{11-3}$$

则称此公式为概率的乘法公式.同理把公式(11－2)改写为

$$P(AB)=P(A)P(B \mid A),\ P(A)>0. \tag{11-4}$$

类似的情形可以推广到多个事件的情形.例如，当 $P(AB)>0$ 时，

$$P(ABC)=P(A)P(B \mid A)P(C \mid AB). \tag{11-5}$$

更一般的情形，若 $A_1,\ A_2,\ \cdots,\ A_n$ 为 $n$ 个事件，$n \geqslant 2$，且 $P(A_1A_2\cdots A_{n-1})>0$，则有

$$P(A_1A_2\cdots A_n)=P(A_1)P(A_2 \mid A_1)P(A_3 \mid A_1A_2)\cdots P(A_n \mid A_1A_2\cdots A_{n-1}) \tag{11-6}$$

**【例 11－17】** 10 支签中有 4 支上签，甲、乙、丙 3 人参加抽签(不放回)，按甲、乙、丙的出场顺序，求甲抽到上签，甲、乙都抽到上签，甲没有抽到上签而乙抽到上签，以及甲、乙、丙都抽到上签的概率.

**解：**设事件 $A$、$B$、$C$ 分别表示甲、乙、丙各自抽到上签，则有

$$P(A)=\frac{4}{10}=\frac{2}{5},$$

$$P(AB)=P(A)P(B \mid A)=\frac{4}{10}\times\frac{3}{9}=\frac{12}{90}=\frac{2}{15},$$

$$P(\bar{A}B)=P(\bar{A})P(B \mid \bar{A})=\frac{6}{10}\times\frac{4}{9}=\frac{24}{90}=\frac{4}{15},$$

$$P(ABC)=P(A)P(B \mid A)P(C \mid AB)=\frac{4}{10}\times\frac{3}{9}\times\frac{2}{8}=\frac{24}{720}=\frac{1}{30}.$$

## 11.3.2 全概率公式和贝叶斯公式

在现实生活中我们常常需要把一些复杂的事件分解为若干个较为简单事件的并，在概率论中也有相应的公式.

设 $\Omega$ 是试验 $E$ 的样本空间，$A_1,\ A_2,\ \cdots,\ A_n$ 为 $E$ 的一组事件，若

(1) $A_iA_j=\varnothing,\ i\neq j,\ i,\ j=1,\ 2,\ \cdots,\ n$；

(2) $A_1\cup A_2\cup\cdots\cup A_n=\Omega$.

则称事件 $A_1,\ A_2,\ \cdots,\ A_n$ 组成样本空间 $\Omega$ 的一个完备事件组.

例如,设试验 $E$ 为“投掷一颗骰子观察其点数”,它的样本空间为 $\Omega=\{1, 2, 3, 4, 5, 6\}$,则事件 $A_1=\{1, 3, 5\}$, $A_2=\{2, 4, 6\}$ 构成完备事件组.

**定理 11-2** 设事件 $A_1, A_2, \cdots, A_n$ 构成一个完备事件组,并且

$$P(A_i)>0 \quad (i=1, 2, \cdots, n),$$

则对于任何事件 $B$,有

$$P(B)=\sum_{i=1}^{n} P(A_i)P(B \mid A_i), \tag{11-7}$$

上式称为**全概率公式**,它有着广泛的应用.

**【例 11-18】** 在一批麦种中,有 3%的二等麦种,2%的三等麦种,1%的四等麦种,其余的是一等麦种,已知一等、二等、三等、四等麦种的发芽率分别是 98%, 95%, 90%, 85%.从这批麦种中随机地取一粒,求其能发芽的概率.

**解:** 设 $B$ 表示取到的麦种能够发芽,$A_i$ 表示取到 $i$ 等麦种, $i=1, 2, 3, 4$, 由 $A_1, A_2, A_3, A_4$ 构成完备事件组,则

$$P(A_1)=1-3\%-2\%-1\%=94\%, P(A_2)=3\%, P(A_3)=2\%, P(A_4)=1\%,$$

$$P(B \mid A_1)=98\%, P(B \mid A_2)=95\%, P(B \mid A_3)=90\%, P(B \mid A_4)=85\%.$$

故由全概率公式得

$$\begin{aligned} P(B) &= \sum_{i=1}^{4} P(A_i)P(B \mid A_i) \\ &= 94\% \times 98\% + 3\% \times 95\% + 2\% \times 90\% + 1\% \times 85\% \\ &= 97.54\%. \end{aligned}$$

下面再介绍一个重要的公式——贝叶斯公式.

微课

贝叶斯公式及趣味应用

**定理 11-3** 设事件 $A_1, A_2, \cdots, A_n$ 构成一个完备事件组,并且

$$P(A_i)>0 \quad (i=1, 2, \cdots, n),$$

则对于任何事件 $B(P(B)>0)$,有

$$P(A_m \mid B)=\frac{P(A_m)P(B \mid A_m)}{\sum_{i=1}^{n} P(A_i)P(B \mid A_i)} \quad (m=1, 2, \cdots, n). \tag{11-8}$$

**证:** 由条件概率公式知

$$P(A_m \mid B)=\frac{P(A_m B)}{P(B)},$$

再利用公式(11-7)知

$$P(A_m \mid B)=\frac{P(A_m)P(B \mid A_m)}{\sum_{i=1}^{n} P(A_i)P(B \mid A_i)}.$$

公式(11-8)即称为**贝叶斯公式**,又称为**后验概率公式**.

【例11-19】 小马虎的钥匙掉了，钥匙掉在宿舍、路上、教室的概率分别是0.5，0.3和0.2，而掉在上述三个地方被找到的概率分别是0.8，0.3和0.1，已知小马虎的钥匙找到了，试求他掉在路上的概率.

解：令$A_1$表示钥匙掉在宿舍，$A_2$表示钥匙掉在路上，$A_3$表示掉在教室，则$A_1$，$A_2$，$A_3$构成完备事件组，且$P(A_1)=0.5$，$P(A_2)=0.3$，$P(A_3)=0.2$.

令$B$表示找到钥匙，则$P(B \mid A_1)=0.8$，$P(B \mid A_2)=0.3$，$P(B \mid A_3)=0.1$，由贝叶斯公式得，已知钥匙被找到，则钥匙掉在路上的概率为

$$
\begin{aligned}
P(A_2 \mid B) &= \frac{P(A_2)P(B \mid A_2)}{P(A_1)P(B \mid A_1)+P(A_2)P(B \mid A_2)+P(A_3)P(B \mid A_3)} \\
&= \frac{0.3 \times 0.3}{0.5 \times 0.8 + 0.3 \times 0.3 + 0.2 \times 0.1} \\
&= \frac{3}{17}.
\end{aligned}
$$

### 习题11.3

1. 一盒子装有4件产品，其中3件正品，1件次品，从中不放回地取产品两次，每次取1件.设事件$A$表示“第一次取到正品”，事件$B$表示“第二次取到正品”，试求条件概率$P(B \mid A)$.

2. 已知$P(A)=0.3$，$P(B)=0.4$，$P(AB)=0.2$，试求：$P(B \mid A)$，$P(A \mid B)$，$P(B \mid A \cup B)$.

## 11.4 事件的独立性

设$A$，$B$为两个事件，其中$P(B)>0$，一般地$P(A \mid B) \neq P(A)$，但有时$P(A \mid B)=P(A)$.

【例11-20】 从一批由8件正品、2件次品组成的产品中，有放回地抽取两次，每次1件.(1) 求第二次取到次品的概率；(2) 已知第一次取到的是次品，求第二次也取到次品的概率.

解：设$A$表示第一次取到次品，$B$表示第二次取到次品，则

(1) $P(B)=\dfrac{10 \times 2}{10^2}=\dfrac{2}{10}$；

(2) 由$P(A)=\dfrac{2}{10}$，$P(AB)=\dfrac{2 \times 2}{10^2}$得$P(B \mid A)=\dfrac{P(AB)}{P(A)}=\dfrac{2}{10}=P(B)$.

也可以说，前后两次事件互不影响，互相独立.

微课

事件独立性的概念和性质

**定义 11－8** 设 $A$，$B$ 是同一试验 $E$ 中的两事件，若等式

$$P(AB)=P(A)P(B)$$

成立，则称事件 $A$，$B$ 相互独立，简称 $A$，$B$ 独立.

显然，必然事件 $\Omega$ 和不可能事件 $\varnothing$ 与任何事件独立.

下面进一步说明事件独立性的概念.

**定理 11－4** 对于给定事件 $A$，$B$，$P(A)>0$，$P(B)>0$，则 $A$，$B$ 独立的充要条件为

$$P(A\mid B)=P(A) \text{ 或 } P(B\mid A)=P(B).$$

不难证明，若事件 $A$ 与 $B$ 独立，则事件 $A$ 与 $\bar{B}$，$\bar{A}$ 与 $B$，$\bar{A}$ 与 $\bar{B}$ 也相互独立.这点读者可利用独立性的定义证明.要注意独立性是事件的概率属性，与互斥事件无必然关系.

下面将独立性的定义推广到三个事件的情况.

**定义 11－9** 对于三个事件 $A$，$B$，$C$，若下列四个等式同时成立，则称事件 $A$，$B$，$C$ 相互独立.

$$P(AB)=P(A)P(B);$$

$$P(BC)=P(B)P(C);$$

$$P(AC)=P(A)P(C);$$

$$P(ABC)=P(A)P(B)P(C).$$

一般地，可定义 $n$ 个事件 $A_1$，$A_2$，…，$A_n$ 的独立性.

**定义 11－10** 设 $A_1$，$A_2$，…，$A_n$ 是 $n$ 个事件.若对任意整数 $k$（$2\leqslant k\leqslant n$）有

$$P(A_{i_1}A_{i_2}\cdots A_{i_k})=P(A_{i_1})P(A_{i_2})\cdots P(A_{i_k}),$$

其中 $i_1$，$i_2$，…，$i_k$ 是满足下面不等式的任意 $k$ 个自然数：

$$1\leqslant i_1<i_2<\cdots<i_k\leqslant n,$$

则称 $A_1$，$A_2$，…，$A_n$ 是相互独立的.

思考题

独立与互不相容

两个事件相互独立的意义是指它们中间有一个已经发生，不影响另一个发生与否.在实际生活中，对于事件的独立性，常常根据事件的实际意义去判断.若由实际情况分析，$A$，$B$ 两事件之间没有关联或关联很微弱，那么就认为它们之间是相互独立的.例如 $A$，$B$ 分别表示甲、乙两人得了感冒.如果甲、乙两人的活动范围相距较远，就认为 $A$，$B$ 独立.若甲、乙两人是室友，那就不能认为 $A$，$B$ 相互独立了.

【例 11－21】 一元件能正常工作的概率称为该元件的可靠度，由元件组成的系统能正常工作的概率称为该系统的可靠度.设每个元件的可靠度均为 $r$（$0<r<1$），各元件能否正常工作是相互独立的，求：

（1）由 3 个元件组成的串联系统的可靠度；

（2）由 3 个元件组成的并联系统的可靠度.

**解**：$A_i=\{$第 $i$ 个元件能正常工作$\}$，$i=1,2,3$. $P(A_i)=r$，$A=\{$串联系统能正常工作$\}$，$B=\{$并联系统能正常工作$\}$，则

$$P(A)=P(A_1A_2A_3)=P(A_1)P(A_2)P(A_3)=r^3,$$
$$P(B)=P(A_1\cup A_2\cup A_3)=1-P(\overline{A_1}\,\overline{A_2}\,\overline{A_3})$$
$$=1-P(\overline{A_1})P(\overline{A_2})P(\overline{A_3})=1-(1-r)^3.$$

**【例 11-22】** 某彩票每周开奖一次，中头奖的概率为 $10^{-7}$，假设每周开奖是独立的. 若每周坚持买一张彩票，坚持了 10 年之久（每年 52 周计），问至少中一次头奖的概率是多少？

**解**：用 $A_i$ 表示第 $i$ 周中头奖，$(i=1,2,\cdots,520)$，由题意知，$A_1,A_2,\cdots,A_{520}$ 相互独立，故所求概率为

$$P(A_1\cup A_2\cup\cdots\cup A_{520})=1-P(\bigcap_{i=1}^{520}\overline{A_i})=1-\prod_{i=1}^{520}(1-P(A_i))$$
$$=1-(1-10^{-7})^{520}\approx 0.000\,051\,9.$$

## 习题 11.4

1. 证明：若事件 $A$ 与 $B$ 独立，则事件 $A$ 与 $\bar{B}$，$\bar{A}$ 与 $B$，$\bar{A}$ 与 $\bar{B}$ 也相互独立.

2. 设一支步枪向飞机射击，命中的概率为 0.004，试求：

(1) 250 支步枪同时射击，命中飞机的概率；

(2) 要以 99% 以上的把握击中飞机，至少需要多少支步枪同时射击？

课外阅读材料

贝叶斯和逆概率

# 第 12 章 CHAPTER 12
# 随机变量及其概率分布和数字特征

在数学的天地里，重要的不是我们知道什么，而是我们怎么知道什么.

——毕达哥拉斯

学习要求

- 理解随机变量的概念及其定义，理解离散型随机变量与连续型随机变量的定义；
- 掌握几种重要离散型随机变量的概率分布，理解泊松分布；
- 理解随机变量分布函数的概念及性质，掌握利用分布函数求事件的概率问题；
- 理解连续型随机变量及其概率密度的定义，掌握连续型随机变量的概率密度的性质；
- 掌握连续型随机变量概率密度和分布函数的相互转换；
- 掌握一些重要连续型随机变量的概率密度，如均匀分布、指数分布，并掌握利用概率密度函数解决实际应用中的概率计算问题；
- 理解数学期望的定义，掌握离散型、连续型随机变量的数学期望的计算；
- 理解方差和标准差的定义，掌握离散型、连续型随机变量的方差的性质及计算.

第 11 章建立了随机试验的舞台——概率空间.本章将进一步引入随机变量的概念.用随机变量来研究随机现象，使得概率论从事件及其概率的定性研究扩大到随机变量及其分布的定量研究，从而可以更广泛地利用其他数学工具，来解析和预测随机现象，这也使得概率统计成为一门严谨且应用广泛的数学分支.

## 12.1 随机变量

为了具体地研究随机试验的结果，探究随机现象的统计规律，我们一般将随机试验的结果进行量化，建立某种对应关系，从中探寻解决问题的方法.

【例 12 - 1】 观察某项工程建设能否按期完工，有四种可能的结果发生，即提前完工，按期完工，延期完工和误期完工，定义变量为

$$X=\begin{cases}0, \text{误期完工},\\ 1, \text{延期完工},\\ 2, \text{按期完工},\\ 3, \text{提前完工}.\end{cases}$$

易知：$X$ 是一个变量，它把试验的不同结果与实数建立了联系，试验结果是随机的，因此 $X$ 的取值也是随机的.

【例 12 - 2】 从一批产品中抽取 10 件，观察正品出现的数量.则该试验的样本空间 $S=\{0, 1, 2, 3, 4, 5, 6, 7, 8, 9, 10\}$，以 $X$ 表示正品数，则 $X$ 为随机变量，它的可能取值为 0，1，2，3，4，5，6，7，8，9，10，表示不同的随机事件.

【例 12 - 3】 观察某城市的一个公共汽车站，它每 5 min 有一辆汽车通过.一位乘客到该站进行乘车，$X$ 表示他的候车时间(单位：min)，则 $X$ 的可能取值为$[0, 5]$内的所有实数，显然 $\{X<2\}$、$\{X\geqslant 2\}$ 都是随机事件，分别表示候车时间少于 2 min 和不少于 2 min.

通过上面的例子我们发现，不论哪一种情况，$X$ 的取值都与随机试验的结果相对应，也就是说对于随机试验的任一结果，都有唯一确定的实数与之对应，因而，这个数是样本点的函数 $X(\omega)$，我们称这样的 $X$ 为随机变量，随机变量的具体定义如下：

**定义 12 - 1** 设 $E$ 为随机试验，$\Omega$ 为样本空间，$\omega$ 是基本事件，如果试验的每一个可能结果 $\omega\in\Omega$，都有唯一的实数 $X(\omega)$与之对应，则称 $X(\omega)$为定义在 $\Omega$ 上的随机变量，简记为 $X$.随机变量通常用大写字母 $X$、$Y$、$Z$ 或希腊字母 $\xi$，$\eta$，$\zeta$ 等表示.

微课

随机变量的概念

定义了随机变量后，就可以用随机变量的取值情况来刻画随机事件.通过随机变量将各个随机事件联系起来，而不是孤立地去研究一个随机事件.例如，在例 12 - 2 中，$\{X=10\}$ 表示抽到的 10 件产品均为正品，$\{X>8\}$ 表示抽到的正品数量在 8 件以上等.

对于随机变量，通常分类进行研究.本书只讨论“离散型随机变量”和非离散型随机变量中的“连续型随机变量”.

# 12.2 离散型随机变量及其分布律

## 12.2.1 离散型随机变量

**定义 12 - 2** 如果一个随机变量 $X$ 的可能取值只有有限个或可列无限个，而且以确定的概率取这些不同的值，则称 $X$ 为离散型随机变量.

设 $X$ 为一离散型随机变量,其可能取值为 $x_1$, $x_2$, …, 且

$$P(X=x_i)=p_i,\ i=1,\ 2,\ \cdots \tag{12-1}$$

为了直观起见,也可以将 $X$ 的可能取值和对应的概率列成概率分布表(如表 12-1 所示)的形式.

表 12-1 概率分布表

| $X$ | $x_1$ | $x_2$ | … | $x_i$ | … |
|---|---|---|---|---|---|
| $p_k$ | $p_1$ | $p_2$ | … | $p_i$ | … |

称式(12-1)为随机变量 $X$ 的概率分布(或概率函数),有时简称分布,表 12-1 也称为随机变量 $X$ 的分布律,其中 $p_i$ 具有下列性质.

(1) 非负性: $p_i \geqslant 0$, $(i=1,\ 2,\ \cdots)$;

(2) 规范性: $\sum\limits_i p_i=1$.

反之,只要 $p_i$ 满足性质(1)和性质(2),则 $p_i$ 可成为某个离散型随机变量的分布律.另外,若已知一个随机变量 $X$ 的所有可能取值及每一个可能值对应的概率,则可掌握一个离散型随机变量的统计规律,利用分布律可求任意随机事件的概率.

**【例 12-4】** 设离散型随机变量 $X$ 的概率分布为

$$P(X=x_i)=2\lambda\left(\frac{1}{3}\right)^i \quad (i=1,\ 2,\ \cdots),$$

求常数 $\lambda$.

**解:** 由概率分布的性质知

$$1=\sum_{i=1}^{\infty}2\lambda\left(\frac{1}{3}\right)^i=2\lambda\frac{\frac{1}{3}}{1-\frac{1}{3}},$$

所以

$$\lambda=1.$$

**【例 12-5】** 设随机变量 $X$ 的分布律为

| $X$ | 0 | 1 | 2 |
|---|---|---|---|
| $p_k$ | 0.3 | 0.2 | 0.5 |

求:(1) $P(X<1)$; (2) $P(X\leqslant 1)$; (3) $P(X>-1)$; (4) $P(0<X\leqslant 2)$.

**解:** (1) $P(X<1)=P(X=0)=0.3$;

(2) $P(X\leqslant 1)=P(X=1)+P(X=0)=0.2+0.3=0.5$;

(3) $P(X>-1)=P(X=0)+P(X=1)+P(X=2)=0.3+0.2+0.5=1$;

(4) $P(0<X\leqslant 2)=P(X=1)+P(X=2)=0.2+0.5=0.7$.

下面介绍几种常见的离散型随机变量的概率分布.

## 12.2.2 常见离散型随机变量

1. 0-1分布(又称两点分布)

**定义 12-3** 如果随机变量 $X$ 只取两个可能值:0和1,并且有

$$P(X=1)=p,\ P(X=0)=1-p,\ (0<p<1)$$

则称 $X$ 服从参数为 $p$ 的0-1分布,记为 $X\sim B(1,\ p)$.

0-1分布的概率分布表如表12-2所示.

表12-2 0-1分布的概率分布表

| $X$ | 0 | 1 |
|---|---|---|
| $p_k$ | $1-p$ | $p$ |

【例12-6】 设有批量 $N=50$ 的一批产品,内有2件不合格产品.现采用(1|0)抽检方法来验收这批产品.设 $X=\{$抽取的一件产品中的不合格品的件数$\}$,求 $X$ 的分布律.

解:由题意知

$$P(X=1)=\frac{2}{N}=\frac{2}{50}=0.04,$$

同理可得
$$P(X=0)=0.96.$$
则 $X$ 的分布律为0-1分布,如表12-3所示.

表12-3 $X$ 的分布律

| $X$ | 0 | 1 |
|---|---|---|
| $p_k$ | 0.96 | 0.04 |

2. 二项分布

有一种简单的随机试验,它的可能结果只有两个,我们称为**伯努利(Bernoulli)试验**.例如,投掷一枚硬币观察"正反面朝上"的问题,抽查产品试验观察"正品次品"的问题,打靶观察结果"中与不中"的问题等,都是伯努利试验.

二项分布

**定义 12-4** 设随机试验 $E$ 只有两种对立的可能结果:$A$ 和 $\bar{A}$,在相同的条件下重复进行 $n$ 次,若每次试验 $A$(或 $\bar{A}$)发生与否与其他各试验 $A$(或 $\bar{A}$)发生与否互不影响,则称这 $n$ 次独立试验为 **$n$ 重伯努利试验**,也称为伯努利概型.

对于 $n$ 重伯努利概型,主要研究的任务是 $n$ 次独立重复试验中,事件 $A$ 恰好发生 $k(1\leqslant k\leqslant n)$ 次的概率.

**定义 12-5** 如果随机变量 $X$ 的概率分布为

$$P(X=k)=C_n^k p^k(1-p)^{n-k}(k=0,\ 1,\ 2,\ \cdots,\ n),$$

其中 $0<p<1$,则称 $X$ 服从参数为 $n,\ p$ 的二项分布,简记为 $X\sim B(n,\ p)$.它恰好是二

项 $(p+q)^n$ 展开式中的第 $k+1$ 项.

显然,当 $n=1$ 时,$X$ 服从两点分布,即 $X \sim B(1, p)$.

利用随机变量 $X \sim B(n, p)$,主要计算两类概率:

(1) 某点概率 $P(X=k)=B(k; n, p)=C_n^k p^k(1-p)^{n-k}$;

(2) 累积概率 $P(X \leqslant x)=\sum\limits_{k=0}^{x} C_n^k p^k(1-p)^{n-k}$,$x$ 为非负整数.

**【例 12-7】** 某学校一栋大楼有 5 台同类型的紧急供电设备,各供电设备是否被使用是相互独立的.已知在任一时刻 $t$,每台设备被使用的概率为 0.1,问在同一时刻:

(1) 恰有两台设备被使用的概率是多少?

(2) 至少有一台设备被使用的概率是多少?

**解:** 将每台设备是否被使用作为一次试验,结果只有被使用和不被使用两种结果,且 5 台设备是否被使用可看作是相互独立的,故可以看作是 5 重伯努利试验.设 $X$ 表示同一时刻被使用设备的台数,则 $X \sim B(5, 0.1)$.

(1) 恰有两台设备被使用的概率即

$$P(X=2)=C_5^2(0.1)^2(0.9)^3=0.0729;$$

(2) 至少有一台设备被使用的概率即

$$P(X \geqslant 1)=1-P(X=0)=1-C_5^0 \times 0.1^0 \times 0.9^5=1-0.9^5=0.40951.$$

**【例 12-8】** 有甲、乙两种味道和颜色都极为相似的名酒各 4 杯.如果从中挑 4 杯,能将甲种酒全部挑出,算是成功一次.

(1) 某人随机地去猜,则试验一次成功的概率是多少?

(2) 某人声称他通过品尝能区分两种酒,他连续试验 10 次,成功 3 次,试推断他是猜对的,还是具有区分的能力(假设各次试验独立)?

**解:**(1) 某人随机去猜,从 8 杯酒中取出 4 杯共有 $C_8^4=70$ 种可能,而只有一种是正确的.故若某人是随机去猜,试验一次成功的概率为 $p=\dfrac{1}{70}$.

数学实验

二项分布概率计算的 MATLAB 实现

(2) 为判断某人是否具有区分能力,先假设该人没有区分能力,则他猜对一次的概率为 $p=\dfrac{1}{70}$,连续试验 10 次,则猜对的次数 $X \sim B\left(10, \dfrac{1}{70}\right)$,易知

$$P(X=3)=C_{10}^3\left(\frac{1}{70}\right)^3\left(1-\frac{1}{70}\right)^7 \approx 3.16 \times 10^{-4},$$

且

$$\begin{aligned} P(X \geqslant 3) &= 1-\sum_{k=0}^{2} P(X=k) \\ &= 1-\sum_{k=0}^{2} C_{10}^k\left(\frac{1}{70}\right)^k\left(1-\frac{1}{70}\right)^{10-k} \approx 3.24 \times 10^{-4}. \end{aligned}$$

即试验 10 次,随机猜对次数 $\geqslant 3$ 的概率只有万分之三,现在事件 $\{X \geqslant 3\}$ 发生了,按照实际推断原理,应该否定原假设"某人没有区分能力",认为他确实有一定的区分能力.

本题中要直接计算 $\sum_{k=0}^{2}\mathrm{C}_{10}^{k}\left(\frac{1}{70}\right)^{k}\left(1-\frac{1}{70}\right)^{10-k}$ 的值很烦琐，下面我们介绍一种简单的近似计算.

**【例 12-9】** 假设某个生产车间共有 $N$ 台机床同时工作，每台机床在工作中发生故障的概率均为 $p$，任何两台机床的工作是相互独立的.设同一时间内，发生故障的机床台数为 $X$，每位故障排除人员独立负责排除故障的机床台数为 $n$，负责这 $N$ 台机床故障排除所安排的总人数为 $m$，求：

(1) 随机变量 $X$ 的分布列；

(2) 一个人可以独立负责 $n$ 台机床故障排除工作的概率；

(3) $M$ 个人能完成 $N$ 台机床故障排除的概率；

(4) 计算针对设 $p=0.01$，$n=20$，$N=100$ 的情形，要保证有 99% 以上的把握完成故障排除任务，最少应该安排几名故障排除工作人员.

**解：**(1) $N$ 台机床同时工作在同一时间发生故障的台数 $X$ 服从参数为 $N$ 和 $p$ 的二项分布，即 $X\sim B(N,\ p)$.所以，$P(X=k)=\mathrm{C}_{N}^{k}p^{k}(1-p)^{N-k}$.

(2) 一位故障排除人员要独立负责 $n$ 台机床，就意味着同一时间内发生故障的机床台数 $X\leqslant 1$. 根据假设，于是一个人可以独立负责 $n$ 台机床故障排除工作的概率为：

$$\begin{aligned}P(X\leqslant 1)&=P(X=0)+P(X=1)=\mathrm{C}_{n}^{0}p^{0}(1-p)^{n}+\mathrm{C}_{n}^{1}p^{1}(1-p)^{n-1}\\&=(1-p)^{n}+np(1-p)^{n-1}.\end{aligned}$$

(3) 要使 $m$ 位人员共同完成 $N$ 台机床的故障排除工作，就要使同一时间内发生故障的机床的台数 $X\leqslant m$. 同理，由二项分布的概率分布可知这种情况下的概率为：

$$\begin{aligned}P(X\leqslant m)&=P(X=0)+P(X=1)+\cdots P(X=m)\\&=\mathrm{C}_{N}^{0}p^{0}(1-p)^{N}+\mathrm{C}_{N}^{1}p^{1}(1-p)^{N-1}+\cdots+\mathrm{C}_{N}^{m}p^{m}(1-p)^{N-m}.\end{aligned}$$

(4)

$$\begin{aligned}P(X\leqslant 4)&=P(X=0)+P(X=1)+P(X=2)+P(X=3)+P(X=4)\\&=\mathrm{C}_{100}^{0}0.01^{0}(1-0.01)^{100}+\mathrm{C}_{100}^{1}0.01^{1}(1-0.01)^{100-1}+\mathrm{C}_{100}^{2}0.01^{2}(1-0.01)^{100-2}\\&\quad+\mathrm{C}_{100}^{3}0.01^{3}(1-0.01)^{100-3}+\mathrm{C}_{100}^{4}0.01^{4}(1-0.01)^{100-4}\\&\approx 0.990\,9.\end{aligned}$$

所以，要保证有 99% 以上的把握完成故障排除任务，应该最少安排 4 名故障排除工作人员.

3. 泊松分布

**定义 12-6** 如果随机变量 $X$ 的概率分布为

$$P(X=k)=\frac{\lambda^{k}}{k!}\mathrm{e}^{-\lambda}\ (k=0,\ 1,\ 2,\ \cdots)\text{，也简记为 }P(k;\ \lambda).$$

数学家小传

泊松

其中常数 $\lambda>0$，则称 $X$ 服从参数为 $\lambda$ 的泊松(Poisson)分布，简记为 $X\sim P(\lambda)$.

泊松分布是最重要的概率分布之一.很多随机现象服从泊松分布.例如：公共汽车站的

候车旅客数，某日某城市因交通事故死亡的人数，织布机上细纱的断头次数，电话交换站一定时间间隔的呼唤次数等.

可以证明，$X$ 服从二项分布时，在 $n$ 很大（$n>20$）、$p$ 很小（$p<0.1$）的情况下，可以近似于参数为 $\lambda \approx np$ 的泊松分布，即 $B(k; n, p) \approx P(k; \lambda)$. 对于泊松分布的概率计算，可以直接查泊松分布表.从而解决二项分布中计算烦琐的问题.

**【例 12-10】** 某商店由过去的经验知道，某种商品每月的销售数可以用参数 $\lambda=10$ 的泊松分布来描述，为了以 95%以上的把握保证不脱销，问商店在月底应该进多少件该商品?

**解**：设该商店每月销售某种商品 $X$ 件，月底进货量为 $a$ 件，显然当 $X \leqslant a$ 时就不会脱销，由题意要求知

$$P(X \leqslant a) \geqslant 95\%,$$

而又已知 $X \sim P(\lambda)$，则上式即为

$$\sum_{k=0}^{a} \frac{10^k}{k!} \mathrm{e}^{-10} \geqslant 0.95.$$

查泊松分布表知

$$\sum_{k=0}^{14} \frac{10^k}{k!} \mathrm{e}^{-10} \approx 0.916\,6,$$

$$\sum_{k=0}^{15} \frac{10^k}{k!} \mathrm{e}^{-10} \approx 0.951\,3.$$

故该商店为了以 95%以上的把握保证不脱销，在月底应该进 15 件该商品.

下面介绍泊松分布在交通管理上的一些简单应用.

在车流密度不大，相互影响甚小时，在一定的时间间隔内到达的车辆数（或在一定长度的路段上分布的车辆数）$X \sim P(\lambda)$，$\lambda=\rho t$，其中 $\rho$ 是平均到车率（辆/s 或辆/min），$t$ 是计数间隔的时间或路段长度（s 或 m）.

**【例 12-11】** 设 50 辆汽车随机分布在 4 km 的一段公路上，求任意 400 m 路段上有 4 辆及 4 辆以上汽车的概率.

数学实验

泊松分布概率计算的MATLAB 实现

**解**：由题知 $t=400$，$\rho=\frac{50}{4\,000}=\frac{1}{80}$，$\lambda=\rho t=5$，设 $X=\{$每 400 m 路段上的车辆数$\}$，则 $X \sim P(\lambda)$，所以

$$\begin{aligned} P(X=4) &= P(X \geqslant 4) - P(X \geqslant 5) \\ &= \sum_{k=4}^{\infty} \frac{5^k}{k!} \mathrm{e}^{-5} - \sum_{k=5}^{\infty} \frac{5^k}{k!} \mathrm{e}^{-5} \\ &= 0.175\,467 (\text{查表}), \end{aligned}$$

$$P(X \geqslant 4) = \sum_{k=4}^{\infty} \frac{5^k}{k!} \mathrm{e}^{-5} = 0.734\,974.$$

**习题 12.2**

1. 从0，1，2，3四个数字中随机地取两个数相乘，求乘积的概率分布.

2. 一批产品分一、二、三等级，其中一等品是二等品的两倍，三等品是二等品的一半，从这批产品中随机地抽取一个检查质量，用随机变量描述检验的可能结果，写出它的概率分布.

3. 设 $X$ 服从参数为 $\lambda$ 的泊松分布，且已知 $P(X=3)=2P(X=4)$，求：(1) $\lambda$；(2) $P(X>1)$.

# 12.3 随机变量的分布函数

**定义 12-7** 设 $X$ 为一个随机变量，$x$ 为任意实数，称函数

$$F(x)=P(X\leqslant x)\quad(-\infty<x<+\infty)$$

为 $X$ 的分布函数.有时为了强调它是 $X$ 的分布函数，也记为 $F_X(x)$.

由定义可以看出，$F(x)$表示的是随机变量 $X$ 所取得的值落在区间$(-\infty,x]$内的累积概率，故 $F(x)=P(-\infty<X\leqslant x)\neq P(X=x)$.

通过分布函数可使许多概率问题转化为函数问题而得到简化.

互动练习

随机变量的分布函数

## 12.3.1 分布函数的性质

容易证明，分布函数具有如下的基本性质：

(1) $0\leqslant F(x)\leqslant 1$；

(2) $F(x)$是 $x$ 的单调不减函数，即当 $x_1<x_2$ 时，$F(x_1)\leqslant F(x_2)$；

(3) $F(-\infty)=\lim\limits_{x\to-\infty}F(x)=0$，$F(+\infty)=\lim\limits_{x\to+\infty}F(x)=1$.

反之可证明，对于任意一个函数，若满足上述三条性质，则它一定是某个随机变量的分布函数.

(4) $P(a<X\leqslant b)=P(X\leqslant b)-P(X\leqslant a)=F(b)-F(a)$，特别地，$P(X>a)=1-P(X\leqslant a)=1-F(a)$.

(5) $F(x)$是右连续函数，即对于任一 $x\in\mathbf{R}$，有 $F(x^+)=F(x)$.

【例 12-12】 设随机变量 $X$ 的分布函数为

$$F(x)=\begin{cases}0, & x<0,\\ \dfrac{1}{2}, & 0\leqslant x<1,\\ \dfrac{2}{3}, & 1\leqslant x<3,\\ 1, & x\geqslant 3.\end{cases}$$

试求:(1) $P(X\leqslant 2)$; (2) $P(2<X\leqslant 4)$; (3) $P(X=3)$; (4) $P(X>1)$.

**解:** 由分布函数的性质知:

(1) $P(X\leqslant 2)=F(2)=\dfrac{2}{3}$;

(2) $P(2<X\leqslant 4)=F(4)-F(2)=1-\dfrac{2}{3}=\dfrac{1}{3}$;

(3) $P(X=3)=F(3)-F(3^-)=\lim\limits_{x\to 3^-}[F(3)-F(x)]=1-\dfrac{2}{3}=\dfrac{1}{3}$;

(4) $P(X>1)=1-F(1)=1-\dfrac{2}{3}=\dfrac{1}{3}$.

## 12.3.2 离散型随机变量分布函数的性质

由分布函数的定义知:对于任意实数 $x$,离散型随机变量 $X$ 的分布函数为

$$F(x)=\sum_{x_i\leqslant x}p_i.$$

这里和式是对于所有满足 $x_i\leqslant x$ 的 $i$ 求和的,实质为概率值的累积函数. $F(x)$的图像如图 12-1 所示,它是一条阶梯形的曲线,在每个 $x_i$ 处有跳跃,其跳跃值为 $p_i=P(X=x_i)$.

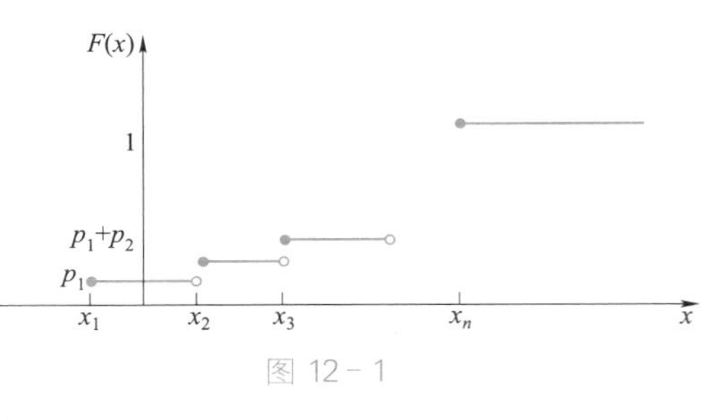


图 12-1

**【例 12-13】** 设随机变量 $X$ 的分布函数为

$$F(x)=\begin{cases}0, & x<0,\\ 0.2, & 0\leqslant x<1,\\ 0.7, & 1\leqslant x<2,\\ 1, & x\geqslant 2.\end{cases}$$

求随机变量 $X$ 的分布律.

**解:** $F(x)$为一个阶梯形函数,故 $X$ 是一个离散型随机变量,跳跃点分别为 0, 1, 2;跳跃值分别为 0.2, 0.5, 0.3.故 $X$ 的分布律为

| $X$ | 0 | 1 | 2 |
|---|---|---|---|
| $p_k$ | 0.2 | 0.5 | 0.3 |

由此可见，一个随机变量的分布律和分布函数是可以相互确定的.

**习题 12.3**

1. 判断下列函数 $F(x)$ 是否为分布函数.

(1) $F(x)=\dfrac{1}{1+x^{2}}$，$(-\infty<x<+\infty)$；

(2) $F(x)=\begin{cases}0, & x\leqslant 0,\\ x, & 0<x<1,\\ 1, & x\geqslant 1.\end{cases}$

2. $C$ 取何值时，$F(x)=C\int_{-\infty}^{x}\mathrm{e}^{-|t|}\mathrm{d}t\,(-\infty<x<+\infty)$ 是分布函数?

# 12.4 连续型随机变量

## 12.4.1 概率密度函数及其概率分布

**定义 12-8** 对于随机变量 $X$ 的分布函数 $F(x)$，若存在非负可积函数 $p(x)(-\infty<x<+\infty)$，使得对任意的 $x$ 都有

$$F(x)=\int_{-\infty}^{x}p(x)\mathrm{d}x, \qquad (12-2)$$

则称 $X$ 为连续型随机变量，称 $p(x)$ 为 $X$ 的概率密度函数，简称为概率密度或密度，如图 12-2 所示.

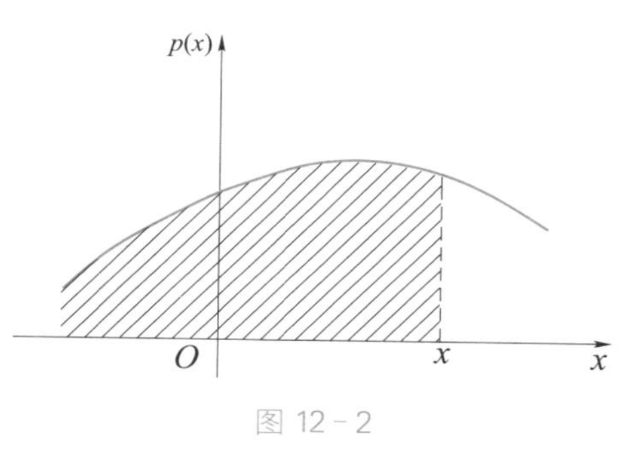


图 12-2

微课

概率密度函数及其计算

显然，定义 12-8 把连续型随机变量和密度函数联系起来了，这样可以借助于微积分来计算有关概率统计问题.

对于概率密度 $p(x)$，不难推知它有下列性质：

(1) 非负性，即 $p(x)\geqslant 0$；

(2) 规范性，即 $\int_{-\infty}^{+\infty}p(x)\mathrm{d}x=1$，亦即 $F(+\infty)=1$.

若一个函数满足性质(1)和性质(2)，则可以作为某连续型随机变量的概率密度函数.

(3) 对于连续型随机变量 $X$，设它的概率密度为 $p(x)$，对于任何实数 $a$，可以证明：

$P(X=a)=0$，从而

$$\begin{aligned}P(a<X<b)=P(a\leqslant X<b)=P(a<X\leqslant b)=P(a\leqslant X\leqslant b)\\=\int_a^b p(x)\mathrm{d}x\\=F(b)-F(a).\end{aligned}$$

(4) 对于 $p(x)$的连续点 $x$,有 $F'(x)=p(x)$.

【例 12-14】 已知某种电子元件的寿命 $X$(单位:h)为随机变量,其概率密度为

$$p(x)=\begin{cases}\dfrac{k}{x^2}, & x\geqslant 100,\\ 0, & \text{其他}.\end{cases}$$

(1) 求 $k$;(2) 求 $X$ 的分布函数;

(3) 求这种电子元件的使用寿命在 150 h 到 200 h 之间的概率 $P(150<X<200)$.

**解:**(1) 由 $\int_{-\infty}^{+\infty}p(x)\mathrm{d}x=1$，得 $1=\int_{-\infty}^{+\infty}p(x)\mathrm{d}x=\int_{100}^{+\infty}\frac{k}{x^2}\mathrm{d}x$，则 $k=100$.

(2) 当 $x<100$ 时，

$$F(x)=\int_{-\infty}^{x}p(x)\mathrm{d}x=\int_{-\infty}^{x}0\mathrm{d}x=0;$$

当 $x\geqslant 100$ 时，

$$\begin{aligned}F(x)&=\int_{-\infty}^{x}p(x)\mathrm{d}x\\&=\int_{-\infty}^{100}0\mathrm{d}x+\int_{100}^{x}\frac{100}{x^2}\mathrm{d}x\\&=1-\frac{100}{x};\end{aligned}$$

所以

$$F(x)=\begin{cases}1-\dfrac{100}{x}, & x\geqslant 100,\\ 0, & \text{其他}.\end{cases}$$

(3) $P(150<X<200)=F(200)-F(150)=\left(1-\dfrac{100}{200}\right)-\left(1-\dfrac{100}{150}\right)=\dfrac{1}{6}$.

在实际工作中遇到的非离散型随机变量大多数是连续型的,且其概率密度函数 $p(x)$ 最多有有限个间断点.下面介绍常见的几种连续型随机变量.

## 12.4.2 连续型随机变量的常见分布

1. 均匀分布

**定义 12-9** 如果随机变量 $X$ 的概率密度为

$$p(x)=\begin{cases}\dfrac{1}{b-a}, & a\leqslant x\leqslant b,\\ 0, & 其他\end{cases}(a<b),$$

则称 $X$ 服从区间$(a, b)$内的均匀分布，记作 $X\sim U(a, b)$.

知识拓展

均匀分布的应用

由连续型随机变量的定义知分布函数为

$$F(x)=\begin{cases}0, & x<a,\\ \dfrac{x-a}{b-a}, & a\leqslant x<b,\\ 1, & x\geqslant b.\end{cases}$$

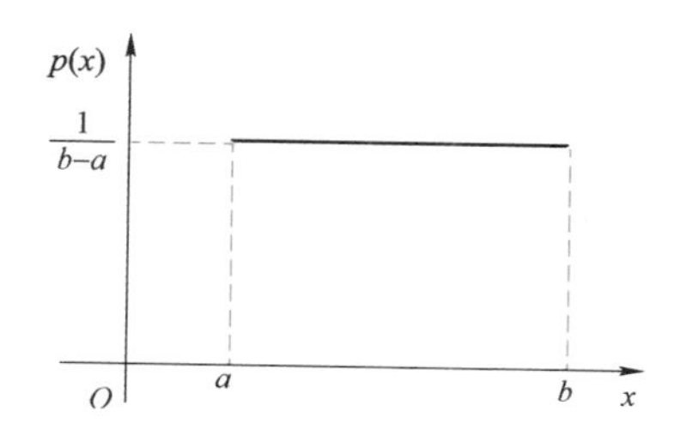


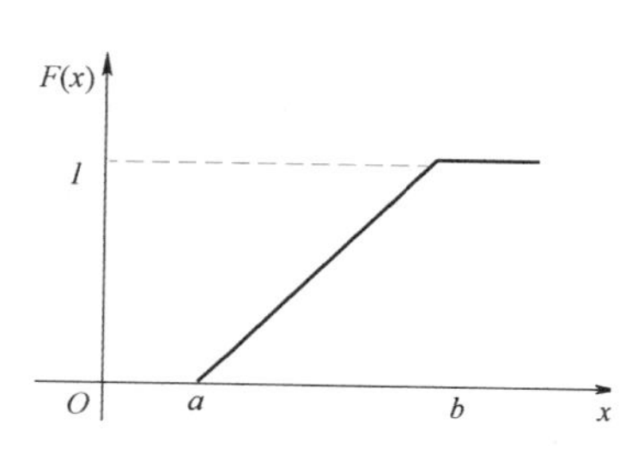


图 12－3

显然，若随机变量 $X$ 服从$(a, b)$上的均匀分布，则对于任意满足 $a\leqslant c<d\leqslant b$ 的$c$，$d$ 有

$$P(c<X<d)=\int_c^d p(x)\mathrm{d}x=\frac{d-c}{b-a},$$

以上表明，$X$ 取值位于$(a, b)$内任一小区间的概率与该小区间的长度成正比，与区间的位置无关，这就是均匀分布的概率意义.

**【例 12－15】** 地铁站 A 通往地铁站 B 的地铁每 8 min 一趟，乘客在 8 min 内的任一时刻到达地铁站是等可能的，假设每过一辆地铁总能让此乘客上车，求此乘客等候地铁时间不超过 5 min 的概率.

**解**：设 $X$ 表示乘客等候地铁的时间，则 $X$ 服从均匀分布，即 $X\sim U(0, 8)$，其概率密度为

$$p(x)=\begin{cases}\dfrac{1}{8}, & 0<x<8,\\ 0, & 其他.\end{cases}$$

故所求概率为

$$P(X\leqslant 5)=\int_{-\infty}^5 p(x)\mathrm{d}x=\int_0^5\frac{1}{8}\mathrm{d}x=\frac{5}{8}.$$

或利用分布函数

$$F(x)=\begin{cases}0, & x<0,\\ \dfrac{x}{8}, & 0\leqslant x<8,\\ 1, & x\geqslant 8,\end{cases}$$

得到

$$P(X\leqslant 5)=F(5)=\frac{5}{8}.$$

2. 指数分布

**定义 12-10** 如果随机变量 $X$ 的概率密度为

$$p(x)=\begin{cases}\lambda e^{-\lambda x}, & x>0,\\ 0, & 其他.\end{cases}$$

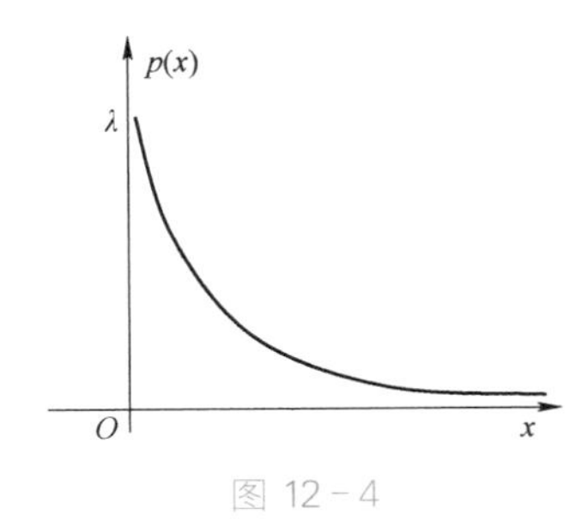

图 12-4

其中 $\lambda>0$，则称 $X$ 服从参数为 $\lambda$ 的指数分布，记作 $X\sim E(\lambda)$.易知

$$\int_{-\infty}^{+\infty}p(x)\mathrm{d}x=\int_{0}^{+\infty}\lambda e^{-\lambda x}\mathrm{d}x=1.$$

它的分布函数为

$$F(x)=\begin{cases}0, & x\leqslant 0,\\ 1-e^{-\lambda x}, & x>0.\end{cases}$$

这样对于任何实数 $a$，$b$ $(0\leqslant a<b)$，有

$$P(a<X<b)=\int_{a}^{b}\lambda e^{-\lambda x}\mathrm{d}x=e^{-\lambda a}-e^{-\lambda b}.$$

另外，若随机变量 $X\sim E(\lambda)$，则

$$\forall s>0,\ t>0,\ P(X>s+t\mid X>s)=P(X>t).$$

也就是说，指数分布无记忆性.

【例 12-16】 已知某种电子元件的寿命 $X$(单位：h)服从指数分布

$$p(x)=\begin{cases}\dfrac{1}{1\,000}e^{-\frac{1}{1\,000}x}, & x>0,\\ 0, & x\leqslant 0.\end{cases}$$

求：(1) 这种电子元件能使用 2 000 h 以上的概率；(2) 现在这个电子元件已经使用了 1 000 h，还能再使用 2 000 h 以上的概率.

**解** 首先写出指数分布的分布函数为

$$F(x)=\begin{cases}1-e^{-\frac{1}{1\,000}x}, & x>0,\\ 0, & 其他.\end{cases}$$

(1) 求这种电子元件能使用 2 000 h 以上的概率即

$$P(X>2\,000)=1-P(X\leqslant 2\,000)=1-F(2\,000)=1-(1-\mathrm{e}^{-\frac{1}{1\,000}\times 2\,000})=\mathrm{e}^{-2}.$$

(2) 已使用 1 000 h,还能再使用 2 000 h 以上的概率即

$$\begin{aligned}P(X>3\,000\mid X>1\,000)&=\frac{P(X>3\,000,\ X>1\,000)}{P(X>1\,000)}\\&=\frac{P(X>3\,000)}{P(X>1\,000)}\\&=\frac{1-F(3\,000)}{1-F(1\,000)}\\&=\frac{\mathrm{e}^{-3}}{\mathrm{e}^{-1}}\\&=\mathrm{e}^{-2}.\end{aligned}$$

上述例题表明,已知元件使用了时间 $s$,它还能再使用时间 $t$ 的概率和从一开始使用时能使用时间 $t$ 的概率相等.表明元件“忘记”自己已工作了时间 $s$,无记忆性.

指数分布常用来近似寿命分布,比如某些电子元件的寿命等.它在可靠性理论和排队论中有着广泛的应用.

3. 正态分布

**定义 12-11** 如果随机变量 $X$ 的概率密度为

$$p(x)=\frac{1}{\sqrt{2\pi}\sigma}\mathrm{e}^{-\frac{1}{2\sigma^2}(x-\mu)^2}\quad(-\infty<x<+\infty),$$

其中 $\mu$, $\sigma$ 为常数,并且 $\sigma>0$, 则称 $X$ 服从参数为($\mu$, $\sigma$)的正态分布,记作 $X\sim N(\mu,\sigma^2)$.正态分布的概率密度函数的图像是一条钟形的曲线,如图 12-5 所示,也叫作正态曲线.

数学家小传

高斯

利用高等数学有关知识容易验证

$$\int_{-\infty}^{+\infty}\frac{1}{\sqrt{2\pi}\sigma}\mathrm{e}^{-\frac{1}{2\sigma^2}(t-\mu)^2}\mathrm{d}t=1.$$

易知,正态分布密度函数 $p(x)$具有以下性质:

(1) 曲线呈钟形且关于直线 $x=\mu$ 对称,即 $p(\mu-x)=p(\mu+x)$;

(2) 当 $x=\mu$ 时,$p(x)$达到最大值$\dfrac{1}{\sqrt{2\pi}\sigma}$;故 $\mu$ 称为 $p(x)$的位置参数;

(3) 当 $x=x\pm\sigma$ 时,曲线有拐点;

(4) 当 $x\to\pm\infty$ 时,曲线以 $x$ 轴为渐近线;

(5) 当 $\sigma$ 较大时,曲线平缓,当 $\sigma$ 较小时,曲线陡峭,意味着 $X$ 的取值比较集中,如图 12-6所示,故 $\sigma$ 称为 $p(x)$的形状参数.

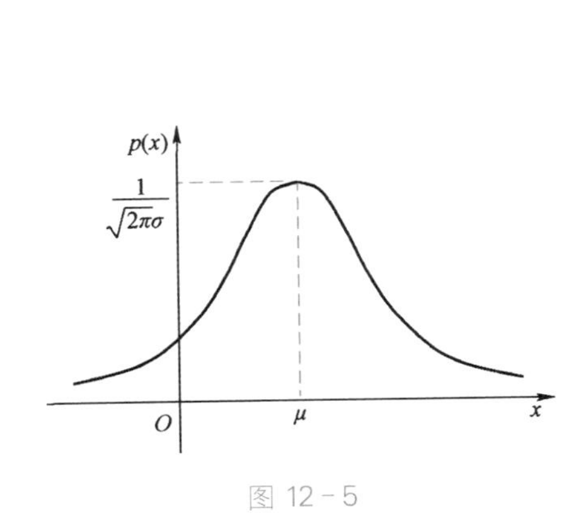

图 12-5

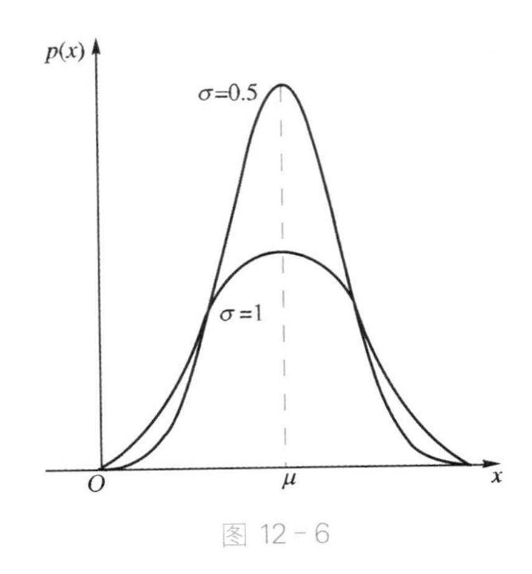

图 12-6

设 $X \sim N(\mu, \sigma^2)$，则其分布函数为

$$F(x)=\int_{-\infty}^{x} \frac{1}{\sqrt{2\pi}\sigma} e^{-\frac{1}{2\sigma^2}(t-\mu)^2} dt \quad (-\infty < x < +\infty).$$

特别地，当 $\mu=0$, $\sigma=1$ 时，称为**标准正态分布**，记为 $X \sim N(0, 1)$，其概率密度用 $\varphi(x)$ 表示，分布函数用 $\Phi(x)$ 表示，即有

$$\varphi(x)=\frac{1}{\sqrt{2\pi}} e^{-\frac{x^2}{2}}, -\infty < x < +\infty,$$

$$\Phi(x)=\int_{-\infty}^{x} \frac{1}{\sqrt{2\pi}} e^{-\frac{t^2}{2}} dt, -\infty < x < +\infty.$$

标准正态分布的分布函数具有以下性质：

(1) $\Phi(0)=\frac{1}{2}$;

(2) 若 $x>0$，则 $\Phi(-x)=1-\Phi(x)$.

标准正态分布在概率统计中的应用占有重要的地位，附录中有相应的函数值表可供求概率时查询.

**【例 12-17】** 已知 $X \sim N(0, 1)$，求：

$$P(0<X<2);\ P(|X|<2);\ P(X>0.86).$$

**解** 查表可知 $\Phi(2)=0.977\,2$, $\Phi(0)=0.500\,0$, $\Phi(0.86)=0.805\,1$.

$$P(0<X<2)=\Phi(2)-\Phi(0)=0.977\,2-0.500\,0=0.477\,3.$$

$$P(|X|<2)=P(-2<X<2)=\Phi(2)-\Phi(-2)=2\Phi(2)-1=0.954\,4.$$

$$P(X>0.86)=1-P(X \leqslant 0.86)=1-\Phi(0.86)=1-0.805\,1=0.194\,9.$$

对于一般的正态分布，我们都可以先将其标准化，再计算相关概率.

**定理 12-1** 若 $X \sim N(\mu, \sigma^2)$，则 $Z=\frac{X-\mu}{\sigma} \sim N(0, 1)$.

**证**:设 $X\sim N(\mu,\sigma^2)$,令 $Z=\dfrac{X-\mu}{\sigma}$,设 $Z$ 的分布函数为 $F_Z(x)$.

$$F_Z(x)=P(Z\leqslant x)=\int_{-\infty}^{x}\frac{1}{\sqrt{2\pi}\sigma}\mathrm{e}^{-\frac{1}{2\sigma^2}(t-\mu)^2}\mathrm{d}t\xlongequal{\frac{t-\mu}{\sigma}=y}\int_{-\infty}^{\frac{x-\mu}{\sigma}}\frac{1}{\sqrt{2\pi}}\mathrm{e}^{-\frac{y^2}{2}}\mathrm{d}y$$

$$=\Phi\left(\frac{x-\mu}{\sigma}\right).$$

即 $Z=\dfrac{X-\mu}{\sigma}\sim N(0,1)$. 从而

$$P(a<X<b)=P(X\leqslant b)-P(X\leqslant a)$$
$$=\Phi\left(\frac{b-\mu}{\sigma}\right)-\Phi\left(\frac{a-\mu}{\sigma}\right).$$

对于具体的 $a$,$b$ 值查正态分布表即可.

**【例 12-18】** 设 $X\sim N(5,2^2)$,求:

(1) $P(5<X\leqslant 7)$,$P(-1<X<10)$,$P(X>4)$;

(2) 确定常数 $C$ 使 $P(X>C)=P(X\leqslant C)$.

**解**:若 $X\sim N(\mu,\sigma^2)$,则 $P(a<X<b)=\Phi\left(\dfrac{b-\mu}{\sigma}\right)-\Phi\left(\dfrac{a-\mu}{\sigma}\right)$.

数学实验
正态分布概率计算的 MATLAB 实现

(1) 查表可知 $\Phi(1)=0.841\,3$,$\Phi(2.5)=0.993\,8$,$\Phi(3)=0.998\,7$,$\Phi(0.5)=0.691\,5$.

(2)
$$P(5<X\leqslant 7)=\Phi\left(\frac{7-5}{2}\right)-\Phi\left(\frac{5-5}{2}\right)=\Phi(1)-\Phi(0)$$
$$=0.841\,3-0.5=0.341\,3.$$

$$P(-1<X<10)=\Phi\left(\frac{10-5}{2}\right)-\Phi\left(\frac{-1-5}{2}\right)=\Phi(2.5)-\Phi(-3)$$
$$=\Phi(2.5)+\Phi(3)-1=0.993\,8+0.998\,7-1=0.992\,5.$$

$$P(X>4)=1-P(X\leqslant 4)=1-\Phi\left(\frac{4-5}{2}\right)=1-\Phi(-0.5)=\Phi(0.5)=0.691\,5.$$

**【例 12-19】** 设 $X\sim N(\mu,\sigma^2)$,求以下概率:

$P(\mu-\sigma<X<\mu+\sigma)$;$P(\mu-2\sigma<X<\mu+2\sigma)$;$P(\mu-3\sigma<X<\mu+3\sigma)$.

**解**:查表可知 $\Phi(1)=0.841\,3$;$\Phi(2)=0.977\,3$;$\Phi(3)=0.998\,7$.

若 $X\sim N(\mu,\sigma^2)$,则 $P(a<X<b)=\Phi\left(\dfrac{b-\mu}{\sigma}\right)-\Phi\left(\dfrac{a-\mu}{\sigma}\right)$. 则

$$P(\mu-\sigma<X<\mu+\sigma)=P\left(\frac{\mu-\sigma-\mu}{\sigma}<\frac{X-\mu}{\sigma}<\frac{\mu+\sigma-\mu}{\sigma}\right)$$
$$=\Phi(1)-\Phi(-1)=2\Phi(1)-1$$
$$=2\times 0.841\,3-1$$
$$=0.682\,6;$$

同理

$$P(\mu-2\sigma<X<\mu+2\sigma)=2\Phi(2)-1=0.954\,6;$$
$$P(\mu-3\sigma<X<\mu+3\sigma)=2\Phi(3)-1=0.997\,4.$$

我们可以看到,$X$ 落入区间$(\mu-3\sigma,\ \mu+3\sigma)$内几乎是肯定的事,这就是所谓的“$3\sigma$”原则.

**习题 12.4**

1. 设随机变量 $X$ 具有概率密度

$$f(x)=\begin{cases}Ax^2, & 0<x<2,\\ A(4-x), & 2\leqslant x<4,\\ 0, & \text{其他}.\end{cases}$$

求:(1) 常数 $A$;

(2) 随机变量 $X$ 的分布函数;

(3) $P(1<X<3)$.

2. 某车站每隔 10 min 过一辆车,乘客到来时间是随机的.假设每过一辆车总能让全部候车者上车,求一位乘客候车时间的分布函数和分布密度.

# *12.5 随机变量的函数及其分布

在实际问题中,往往要用到随机变量的函数及其分布.

## 12.5.1 离散型随机变量函数的分布

一般地,若 $X$ 的概率分布见表 12-4.

表 12-4 $X$ 的概率分布

| $X$ | $x_1$ | $x_2$ | $\cdots$ | $x_i$ | $\cdots$ |
|---|---|---|---|---|---|
| $p_k$ | $p_1$ | $p_2$ | $\cdots$ | $p_i$ | $\cdots$ |

则随机变量函数 $Y=g(X)$ 的概率分布见表 12-5.

表 12-5　Y 的概率分布

| $Y$ | $g(x_1)$ | $g(x_2)$ | $\cdots$ | $g(x_i)$ | $\cdots$ |
|---|---|---|---|---|---|
| $p_k$ | $p_1$ | $p_2$ | $\cdots$ | $p_i$ | $\cdots$ |

要注意的是:若上表中 $g(x_1), g(x_2), \cdots, g(x_i), \cdots$ 有相同的值,则将相同的值合并,并把相应的概率相加.

**【例 12-20】** 设随机变量 $X$ 的概率分布见表 12-6.

表 12-6　随机变量概率分布

| $X$ | $-2$ | $-1$ | 0 | 1 | 2 |
|---|---|---|---|---|---|
| $p_k$ | 0.35 | 0.25 | 0.20 | 0.10 | 0.10 |

互动练习

随机变量的函数及其分布

试求:(1) $Y=2X+1$ 的概率分布;

(2) $Z=X^2+1$ 的概率分布.

**解**　(1) $X$、$Y$ 的概率分布见表 12-7.

表 12-7　X、Y 的概率分布

| $X$ | $-2$ | $-1$ | 0 | 1 | 2 |
|---|---|---|---|---|---|
| $Y=2X+1$ | $-3$ | $-1$ | 1 | 3 | 5 |
| $p_k$ | 0.35 | 0.25 | 0.20 | 0.10 | 0.10 |

从而 $Y=2X+1$ 的概率分布见表 12-8.

表 12-8　Y 的概率分布

| $Y$ | $-3$ | $-1$ | 1 | 3 | 5 |
|---|---|---|---|---|---|
| $p_k$ | 0.35 | 0.25 | 0.20 | 0.10 | 0.10 |

(2) $X$、$Z$ 的概率分布见表 12-9.

表 12-9　X、Z 的概率分布

| $X$ | $-2$ | $-1$ | 0 | 1 | 2 |
|---|---|---|---|---|---|
| $Z=X^2+1$ | 5 | 2 | 1 | 2 | 5 |
| $p_k$ | 0.35 | 0.25 | 0.20 | 0.10 | 0.10 |

从而 $Z=X^2+1$ 的概率分布见表 12-10.

表 12-10　Z 的概率分布

| $Z=X^2+1$ | 5 | 2 | 1 |
|---|---|---|---|
| $p_k$ | 0.45 | 0.35 | 0.20 |

### 12.5.2 连续型随机变量函数的分布

在实际应用中,连续型随机变量函数更为常见.设 $X$ 为连续型随机变量,$g(x)$ 为连续函数,则 $Y=g(X)$ 也是连续型随机变量.为了便于解决问题,不加证明地引入下面定理.

**定理 12-2** 设 $X$ 是一个连续型随机变量,密度函数为 $p_X(x)$,又函数 $y=g(x)$ 严格单调,其反函数 $h(y)$ 有连续导数,则 $Y=g(X)$ 也是一个连续型随机变量,且密度函数为

$$p_Y(y)=p_X[h(y)]\,|h'(y)|.$$

【例 12-21】 若 $X$ 的密度函数为 $p_X(x)$,求 $Y=aX+b(a\neq 0)$ 的密度函数 $p_Y(y)$.

**解**:令 $y=g(x)=ax+b$,则其反函数为 $h(y)=\dfrac{y-b}{a}$,$h'(y)=\dfrac{1}{a}$,由定理 12-2 知

$$p_Y(y)=p_x\left(\frac{y-b}{a}\right)\left|\frac{1}{a}\right|.$$

**习题 12.5**

1. 设离散型随机变量 $X$ 的概率分布见表 12-11.

表 12-11 $X$ 的概率分布

| $X$ | $-1$ | 0 | 1 |
|---|---|---|---|
| $p_k$ | 0.25 | 0.5 | 0.25 |

求:(1) $Y=X^3$ 的概率分布;

(2) $Y=X^2$ 的概率分布.

## 12.6 随机变量的数字特征

知识拓展

期望的由来

### 12.6.1 随机变量的期望

在前面介绍了随机变量的分布函数,尽管完全描述了它的概率性质,但往往不能明显而集中地表示随机变量的某些特点.在实际应用中,有时也不知道随机变量的分布函数,只需要知道它的某些特征.比如调查产品质量,人们关心的是次正品;对于一个班级的成

绩，关心的是平均分和分数的分布等，这些都不太容易知道分布，但它的一些数字特征相对容易知道.下面主要介绍数学期望和方差，它们分别表示随机变量的平均值和关于数学期望的分散程度.

**定义 12-12** 设离散型随机变量 $X$ 的概率分布见表 12-12.

表 12-12 $X$ 的概率分布

| $X$ | $x_1$ | $x_2$ | $\cdots$ | $x_i$ | $\cdots$ |
|---|---|---|---|---|---|
| $p_k$ | $p_1$ | $p_2$ | $\cdots$ | $p_i$ | $\cdots$ |

若级数 $\sum_{i=1}^{\infty} x_i p_i$ 绝对收敛，则称 $\sum_{i=1}^{\infty} x_i p_i$ 的值为随机变量 $X$ 的**数学期望**，简称为**期望**或**均值**，记作 $E(X)$，即

$$E(X)=\sum_{i=1}^{\infty} x_i p_i .$$

【例 12-22】 某教师从家到学校的途中要经过三个红绿灯，假设经过红绿灯时遇到红灯事件是相互独立的，并且概率均为 0.5，设 $X$ 为途中遇到红灯的次数，求随机变量 $X$ 的分布律及数学期望.

**解**：由题意知，$X \sim B\left(3, \frac{1}{2}\right)$，$X$ 的可能取值为 0，1，2，3，则

$$P(X=0)=\left(1-\frac{1}{2}\right)^3=\frac{1}{8},$$

$$P(X=1)=\mathrm{C}_3^1 \cdot \frac{1}{2} \cdot \left(1-\frac{1}{2}\right)^2=\frac{3}{8},$$

$$P(X=2)=\mathrm{C}_3^2 \cdot \left(\frac{1}{2}\right)^2 \cdot \left(1-\frac{1}{2}\right)=\frac{3}{8},$$

$$P(X=3)=\left(\frac{1}{2}\right)^3=\frac{1}{8}.$$

因此 $X$ 的分布律为

| $X$ | 0 | 1 | 2 | 3 |
|---|---|---|---|---|
| $p_k$ | $\frac{1}{8}$ | $\frac{3}{8}$ | $\frac{3}{8}$ | $\frac{1}{8}$ |

所以 $X$ 的数学期望

$$E(X)=0\times\frac{1}{8}+1\times\frac{3}{8}+2\times\frac{3}{8}+3\times\frac{1}{8}=\frac{3}{2}.$$

**也可直接利用二项分布数学期望公式**

$$E(X)=np=3\times\frac{1}{2}=\frac{3}{2}.$$

**定义 12－13** 设 $X$ 为连续型随机变量，其概率密度为 $p(x)$，若 $\int_{-\infty}^{+\infty} xp(x)\mathrm{d}x$ 绝对可积，称 $\int_{-\infty}^{+\infty} xp(x)\mathrm{d}x$ 的值为 $X$ 的数学期望，简称为期望或均值，记作 $E(X)$，即

$$E(X)=\int_{-\infty}^{+\infty} xp(x)\mathrm{d}x.$$

**【例 12－23】** 设 $X$ 是一个随机变量，其概率密度为

$$p(x)=\begin{cases}1+x, & -1\leqslant x<0,\\ 1-x, & 0\leqslant x<1,\\ 0, & \text{其他}.\end{cases}$$

求 $X$ 的数学期望.

**解** 由数学期望的定义可知

$$E(X)=\int_{-\infty}^{+\infty} xp(x)\mathrm{d}x=\int_{-1}^{0} x(1+x)\mathrm{d}x+\int_{0}^{1} x(1-x)\mathrm{d}x=0.$$

## 一、常用随机变量的数学期望

1. 两点分布

如果随机变量 $X$ 只取两个可能值：0 和 1，并且有

$$P(X=1)=p,\ P(X=0)=1-p,\quad (0<p<1),$$

则有

$$E(X)=0\cdot(1-p)+1\cdot p=p.$$

2. 二项分布

如果随机变量 $X$ 的概率分布为：

$$P(X=k)=\mathrm{C}_n^k p^k q^{n-k}\quad (k=0,\ 1,\ 2,\ \cdots,\ n,\ q=1-p),$$

则有

$$\begin{aligned}E(X)&=\sum_{k=0}^{n} k\mathrm{C}_n^k p^k q^{n-k}\\ &=np\sum_{k=1}^{n}\frac{(n-1)!}{(k-1)!\ (n-k)!}p^{k-1}q^{n-k}\\ &\xlongequal{j=k-1} np\sum_{j=0}^{n-1}\mathrm{C}_{n-1}^{j}p^{j}q^{n-1-j}\\ &=np(p+q)^{n-1}\\ &=np.\end{aligned}$$

由上式可以看出，当进行独立重复试验时，若每次成功的概率是 $p$，则 $n$ 次独立重复试验平均成功的次数等于 $np$.

3. 泊松分布

如果随机变量 $X$ 的概率分布为

$$P(X=k)=\frac{\lambda^k}{k!}\mathrm{e}^{-\lambda}\quad(k=0,1,2,\cdots,\lambda>0),$$

此时

$$\begin{aligned}E(X)&=\sum_{k=0}^{+\infty}k\frac{\lambda^k}{k!}\mathrm{e}^{-\lambda}\\&=\lambda\mathrm{e}^{-\lambda}\sum_{k=1}^{+\infty}\frac{\lambda^{k-1}}{(k-1)!}\\&=\lambda\mathrm{e}^{-\lambda}\mathrm{e}^{\lambda}=\lambda.\end{aligned}$$

4. 均匀分布

如果随机变量 $X$ 的概率密度为

$$p(x)=\begin{cases}\dfrac{1}{b-a}, & a<x<b,\\ 0, & \text{其他}\end{cases}\quad(a<b),$$

于是

$$E(X)=\int_{-\infty}^{+\infty}xp(x)\mathrm{d}x=\int_a^b x\frac{1}{b-a}\mathrm{d}x=\frac{1}{2}(a+b).$$

显然,它恰好是区间$(a,b)$的中点,这与$E(X)$的概率意义相吻合.

5. 指数分布

如果随机变量 $X$ 的概率密度为

$$p(x)=\begin{cases}\lambda\mathrm{e}^{-\lambda x}, & x>0,\\ 0, & \text{其他}\end{cases}\quad(\lambda>0),$$

则

$$E(X)=\int_{-\infty}^{+\infty}xp(x)\mathrm{d}x=\int_0^{+\infty}x\lambda\mathrm{e}^{-\lambda x}\mathrm{d}x=\frac{1}{\lambda}.$$

6. 正态分布

如果随机变量 $X\sim N(\mu,\sigma^2)$,则概率密度为

$$p(x)=\frac{1}{\sqrt{2\pi}\sigma}\mathrm{e}^{-\frac{1}{2\sigma^2}(x-\mu)^2}\quad(-\infty<x<+\infty,-\infty<\mu<+\infty,\sigma>0),$$

因此

$$\begin{aligned}E(X)&=\frac{1}{\sqrt{2\pi}\sigma}\int_{-\infty}^{+\infty}x\mathrm{e}^{-\frac{1}{2\sigma^2}(x-\mu)^2}\mathrm{d}x\\&\xlongequal{t=\frac{x-\mu}{\sigma}}\frac{1}{\sqrt{2\pi}\sigma}\int_{-\infty}^{+\infty}(\sigma t+\mu)\mathrm{e}^{-\frac{1}{2}t^2}\cdot\sigma\mathrm{d}t\\&=\frac{\sigma}{\sqrt{2\pi}\sigma}\int_{-\infty}^{+\infty}t\mathrm{e}^{-\frac{1}{2}t^2}\mathrm{d}t+\frac{\mu}{\sqrt{2\pi}}\int_{-\infty}^{+\infty}\mathrm{e}^{-\frac{1}{2}t^2}\mathrm{d}t.\end{aligned}$$

其中上式中，第一个式子由于被积函数是奇函数，且积分区域关于原点对称，进而等于0；第二个式子，由标准正态的密度函数性质知：

$$\frac{1}{\sqrt{2\pi}}\int_{-\infty}^{+\infty} e^{-\frac{1}{2}t^2}\,dt=1,$$

故

$$E(X)=\mu.$$

**二、数学期望的性质**

(1) 若 $C$ 为任意常数，则 $E(C)=C$；

(2) 对任意常数 $C$，有 $E(CX)=CE(X)$；

(3) $E(X+Y)=E(X)+E(Y)$（可推广至任意有限个随机变量的情形）；

(4) 若随机变量 $X$，$Y$ 相互独立，则 $E(XY)=E(X)E(Y)$.

**【例 12-24】** 已知 $X\sim B(n, p)$，利用数学期望的性质求 $X$ 的数学期望 $E(X)$.

**解**：引入随机变量 $X_i\ (i=1, 2, \cdots, n)$，

$$X_i=\begin{cases}1, & 第\ i\ 次试验成功,\\ 0, & 第\ i\ 次试验不成功,\end{cases}$$

则 $X_i\sim B(1, p)$，$E(X_i)=p$，且 $X=X_1+X_2+\cdots+X_n$. 故

$$E(X)=E(X_1+X_2+\cdots+X_n)=E(X_1)+E(X_2)+\cdots+E(X_n)=np.$$

## 12.6.2 随机变量的方差

我们知道，数学期望反映了随机变量取值的平均水平，除此之外，若想要更全面地衡量随机变量的特征，还需知道其与平均水平的偏离程度也就是稳定性. 比如说从两位同学中选取一位同学去参加比赛，两人几次的模拟成绩平均水平相当，但是我们肯定更倾向于选择成绩更为“稳定”的那位同学.

**一、方差的定义**

方差就是衡量随机变量取值分散程度的一个尺度，用来描述随机变量的稳定性.

微课

方差的定义与计算

**定义 12-14** 设 $X$ 为一随机变量，若 $[X-E(X)]^2$ 的数学期望存在，则称其为 $X$ 的方差，记作 $D(X)$，即

$$D(X)=E\{[X-E(X)]^2\},$$

称 $\sqrt{D(X)}$ 为随机变量的标准差或均方差.

若 $X$ 为离散型随机变量且已知其分布律见表 12-13.

表 12-13 离散型随机变量分布律

| $X$ | $x_1$ | $x_2$ | $\cdots$ | $x_i$ | $\cdots$ |
|---|---|---|---|---|---|
| $p_i$ | $p_1$ | $p_2$ | $\cdots$ | $p_i$ | $\cdots$ |

则其方差 $D(X)=\sum_i[x_i-E(X)]^2p_i$.

**若 $X$ 为连续型随机变量**，其概率密度为 $p(x)$，则其方差

$$D(X)=\int_{-\infty}^{+\infty}[x-E(X)]^2p(x)\mathrm{d}x.$$

互动练习

随机变量的数字特征

在计算随机变量的方差时，常使用以下公式：

$$D(X)=E(X^2)-[E(X)]^2.$$

**证**：由数学期望的性质可知，

$$\begin{aligned}D(X)&=E\{[X-E(X)]^2\}\\&=E\{X^2-2X\cdot E(X)+[E(X)]^2\}\\&=E(X^2)-2E(X)\cdot E(X)+[E(X)]^2\}\\&=E(X^2)-[E(X)]^2.\end{aligned}$$

**【例 12-23 续】** 求例 12-23 中随机变量 $X$ 的方差.

**解**：例 12-23 已经求出 $E(X)=0$；

由于
$$E(X^2)=\int_{-1}^{0}x^2(1+x)\mathrm{d}x+\int_{0}^{1}x^2(1-x)\mathrm{d}x=\frac{1}{6};$$

故

$$D(X)=E(X^2)-[E(X)]^2=\frac{1}{6}.$$

### 二、常用随机变量的方差

1. 两点分布

由随机变量的数学期望知 $E(X)=p$，从而

$$D(X)=[0-p]^2\cdot(1-p)+[1-p]^2\cdot p=p(1-p).$$

2. 二项分布

如果随机变量 $X\sim B(n,p)$，则它的概率分布为

$$P(X=k)=\mathrm{C}_n^kp^k(1-p)^{n-k}\quad(k=0,1,2,\cdots,n),$$

$$\begin{aligned}D(X)&=\sum_{i=1}^{n}[x_i-E(X)]^2p_i=\sum_{i=1}^{n}[i-np]^2P\{X=i\}\\&=\sum_{i=1}^{n}i^2P\{X=i\}-2np\sum_{i=1}^{n}iP\{X=i\}+(np)^2\sum_{i=1}^{n}P\{X=i\}\\&=[n(n-1)p^2+np]-2np\cdot np+(np)^2\cdot 1\\&=np(1-p).\end{aligned}$$

即
$$D(X)=np(1-p).$$

知识拓展

期望与方差的应用

3. 泊松分布

如果随机变量 $X\sim P(\lambda)$，则它的概率分布为

$$P(X=k)=\frac{\lambda^k}{k!}\mathrm{e}^{-\lambda}\quad(k=0,1,2,\cdots,\lambda>0).$$

此时

$$\begin{aligned}D(X)&=\sum_{i=1}^{n}[x_i-E(X)]^2p_i=\sum_{i=1}^{n}[1-\lambda]^2P(X=i)\\&=\sum_{i=1}^{n}i^2P(X=i)-2\lambda\sum_{i=1}^{n}iP(X=i)+\lambda^2\sum_{i=1}^{n}P(X=i)\\&=(\lambda^2+\lambda)-2\lambda\cdot\lambda+\lambda^2\cdot 1\\&=\lambda.\end{aligned}$$

即
$$D(X)=\lambda.$$

4. 均匀分布

如果随机变量 $X$ 的概率密度为

$$p(x)=\begin{cases}\dfrac{1}{b-a}, & a\leqslant x\leqslant b,\\ 0, & \text{其他}\end{cases}\quad(a<b),$$

于是

$$D(X)=\int_{-\infty}^{+\infty}\left(x-\frac{a+b}{2}\right)^2p(x)\mathrm{d}x=\int_a^b\left(x-\frac{a+b}{2}\right)^2\frac{1}{b-a}\mathrm{d}x=\frac{1}{12}(b-a)^2.$$

5. 指数分布

如果随机变量 $X$ 的概率密度为

$$p(x)=\begin{cases}\lambda\mathrm{e}^{-\lambda x}, & \text{当 } x>0,\\ 0, & \text{其他}\end{cases}\quad(\lambda>0),$$

则
$$D(X)=\int_{-\infty}^{+\infty}\left(x-\frac{1}{\lambda}\right)^2p(x)\mathrm{d}x=\int_0^{+\infty}\left(x-\frac{1}{\lambda}\right)^2\lambda\mathrm{e}^{-\lambda x}\mathrm{d}x=\frac{1}{\lambda^2}.$$

6. 正态分布

如果随机变量 $X\sim N(\mu,\sigma^2)$,则概率密度为

$$p(x)=\frac{1}{\sqrt{2\pi}\sigma}\mathrm{e}^{-\frac{1}{2\sigma^2}(x-\mu)^2}(-\infty<x<+\infty,-\infty<\mu<+\infty,\sigma>0),$$

因此有

$$\begin{aligned}D(X)&=\frac{1}{\sqrt{2\pi}\sigma}\int_{-\infty}^{+\infty}[x-\mu]^2\mathrm{e}^{-\frac{1}{2\sigma^2}(x-\mu)^2}\mathrm{d}x\\&\xlongequal{t=\frac{x-\mu}{\sigma}}\frac{1}{\sqrt{2\pi}\sigma}\int_{-\infty}^{+\infty}t^2\mathrm{e}^{-\frac{1}{2}t^2}\cdot\sigma\mathrm{d}t\\&=\sigma^2.\end{aligned}$$

**三、方差的性质**

(1) 若 $C$ 为任意常数,则 $D(C)=0$;

(2) 若 $C$ 为任意常数，$D(CX)=C^2D(X)$；

(3) $D(X+C)=D(X)$；

(4) 若随机变量 $X$，$Y$ 相互独立，则

$$D(X\pm Y)=D(X)+D(Y).$$

**【例 12-24 续】** 已知 $X\sim B(n, p)$，求 $X$ 的方差 $D(X)$.

**解**：引入随机变量 $X_i(i=1, 2, \cdots, n)$

$$X_i=\begin{cases}1, \text{第 } i \text{ 次试验成功}, \\ 0, \text{第 } i \text{ 次试验不成功}.\end{cases}$$

则 $X_i\sim B(1, p)$，$D(X_i)=p(1-p)$，各 $X_i$ 相互独立且 $X=X_1+X_2+\cdots+X_n$

$$D(X)=D(X_1+X_2+\cdots+X_n)=D(X_1)+D(X_2)+\cdots+D(X_n)=np(1-p).$$

## 习题 12.6

1. 离散型随机变量 $X$ 的分布律见表 12-14.

表 12-14 $X$ 的分布律

| $X$ | $-2$ | $-1$ | $0$ | $1$ | $2$ |
|---|---|---|---|---|---|
| $P$ | $\frac{1}{16}$ | $\frac{2}{16}$ | $\frac{3}{16}$ | $\frac{2}{16}$ | $\frac{8}{16}$ |

求 $X$ 的期望和方差.

2. 设离散型随机变量 $X$ 的分布律见表 12-15.

表 12-15 $X$ 的分布律

| $X$ | $-1$ | $0$ | $\frac{1}{2}$ | $1$ | $2$ |
|---|---|---|---|---|---|
| $P$ | $\frac{1}{3}$ | $\frac{1}{6}$ | $\frac{1}{6}$ | $\frac{1}{12}$ | $\frac{1}{4}$ |

求 $E(-X+1)$，$D(-X+1)$.

3. 射击比赛中，每人射击 4 枪，规定全都不中得 0 分，中一枪得 15 分，中两枪得 30 分，中三枪得 55 分，中四枪得 100 分，已知甲每次命中率都为 0.6，问他得分的期望是多少？

4. 设随机变量 $X$ 的概率密度为

$$p(x)=\frac{1}{2}e^{-|x|}\quad(-\infty<x<+\infty),$$

求 $E(X)$和 $D(X)$.

# 第13章 CHAPTER 13

# 数理统计初步

没有统计，就没有科学.

——皮尔逊

学习要求

- 了解样本与统计量的关系以及估计量的选择标准；
- 理解样本均值与样本方差的概念；
- 掌握矩估计法与最大似然估计法的基本思想和方法；
- 掌握区间估计的基本思想和方法，会求单个正态总体样本均值的置信区间；
- 掌握假设检验的基本思想和方法，会对单个正态总体样本均值做假设检验.

数理统计是应用广泛的一个数学分支，它以概率论作为理论基础，把数学的语言引入具体的科学领域，根据试验或者观察得到的数据来研究随机现象，并对研究对象的客观规律做出合理的解释或估计.数理统计的内容主要包括：如何用有效的方法收集数据，包括抽样理论和试验设计等；如何对所得的数据进行分析、研究从而做出估计与判断，即统计推断问题，统计推断包括参数估计和假设检验两个方面.

知识拓展

数理统计学的起源和发展

先看一个产品合格率的应用案例.每批产品总有一个不合格品率 $p$，若从该批产品中随机抽取一件，用 $X$ 表示一次抽取中不合格产品的数量，则 $X$ 服从 0－1 分布，但是分布中的参数 $p$ 却是未知的.显然 $p$ 的大小决定了该批产品的整体质量.因此人们希望知道关于 $p$ 的一些信息：

1. $p$ 的大小如何？
2. $p$ 大概落在什么位置？
3. 如果假设 $p \leqslant 0.05$，该批产品能否满足这一设定的要求？

上述问题就属于数理统计的研究范畴.

# 13.1 统计量的基本概念

在数理统计中,我们要研究的问题往往是根据有限的部分资料,对研究对象做出尽可能精确的估计与判断.例如在研究烟花的引火线燃烧时间时,需要观察并统计从点火到燃放时所需的时间,但是测试对烟花具有破坏性,不可能对所有的烟花都进行测试,只能测试一部分.类似的试验还有很多.

## 13.1.1 基本概念

在数理统计中,把研究对象的全体称为**总体**,组成总体的每个元素称为**个体**.例如研究某班级学生的身高时,全体同学的身高构成总体,每个同学的身高都是一个个体.又如研究 1 000 个灯泡的使用寿命时,所有的灯泡寿命构成总体,每一个灯泡寿命就是一个个体.在研究实际问题时,我们往往关注研究对象的一些特定性质,如(学生的)身高和(灯泡的)寿命,它们都是一种数量指标,是一个随机变量.当研究的指标不止一个时,可将其分为多个总体来研究,因此一个总体对应一个随机变量,对总体的研究就是对随机变量 $X$ 的研究.随机变量的概率分布也称为总体的分布,如服从正态分布的总体叫作正态总体.

对于具体的问题,总体 $X$ 的分布通常是未知的,或者形式上已知但含有未知参数.为了获得总体的概率分布,从理论上来说需要对总体 $X$ 中的所有个体进行试验或者观测,但有些试验或者观测具有破坏性,因此需要从总体中抽取若干个个体进行观测.

从总体中随机抽取 $n$ 个个体,这个过程叫作**抽样**.我们把这 $n$ 个个体叫作总体的一个样本,分别用 $X_1, X_2, \cdots, X_n$ 表示.样本所含个体的数量 $n$ 叫作**样本容量**.在一次抽样中得到具体的数据叫作样本观测值,简称**样本值**,记作 $x_1, x_2, \cdots, x_n$.如抽取 10 名同学,他们的身高构成样本 $X_1, X_2, \cdots, X_{10}$,样本容量为 10,对一次抽取的 10 名同学的身高进行测量得到的具体数值为一次抽样的样本值 $x_1, x_2, \cdots, x_{10}$.

## 13.1.2 统计量

抽取样本后,并不是立即利用样本进行推断,还需要构造一些合适的样本函数,利用这些样本函数去推断总体.需注意,样本函数中不应该包含总体的未知参数.

**定义 13-1** 设 $X_1, X_2, \cdots, X_n$ 是来自总体 $X$ 的一个样本,$f(X_1, X_2, \cdots, X_n)$ 是 $X_1, X_2, \cdots, X_n$ 的函数,如果 $f(X_1, X_2, \cdots, X_n)$ 中不含有未知参数,那么称 $f(X_1, X_2, \cdots, X_n)$ 为一个统计量.

**【例 13-1】** 设总体 $X \sim N(\mu, \sigma^2)$,其中 $\mu$, $\sigma^2$ 未知,$X_1, X_2, \cdots, X_n$ 是来自总体

$X$ 的一个样本，试指出下列样本函数哪些是统计量，哪些不是统计量，并说明理由.

(1) $\dfrac{1}{n}\sum_{i=1}^{n}X_i$；　(2) $\min\limits_{1\leqslant i\leqslant n}\{X_i\}$；　(3) $X_n-\mu$；　(4) $\dfrac{X_n-X_1}{2\sigma^2}$.

**解：** 根据统计量的定义，统计量需满足两个条件，一是样本 $X_1, X_2, \cdots, X_n$ 的函数，二是不含有未知参数.

(1)、(2)、(3)、(4)均是样本的函数，但(3)、(4)分别含有未知参数 $\mu$ 和 $\sigma^2$，故只有(1)、(2)表示的样本函数是统计量，(3)、(4)不是统计量.

下面介绍几个常用的统计量.

**定义 13-2**　设 $X_1, X_2, \cdots, X_n$ 是来自总体 $X$ 的一个样本，$x_1, x_2, \cdots, x_n$ 是相应的样本观测值.

样本均值：$\overline{X}=\dfrac{1}{n}\sum_{i=1}^{n}X_i$，其观测值为 $\bar{x}=\dfrac{1}{n}\sum_{i=1}^{n}x_i$；

样本方差：$S^2=\dfrac{1}{n-1}\sum_{i=1}^{n}(X_i-\overline{X})^2$，其观测值为 $s^2=\dfrac{1}{n-1}\sum_{i=1}^{n}(x_i-\bar{x})^2$；

样本标准差：$S=\sqrt{\dfrac{1}{n-1}\sum_{i=1}^{n}(X_i-\overline{X})^2}$，其观测值为 $s=\sqrt{\dfrac{1}{n-1}\sum_{i=1}^{n}(x_i-\bar{x})^2}$.

这些观测值分别称为样本均值、样本方差和样本标准差.

## 13.1.3　常见统计量的分布

样本是随机变量，统计量作为样本的函数也是随机变量.统计量的分布称为抽样分布，在使用统计量进行统计推断时需要知道它的分布.本节我们仅介绍正态总体样本均值的分布.

知识拓展

常用统计量的分布

**定理 13-1**　若样本 $X_1, X_2, \cdots, X_n$ 来自正态总体 $X\sim N(\mu, \sigma^2)$，$\overline{X}$ 是样本均值，则

$$\overline{X}\sim N\left(\mu, \frac{\sigma^2}{n}\right), \tag{13-1}$$

进一步地，进行标准化得到

$$\frac{\overline{X}-\mu}{\sigma/\sqrt{n}}\sim N(0, 1). \tag{13-2}$$

**【例 13-2】**　在总体 $X\sim N(20, 10^2)$ 中随机抽取容量为 100 的样本 $X_1, X_2, \cdots, X_{100}$，问样本均值 $\overline{X}$ 落在 18.8～21.8 的概率.

**解：** 由于 $X\sim N(20, 10^2)$，故 $\overline{X}-20\sim N(0, 1)$，因此

$$\begin{aligned}P(18.8<\overline{X}<21.8)&=P(-1.2<\overline{X}-20<1.8)=\Phi(1.8)-\Phi(-1.2)\\&=\Phi(1.8)+\Phi(1.2)-1=0.964\,1+0.884\,9-1=0.849.\end{aligned}$$

**习题 13.1**

1. 设总体 $X \sim N(\mu, \sigma^2)$，其中 $\mu$ 已知，$X_1, X_2, X_3, X_4$ 是 $X$ 的样本，则下列不是统计量的是（　　）.

A. $2X_1 + 3X_2$；　　B. $\sum_{i=1}^{4} X_i - \mu$；　　C. $X_1 + \sigma$；　　D. $\sum_{i=1}^{4} X_i^2$.

2. 设总体 $X \sim N(2, 9)$，$X_1, X_2, \cdots, X_{10}$ 是 $X$ 的样本，则（　　）.

A. $\overline{X} \sim N(20, 90)$；　　B. $\overline{X} \sim N(2, 0.9)$；

C. $\overline{X} \sim N(2, 9)$；　　D. $\overline{X} \sim N(20, 9)$.

3. 设总体 $X \sim N(1, 9)$，$X_1, X_2, \cdots, X_9$ 是 $X$ 的样本，则（　　）.

A. $\frac{\overline{X}-1}{3} \sim N(0, 1)$；　　B. $\frac{\overline{X}-1}{1} \sim N(0, 1)$；

C. $\frac{\overline{X}-1}{9} \sim N(0, 1)$；　　D. $\frac{\overline{X}-1}{\sqrt{3}} \sim N(0, 1)$.

# 13.2 参数的点估计

对于某些实际问题，总体 $X$ 的分布形式已知，但含有一个或多个未知参数.如果我们能确定未知参数的具体数值，会更有利于掌握总体 $X$ 的性质.为方便起见，把未知的参数记为 $\theta$，为了估计 $\theta$ 的值，我们从总体 $X$ 中抽取样本 $X_1, X_2, \cdots, X_n$，然后构造合适的统计量 $\hat{\theta}(X_1, X_2, \cdots, X_n)$ 作为总体 $X$ 中未知参数 $\theta$ 的估计.这种方法称为参数的点估计，$\hat{\theta}(X_1, X_2, \cdots, X_n)$ 称为参数 $\theta$ 的估计量.若 $x_1, x_2, \cdots, x_n$ 是一组样本观测值，则 $\hat{\theta}(x_1, x_2, \cdots, x_n)$ 为参数 $\theta$ 的估计值.

点估计的方法很多，本节主要介绍两种最常用的方法——矩估计法和最大似然估计法.

## 13.2.1 矩估计法

由前面的知识可知，数学期望和方差是由随机变量的分布确定的.样本是从总体中抽取的，那么样本均值和样本方差在一定程度上反映了总体的数学期望与方差.

矩估计法的基本思想是替换原则，是由英国统计学家皮尔逊于 1894 年提出用样本矩去替换总体矩，用样本矩的函数去替换相应的总体矩的函数.我们先介绍一下矩和样本矩的概念.

数学家小传

皮尔逊

**定义 13-3** 对随机变量 $X$,若 $E(X^k)$ $(k=1, 2, \cdots)$ 存在,则称它为随机变量 $X$ 的 $k$ 阶原点矩,简称 $k$ 阶矩,记为 $\mu_k$,即

$$\mu_k=E(X^k)(k=1, 2, \cdots).$$

若 $E\{[X-E(X)]^k\}(k=1, 2, \cdots)$ 的数学期望存在,则称之为随机变量 $X$ 的 $k$ 阶中心矩.

**定义 13-4** 设来自总体 $X$ 的一组样本为 $X_1, X_2, \cdots, X_n$,记

$$A_k=\frac{1}{n}\sum_{i=1}^{n}X_i^k \quad (k=1, 2, 3, \cdots),$$

称 $A_k$ 为 $k$ 阶样本原点矩,简称 $k$ 阶样本矩.若 $B_k=\frac{1}{n}\sum_{i=1}^{n}(X_i-\overline{X})^k(k=2, 3, \cdots)$ 存在,则称 $B_k$ 为 $k$ 阶样本中心矩.

根据上述定义可知,数学期望 $E(X)$ 是 $X$ 的一阶原点矩 $\mu_1$,方差 $D(X)$ 是 $X$ 的二阶中心矩.在实际应用过程中,大部分都是用样本均值 $\overline{X}=\frac{1}{n}\sum_{i=1}^{n}X_i$ 去替换(估计)总体的 $X$ 的数学期望,用样本方差 $S^2=\frac{1}{n-1}\sum_{i=1}^{n}(X_i-\overline{X})^2$ 去替换(估计)总体 $X$ 的方差.

**【例 13-3】** 现要检测某厂生产的一批钢球直径,已知该批钢球直径 $X\sim N(\mu, \sigma^2)$,现随机抽取 10 个,测得它们的直径为(单位:mm)

$$5.60, 5.52, 5.41, 5.18, 5.25, 5.64, 5.22, 5.76, 5.32, 5.42.$$

试估计该批钢球直径的样本均值 $\mu$ 与样本方差 $\sigma^2$.

**解:** 由题意可知,随机抽取的 10 个钢球直径的样本均值为

$$\begin{aligned}\bar{x}&=\frac{1}{10}\sum_{i=1}^{10}x_i\\&=\frac{1}{10}(5.60+5.52+5.41+5.18+5.25+5.64+5.22+5.76+5.32+5.42)=5.432.\end{aligned}$$

数学实验

样本均值和方差计算的 MATLAB 实现

样本方差为

$$\begin{aligned}s^2&=\frac{1}{9}\sum_{i=1}^{10}(x_i-\bar{x})^2\\&=\frac{1}{9}[(5.60-5.432)^2+(5.52-5.432)^2+(5.41-5.432)^2+(5.18-5.432)^2\\&\quad+(5.25-5.432)^2+(5.64-5.432)^2+(5.22-5.432)^2+(5.76-5.432)^2\\&\quad+(5.32-5.432)^2+(5.42-5.432)^2]\\&=0.038.\end{aligned}$$

所以该批钢球直径的均值 $\mu$ 的估计值为 $\hat{\mu}=5.432$,方差 $\sigma^2$ 的估计值为 $\hat{\sigma}^2=0.038$.

从本题容易发现,估计值是基于样本观测值计算得到的.每抽样一次,就会有一组样

本值，那么根据抽取的样本不同，得到的估计值也会发生变化，所以称之为估计.

**【例 13-4】** 设总体 $X$ 的分布律为

| $X$ | 0 | 1 | 2 | 3 |
|---|---|---|---|---|
| $p_k$ | $\theta^2$ | $2\theta(1-\theta)$ | $\theta^2$ | $1-2\theta$ |

其中 $\theta\left(0<\theta<\frac{1}{2}\right)$ 是未知参数，3，1，3，0，3，1，2，3，是来自总体 $X$ 的样本观测值，求参数 $\theta$ 的矩估计值.

**解：** 令 $E(X)=\overline{X}$，其中

$$E(X)=0\cdot\theta+1\cdot2\theta(1-\theta)+2\cdot\theta^2+3\cdot(1-2\theta)=3-4\theta,$$

$$\bar{x}=\frac{1}{8}(3+1+3+0+3+1+2+3)=2,$$

即
$$3-4\theta=2,$$

解得
$$\hat{\theta}=\frac{1}{4}.$$

## 13.2.2 最大似然估计法

最大似然估计法是使用最广泛的一种参数估计方法，由德国数学家高斯于 1821 年首先提出，但是推动最大似然估计法的发展要归功于英国的统计学家费希尔.费希尔首先探讨了这种方法的一些性质，最大似然估计法也是他命名的.

数学家小传

费希尔

最大似然估计法的基本思想比较直观，在进行某项随机试验时，会出现若干个结果 $A_1$，$A_2$，$A_3$，….在一次试验中，若 $A_1$ 发生，参数估计应该要有利于 $A_1$ 的发生.例如袋子里有黑白两种颜色的球 10 个，其中一种颜色的球有 8 个，另一种颜色的球有 2 个.在一次试验中摸到了白球，我们就认为袋子里有 8 只白色的球.也就是说，人们倾向于认为在一次试验中，概率大的事件更容易发生，这就是最大似然估计法的基本思想.

下面通过一个例题来解释最大似然估计法的原理和步骤.

**【例 13-5】** 设箱子里有 5 000 只白球和黑球，已知两种球的比例为 2∶8，但具体哪种颜色的球数量多未知，现从中有放回地抽取 4 次，每次抽取一球，结果是前 3 次抽取的是黑球，第 4 次取到的是白球，试判断哪种颜色的球数量多.

**分析：** 根据 3 次取球结果，直观感受是黑色的球多，下面进行理论分析.

**解：** 设 $\theta$ 表示黑球的比例，那么 $\theta=0.8$ 或 $\theta=0.2$，设 $X$ 表示每次抽到黑球的次数，则 $X$ 服从两点分布，则其分布律为

| $X$ | 0 | 1 |
|---|---|---|
| $p_k$ | $1-\theta$ | $\theta$ |

有放回的抽取 4 次，前 3 次为黑球，第 4 次为白球，相当于在总体 $X$ 中抽取了一组样

本 $X_1$, $X_2$, $X_3$, $X_4$,且各样本间相互独立,样本观测值分别为 1, 1, 1, 0,则此事件发生的概率为

$$\begin{aligned}P(X_1=1,\ X_2=1,\ X_3=1,\ X_4=0)&=P(X_1=1)P(X_2=1)P(X_3=1)P(x_4=0)\\&=\theta^3(1-\theta).\end{aligned}$$

现已知 $X_1=1$, $X_2=1$, $X_3=1$, $X_4=0$ 发生,需判断 $\theta$ 的值是 0.8 还是 0.2,就要看 $\theta$ 取何值时更有利于事件 $X_1=1$, $X_2=1$, $X_3=1$, $X_4=0$ 发生.

若 $\theta=0.8$,则 $P(X_1=1,\ X_2=1,\ X_3=1,\ X_4=0)=0.8^3\times0.2=0.102\ 4$.

若 $\theta=0.2$,则 $P(X_1=1,\ X_2=1,\ X_3=1,\ X_4=0)=0.2^3\times0.8=0.006\ 4$.

相比之下,$\theta=0.8$ 更有利于事件 $X_1=1$, $X_2=1$, $X_3=1$, $X_4=0$ 发生,即黑球多.

从本例题,我们可以归纳最大似然估计法的一般步骤.

(1) 构造似然函数

若总体 $X$ 为离散型,其分布函数为 $P(X=x_i)=p(x_i;\theta)$, $\theta\in\Theta$ 为待估参数,给定样本观测值 $x_1$, $x_2$, $\cdots$, $x_n$,令

$$L(\theta)=L(x_1,\ x_2,\ \cdots,\ x_n;\ \theta)=\prod_{i=1}^{n}p(x_i;\ \theta).\tag{13-3}$$

若总体 $X$ 为连续型,其概率密度函数为 $f(x;\theta)$, $\theta\in\Theta$ 为待估参数,给定样本观测值 $x_1$, $x_2$, $\cdots$, $x_n$,令

$$L(\theta)=L(x_1,\ x_2,\ \cdots,\ x_n;\ \theta)=\prod_{i=1}^{n}f(x_i;\ \theta).\tag{13-4}$$

式(13-3)和式(13-4)中 $L(\theta)$ 是 $\theta$ 的函数,随 $\theta$ 的变化而变化,称 $L(\theta)$ 为样本的似然函数.求参数的最大似然估计就是求似然函数的最大值点.

(2) 求似然函数的最大值点

求出使 $L(\theta)$ 达到最大值的 $\hat{\theta}(x_1,\ x_2,\ \cdots,\ x_n)$,即使 $L(\hat{\theta})=\max\{L(\theta)\}$ 成立. $\hat{\theta}=\hat{\theta}(x_1,\ x_2,\ \cdots,\ x_n)$ 称为参数 $\theta$ 的最大似然估计值,相应地,$\hat{\theta}=\hat{\theta}(X_1,\ X_2,\ \cdots,\ X_n)$ 称为 $\theta$ 的最大似然估计量.在一定的条件下,可利用高等数学中的方法求函数的最大值.

**【例 13-6】** 某商场开展抽奖活动,中奖率为 $\theta$,现在有 20 人参与抽奖,其中有 12 人中奖,求 $\theta$ 的最大似然估计值.

**解:** 令 $X$ 表示每次抽奖是否抽中,那么 $X$ 服从两点分布,其分布律为

$$P(X=x)=\theta^x(1-\theta)^{1-x},\ x=0,\ 1.$$

20 人中有 12 人中奖,相当于观测值 $x_1$, $x_2$, $\cdots$, $x_{20}$ 中有 12 个值为 1, 8 个值为 0.

(1) 求似然函数: $L(\theta)=\prod\limits_{i=1}^{20}p(x_i)=\theta^{12}(1-\theta)^8$;

(2) 取对数: $\ln L(\theta)=12\ln\theta+8\ln(1-\theta)$;

(3) 求导数,令导数为零,即 $\dfrac{\mathrm{d}[\ln L(\theta)]}{\mathrm{d}\theta}=\dfrac{12}{\theta}-\dfrac{8}{1-\theta}=0$;

(4) 解得最大似然估计量为 $\hat{\theta}=\frac{3}{5}$.

【例 13-7】 设总体 $X$ 的概率密度为

$$f(x;\alpha)=\begin{cases}(\alpha+1)x^{\alpha}, & 0<x<1,\\ 0, & \text{其他}.\end{cases}$$

试利用样本 $X_1, X_2, \cdots, X_n$ 求参数 $\alpha$ 的最大似然估计量.

**解:** (1) 求似然函数: $L(\alpha)=\prod_{i=1}^{n}f(x_i;\alpha)=(\alpha+1)^n\prod_{i=1}^{n}x_i^{\alpha}$, $0<x_i<1$;

(2) 取对数: $\ln L(\alpha)=n\ln(\alpha+1)+\alpha\sum_{i=1}^{n}\ln x_i$;

(3) 求导数,令导数为零: $\frac{\mathrm{d}[\ln L(\alpha)]}{\mathrm{d}\alpha}=\frac{1}{\alpha+1}+\sum_{i=1}^{n}\ln x_i=0$;

(4) 解得最大似然估计值为 $\hat{\alpha}=-\left(1+\frac{n}{\sum_{i=1}^{n}\ln x_i}\right)$, 最大似然估计量为

$$\hat{\alpha}=-\left(1+\frac{n}{\sum_{i=1}^{n}\ln x_i}\right).$$

## 13.2.3 估计量的评选标准

对于总体分布来说,参数 $\theta$ 虽然未知,但是唯一确定的.当采用不同的方法对其进行估计时,得出的估计量 $\hat{\theta}$ 却不一定相同.那如何从多个估计量中选取最合适的一个呢?需要给出评价估计量优劣的标准.

对于未知参数 $\theta$ 的一个估计量 $\hat{\theta}=\hat{\theta}(X_1, X_2, \cdots, X_n)$,若满足 $E(\hat{\theta})=\theta$,则称 $\hat{\theta}$ 为待估参数 $\theta$ 的无偏估计量,从某种程度上来说,如果 $\hat{\theta}$ 是无偏估计量,就是一个"好"估计.但是同一个待估参数 $\theta$ 往往具有多个无偏估计量,我们希望估计量 $\hat{\theta}$ 与真实参数 $\theta$ 之间的偏差越小越好,即 $\hat{\theta}$ 的方差 $D(\hat{\theta})$ 越小,这个估计量就越有效.

**定义 13-5** 若估计量 $\hat{\theta}=\hat{\theta}(X_1, X_2, \cdots, X_n)$ 的数学期望 $E(\hat{\theta})$ 存在,且对于任意 $\theta\in\Theta$ 有

$$E(\hat{\theta})=\theta, \tag{13-5}$$

则称 $\hat{\theta}$ 是 $\theta$ 的无偏估计量.

【例 13-8】 已知总体的数学期望 $\mu$ 和方差 $\sigma^2$ 都存在, $X_1, X_2, X_3$ 是总体的样本,设

$$g_1=\frac{1}{3}X_1+\frac{1}{3}X_2+\frac{1}{3}X_3,\ g_2=\frac{1}{2}X_1+\frac{1}{3}X_2+\frac{1}{6}X_3,$$

证明 $g_1$ 和 $g_2$ 都是 $\mu$ 的无偏估计量.

**解**:计算得

$$E(g_1)=E\left(\frac{1}{3}X_1+\frac{1}{3}X_2+\frac{1}{3}X_3\right)=\frac{1}{3}E(X_1)+\frac{1}{3}E(X_2)+\frac{1}{3}E(X_3)=\mu,$$

$$E(g_2)=E\left(\frac{1}{2}X_1+\frac{1}{3}X_2+\frac{1}{6}X_3\right)=\frac{1}{2}E(X_1)+\frac{1}{3}E(X_2)+\frac{1}{6}E(X_3)=\mu,$$

可见 $g_1$ 和 $g_2$ 都是 $\mu$ 的无偏估计量.

**定义 13-6** 设 $\hat{\theta}_1=\hat{\theta}_1(X_1, X_2, \cdots, X_n)$ 与 $\hat{\theta}_2=\hat{\theta}_2(X_1, X_2, \cdots, X_n)$ 都是 $\theta$ 的无偏估计量,若对于任意 $\theta\in\Theta$,有

$$D(\hat{\theta}_1)\leqslant D(\hat{\theta}_2)$$

且至少对于某一个 $\theta\in\Theta$ 上式中的不等号成立,则称 $\hat{\theta}_1$ 比 $\hat{\theta}_2$ 有效.

**【例 13-9】** 已知总体的数学期望 $\mu$ 和方差 $\sigma^2$ 都存在,$X_1$, $X_2$, $X_3$ 是总体的样本,设

$$g_1=\frac{1}{3}X_1+\frac{1}{3}X_2+\frac{1}{3}X_3,\ g_2=\frac{1}{2}X_1+\frac{1}{3}X_2+\frac{1}{6}X_3,$$

$g_1$ 和 $g_2$ 都是 $\mu$ 的无偏估计量,试判断 $g_1$ 和 $g_2$ 哪一个更有效?

**解**:计算得

$$D(g_1)=D\left(\frac{1}{3}X_1+\frac{1}{3}X_2+\frac{1}{3}X_3\right)=\frac{1}{9}D(X_1)+\frac{1}{9}D(X_2)+\frac{1}{9}D(X_3)=\frac{1}{3}\sigma^2,$$

$$D(g_2)=D\left(\frac{1}{2}X_1+\frac{1}{3}X_2+\frac{1}{6}X_3\right)=\frac{1}{4}D(X_1)+\frac{1}{9}D(X_2)+\frac{1}{36}D(X_3)=\frac{7}{18}\sigma^2.$$

显然,$D(g_1)\leqslant D(g_2)$,所以,$g_1$ 比 $g_2$ 更有效.

## 习题 13.2

1. 设 $X_1$, $X_2$, $X_3$ 是总体 $X$ 的一个样本,则期望 $E(X)$ 的无偏估计量是(　　).

A. $\frac{1}{2}X_1-\frac{1}{4}X_2+\frac{1}{3}X_3$　　B. $\frac{1}{3}X_1+\frac{1}{4}X_2+\frac{1}{5}X_3$

C. $\frac{1}{2}X_1+\frac{1}{4}X_2+\frac{1}{4}X_3$　　D. $\frac{1}{3}X_1-\frac{3}{4}X_2+\frac{5}{6}X_3$

2. 已知每袋食用盐的质量 $X\sim N(\mu, \sigma^2)$,现从一批食用盐中随机抽取 8 袋,测量其质量(单位:g)如下:

499.5, 500, 498.5, 501.5, 500.5, 500.5, 499.5, 500.5.

试估计这批食用盐质量的均值 $\mu$ 与方差 $\sigma^2$.

3. 设总体 $X$ 具有分布律

| $X$ | 1 | 2 | 3 |
|---|---|---|---|
| $p_k$ | $\theta^2$ | $2\theta(1-\theta)$ | $(1-\theta)^2$ |

其中 $\theta$ $(0<\theta<1)$ 为未知参数.抽样取得样本观测值为 $x_1=1$, $x_2=2$, $x_3=1$, 试求 $\theta$ 的矩估计和最大似然估计.

# 13.3 区间估计

在点估计中,只要给定样本的观测值,就能得到参数 $\theta$ 的估计值.但是在实际应用中,除了要给出参数 $\theta$ 的估计值,还需要了解这种近似的误差有多大.我们希望能够估计出一个范围,并且知道这个范围包含参数真值的可信程度.这样的范围通常以区间的形式给出,这种区间称为置信区间,通过构造一个置信区间对未知参数进行估计的方法称为区间估计.

## 13.3.1 区间估计的概念

**定义 13-7** 设 $\theta$ 为总体的未知参数,对于给定的 $\alpha$ $(0<\alpha<1)$, $X_1$, $X_2$, $\cdots$, $X_n$ 样本来自总体 $X$,若存在统计量 $\hat{\theta}_1=\hat{\theta}_1(X_1, X_2, \cdots, X_n)$ 和 $\hat{\theta}_2=\hat{\theta}_2(X_1, X_2, \cdots, X_n)$, 对于任意的 $\theta\in\Theta$, 有

$$P(\hat{\theta}_1<\theta<\hat{\theta}_2)=1-\alpha, \tag{13-6}$$

则称随机区间 $(\hat{\theta}_1, \hat{\theta}_2)$ 是参数 $\theta$ 的置信水平为 $1-\alpha$ 的置信区间,分别称 $\hat{\theta}_1$ 和 $\hat{\theta}_2$ 为置信下限和置信上限,称 $1-\alpha$ 为置信水平或置信度.

由定义知,置信区间 $(\hat{\theta}_1, \hat{\theta}_2)$ 的端点 $\hat{\theta}_1$、$\hat{\theta}_2$ 是统计量,也是随机变量,而参数 $\theta$ 是一个具体的数值.置信区间的含义是:若反复抽样多次(每次的样本容量均为 $n$),对于每一次抽样得到的观测值 $x_1$, $x_2$, $\cdots$, $x_n$,由 $\hat{\theta}_1(x_1, x_2, \cdots, x_n)$ 和 $\hat{\theta}_2(x_1, x_2, \cdots, x_n)$ 可确定一个区间 $(\hat{\theta}_1, \hat{\theta}_2)$,这个区间中可能包含 $\theta$ 的真实值,也可能不包含 $\theta$ 的真实值.在多次抽样得到的多个区间中,包含 $\theta$ 真实值的区间约占 $(1-\alpha)\times100\%$, 不包含 $\theta$ 真实值的区间约占 $\alpha\times100\%$. 例如,取 $\alpha=0.05$, 反复抽样 1 000 次,得到的 1 000 个区间中,约有 950 个区间包含 $\theta$ 的真实值,50 个区间不包含 $\theta$ 的真实值.

下面我们通过单个正态总体期望的区间估计问题,给出构造置信区间的方法与步骤.

### 13.3.2　正态总体参数的区间估计

若样本 $X_1, X_2, \cdots, X_n$ 是来自正态总体 $X \sim N(\mu, \sigma^2)$，$\overline{X}$和 $S^2$ 分别表示样本均值与样本方差.对期望 $\mu$ 的区间估计，可分为方差 $\sigma^2$ 已知和方差 $\sigma^2$ 未知两种情形进行讨论.

为了后续应用，我们引入上侧分位数的定义：

**定义 13-8**　设 $X \sim N(0, 1)$，其概率密度函数为 $\varphi(x)$，对于给定的数 $\alpha$：$0 < \alpha < 1$，称满足条件

$$P(X > z_\alpha) = \int_{z_\alpha}^{+\infty} \varphi(x)\mathrm{d}x = \alpha \tag{13-7}$$

的数 $z_\alpha$ 为标准正态分布的上侧 $\alpha$ 分位数，其概率密度函数如图 13-1 所示.

由 $\varphi(x)$图像的对称性知 $z_{1-\alpha} = -z_\alpha$.

本节仅介绍单个总体 $N(\mu, \sigma^2)$的情况.

1. 方差 $\sigma^2$ 已知，对期望 $\mu$ 进行区间估计.

由于$\overline{X} \sim N\left(\mu, \dfrac{\sigma^2}{n}\right)$，令 $Z = \dfrac{\overline{X} - \mu}{\sqrt{\sigma^2/n}}$，则 $Z \sim N(0, 1)$，其概率密度函数如图 13-2 所示，对于给定的 $\alpha$ $(0 < \alpha < 1)$ 有

$$P(-z_{\frac{\alpha}{2}} < Z < z_{\frac{\alpha}{2}}) = 1 - \alpha,$$

即

$$P\left(-z_{\frac{\alpha}{2}} < \frac{\overline{X} - \mu}{\sqrt{\sigma^2/n}} < z_{\frac{\alpha}{2}}\right) = 1 - \alpha,$$

则

$$P\left(\overline{X} - z_{\frac{\alpha}{2}}\sqrt{\frac{\sigma^2}{n}} < \mu < \overline{X} + z_{\frac{\alpha}{2}}\sqrt{\frac{\sigma^2}{n}}\right) = 1 - \alpha. \tag{13-8}$$

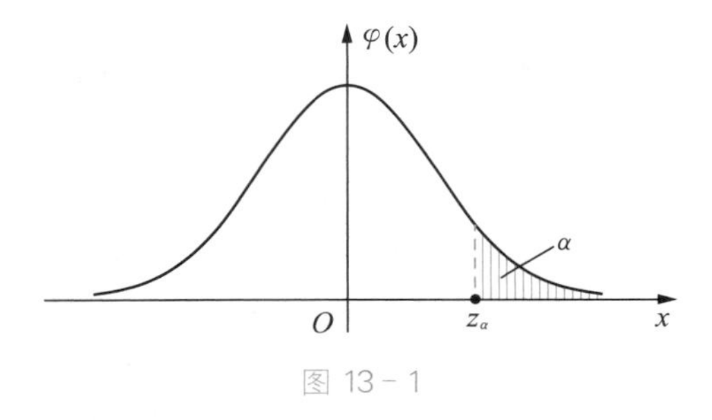

图 13-1

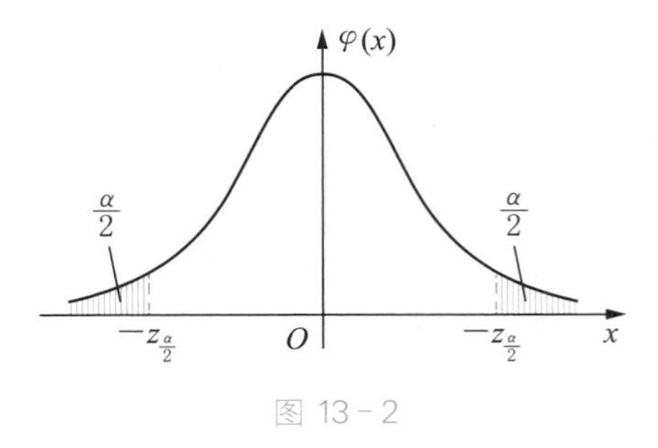

图 13-2

于是 $\mu$ 的置信水平为 $1 - \alpha$ 的置信区间为 $\left(\overline{X} - z_{\frac{\alpha}{2}}\sqrt{\dfrac{\sigma^2}{n}}, \overline{X} + z_{\frac{\alpha}{2}}\sqrt{\dfrac{\sigma^2}{n}}\right)$.

**【例 13-10】**　已知幼儿身高服从正态分布，先从 5～6 岁的幼儿中随机地抽查 10 人，

其身高分别为(单位:cm)

$$115,120,131,115,109,115,115,105,115,110.$$

已知总体标准差 $\sigma=7$,置信水平为 95%,求总体期望 $\mu$ 的置信区间.

**解**:已知 $n=10$,$\sigma^2=49$,根据样本可知,$\bar{x}=115$,查正态分布表(见附录),得 $z_{\frac{\alpha}{2}}=1.96$,得到期望 $\mu$ 的置信水平为 95%的置信区间为

$$\left(115-1.96\sqrt{\frac{49}{10}},\ 115+1.96\sqrt{\frac{49}{10}}\right)=(110.66,\ 119.34).$$

2. 方差 $\sigma^2$ 未知,对期望 $\mu$ 进行区间估计.

方差 $\sigma^2$ 未知,用样本方差 $S^2$ 代替 $\sigma^2$,得到 $T=\dfrac{\bar{X}-\mu}{S/\sqrt{n}}$,则 $T\sim t(n-1)$,这一分布被称为自由度为 $n-1$ 的 $t$ 分布,其概率密度函数如图 13-3 所示,对于给定的 $\alpha\ (0<\alpha<1)$,

$$P(-t_{\frac{\alpha}{2}}(n-1)<T<t_{\frac{\alpha}{2}}(n-1))=1-\alpha,$$

图 13-3

即

$$P\left(-t_{\frac{\alpha}{2}}(n-1)<\frac{\bar{X}-\mu}{S/\sqrt{n}}<t_{\frac{\alpha}{2}}(n-1)\right)=1-\alpha,$$

则

$$P\left(\bar{X}-t_{\frac{\alpha}{2}}(n-1)\frac{S}{\sqrt{n}}<\mu<\bar{X}+t_{\frac{\alpha}{2}}(n-1)\frac{S}{\sqrt{n}}\right)=1-\alpha. \qquad (13-9)$$

于是 $\mu$ 的置信水平为 $1-\alpha$ 的置信区间为 $\left(\bar{X}-t_{\frac{\alpha}{2}}(n-1)\dfrac{S}{\sqrt{n}},\ \bar{X}+t_{\frac{\alpha}{2}}(n-1)\dfrac{S}{\sqrt{n}}\right)$.

**【例 13-11】** 已知幼儿身高服从正态分布,先从 5~6 岁的幼儿中随机地抽查 10 人,其身高分别为(单位:cm)

$$115,120,131,115,109,115,115,105,115,110.$$

求总体期望 $\mu$ 的置信水平为 95%的置信区间.

**解**:因为 $\sigma^2$ 未知,所以 $\mu$ 的置信区间为 $\left(\bar{X}-t_{\frac{\alpha}{2}}(n-1)\dfrac{S}{\sqrt{n}},\ \bar{X}+t_{\frac{\alpha}{2}}(n-1)\dfrac{S}{\sqrt{n}}\right)$. 由样本值可得:样本均值 $\bar{x}=115$,样本标准差为 $S=7.008$,由题意可知,$n=10$,$\alpha=0.05$,查 $t$ 分布表(见附录),得

$$t_{\frac{\alpha}{2}}(n-1)=t_{0.025}(9)=2.262.$$

数学实验

点估计和置信区间的 MATLAB 实现

代入数据,得 $\mu$ 的置信水平为 95%的置信区间为

$$\left(115-2.262\frac{7.008}{\sqrt{10}},\ 115+2.262\frac{7.008}{\sqrt{10}}\right)=(109.987,\ 120.013).$$

*3. 对方差 $\sigma^2$ 的区间估计

根据实际问题,仅介绍 $\mu$ 未知的情形.

令 $\chi^2=\dfrac{(n-1)S^2}{\sigma^2}$,则 $\chi^2\sim\chi^2(n-1)$,这一分布被称为自由度为 $n-1$ 的 $\chi^2$ 分布(卡方分布),其概率密度函数如图 13-4 所示,对于给定的 $\alpha$ $(0<\alpha<1)$,有

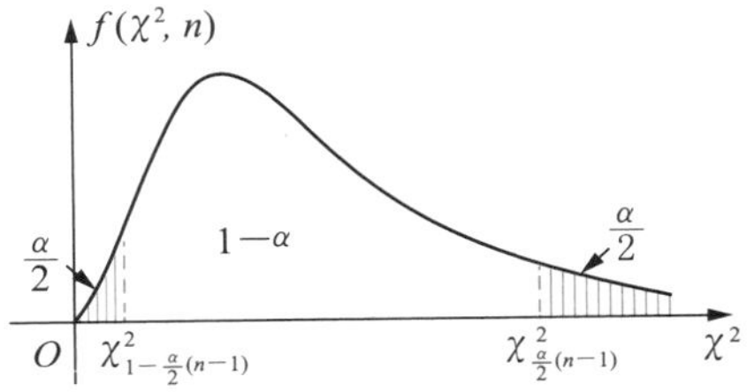

$$P(\chi^2_{1-\frac{\alpha}{2}}(n-1)<\chi^2<\chi^2_{\frac{\alpha}{2}}(n-1))=1-\alpha,$$



图 13-4

即

$$P\left(\chi^2_{1-\frac{\alpha}{2}}(n-1)<\frac{(n-1)S^2}{\sigma^2}<\chi^2_{\frac{\alpha}{2}}(n-1)\right)=1-\alpha,$$

则

$$P\left(\frac{(n-1)S^2}{\chi^2_{\frac{\alpha}{2}}(n-1)}<\sigma^2<\frac{(n-1)S^2}{\chi^2_{1-\frac{\alpha}{2}}(n-1)}\right)=1-\alpha. \tag{13-10}$$

于是 $\sigma^2$ 的置信水平为 $1-\alpha$ 的置信区间为 $\left(\dfrac{(n-1)S^2}{\chi^2_{\frac{\alpha}{2}}(n-1)}, \dfrac{(n-1)S^2}{\chi^2_{1-\frac{\alpha}{2}}(n-1)}\right)$.

**【例 13-12】** 现有一大批产品需要进行质检,其重量服从正态分布,现随机从中抽取 16 袋,称得重量(单位:g)如下:

506, 508, 499, 503, 504, 510, 497, 512, 514, 505, 493, 496, 506, 502, 509, 496.

求总体方差 $\sigma^2$ 的置信水平为 95%的置信区间.

**解:** 由题意,总体均值 $\mu$ 未知,故置信区间为 $\left(\dfrac{(n-1)S^2}{\chi^2_{\frac{\alpha}{2}}(n-1)}, \dfrac{(n-1)S^2}{\chi^2_{1-\frac{\alpha}{2}}(n-1)}\right)$. $n=16$, $\alpha=0.05$,查卡方分布表(见附录)得

$$\chi^2_{0.025}(15)=27.49, \chi^2_{0.975}(15)=6.27,$$

由样本值计算得 $S^2=6.202\,2^2$,代入数据,计算得到 $\sigma^2$ 的置信水平为 95%的置信区间为(20.99, 92.03).

## 习题 13.3

1. 已知某种新型绳子的抗断强度服从正态分布 $N(\mu, \sigma^2)$,现在随机选取 10 根绳子进行试验,试验数据如下:

482, 493, 457, 471, 510, 446, 435, 418, 394, 469.

求:

(1) 在 $\sigma=30$ 的条件下,总体平均抗断强度 $\mu$ 的置信水平为 95%的置信区间;

(2) 在 $\sigma$ 未知时，总体平均抗断强度 $\mu$ 的置信水平为 95%的置信区间；

(3) 总体 $\sigma^2$ 的置信水平为 95%的置信区间.

2. 某工厂用自动包装机包装奶粉，每袋净重 $X \sim N(\mu,\ 5^2)$，现随机抽取 10 袋，测得各袋净重 $x_i$(单位:g)，$i=1,\ 2,\ \cdots,\ 10$，其样本均值 $\bar{x}=502$，求总体期望 $\mu$ 的置信水平为 95%的置信区间.

# 13.4 假设检验

假设检验是统计推断的另一类重要问题.实际应用中，在总体的分布未知或者总体分布已知但参数未知的情况下，为了对总体的某些未知信息进行推断，需要根据样本提出某些关于总体的假设.然后根据样本，按照一定的规则，对提出的假设作出接受或者拒绝的决策.这个过程称为假设检验.

## 13.4.1 假设检验的基本方法

假设检验的依据是小概率事件原则，即发生概率很小的事件在一次试验中一般不会发生.思路是利用概率性质进行反证.首先假设成立，然后根据一次抽样的样本信息进行判断，若小概率事件发生，则假设不成立，否则假设成立.

**【例 13 - 13】** 某工厂生产一种袋装盐，每袋盐的净重 $X$ 是一个随机变量，服从正态分布，包装机器正常工作时，其均值为 0.5 kg，标准差为 0.01 kg.某天随机抽取 8 袋盐，称得其净重如下(单位:kg)：

$$0.52,\ 0.54,\ 0.58,\ 0.48,\ 0.49,\ 0.53,\ 0.46,\ 0.56.$$

问当天包装机器是否正常工作?

**解:** 分别令 $\mu$ 和 $\sigma$ 表示这一天袋装盐的净重总体 $X$ 的均值和标准差.根据过去的经验可知标准差比较稳定，$\sigma=0.01$，即 $X \sim N(\mu,\ 0.01^2)$.要判断机器是否正常工作，可根据当日的样本来判断该日生产的袋装盐净重是否为 0.5 kg，即 $\mu=0.5$ 还是 $\mu \neq 0.5$. 为此，我们提出两个相互对立的假设：

$$H_0:\mu=\mu_0=0.5 \text{ 和 } H_1:\mu \neq 0.5.$$

如果假设 $H_0:\mu=\mu_0=0.5$ 为真，那么机器正常工作，称 $H_0$ 为原假设；假设 $H_1:\mu \neq 0.5$ 为真，则机器不能正常工作，称 $H_1$ 为备择假设.然后利用样本值，根据一定的规则来作出决策，是接受原假设 $H_0$(拒绝备择假设 $H_1$)还是接受备择假设 $H_1$(拒绝原假设 $H_0$).

考虑原假设 $H_0$ 为真的情况下，样本$\overline{X}$的观测值$\bar{x}$与$\mu$ 的偏差 $|\bar{x}-\mu_0|$ 不应过大，此时可借助统计量 $Z=\dfrac{\overline{X}-\mu_0}{\sigma/\sqrt{n}}$ 对此偏差进行衡量.已知 $Z=\dfrac{\overline{X}-\mu_0}{\sigma/\sqrt{n}}\sim N(0,\ 1)$，由标准正态分布分位数的定义可知 $P\left(\left|\dfrac{\overline{X}-\mu_0}{\sigma/\sqrt{n}}\right|\geqslant z_{\frac{\alpha}{2}}\right)=\alpha$，选定一个合适的正数$\alpha$，就能得出 $Z$ 的一个取值范围.如给定 $\alpha=0.05$，查表得 $z_{0.025}=1.96$，所以 $Z$ 的取值范围为$(-1.96,\ 1.96)$，当 $Z$ 的观察值$z$ 落在这个区间外时，小概率事件发生了(概率为 $\alpha=0.05$). 根据小概率事件原则，在一次试验中，小概率事件通常是不会发生的，现在既然发生了，那有理由认为原假设不真，从而拒绝原假设，接受备择假设.当 $Z$ 的观察值$z$ 落在这个区间内时，没有充足的理由拒绝原假设，那就姑且接受原假设.

代入样本数据：$n=6$，$\bar{x}=0.52$，得到 $z=\dfrac{\bar{x}-\mu_0}{\sigma/\sqrt{n}}=\dfrac{0.52-0.5}{0.01/\sqrt{8}}5.66>1.96$. 这说明小概率的事件发生了，所以应该拒绝原假设 $H_0$，接受备择假设 $H_1$，即机器工作不正常.

上述问题中查表得出 $Z$ 的取值范围为区间$(-1.96,\ 1.96)$即 $|z|<z_{\frac{\alpha}{2}}$，称其为接受域，称 $|z|>z_{\frac{\alpha}{2}}$ 为拒绝域，$z_{\frac{\alpha}{2}}=1.96$ 为临界值，称 $Z=\dfrac{\overline{X}-\mu_0}{\sigma/\sqrt{n}}$ 为检验统计量.

在上述过程中，是根据样本作出决策的，由于样本具有随机性，导致我们可能会作出错误的决策，当原假设 $H_0$ 为真时而作出拒绝原假设 $H_0$ 的判断，称之为第Ⅰ类错误(又叫拒真错误).当原假设 $H_0$ 不真时而作出接受原假设 $H_0$ 的判断，称为第Ⅱ类错误(又叫取伪错误).犯两类错误的概率分别记为

$$P(H_0\ \text{为真拒绝}\ H_0),\ P(H_0\ \text{不真接受}\ H_0).$$

在实际应用中，我们希望犯两类错误的概率尽可能小.但是当样本容量固定时，犯第Ⅰ类错误的概率和犯第Ⅱ类错误的概率不可能同时都很小.若要使犯两类错误的概率都减小，那只能增加样本容量.奈曼和皮尔逊提出：在控制犯第Ⅰ类错误的概率不超过指定值$\alpha$ 的条件下，尽量使犯第Ⅱ类错误的概率小.即优先使

数学家小传

奈曼

$$P(H_0\ \text{为真拒绝}\ H_0)\leqslant\alpha.$$

称$\alpha$ 为检验的显著性水平，$\alpha$ 的大小根据具体情况来确定.对这种只控制犯第Ⅰ类错误的概率，不考虑犯第Ⅱ类错误的概率的检验称为显著性检验.

## 13.4.2 假设检验的基本步骤

假设检验的基本步骤如下：

1. 根据实际问题，建立原假设 $H_0$ 和备择假设 $H_1$；
2. 根据检验对象，构造检验统计量；
3. 求出在原假设 $H_0$ 成立的条件下，该统计量服从的概率分布；
4. 给定显著性水平$\alpha$，根据 $P(H_0$ 为真时拒绝 $H_0)\leqslant\alpha$ 确定临界值及拒绝域；

5. 根据样本值计算统计量的观测值，作出接受 $H_0$ 或者拒绝 $H_0$ 的决策.

## 13.4.3 正态总体期望的假设检验

本节仅介绍关于正态分布期望的假设检验问题.设总体 $X\sim N(\mu,\sigma^2)$，检验假设：

$$H_0:\mu=\mu_0 \text{ 和 } H_1:\mu\neq\mu_0\text{，其中 }\mu_0\text{ 是已知数.}$$

1. 方差 $\sigma^2$ 已知，对期望 $\mu$ 的检验.

选择统计量 $Z=\dfrac{\overline{X}-\mu_0}{\sigma/\sqrt{n}}$，原假设 $H_0$ 成立时，$Z=\dfrac{\overline{X}-\mu_0}{\sigma/\sqrt{n}}\sim N(0,1)$，给定显著性水平 $\alpha$，其拒绝域为

$$|z|\geqslant z_{\frac{\alpha}{2}}. \tag{13-11}$$

利用统计量 $Z=\dfrac{\overline{X}-\mu_0}{\sigma/\sqrt{n}}$ 得出的检验方法称为 $Z$ 检验法.

**【例 13-14】** 某工厂采用自动化包装机包装奶粉，规定每袋标准质量为 500 g，现从某天生产的奶粉中随机抽取 10 袋，测得它们的质量(单位：g)如下：

$$495,\ 510,\ 505,\ 489,\ 503,\ 502,\ 512,\ 497,\ 506,\ 492.$$

设该包装机包装的奶粉质量 $X$ 服从正态分布 $X\sim N(\mu,\sigma^2)$，且标准差 $\sigma=2$，问当天包装机工作是否正常？($\alpha=0.05$)

**解：** 由题意可知，要检查包装机工作是否正常，即检验直径均值是否为 500，在显著性水平 $\alpha=0.05$ 下，检验假设

$$H_0:\mu=500,\ H_1:\mu\neq 500.$$

已知方差为 $\sigma^2=4$，故采用 $Z$ 检验法.当 $H_0$ 成立时，检验统计量

$$Z=\frac{\overline{X}-500}{\sigma/\sqrt{n}}\sim N(0,1).$$

当显著性水平 $\alpha=0.05$ 时，查表得拒绝域为 $|z|>z_{0.025}$，即 $|z|>1.96$. 由样本值计算得：$\bar{x}=501.1$，代入检验统计量中得

$$z=\frac{501.1-500}{2/\sqrt{10}}=1.74.$$

因为 $|z|<z_{0.025}=1.96$，这表明统计量的观测值没有落入拒绝域内，故应该接受 $H_0$，从而认为该天包装机是正常工作的.

2. 方差 $\sigma^2$ 未知，对期望 $\mu$ 的检验.

由于 $\sigma^2$ 未知，故 $Z=\dfrac{\overline{X}-\mu_0}{\sigma/\sqrt{n}}$ 不能作为检验统计量.因为样本方差 $S^2$ 是方差 $\sigma^2$ 的无偏估计，故可选择统计量

$$T=\frac{\overline{X}-\mu_0}{S/\sqrt{n}}.$$

原假设 $H_0$ 成立时，$T\sim t_{\frac{\alpha}{2}}(n-1)$，给定显著性水平 $\alpha$，确定拒绝域为

$$|T|>t_{\frac{\alpha}{2}}(n-1). \tag{13-12}$$

利用统计量 $T=\dfrac{\overline{X}-\mu_0}{S/\sqrt{n}}$ 得出的检验方法称为 $T$ 检验法.

**【例 13-15】** 某工厂采用自动化包装机包装奶粉，规定每袋标准质量为 500 g，现从某天生产的奶粉中随机抽取 10 袋，测得它们的质量(单位:g)如下：

$$495,\ 510,\ 505,\ 489,\ 503,\ 502,\ 512,\ 497,\ 506,\ 492.$$

设该包装机包装的奶粉质量 $X$ 服从正态分布 $X\sim N(\mu,\sigma^2)$，方差未知，问当天包装机工作是否正常?($\alpha=0.05$)

**解:** 由题意，要检查包装机工作是否正常，即检验直径均值是否为 500，在显著性水平 $\alpha=0.05$ 下，检验假设

$$H_0:\mu=500,\ H_1:\mu\neq 500.$$

方差未知，故采用 $T$ 检验法. 当 $H_0$ 成立时，检验统计量

$$T=\frac{\overline{X}-\mu_0}{S/\sqrt{n}}\sim t(n-1).$$

当显著性水平 $\alpha=0.05$ 时，拒绝域为 $|T|>t_{0.025}(n-1)=t_{0.025}(9)$，即 $|T|>2.262\,2$.
由样本值计算得：$\bar{x}=501.1$，$s=7.636\,9$. 代入检验统计量中得

$$t=\frac{501.1-500}{7.636\,9/\sqrt{10}}=0.46.$$

因为 $|t|=0.46<2.262\,2$，这表明统计量的观测值没有落入拒绝域内，故应该接受 $H_0$，从而认为该天包装机是正常工作的.

## 习题 13.4

1. 某仪器生产的仪表圆盘，其标准直径应为 20 mm，在正常情况下，仪表圆盘直径 $X$ 服从正态分布，即 $X\sim N(\mu,\sigma^2)$. 为了检验该厂某天生产是否正常，对生产过程中的仪表圆盘随机查了 5 个，测得直径分别为

$$19,\ 19.5,\ 19,\ 20,\ 20.5.$$

若显著性水平 $\alpha=0.01$，在下面两种情况下，该天生产是否正常?

(1) 方差 $\sigma^2=1$ 已知;(2) 方差 $\sigma^2$ 未知.

2. 已知某种钢筋强度 $X$ 服从正态分布 $X \sim N(\mu, \sigma^2)$，现随机抽取 5 根钢筋测得其强度的均值 $\bar{x}=48.1$（单位：MPa），若显著性水平 $\alpha=0.05$，在下面两种情况下，能否认为其强度的均值为 52?

(1) 已知总体方差 $\sigma^2=16$；(2) 已知样本方差 $S^2=8.179\,6$.

# 第四模块　离散数学

# 第14章 CHAPTER 14
# 二元关系与数理逻辑

数学是一门演绎的学问，从一组公设，经过逻辑的推理，获得结论.

——陈省身

学习要求

- 了解集合的定义、性质，掌握集合的运算；
- 了解笛卡儿乘积的概念，掌握关系的性质及判断，理解关系的表示和运算；
- 掌握等价关系的判定和等价类的求法；
- 了解命题的概念；
- 理解逻辑联结词与自然语言间的区别，掌握把自然语言转化成逻辑语言的方法；
- 了解公式解释的定义，理解相等与蕴含的定义，掌握证明公式相等与蕴含的方法；
- 理解形式演绎的定义和本质，掌握形式演绎的做法.

本章共包含两部分内容：二元关系与数理逻辑.

二元关系是离散数学中刻画元素之间相互关系的一个重要概念.在计算机科学与技术领域中有着广泛的应用，关系数据库模型就是以关系及其运算作为理论基础的.

哲学家布特鲁曾经说过“逻辑是不可战胜的，因为要反对逻辑还得使用逻辑”.从模型化的观点来看，数理逻辑是研究“思维”的数学模型.实际上，计算机程序就是用计算机来模拟人类的思维过程，因此计算机系的学生离不开数理逻辑的知识.

# 14.1 集合及其基本运算

## 14.1.1 集合及相关性质

1. 集合的概念

集合是数学中最基本的概念之一，如同几何中的点、线、面等概念一样，虽不能精确定义，但可作如下描述.

**定义 14-1** **集合**是一些可确定的，可分辨的事物组成的整体.组成这个集合的事物，称为集合的**元素**.

【例 14-1】 一个班级的全体学生组成的一个整体即为一个集合，每位学生就是一个元素.

【例 14-2】 大于等于$-10$而小于等于10的所有整数也组成了一个集合.

一般地，集合用$A$，$B$，$C$，…表示，元素用$a$，$b$，$c$，…表示.若$a$是集合$A$的一个元素，则记作$a \in A$，读作“$a$属于$A$”.反之，记作$a \notin A$，读作“$a$不属于$A$”.

微课

集合及其基本概念

2. 集合的特征

集合具有以下一些特征：

(1) **确定性**：即$a \in A$，或$a \notin A$，两者必居其一.如一个班级中的所有高个子男生，就不能组成一个集合，因为我们不能确定某位男生是否是高个子，“高个子”这样的表述就是不确定的.

(2) **互异性**：若有相同的元素看作同一个.如某本中文书籍中的所有汉字组成的整体为集合，该书籍中的同一汉字视为集合中的同一元素.

(3) **无序性**：集合内元素没有次序.如集合$\{1, 2, 3\}$和$\{3, 2, 1\}$表示同一集合.

【例 14-3】 判断下列事物组成的整体是否为集合.

(1)“方程$x^2-2=0$的所有实数解”；

(2)“二维直角坐标系上的所有点”；

(3)“很大的实数”.

**解**：(1)是集合；(2)是集合；(3)不是集合.

3. 集合的表示

(1) **列举法**：列出所有元素或它们具有的统一规律，列举法可以具体看清集合的每一个元素.例如：$A=\{1, 2, 3, 4, 5\}$，$B=\{a, b, c\}$.

(2) **描述法**：刻画出元素的共同属性.其一般形式可表示为：$\{x \mid x$ 所具有的特征$\}$.例如：$A=\{y \mid y=\sin x, x \in \mathbf{R}\}$，$B=\{(x, y) \mid x^2+y^2=R^2\}$.

特别地，常见的数集用特定的符号表示，如：$\mathbf{N}=\{x \mid x$ 为自然数$\}$，$\mathbf{Z}=\{x \mid x$ 为整

数}，$\mathbf{Q}=\{x \mid x$ 为有理数}，$\mathbf{R}=\{x \mid x$ 为实数}.

【例 14-4】 $E=\{a, \{b, c\}, d, \{d\}\}$，其中，$b \notin E$，$\{b, c\} \in E$，$d \in E$，$\{d\} \in E$.

## 14.1.2 集合间的关系

**定义 14-2** 有两个集合 $A$、$B$，若任意 $x \in A$，都有 $x \in B$，则称 $A$ 是 $B$ 的**子集**，记作 $A \subseteq B$，读作"$B$ 包含 $A$"或者"$A$ 包含于 $B$".反之，记作 $A \not\subset B$.

**定义 14-3** 设有集合 $A$、$B$，其中 $A \subseteq B$，若存在 $x \in B$，但 $x \notin A$，则称 $A$ 是 $B$ 的**真子集**，记作 $A \subset B$，读作"$B$ 真包含 $A$"或者"$A$ 真包含于 $B$".例如：$\mathbf{N} \subset \mathbf{Z}$，$\mathbf{Z} \subset \mathbf{Q}$，$\mathbf{Q} \subset \mathbf{R}$.

**注意:**"$\in$"表示元素与集合间的从属关系，"$\subseteq$"表示集合与集合间的从属关系.

**定理 14-1** 两个集合 $A$ 和 $B$ 相等，当且仅当它们具有相同的元素，即 $A=B$ 当且仅当 $A \subseteq B$ 且 $B \subseteq A$.

【例 14-5】 集合 $A=\{x \mid x^2-1=0\}$，$B=\{x \mid x=\pm 1\}$，则 $A=B$.

## 14.1.3 几类特殊集合

**定义 14-4** 不含任何元素的集合，称为**空集**，记作$\varnothing$.

空集是唯一的，并且空集是任何一个集合的子集(包括空集本身).

**思考:**请问$\varnothing$和$\{\varnothing\}$是不是相同的集合?

**定义 14-5** 一个具体的问题中，如果涉及的集合都是某个集合的子集，则这个集合称为该问题的**全集**，记作 $E$.

通常情况下，研究的问题不同，所选取的全集也不同，并不唯一.一般取比较方便的集合作为全集，比如说讨论全班女生的平均身高，可以选择全班学生的身高作为全集；在以时间 $t$ 作自变量研究实际问题时，选择 $E=\{t \mid t \geqslant 0$ 且 $t \in \mathbf{R}\}$ 作为全集.

一个集合 $A$ 所包含的元素数目称为该集合的基数或势，记作$|A|$或 $\mathrm{card}(A)$.若 $|A|<\infty$，则称 $A$ 为有限集或有穷集，否则称 $A$ 为无限集或无穷集.如 $\mathrm{card}(\varnothing)=0$.

**定义 14-6** 设有集合 $A$，则由 $A$ 的所有子集组成的集合，称为 $A$ 的**幂集**，记作$\rho(A)$或 $2^A$.

【例 14-6】 设 $A=\varnothing$，$B=\{a\}$，$C=\{1, 2, 3\}$，求 $A$、$B$、$C$ 的幂集.

**解:**

$$\rho(A)=\{\varnothing\};$$

$$\rho(B)=\{\varnothing, \{a\}\};$$

$$\rho(C)=\{\varnothing, \{1\}, \{2\}, \{3\}, \{1, 2\}, \{2, 3\}, \{1, 3\}, \{1, 2, 3\}\}.$$

由上面的例题可以知道，幂集里元素的个数与原本集合里元素的个数是有关系的，具体可由下面的定理得出.

**定理 14-2** 若有限集合 $A$ 中的元素的个数为 $n$，则其幂集 $\rho(A)$的元素个数为 $2^n$，即若 $|A|=n$，则 $|\rho(A)|=2^n$.

## 14.1.4 集合的运算

1. 集合的运算

**定义 14-7** 设有全集 $E$, $A$ 和 $B$ 是其上任意两个集合.

(1) 属于 $A$ 或属于 $B$ 的所有元素组成的集合称为 $A$ 与 $B$ 的**并集**,记作 $A \cup B$, 即 $A \cup B=\{x \mid x \in A$ 或 $x \in B\}$, 其文氏图如图 14-1 所示.

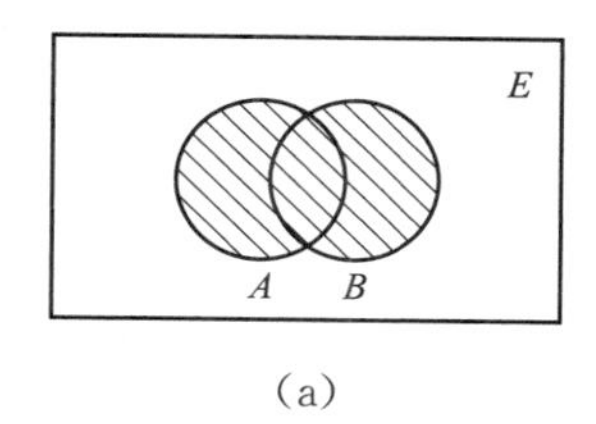

(a)

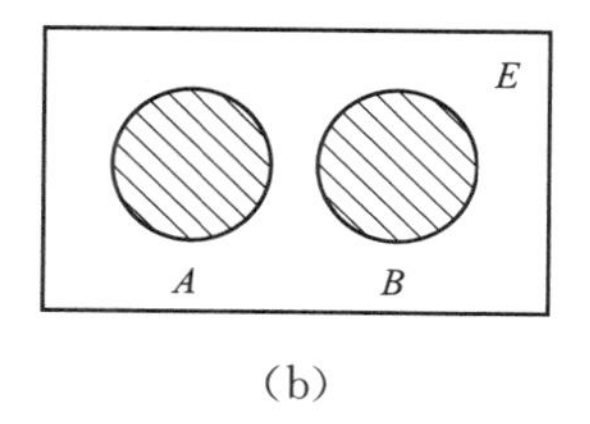

(b)

图 14-1

可见,有 $A \subseteq A \cup B$, $B \subseteq A \cup B$.

(2) 属于 $A$ 同时属于 $B$ 的所有元素组成的集合,称为 $A$ 与 $B$ 的**交集**,记作 $A \cap B$. 即: $A \cap B=\{x \mid x \in A$ 且 $x \in B\}$, 其文氏图如图 14-2 所示.

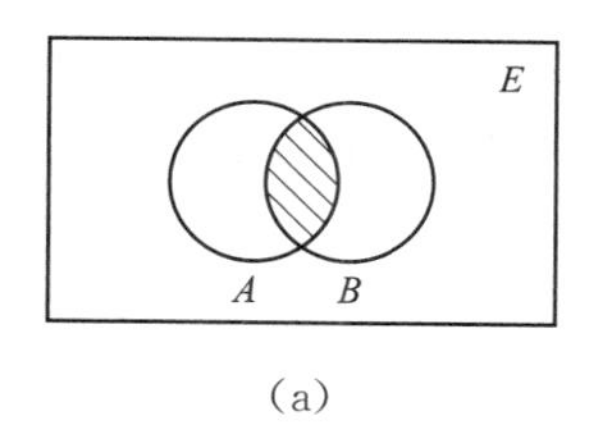

(a)

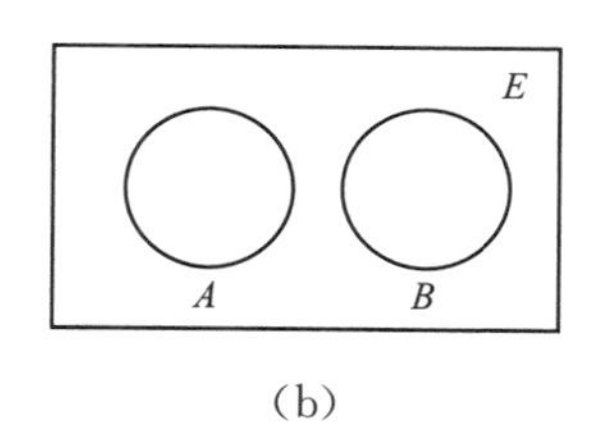

(b)

图 14-2

可见,有 $A \cap B \subseteq A$, $A \cap B \subseteq B$.如果 $A \cap B=\varnothing$, 则称 $A$ 与 $B$ 不相交.

(3) 属于 $A$ 而不属于 $B$ 的所有元素组成的集合,称为 $A$ 与 $B$ 的**差集**,记作 $A-B$, 即 $A-B=\{x \mid x \in A$ 且 $x \notin B\}$, 其文氏图如图 14-3 所示.

互动练习

集合的运算

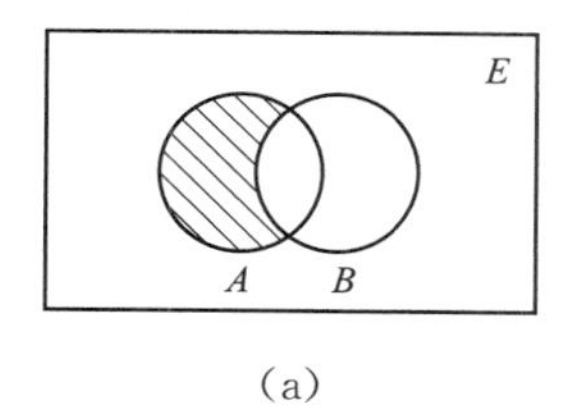

(a)

(b)

图 14-3

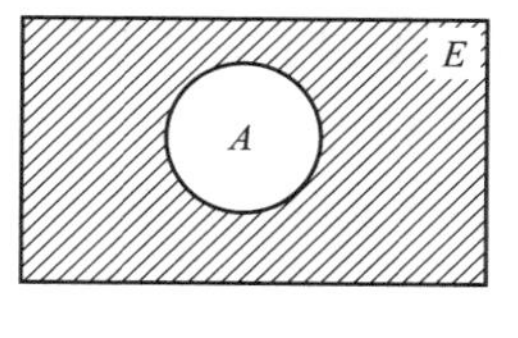


图 14-4

(4) 由 $E$ 中所有不属于 $A$ 的元素组成的集合称为 $A$ 的**补集**,记作$\bar{A}$,即 $\bar{A}=\{x \mid x \in E$ 且 $x \notin A\}$, 其文氏图如图 14-4 所示.

【例 14-7】 设 $E=\{a, b, c, d, e, f, g\}$, $A=\{a, b, c\}$, $B=\{c, d, e, f\}$, 求 $A \cup B$, $A \cap B$, $A-B$, 以及 $\bar{A}$.

解:
$$A \cup B=\{a, b, c, d, e, f\},$$
$$A \cap B=\{c\},$$
$$A-B=\{a, b\},$$
$$\bar{A}=\{d, e, f, g\}.$$

【例 14-8】 设全集 $E=\mathbf{R}$, $A=\{x \mid |x| \leqslant 3\}$, $B=\{x \mid 0<x<5\}$, 求 $A \cup B$, $A \cap B$, $A-B$, 以及 $\bar{A}$.

解:
$$A \cup B=\{x \mid -3 \leqslant x<5\},$$
$$A \cap B=\{x \mid 0<x \leqslant 3\},$$
$$A-B=\{x \mid -3 \leqslant x \leqslant 0\},$$
$$\bar{A}=\{x \mid x>3 \text{ 或 } x<-3\} \text{ 或 } \bar{A}=\{x \mid |x|>3\}.$$

【例 14-9】 已知 $A \subset B$, 求 $A \cup B$, $A \cap B$, $A-B$.

解: $A \cup B=B$, $A \cap B=A$, $A-B=\varnothing$.

2. 集合的运算规律

设 $A$、$B$、$C$ 为任意集合,则有如下恒等式.

(1) 交换律: $A \cup B=B \cup A$, $A \cap B=B \cap A$;

(2) 结合律: $A \cup(B \cup C)=(A \cup B) \cup C$, $A \cap(B \cap C)=(A \cap B) \cap C$;

(3) 分配律: $A \cup(B \cap C)=(A \cup B) \cap(A \cup C)$,
$A \cap(B \cup C)=(A \cap B) \cup(A \cap C)$;

(4) 等幂律: $A \cup A=A$, $A \cap A=A$;

(5) 同一律: $A \cup \varnothing=A$, $A \cap E=A$;

(6) 零一律: $A \cap \varnothing=\varnothing$, $A \cup E=E$;

(7) 互补律: $A \cup \bar{A}=E$, $A \cap \bar{A}=\varnothing$;

(8) 吸收律: $A \cup(A \cap B)=A$, $A \cap(A \cup B)=A$;

(9) 德·摩根律: $\overline{A \cup B}=\bar{A} \cap \bar{B}$, $\overline{A \cap B}=\bar{A} \cup \bar{B}$;

(10) 对合律: $\bar{\bar{A}}=A$;

(11) $A-B=A \cap \bar{B}$.

【例 14-10】 证明 $A \cup(A \cap B)=A$.

证: $A \cup(A \cap B)=(A \cap E) \cup(A \cap B)=A \cap(E \cup B)=A \cap E=A$.

【例 14-11】 化简 $((A \cap(B-C)) \cup A) \cup(B-(B-A))$.

解: 考虑 $A \cap(B-C) \subseteq A$.

$$\begin{aligned}
\text{原式} &=A \cup(B-(B-A)) \\
&=A \cup(B-B \cap \bar{A}) \\
&=A \cup(B \cap \overline{B \cap \bar{A}}) \\
&=A \cup(B \cap(\bar{B} \cup A)) \\
&=A .
\end{aligned}$$

**习题 14.1**

1. 已知 $A=\{\varnothing, 1, \{1\}, \{2\}, \{\{2\}\}, \{1, 2\}\}$，判断下列表述哪些是正确的.

(1) $\varnothing \in A$；　(2) $\varnothing \subset A$；　(3) $\{\varnothing\} \in A$；　(4) $\{\varnothing\} \subset A$；

(5) $1 \in A$；　(6) $1 \subset A$；　(7) $\{1\} \in A$；　(8) $\{1\} \subset A$.

2. 已知 $E=\mathbf{R}$, $A=\{x \mid -2<x<5\}$, $B=\{x \mid |x| \leqslant 3\}$，求 $A \cup B$、$A \cap B$、$A-B$ 和 $\bar{A}$.

3. 证明下列集合等式：$(A \cup B)-(\bar{A} \cap B)=A$.

# 14.2 关系

一个班的同学可以组成一个集合，每一个同学就是一个元素，但这个班的同学中，$a$ 与 $b$ 有可能来自同一个地区，即 $a$ 与 $b$ 之间有同乡关系；又如集合$\{2, 3, 4, 6\}$，其中 2 与 4 之间有整除关系；计算机的程序之间有调用关系等.现在将这些问题抽象成数学符号，便于计算机处理.

## 14.2.1 笛卡儿积

有甲、乙、丙三人打算毕业旅行，计划中的城市有 $a$, $b$, $c$，可以使用什么样的数学结构来表示三人的旅游目的地情况？集合可行，如{甲，$a$}表示甲打算去 $a$ 地旅游.但再考虑另一个问题：他们三人进行单循环乒乓球赛，希望使用一种数学结构来表示各场比赛的胜负关系.若使用集合，{甲，乙}和{乙，甲}谁是胜者？这样两个引例说明需要在数学结构中体现出顺序.

**定义 14-8** 两元素按给定顺序排列组成的二元组合称为一个**有序对**，记为$\langle x, y\rangle$.其中 $x$ 是它的第一元素，$y$ 是它的第二元素.

如：平面上点的坐标$(x, y)$即为一个有序对，$(2, 4)$与$(4, 2)$表示完全不同的两个点.因此有序对内的元素不可随意调换位置.

数学家小传

笛卡儿

有序对有以下一些性质，

(1) $\langle a, b\rangle=\langle c, d\rangle$，当且仅当 $a=c$，$b=d$；

(2) $\langle a, b\rangle=\langle b, a\rangle$，当且仅当 $a=b$.

**定义 14-9** 设 $A$、$B$ 是两个集合，$x \in A$, $y \in B$，则所有有序对$\langle x, y\rangle$组成的集合，称为 $A$ 与 $B$ 的 笛卡儿积 ，记为 $A \times B$.

由上述定义可知，笛卡儿积是集合，内部元素为有序对，并且 $\langle x, y\rangle \in A \times B \Leftrightarrow x \in A$,

$y \in B$，即 $A$ 中元素作为第一元素，$B$ 中元素作为第二元素.

如果 $|A|=m$，$|B|=n$，那么 $|A \times B|=m \times n$.

所有可能的旅游方案为：$\{$甲，乙，丙$\} \times \{a, b, c\}=\{\langle$甲，$a\rangle$，$\langle$甲，$b\rangle$，$\langle$甲，$c\rangle$，$\langle$乙，$a\rangle$，$\langle$乙，$b\rangle$，$\langle$乙，$c\rangle$，$\langle$丙，$a\rangle$，$\langle$丙，$b\rangle$，$\langle$丙，$c\rangle\}$

【例 14-12】 已知 $A=\{1, 2\}$，$B=\{a, b, c\}$，求 $A \times B$，$B \times A$，$A \times A$ 和 $B \times B$.

解：
$$A \times B=\{\langle 1, a\rangle, \langle 1, b\rangle, \langle 1, c\rangle, \langle 2, a\rangle, \langle 2, b\rangle, \langle 2, c\rangle\},$$
$$B \times A=\{\langle a, 1\rangle, \langle a, 2\rangle, \langle b, 1\rangle, \langle b, 2\rangle, \langle c, 1\rangle, \langle c, 2\rangle\}.$$

由上可知，$A \times B \neq B \times A$.

$$A \times A=\{\langle 1, 1\rangle, \langle 1, 2\rangle, \langle 2, 1\rangle, \langle 2, 2\rangle\},$$
$$B \times B=\{\langle a, a\rangle, \langle a, b\rangle, \langle a, c\rangle, \langle b, a\rangle, \langle b, b\rangle, \langle b, c\rangle, \langle c, a\rangle, \langle c, b\rangle, \langle c, c\rangle\}.$$

## 14.2.2 关系的概念

关系是人们日常生活中经常接触到的词，如父子关系、师生关系、同学关系等，我们可以把这种关系用有序对的形式来刻画.

实际的旅游情况只是笛卡儿积$\{$甲，乙，丙$\} \times \{a, b, c\}$的一部分.在真实比赛中，也不可能同时出现$\langle$甲，乙$\rangle$和$\langle$乙，甲$\rangle$.

**定义 14-10** 设有集合 $A$、$B$，其笛卡儿乘积 $A \times B$ 的任意子集 $R$，称为从 $A$ 到 $B$ 的一个**二元关系**，简称**关系**，记为 $R$.

由上述定义可知，关系 $R$ 是 $A \times B$ 的子集，即 $R$ 是一个集合，且元素为有序对.另外，若 $\langle a, b\rangle \in R$，则称 $a$，$b$ 有 $R$ 关系，记为 $aRb$；否则，称 $a$，$b$ 无 $R$ 关系，记为 $a\overline{R}b$.

【例 14-13】 很多关系都可以用集合表示，

(1) 大于关系：$\{\langle x, y\rangle \mid x, y \in \mathbf{R}, x>y\}$；

(2) 父子关系：$\{\langle x, y\rangle \mid x, y$ 为人，$x$ 是 $y$ 的父亲$\}$.

给定集合 $A$，$B$，如何求关系 $R$？首先找到集合 $A \times B$，然后在 $A \times B$ 的元素中找到满足关系 $R$ 的有序对，组成一个新的集合，即为关系 $R$.

【例 14-14】 已知 $A=\{2, 4, 6\}$，$B=\{1, 2, 3\}$，定义从 $A$ 到 $B$ 的大于关系 $R$：
$$R=\{\langle x, y\rangle \mid x \in A, y \in B, x>y\},$$
求关系 $R$.

解：由题目可知，

$A \times B=\{\langle 2, 1\rangle, \langle 2, 2\rangle, \langle 2, 3\rangle, \langle 4, 1\rangle, \langle 4, 2\rangle, \langle 4, 3\rangle, \langle 6, 1\rangle, \langle 6, 2\rangle, \langle 6, 3\rangle\}$，

因此，$R=\{\langle 2, 1\rangle, \langle 4, 1\rangle, \langle 4, 2\rangle, \langle 4, 3\rangle, \langle 6, 1\rangle, \langle 6, 2\rangle, \langle 6, 3\rangle\}$.

【例 14-15】 设 $A=\{2, 3, 5\}$，$B=\{2, 3, 4, 5, 6, 8, 10\}$，定义从 $A$ 到 $B$ 的二元

关系 $R$，其中 $\langle a, b\rangle \in R$，当且仅当 $a$ 整除 $b$，求 $R$.

**解**：由题目可知，

$$R=\{\langle 2, 2\rangle, \langle 2, 4\rangle, \langle 2, 6\rangle, \langle 2, 8\rangle, \langle 2, 10\rangle, \langle 3, 3\rangle, \langle 3, 6\rangle, \langle 5, 5\rangle, \langle 5, 10\rangle\}.$$

**定义 14-11** 已知 $R \subseteq A \times B$，当 $A=B$ 时，称 $R$ 为 $A$ **上的关系**，即：$R \subseteq A \times A$.

**【例 14-16】** 已知集合 $A=\{1, 3, 5\}$，求集合 $A$ 上的小于关系.

**解**：小于关系为 $\{\langle x, y\rangle \mid x, y \in A, x<y\}$，则 $R=\{\langle 1, 3\rangle, \langle 1, 5\rangle, \langle 3, 5\rangle\}$.

**【例 14-17】** 设集合 $A=\{a, b\}$，定义 $\rho(A)$ 上的关系 $R$，其中 $R=\{\langle x, y\rangle \mid x, y \in \rho(A)$，且 $x \subseteq y\}$，求 $R$.

**解**：因为 $\rho(A)=\{\varnothing, \{a\}, \{b\}, \{a, b\}\}$，所以

$$R=\{\langle\varnothing, \varnothing\rangle, \langle\varnothing, \{a\}\rangle, \langle\varnothing, \{b\}\rangle, \langle\varnothing, \{a, b\}\rangle, \langle\{a\}, \{a\}\rangle, \langle\{b\}, \{b\}\rangle, \langle\{a\}, \{a, b\}\rangle, \langle\{b\}, \{a, b\}\rangle, \langle\{a, b\}, \{a, b\}\rangle\}.$$

**定义 14-12** 设 $R$ 是集合 $A$ 上的关系.若 $R=\varnothing$，则称 $R$ 为**空关系**，记为 $\varnothing_A$；若 $R=A \times A$，则称 $R$ 为**全关系**，记为 $E_A$；若 $R=\{\langle a, a\rangle \mid a \in A\}$，则称 $R$ 为**恒等关系**，记为 $I_A$.

**【例 14-18】** 若 $A=\{1, 2, 3\}$，则求 $E_A$、$I_A$.

**解**：$E_A=\{\langle 1, 1\rangle, \langle 1, 2\rangle, \langle 1, 3\rangle, \langle 2, 1\rangle, \langle 2, 2\rangle, \langle 2, 3\rangle, \langle 3, 1\rangle, \langle 3, 2\rangle, \langle 3, 3\rangle\}$，

$$I_A=\{\langle 1, 1\rangle, \langle 2, 2\rangle, \langle 3, 3\rangle\}.$$

## 14.2.3 关系的性质

在实数集上有一种重要的二元关系——相等关系，其有如下性质：

(1) $\forall a \in \mathbf{R}$，均有 $a=a$；

(2) $\forall a, b \in \mathbf{R}$，若 $a=b$，则 $b=a$；

(3) $\forall a, b, c \in \mathbf{R}$，若 $a=b$，$b=c$，则 $a=c$.

相等关系 $R=\{\langle a, b\rangle \mid a, b \in \mathbf{R}, a=b\}$，上述性质转成数学语言，即：

(1) $\forall a \in \mathbf{R}$，均有 $\langle a, a\rangle \in R$；

(2) $\forall a, b \in \mathbf{R}$，若 $\langle a, b\rangle \in R$，则 $\langle b, a\rangle \in R$；

(3) $\forall a, b, c \in \mathbf{R}$，若 $\langle a, b\rangle \in R$，$\langle b, c\rangle \in R$，则 $\langle a, c\rangle \in R$.

由此可知，相等关系具有一些特殊的性质.

**定义 14-13** 设 $R$ 为集合 $A$ 上的二元关系：

(1) $\forall a \in A$，均有 $\langle a, a\rangle \in R$，则称 $R$ 是**自反的**；

(2) $\forall a \in A$，均有 $\langle a, a\rangle \notin R$，则称 $R$ 是**反自反的**；

(3) $\forall a, b \in A$，若有 $\langle a, b\rangle \in R$，必有 $\langle b, a\rangle \in R$，则称 $R$ 是**对称的**；

(4) $\forall a, b \in A$，若有 $\langle a, b\rangle \in R$ 且 $\langle b, a\rangle \in R$，必有 $a=b$，则称 $R$ 是**反对称的**；

(5) $\forall a, b, c \in \mathbf{A}$，若有 $\langle a, b\rangle \in R$，$\langle b, c\rangle \in R$，必有 $\langle a, c\rangle \in R$，则称 $R$ 是**传递的**.

由上述定义可知，相等关系所具有的三条性质分别是自反性、对称性和传递性.另外，相等关系还具有反对称性.

**【例 14-19】**已知 $A=\{a, b, c, d\}$，判断下述关系分别满足哪些性质？

(1) $R_1=\{\langle a, a\rangle, \langle a, c\rangle, \langle b, b\rangle, \langle b, c\rangle, \langle c, c\rangle, \langle d, a\rangle, \langle d, d\rangle\}$.

此关系是自反的，反对称的.因为 $R_1$ 中有$\langle d, a\rangle$和$\langle a, c\rangle$，而没有$\langle d, c\rangle$，所以不具有传递性.

(2) $R_2=\{\langle a, c\rangle, \langle a, d\rangle, \langle b, d\rangle, \langle c, d\rangle, \langle d, c\rangle\}$.

此关系是反自反的，但既不是对称的，也不是反对称的，不具有传递性.

(3) $R_3=\{\langle a, a\rangle, \langle a, c\rangle, \langle b, b\rangle\}$.

此关系既不是自反的，也不是反自反的，不是对称的，是反对称的，具有传递性.

(4) $R_4=\{\langle a, b\rangle, \langle b, a\rangle, \langle c, c\rangle\}$.

此关系既不是自反的，也不是反自反的，是对称的，不是反对称的，不具有传递性.

(5) $R_5=\{\langle a, a\rangle, \langle a, c\rangle, \langle c, a\rangle, \langle b, d\rangle\}$.

此关系既不是自反的，也不是反自反的，既不是对称的，也不是反对称的，不具有传递性.

(6) $R_6=\{\langle a, a\rangle, \langle b, b\rangle, \langle c, c\rangle, \langle d, d\rangle\}$.

此关系既是对称的，又是反对称的，还具有自反性和传递性，是恒等关系.

此例题告诉我们：自反与反自反不是一对矛盾的概念；对称与反对称也不是一对矛盾的概念，如图 14-5 所示.

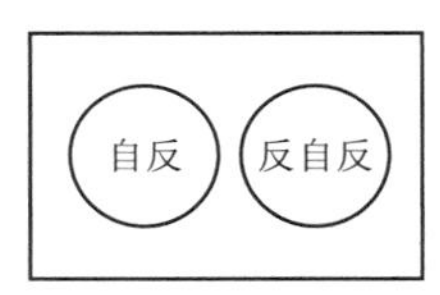


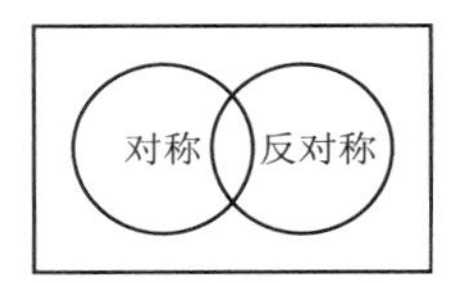


图 14-5

## 14.2.4 关系的表示

1. 集合表示法

可以用集合的列举法和描述法来表示关系.如：$\{\langle 1, 2\rangle, \langle 2, 1\rangle\}$，$\{\langle x, y\rangle \mid x, y$ 为人，$x$ 是 $y$ 的同乡$\}$.

当 $A$、$B$ 均为有限集时，还可以用关系矩阵和关系图两种方法表示.

2. 关系矩阵

**定义 14-14** 设集合 $A=\{a_1, a_2, \cdots, a_m\}$，$B=\{b_1, b_2, \cdots, b_n\}$，$R$ 为从 $A$ 到 $B$ 的关系，则 $m\times n$ 型矩阵 $\boldsymbol{M}_R=(r_{ij})_{m\times n}$ 称为 $R$ 的**关系矩阵**，其中：

$$r_{ij}=\begin{cases}1, & \langle a_i, b_j\rangle\in R,\\ 0, & \langle a_i, b_j\rangle\notin R\end{cases}\quad (i=1, 2, \cdots, m; j=1, 2, \cdots, n).$$

由上述定义可知：

知识拓展

关系的性质与对应的关系矩阵、关系图

(1) $A$ 里元素的个数确定矩阵的行数，$B$ 里元素的个数确定矩阵的列数.因此，若 $|A|=|B|$，则 $\boldsymbol{M}_R$ 为方阵.

(2) $\boldsymbol{M}_R$ 为 0-1 矩阵，任给一个 0-1 矩阵 $\boldsymbol{M}$，存在唯一一个二元关系 $R$ 以 $\boldsymbol{M}$ 为其关系矩阵.

**【例 14-20】** 设 $A=\{1, 2, 3, 4, 5\}$，求定义在 $A$ 上的二元关系 $R$，并用关系矩阵表示该关系.其中 $R=\{\langle a, b\rangle \mid a, b \in A, 2$ 整除 $a-b\}$.

**解：** $R=\{\langle 1, 1\rangle, \langle 1, 3\rangle, \langle 1, 5\rangle, \langle 2, 2\rangle, \langle 2, 4\rangle, \langle 3, 1\rangle, \langle 3, 3\rangle, \langle 3, 5\rangle,$
$\langle 4, 2\rangle, \langle 4, 4\rangle, \langle 5, 1\rangle, \langle 5, 3\rangle, \langle 5, 5\rangle\}$,

$$\boldsymbol{M}_R=\begin{pmatrix}1&0&1&0&1\\0&1&0&1&0\\1&0&1&0&1\\0&1&0&1&0\\1&0&1&0&1\end{pmatrix}.$$

3. 关系图

微课

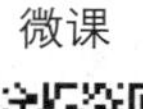

关系的
表示方法

**定义 14-15** $A$、$B$ 为任意非空的有限集，$R$ 为任意一个从 $A$ 到 $B$ 的二元关系.用平面上的点表示 $A \cup B$ 中的每一个元素(重复地用一个点)，这样的点称为结点.对于每个 $\langle a, b\rangle \in R$，画一条从 $a$ 到 $b$ 的有向弧(有向边)，这样得到的有向图 $G_R$ 称为 $R$ 的**关系图**.

**【例 14-21】** 设集合 $A=\{2, 3, 4, 5, 6\}$，$B=\{6, 7, 8, 12\}$，求关系 $R$，并用集合列举法、关系矩阵和关系图等三种方式表示该关系.其中：

$$R=\{\langle a, b\rangle \mid a \in A, b \in B, a \text{ 整除 } b\}.$$

**解：** $R=\{\langle 2, 6\rangle, \langle 2, 8\rangle, \langle 2, 12\rangle, \langle 3, 6\rangle,$
$\langle 3, 12\rangle, \langle 4, 8\rangle, \langle 4, 12\rangle, \langle 6, 6\rangle, \langle 6, 12\rangle\}$

$$M_R=\begin{pmatrix}1&0&1&1\\1&0&0&1\\0&0&1&1\\0&0&0&0\\1&0&0&1\end{pmatrix}.$$

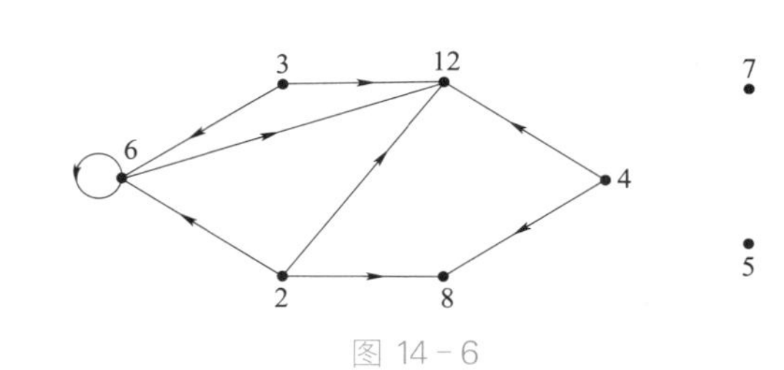


图 14-6

关系图如图 14-6 所示.

以上三种表示方法各有各的用途，集合表示法方便关系的运算，矩阵表示法方便计算机处理关系，关系图表示法很直观.读者可以根据具体的需求选择恰当的表示方法.

## 14.2.5 等价关系

之前探讨的相等关系，具有自反性、对称性和传递性，在相等关系的基础之上，我们衍生出一种特殊的关系类型，叫作等价关系.

**定义 14－16** 如果$A$上的二元关系$R$具有自反性、对称性和传递性，那么称$R$是$A$上的**等价关系**.此时，若$x, y \in A$，$\langle x, y\rangle \in R$，则称$x$与$y$等价，记作$x \cong y$.

**定义 14－17** 设$R$是$A$上的等价关系，$M$是$A$的一个非空子集，若满足：

(1) $a \in M, b \in M$，当且仅当$\langle a, b\rangle \in R$；

(2) $a \in M, b \notin M$，当且仅当$\langle a, b\rangle \notin R$.

此时则称$M$为$A$在关系$R$上的一个**等价类**.

$A$上的关系$R$可能有很多个等价类，分别用$M_1, M_2, \cdots, M_n$表示，那么必有：

(1) $M_i \cap M_j = \varnothing (i, j = 1, 2, \cdots, n; i \neq j)$；

(2) $M_1 \cup M_2 \cup \cdots \cup M_n = A$.

也就是说，$A$中的元素位于且仅位于一个等价类之中.

**【例 14－22】** 设$A=\{a, b, c, d, e\}$，$A$上有关系$R$，其中$R=I_A \cup \{\langle a, b\rangle, \langle b, a\rangle, \langle c, d\rangle, \langle c, e\rangle, \langle d, c\rangle, \langle d, e\rangle, \langle e, c\rangle, \langle e, d\rangle\}$.判断$R$是否为等价关系.若是，请求出等价类.

互动练习

等价关系

**解**：该关系具有自反性、对称性和传递性，因此是等价关系.

由于$A$中的每一个元素位于且仅位于一个等价类之中，则$a$必位于某一等价类之中，设$a$位于等价类$M_1$中，所有与$a$等价的元素均位于该等价类中，则$M_1=\{a, b\}$；设$c$位于等价类$M_2$中，所有与$c$等价的元素均位于该等价类中，则$M_2=\{c, d, e\}$.此时，所有元素均已位于且仅位于一个等价类中.

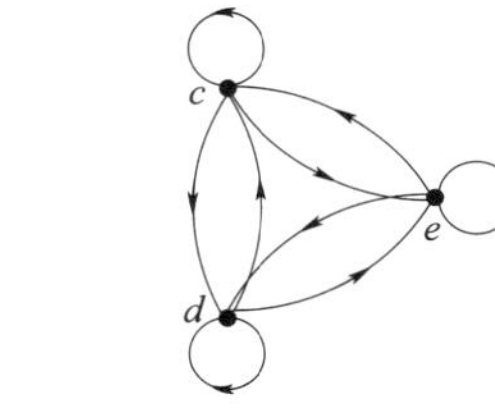


图 14－7

其实，该关系的关系图如图 14－7 所示.从关系图中可以看出元素$a$和$b$位于同一等价类之中，$c, d, e$位于同一等价类之中.因此，利用关系图来求等价类是一种非常有效的方法.

**思考**：若$A=\{1, 2, 3\}$，判断$\varnothing_A$，$I_A$，$E_A$是否为等价关系.若是，请求出等价类.

**【例 14－23】** 设$A=\{1, 2, 3, 4, 5\}$，$A$上有关系$R$，其中$R=\{\langle 1, 1\rangle, \langle 1, 5\rangle, \langle 3, 3\rangle, \langle 3, 4\rangle, \langle 4, 3\rangle, \langle 4, 4\rangle, \langle 5, 5\rangle, \langle 2, 2\rangle, \langle 5, 1\rangle\}$判断$R$是否为等价关系.若是，请求出等价类.

**解**：关系$R$具有自反性、对称性和传递性，因此是等价关系，关系图如图 14－8 所示.

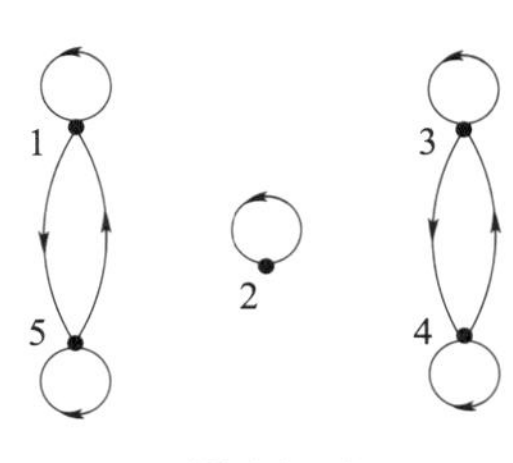


图 14－8

由图可知，等价类为$M_1=\{1, 5\}$，$M_2=\{2\}$，$M_3=\{3, 4\}$.

## 习题 14.2

1. 已知$A=\{a, b, c\}$，$B=\{2, 4\}$，求$A \times B$，$B \times A$，$A \times A$和$B \times B$.
2. 已知$A=\{1, 2, 3\}$，$B=\{2, 3, 5, 6\}$，定义从$A$到$B$的关系$R$：

$$R=\{\langle x, y\rangle \mid x \in A, y \in B, x \text{ 整除 } y\}.$$

求关系$R$，并写出$R$的关系矩阵，画出相应的关系图.

3. 已知 $A=\{a, b, c, d, e\}$，定义 $A$ 上的关系 $R$：

$$R=I_A \cup \{\langle b, c\rangle, \langle b, d\rangle, \langle c, b\rangle, \langle c, d\rangle, \langle d, b\rangle, \langle d, c\rangle\}.$$

判断 $R$ 是否为等价关系.若是，求出其等价类.

# 14.3 命题与联结词

形式逻辑是研究思维形式和思维规律的科学.通常人们使用自然语言来研究形式逻辑，在某些情形下，自然语言容易产生二义性，比如双关语，给形式逻辑的研究带来了麻烦.于是，人们便使用数学方法(引入一套符号体系的方法)来研究推理的规律，这样便产生了数理逻辑.命题就是数理逻辑中的一个基本概念.

## 14.3.1 命题

**定义 14－18** 凡是能判断真假的陈述句叫作**命题**.如果一个命题的含义是真的，就称它为**真命题**；如果一个命题的含义是假的，则称它为**假命题**.判断的结果称为命题的真值.真即用 1 表示，假即用 0 表示.

知识拓展

悖论

由上述定义可知，命题代表人们进行思考时的一种判断，它总是肯定或否定事物的某种性质.如果不能判断真假，或者不是陈述句，都不能算是命题.

一个给定的问题不能同时既为真，又为假.但是可以在一种条件下为真，在另一种条件下为假.

**【例 14－24】** 判断下列语句是否为命题.若是，求其真值.

(1) 喜马拉雅山脉是世界海拔最高的山脉.

(2) 西安是四川省的省会.

(3) 此处禁止停车！

(4) $1+11=100$.

(5) 你在干吗？

(6) 他是大一学生而你是大二学生.

(7) 这句话是错的.

(8) 我给所有不自己给自己理发的人理发.

**解**：(1)是真命题；(2)是假命题；(3)、(5)因为不是陈述句，所以不是命题；(4)在二进制中为真，十进制中为假；(6)需要根据实际情况来判断真假；(7)、(8)是悖论，无法判断真假.

**定义 14-19** 命题一般用大写字母 $P$、$Q$、$R$、$P_1$、$P_2$ 等表示,表示命题的符号称为**命题标识符**.

## 14.3.2 命题联结词

从“运算”的观点来看,联结词是一种运算符号.

1. 否定:$\neg P$

**定义 14-20** 设 $P$ 为一个命题,“$P$ 的否定”是一个新命题,记作 $\neg P$.“否定”的意义是否定一个命题,产生了一个新的命题,如表 14-1 所示.

表 14-1 $\neg P$ 的真值表

| $P$ | $\neg P$ |
| --- | --- |
| 0 | 1 |
| 1 | 0 |

【例 14-25】 若 $P$:北京是一个大城市.则 $\neg P$:北京不是一个大城市.其中,$P$ 的真值是 1,$\neg P$ 的真值是 0.

2. 合取:$P \wedge Q$

**定义 14-21** 设 $P$、$Q$ 为两个命题,“$P$ 与 $Q$”或“$P$ 并且 $Q$”是一个新命题,称为命题 $P$、$Q$ 的**合取**,记作 $P \wedge Q$,如表 14-2 所示.

表 14-2 $P \wedge Q$ 的真值表

| $P$ | $Q$ | $P \wedge Q$ |
| --- | --- | --- |
| 0 | 0 | 0 |
| 0 | 1 | 0 |
| 1 | 0 | 0 |
| 1 | 1 | 1 |

从上表可以看出,只有 $P$、$Q$ 都成立,$P \wedge Q$ 才能成立.

【例 14-26】 假设 $P$:今天刮风;$Q$:今天下雨.那么 $P \wedge Q$:今天刮风并且下雨.

尽管合取的概念与自然语言中“与”的意义相似,但并不完全相同,例如,$P$:我们去打羽毛球;$Q$:马路的左边有一排树.

那么,$P \wedge Q$:我们去打羽毛球并且马路的左边有一排树.

这在自然语言中有点不太合理,因为 $P$、$Q$ 并无内在的联系.但是在逻辑中,我们并不关注语句的具体意义,只考虑命题间的形式关系.例 14-26 中,$P \wedge Q$ 是一个新命题,而且只要 $P$、$Q$ 真值确定,$P \wedge Q$ 真值也就确定了.

微课

析取

3. 析取：$P \vee Q$

**定义 14－22** 设 $P$、$Q$ 为两个命题，“$P$ 或者 $Q$”是一个新命题，称为命题 $P$、$Q$ 的**析取**，记作 $P \vee Q$，如表 14－3 所示.

表 14－3 $P \vee Q$ 的真值表

| $P$ | $Q$ | $P \vee Q$ |
|---|---|---|
| 0 | 0 | 0 |
| 0 | 1 | 1 |
| 1 | 0 | 1 |
| 1 | 1 | 1 |

从上表可以看出，只要 $P$、$Q$ 有一个成立，$P \vee Q$ 就成立.

【例 14－27】 假设 $P$：今天刮风；$Q$：今天下雨.

那么 $P \vee Q$：今天刮风或者下雨.

自然语言中也有“或”，析取的概念也是“或”，但是两者却不完全一样.自然语言中的“或”，既可表示“排斥或”，又可以表示“可兼或”.例如：

(1) 现在他正在超市买东西或在家午休.

(2) 小王是 100 米冠军或 200 米冠军.

在上面两句中均有“或”字，(1)中“在超市买东西”和“午休”，两者只可取其一，即为“排斥或”；(2)中“100 米冠军”和“200 米冠军”，两者可以同时成立，即为“可兼或”.

析取中的“或”为“可兼或”.也就是说，

$P$：小王是 100 米冠军；

$Q$：小王是 200 米冠军.

则(2)可表示为 $P \vee Q$.

“排斥或”也可以用逻辑符号表示，

$P$：现在他正在超市买东西；

$Q$：现在他正在家午休.

则(1)可表示为 $(P \wedge \neg Q) \vee (\neg P \wedge Q)$.

4. 蕴含：$P \to Q$

**定义 14－23** 设 $P$、$Q$ 为两个命题，“若 $P$，则 $Q$”是一个新命题，称为**命题 $P$ 蕴含命题 $Q$**，记作 $P \to Q$，如表 14－4 所示.

表 14－4 $P \to Q$ 的真值表

| $P$ | $Q$ | $P \to Q$ |
|---|---|---|
| 0 | 0 | 1 |
| 0 | 1 | 1 |
| 1 | 0 | 0 |
| 1 | 1 | 1 |

在 $P\to Q$ 中，$P$ 称为前件，$Q$ 称为后件.

【例 14-28】 (1) 假设 $P$：今天不下雨；$Q$：今天我们去踢足球.

那么 $P\to Q$：如果今天不下雨，那么我们去踢足球.

(2) 假设 $P$：我吃过早饭；$Q$：你去动物园玩.

那么 $P\to Q$：如果我吃过早饭，那么你去动物园玩.

在自然语言中，前件与后件需要有内在联系，否则无意义.但是在数理逻辑中，只要 $P$、$Q$ 能够分别给出真值，$P\to Q$ 即为命题.

5. 等价：$P\leftrightarrow Q$

**定义 14-24** 设 $P$、$Q$ 为两个命题，"$P$ 当且仅当 $Q$"是一个新命题，称为"$P$ **等价** $Q$"，记为 $P\leftrightarrow Q$，如表 14-5 所示.

表 14-5 $P\leftrightarrow Q$ 的真值表

| $P$ | $Q$ | $P\leftrightarrow Q$ |
|---|---|---|
| 0 | 0 | 1 |
| 0 | 1 | 0 |
| 1 | 0 | 0 |
| 1 | 1 | 1 |

【例 14-29】 假设 $P$：$f(x)$ 可微；$Q$：$f(x)$ 可导.那么 $P\leftrightarrow Q$：$f(x)$ 可微，当且仅当 $f(x)$ 可导.

## 14.3.3 命题公式

**定义 14-25** 不包含任何联结词的命题称为**原子命题**；把原子命题用符号表示，称为**原子**；至少包含一个联结词的命题称为**复合命题**.

**定义 14-26** 命题逻辑中的**公式**，是如下定义的一个符号串.

(1) 原子是公式；

(2) 若 $G$、$H$ 是公式，则 $\neg G$，$G\wedge H$，$G\vee H$，$G\to H$，$G\leftrightarrow H$ 是公式；

(3) 所有的公式都是有限次使用(1)、(2)得到的符号串.

即：把原子用"$\neg$，$\wedge$，$\vee$，$\to$，$\leftrightarrow$"进行有限次的复合就形成了公式.

5 种联结词的优先级别是 $\neg$，($\wedge$，$\vee$)，$\to$，$\leftrightarrow$，有了优先级之后，可以减少括号的使用.

通常情况下，命题都是用自然语言描述的，如何将其符号化呢？

步骤一：由外至内找出所有的联结词，并转化为对应的符号；

步骤二：找原子命题；

步骤三：由内至外写成命题公式.

【例 14-30】 (1) 中国不是世界上人口最多的国家.

(2) 如果明天上午七点不是雨夹雪，那么我去学校.

(3) 虽然交通堵塞,但是我还是准时到达了会场.

(4) 除非天下雨,否则我就去看电影.

**解**:(1) $P$:中国是世界上人口最多的国家.

则命题可写为:$\neg P$.

(2) $P$:明天上午七点下雨;

$Q$:明天上午七点下雪;

$R$:我去学校.

则命题可写为:$\neg(P \wedge Q) \rightarrow R$.

(3) $P$:交通堵塞;

$Q$:我准时到达了会场.

则命题可写为:$P \wedge Q$.

(4) 此题可转化为:我去看电影当且仅当天不下雨.

$P$:天下雨;

$Q$:我去看电影.

则命题可写为:$\neg P \leftrightarrow Q$.

也可转化为:我不去看电影当且仅当天下雨.

则命题可写为:$P \leftrightarrow \neg Q$.

## 14.3.4 解释

当 $P$ 表示某个特定的命题时,说 $P$ 是一个命题常元;当 $P$ 表示任给的一个命题时,则称 $P$ 是一个命题变元.任给一个命题公式 $(P \wedge Q) \rightarrow R$,这是由命题变元、联结词与圆括号按一定规则组成的字符串.由于命题变元的出现,公式的真值不能确定,也就是说命题公式并不是命题,只有确定命题变元的真值,才能确定命题公式的值.

**定义 14-27** 给命题公式 $G$ 中出现的所有原子指定一组真值,则这组真值称为 $G$ 的一个**解释**,记为 $I$.公式 $G$ 在解释 $I$ 下得到一个真值,记为 $T_I(G)$.

例如,假设 $G=(P \wedge Q) \rightarrow R$,若 $I:\dfrac{P\ Q\ R}{0\ 1\ 0}$,则 $T_I(G)=1$.

如果一个命题公式中有 $n$ 个命题变元,则其对应多少种解释呢?由于每个变元的真值有 1 和 0 两种,因此解释一共有 $2^n$ 种.

**定义 14-28** 对于一个 $n$ 元命题公式 $A$,其真值表的输入端(即最左 $n$ 列)的 $2^n$ 行对应于它的 $2^n$ 个解释,输出端(即最右一列)对应于命题公式在它的 $2^n$ 个解释下的真值.

**注意**:为方便构造真值表,特约定如下,

(1) 命题标识符按字典序排列;

(2) 对每个解释,以二进制数从小到大或从大到小顺序列出;

(3) 若公式较复杂,可先列出各子公式的真值,最后列出所求公式的真值.

将一个公式在其所有解释下所取真值列成一个表,称为此公式的**真值表**.

例如 $G=(P \wedge Q) \to R$，那么此式所对应的真值表，如表 14－6 所示.

表 14－6　$G=(P \wedge Q) \to R$ 的真值表

| $P$　$Q$　$R$ | $P \wedge Q$ | $P \wedge Q \to R$ |
| --- | --- | --- |
| 0　0　0 | 0 | 1 |
| 0　0　1 | 0 | 1 |
| 0　1　0 | 0 | 1 |
| 0　1　1 | 0 | 1 |
| 1　0　0 | 0 | 1 |
| 1　0　1 | 0 | 1 |
| 1　1　0 | 1 | 0 |
| 1　1　1 | 1 | 1 |

表 14－6 是按照计算过程把每一步结果用一列写出来，也可以在相应的符号下面标注对应的计算结果，并将最终结果用方框标出，如表 14－7 所示.

表 14－7　最终计算结果

| $P$　$Q$　$R$ | $P \wedge Q \to R$ |
| --- | --- |
| 0　0　0 | 0　1 |
| 0　0　1 | 0　1 |
| 0　1　0 | 0　1 |
| 0　1　1 | 0　1 |
| 1　0　0 | 0　1 |
| 1　0　1 | 0　1 |
| 1　1　0 | 1　0 |
| 1　1　1 | 1　1 |

**定义 14－29**　在所有解释下均为真的命题公式，称为**永真式**或**重言式**；在所有解释下均为假的命题公式，称为**永假式**或**矛盾式**；不是永假式的命题公式称为**可满足式**.

因此，永真式也为可满足式.上述三者之间的关系如图 14－9 所示.

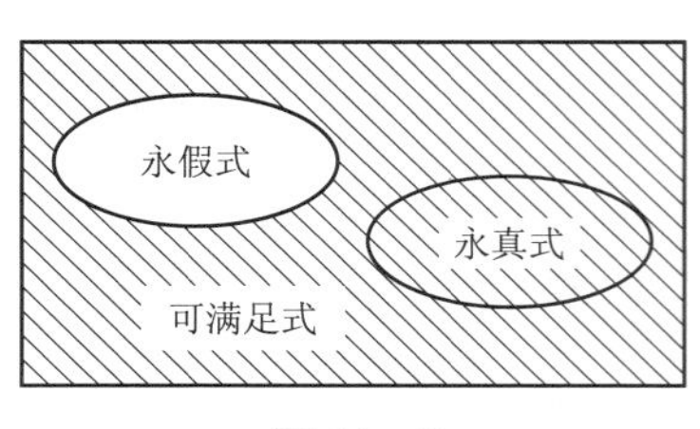

图 14－9

**【例 14－31】**

表 14－8　永真式、永假式和可满足式

| $P$ | $\neg P$ | $\neg P \vee P$ | $\neg P \wedge P$ |
| --- | --- | --- | --- |
| 0 | 1 | 1 | 0 |
| 1 | 0 | 1 | 0 |

由表 14－8 可知，$\neg P \vee P$ 为永真式，$\neg P \wedge P$ 为永假式，$\neg P$、$P$ 和 $\neg P \vee P$ 为可满足式.

**习题 14.3**

1. 判断下列语句是否为命题.若是,求出其真值.

(1) 今天第一节课是数学课.　　(2) 天气预报说明天是晴天.

(3) 您是哪位?　　(4) 地球围绕太阳做公转.

2. 将下列命题符号化.

(1) 如果明天不下雨,那么我们学校就要举行运动会.

(2) 我和你是好朋友.

(3) 老李或小王有一个人去北京出差.

3. 指定解释 $\{P, Q, R\}=\{1, 1, 0\}$, 求公式真值.

(1) $\neg P \wedge R \rightarrow Q$.　　(2) $P \vee Q \rightarrow \neg R$.

# 14.4 公式的相等与蕴含

把命题变成符号之后,就可以引入相关运算了.既然是运算,自然需要遵循一系列的运算规律.

## 14.4.1 公式的相等

1. 公式相等的定义

**定义 14－30** 在任意的解释之下,均有 $G$ 和 $H$ 的真值相同,则称 $G$ 和 $H$ **相等**,记为 $G=H$.

根据联结词的真值表,可知 $G=H$ 当且仅当 $G\leftrightarrow H$ 为永真式.综上所述,要验证两个命题公式是否相等,有两种方式,第一种就是依据定义,证明在任意的解释之下 $G$ 和 $H$ 的真值相同;第二种即证明 $G\leftrightarrow H$ 为永真式.

**【例 14－32】** 证明: $P \rightarrow Q=\neg P \vee Q$.

**证:** 证明过程见表 14－9.

表 14－9　证明过程

| $P$　$Q$ | $P\rightarrow Q$ | $\neg P$ | $\neg P \vee Q$ |
|---|---|---|---|
| 0　0 | 1 | 1 | 1 |
| 0　1 | 1 | 1 | 1 |
| 1　0 | 0 | 0 | 0 |
| 1　1 | 1 | 0 | 1 |

因此，$P \to Q = \neg P \vee Q$.

【例 14-33】 证明：$\neg(P \to Q) \vee R = (P \vee R) \wedge (\neg Q \vee R)$.

证：证明过程见表 14-10.

表 14-10 证明过程

| $P\ \ Q\ \ R$ | $\neg(P \to Q) \vee R$ | $(P \vee R) \wedge (\neg Q \vee R)$ |
|---|---|---|
| 0 0 0 | 0 1 0 | 0 0 1 1 |
| 0 0 1 | 0 1 1 | 1 1 1 1 |
| 0 1 0 | 0 1 0 | 0 0 0 0 |
| 0 1 1 | 0 1 1 | 1 1 0 1 |
| 1 0 0 | 1 0 1 | 1 1 1 1 |
| 1 0 1 | 1 0 1 | 1 1 1 1 |
| 1 1 0 | 0 1 0 | 1 0 0 0 |
| 1 1 1 | 0 1 1 | 1 1 0 1 |

当题目出现的原子太多或公式很复杂时，用真值表就不方便了，则需要有其他的运算方法.

2. 运算规律

(1) 对合律：$\neg\neg P = P$.

(2) 交换律：$P \vee Q = Q \vee P$；$P \wedge Q = Q \wedge P$.

(3) 结合律：$(P \vee Q) \vee R = P \vee (Q \vee R)$；$(P \wedge Q) \wedge R = P \wedge (Q \wedge R)$.

(4) 分配律：$P \vee (Q \wedge R) = (P \vee Q) \wedge (P \vee R)$；$P \wedge (Q \vee R) = (P \wedge Q) \vee (P \wedge R)$.

(5) 同一律：$P \wedge 1 = P$；$P \vee 0 = P$.

(6) 零一律：$P \vee 1 = 1$；$P \wedge 0 = 0$.

(7) 等幂律：$P \vee P = P$；$P \wedge P = P$.

(8) 互补律：$P \vee \neg P = 1$；$P \wedge \neg P = 0$.

(9) 吸收律：$P \vee (P \wedge Q) = P$；$P \wedge (P \vee Q) = P$.

(10) 摩根律：$\neg(P \wedge Q) = \neg P \vee \neg Q$；$\neg(P \vee Q) = \neg P \wedge \neg Q$.

(11) 蕴含相等式：$P \to Q = \neg P \vee Q$.

(12) 等价相等式：$P \leftrightarrow Q = (P \to Q) \wedge (Q \to P)$.

【例 14-34】 证明：$\neg(P \to Q) \vee R = (P \vee R) \wedge (\neg Q \vee R)$.

证：

$$
\begin{aligned}
\text{左} &= \neg(P \to Q) \vee R = \neg(\neg P \vee Q) \vee R \\
&= (P \wedge \neg Q) \vee R \\
&= (P \vee R) \wedge (\neg Q \vee R) = \text{右}.
\end{aligned}
$$

【例 14-35】 证明：$P \to (Q \to R) = (P \wedge Q) \to R$.

证：

$$\text{左} = P \to (Q \to R) = P \to (\neg Q \vee R) = \neg P \vee \neg Q \vee R$$

$$\text{右} = (P \wedge Q) \to R = \neg(P \wedge Q) \vee R = \neg P \vee \neg Q \vee R$$

因此，$P \to (Q \to R) = (P \wedge Q) \to R$.

【例14-36】 化简语句:"情况并非如此:如果他不来,那么我也不去."

**解**:**$p$**:他来;**$q$**:我去. $\neg(\neg p \to \neg q) = \neg p \wedge q$,即我去了,而他没来.

【例14-37】 小张或小李是三八红旗手;如果小张是三八红旗手,会告知大家的;如果小李是三八红旗手,那么小赵也是;大家并没有被告知小张是三八红旗手.请问:谁是三八红旗手?

**解**:$p$:小张是三八红旗手.

$q$:小李是三八红旗手.

$r$:大家被告知小张是三八红旗手.

$s$:小赵是三八红旗手.

$$(p \vee q) \wedge (p \to r) \wedge (q \to s) \wedge \neg r = \neg p \wedge q \wedge s \wedge \neg r.$$

即小李和小赵是三八红旗手,而小张不是.

### 14.4.2 公式的蕴含

**定义14-31** 设$G$、$H$为两个公式,在任意解释$I$之下,均有若$G$为真,则$H$为真,则称$G$**蕴含**$H$,记为$G \Rightarrow H$.

由于"$\Rightarrow$"不是逻辑联结词,所以$G \Rightarrow H$不是公式.由上述定义可知,证明$G \Rightarrow H$有三种方法,第一种是依据定义证明在任意的解释$I$之下,均有若$G$为真,则$H$为真;第二种是证明在任意的解释$I$之下,都有$T_I(G) \leqslant T_I(H)$;第三种是证明$G \to H$为永真式.因此,真值表是证明公式蕴含的有效方法之一.

【例14-38】 证明:$P \wedge Q \Rightarrow P \to Q$.

**证**:证明过程见表14-11.

表14-11 证明过程

| $P$ $Q$ | $P \wedge Q$ | $P \to Q$ | $(P \wedge Q) \to (P \to Q)$ |
|---|---|---|---|
| 0 0 | 0 | 1 | 1 |
| 0 1 | 0 | 1 | 1 |
| 1 0 | 0 | 0 | 1 |
| 1 1 | 1 | 1 | 1 |

两个公式之间存在蕴含关系,多个公式之间也会存在蕴含关系.

**定义14-32** 设$G_1, G_2, \cdots, G_n, H$是公式,如果$G_1 \wedge G_2 \wedge \cdots \wedge G_n$蕴含$H$,则称$H$是$G_1, G_2, \cdots, G_n$的**逻辑结果**.此时也称$G_1, G_2, \cdots, G_n$**蕴含**$H$,记为$G_1, G_2, \cdots, G_n \Rightarrow H$.

这就是日常所说:"由条件$G_1, G_2, \cdots, G_n$可得出结论$H$".由定义可知,证明$G_1, G_2, \cdots, G_n$蕴含$H$,只需要证明$G_1 \wedge G_2 \wedge \cdots \wedge G_n$蕴含$H$即可.

【例14-39】 证明:$\neg Q, P \to Q \Rightarrow \neg P$.

**证** 根据定义可知，只需证明 $\neg Q \wedge (P \to Q) \Rightarrow \neg P$（见表 14－12）.

表 14－12 证明过程

| $P$ | $Q$ | $\neg Q$ | $\wedge$ | $(P \to Q)$ | $\neg P$ |
|---|---|---|---|---|---|
| 0 | 0 | 1 | 1 | 1 | 1 |
| 0 | 1 | 0 | 0 | 1 | 1 |
| 1 | 0 | 1 | 0 | 0 | 0 |
| 1 | 1 | 0 | 0 | 1 | 0 |

当 $\neg Q \wedge (P \to Q)$ 为真时，$\neg P$ 为真，因此 $\neg Q,\ P \to Q \Rightarrow \neg P$.

## 14.4.3 形式演绎

在证明蕴含时，除了真值表的方法之外，还可以用形式演绎的方式来证明，但这需要了解一些基本的蕴含式.

微课

常用的基本蕴含式

(1) 化简：$P \wedge Q \Rightarrow P,\ P \wedge Q \Rightarrow Q$.

(2) 附加：$P \Rightarrow P \vee Q,\ Q \Rightarrow P \vee Q$.

(3) $\neg P \Rightarrow P \to Q,\ Q \Rightarrow P \to Q$；
$\neg(P \to Q) \Rightarrow P,\ \neg(P \to Q) \Rightarrow \neg Q$.

(4) 合取引入：$P,\ Q \Rightarrow P \wedge Q$.

(5) 析取三段论：$\neg P,\ P \vee Q \Rightarrow Q$.

(6) 假言推理：$P,\ P \to Q \Rightarrow Q$.

(7) 拒取式：$\neg Q,\ P \to Q \Rightarrow \neg P$.

(8) 假言三段论：$P \to Q,\ Q \to R \Rightarrow P \to R$.

(9) 构造性二难：$P \vee Q,\ P \to R,\ Q \to S \Rightarrow R \vee S$.

例如，析取三段论的意思是，当 $\neg P$ 和 $P \vee Q$ 均为真的时候，$Q$ 即为真.

**定义 14－33** 设 $S$ 是一个公式的集合，即 $S=\{G_1, G_2, \cdots, G_n\}$，称为**前提集合**，从 $S$ 推出公式 $H$ 的一个**形式演绎**是公式的一个有限序列：

$$H_1,\ H_2,\ \cdots,\ H_k,$$

其中 $H_i$ 或者属于 $S$，或者是某些 $H_j$ 的逻辑结果 $(j<i)$，并且 $H_k=H$，也称 $H$ 是此演绎的逻辑结果，或称 $S$ 演绎出 $H$.

虽然名字叫作演绎，但其实就是一种特殊的蕴含.在形式演绎的过程中，存在两种规则.

规则 $P$：演绎过程中可以随时使用前提集合中的任一公式；

规则 $Q$：演绎过程中可以随时使用前面演绎出来的逻辑结果.

在形式演绎过程中，除了可以使用基本的蕴含式之外，还可以使用前面介绍的相等式，因为若 $P=Q$，则有 $P \Rightarrow Q$ 且 $Q \Rightarrow P$.

**【例 14－40】** 证明：$\{P \to Q,\ R \to \neg Q,\ P,\ \neg R \to T\} \Rightarrow T$.

**证**：(1) $P$　　　　规则 $P$

(2) $P \to Q$　　规则 $P$

(3) $Q$　　规则 $Q$(1)(2)假言推理

(4) $P \to \neg Q$　　规则 $P$

(5) $\neg R$　　规则 $Q$(3)(4)拒取式

(6) $\neg R \to T$　　规则 $P$

(7) $T$　　规则 $Q$(5)(6)假言推理

**【例 14-41】** 证明：$\{P \vee Q, \neg R, Q \to R, P \to \neg E\} \Rightarrow \neg E \wedge (P \vee Q)$.

**证：**(1) $\neg R$　　规则 $P$

(2) $Q \to R$　　规则 $P$

(3) $\neg Q$　　规则 $Q$(1)(2)拒取式

(4) $P \vee Q$　　规则 $P$

(5) $P$　　规则 $Q$(3)(4)析取三段论

(6) $P \to \neg E$　　规则 $P$

(7) $\neg E$　　规则 $Q$(5)(6)假言推理

(8) $\neg E \wedge (P \vee Q)$　　规则 $Q$(4)(7)合取引入

**【例 14-42】** 证明：$\{T, P \vee \neg Q, S \vee R, T \to \neg P, R \to Q\} \Rightarrow S$.

**证：**(1) $T$　　规则 $P$

(2) $T \to \neg P$　　规则 $P$

(3) $\neg P$　　规则 $Q$(1)(2)假言推理

(4) $P \vee \neg Q$　　规则 $P$

(5) $\neg Q$　　规则 $Q$(3)(4)析取三段论

(6) $R \to Q$　　规则 $P$

(7) $\neg R$　　规则 $Q$(5)(6)拒取式

(8) $S \vee R$　　规则 $P$

(9) $S$　　规则 $Q$(7)(8)析取三段论

**【例 14-43】** 如果 $y=x^2$ 是偶函数，则 $y=\mathrm{e}^x$ 不是单调函数.或者 5 不是奇数，或者 $y=\mathrm{e}^x$ 是单调函数.但是 5 是奇数.

由此得出，$y=x^2$ 不是偶函数.试用形式演绎证明此结论.

**证：**设 $P$：$y=x^2$ 是偶函数；

$Q$：$y=\mathrm{e}^x$ 是单调函数；

$R$：5 是奇数.

即证：$\{P \to \neg Q, \neg R \vee Q, R\} \Rightarrow \neg P$.

(1) $R$　　规则 $P$

(2) $\neg R \vee Q$　　规则 $P$

(3) $Q$　　规则 $Q$(1)(2)析取三段论

(4) $P \to \neg Q$　　规则 $P$

(5) $\neg P$　　规则 $Q$(3)(4)拒取式

**【例 14-44】** 张老师的桌子上多了一盆鲜花，已知如下事实：(1)花是乐乐或者欢欢送给张老师的；(2)如果是欢欢送来的，那么一定不是早晨送来的；(3)如果欢欢说了真话，那么张老师的办公室窗户是关上的；(4)如果欢欢说了假话，那么花一定是早晨送来的；(5)张老师办公室的窗户是开着的.张老师推测出花是乐乐送来的，他的推断是否正确呢？

**解** 首先对前提和结论进行符号化，假设命题

$p$：乐乐送给张老师鲜花；

$q$：欢欢送给张老师鲜花；

$r$：花是早晨送来的；

$s$：欢欢说了真话；

$t$：张老师办公室的窗户是开着的.

得到如下推理形式：

前提：$p \lor q$，$q \to \neg r$，$s \to \neg t$，$\neg s \to r$，$t$

(1) $t$　　规则 $P$

(2) $s \to \neg t$　　规则 $P$

(3) $\neg s$　　规则 $Q$(1)(2)拒取式

(4) $\neg s \to r$　　规则 $P$

(5) $r$　　规则 $Q$(3)(4)假言推理

(6) $q \to \neg r$　　规则 $P$

(7) $\neg q$　　规则 $Q$(5)(6)拒取式

(8) $p \lor q$　　规则 $P$

(9) $p$　　规则 $Q$(7)(8)析取三段论

张老师的推断是正确的.

### 习题 14.4

1. 利用真值表证明下列式子.

(1) $P \leftrightarrow Q = (P \to Q) \land (Q \to P)$；

(2) $\neg(P \land Q) \to R = (P \land Q) \lor R$.

2. 证明 $(P \to Q) \land (R \to Q) = (P \lor R) \to Q$.

## 14.5 谓词逻辑

前面的研究中，是以原子命题作为研究的基本单位，这属于命题逻辑的范畴.但是研究中发现，光有命题逻辑远不能满足需求，例如：

$P$:凡人必死.

$Q$:苏格拉底是人.

$R$:苏格拉底必死.

上述命题皆为原子命题,按照含义 $(P \wedge Q) \rightarrow R$ 应为永真式,但是事实并非如此.出现这一问题的主要原因是未对原子命题的内部结构及其逻辑关系进行讨论,这正是谓词逻辑研究的主要内容.

### 14.5.1 个体和谓词的相关概念

在谓词逻辑中,原子命题被分解成个体和谓词两个部分.

**定义 14-34** 可以独立存在的物体称为**个体**.它可以是具体的事物,也可以是抽象的概念.

例如在"苏格拉底是人."这句话中,"苏格拉底"就是一个个体.小明、桌子、实数、思想、定理等均可以作为个体.

**定义 14-35** 具体或特定的客体作为个体时,称为**个体常量**,用 $a$, $b$, $c$, …表示;抽象或泛指的客体作为个体时,称为**个体变量**,用 $x$, $y$, $z$, …表示.

**定义 14-36** 用于描述个体的性质或个体间关系的词称为**谓词**,用 $A$, $B$, $C$, …来表示.

**【例 14-45】** (1) 小明是三好学生.

(2) $x$ 是有理数.

**解:**(1) 小明是个体常量,记为 $a$;"……是三好学生."是谓词,记为 $H$;则 $H(a)$表示(1)命题.

(2) $x$ 是个体变量,记为 $x$;"……是有理数."是谓词,记为 $M$;则 $M(x)$表示(2)命题.

**定义 14-37** 一个谓词 $H$ 连同相关的 $n$ $(n \geqslant 1)$ 个个体变量组成的表达式称为 **$n$ 元谓词**,记为 $H(x_1, x_2, \cdots, x_n)$,其中 $n$ 是该表达式中不同个体的数目.

**【例 14-46】** (1) 我和她是好姐妹.

(2) 北京是中国的首都.

**解:**(1) 令 $H_1(x_1, x_2)$:$x_1$ 和 $x_2$ 是姐妹;$a$:我;$b$:她.则 $H_1(a, b)$表示(1)命题.

(2) 令 $H_2(x_1, x_2)$:$x_1$ 是 $x_2$ 的首都;$a$:北京;$b$:中国.则 $H_2(a, b)$表示(2)命题.

**【例 14-47】** $P$:凡人必死.

$Q$:苏格拉底是人.

$R$:苏格拉底必死.

**解:**令 $H(x)$:$x$ 是人;$M(x)$:$x$ 必死;$a$:苏格拉底.

所以

$$P: H(x) \rightarrow M(x);$$

$$Q: H(a);$$

$$R: M(a).$$

上例中"凡人必死."的否定是"有的人可以长命百岁."

$$P: H(x) \rightarrow M(x);$$
$$\neg P: \neg(H(x) \rightarrow M(x)) = H(x) \wedge \neg M(x).$$

即：$x$ 是人且 $x$ 不死.

由 $x$ 的任意性可知，$\neg P$ 指的是所有人不死.这显然不对.为了解这一问题，引入量词的概念.

**定义 14-38** 语句“对任意的 $x$”称为**全称量词**，记作 $\forall x$；语句“存在一个 $x$”称为**存在量词**，记作 $\exists x$.

日常生活和数学中所说的“一切的”“所有的”“每一个”“凡”和“都”等词都属于全称量词；“存在”“有一个”“有的”和“至少有一个”等词都属于存在量词.

因此，“凡人必死.”这个命题应该表示为 $P: \forall x(H(x) \rightarrow M(x))$，此时，$\neg P: \neg(\forall x(H(x) \rightarrow M(x))) = \exists x(H(x) \wedge \neg M(x))$.

## 14.5.2 谓词公式

我们引入了个体、函数、谓词和量词的概念，再结合命题逻辑中的联结词可以构成谓词逻辑的公式.

在符号化中，我们将使用如下 7 种符号：

(1) 个体常量符号：$a, b, c, \cdots$；

(2) 个体变量符号：$x, y, z, \cdots$；

(3) 函数符号：$f, g, h, \cdots$；

(4) 谓词符号：$P, Q, R, \cdots$；

(5) 联结词：$\neg, \vee, \wedge, \rightarrow, \leftrightarrow$；

(6) 量词：$\forall, \exists$；

(7) 括号及逗号.

**定义 14-39** 谓词逻辑中的**项**，可递归定义为：

(1) 常量符号是项；

(2) 变量符号是项；

(3) 若 $f$ 为 $n$ 元函数符号，$t_1, t_2, \cdots, t_n$ 为项，则 $f(t_1, t_2, \cdots, t_n)$是项；

(4) 所有项都是有限次使用(1)、(2)、(3)生成的符号串.

**定义 14-40** 若 $P(x_1, x_2, \cdots, x_n)$是 $n$ 元谓词符号，$t_1, t_2, \cdots, t_n$ 是项，则称 $P(t_1, t_2, \cdots, t_n)$是**原子**.

**定义 14-41** **谓词公式**被递归定义如下：

(1) 原子是公式；

(2) 若 $G, H$ 是公式，则 $\neg G, G \wedge H, G \vee H, G \rightarrow H, G \leftrightarrow H$ 是公式；

(3) 若 $G$ 是公式，$x$ 是 $G$ 中个体变量，则 $\forall xG, \exists xG$ 是公式；

(4) 所有的公式都是有限次使用(1)、(2)、(3)得到的符号串.

**【例 14-48】** (1) 杭州位于南京和北京之间.

(2) 小兰的学习和工作都好.

(3) 所有人都要呼吸.

(4) 每个学生都要参加考试.

(5) 有些孩子是神童.

(6) 某些人对某些食物过敏.

(7) 没有不犯错误的人.

(8) 小明和父亲、爷爷一起打球.

**解**:(1) 令 $F(x, y, z)$:$x$ 位于 $y$ 和 $z$ 之间;$a$:杭州;$b$:南京;$c$:北京.

上述命题可表示为:$F(a, b, c)$.

(2) 令 $A(x)$:$x$ 的学习好;$B(x)$:$x$ 的工作好;$a$:小兰.

上述命题可表示为:$A(a) \wedge B(a)$.

(3) 令 $P(x)$:$x$ 是人;$Q(x)$:$x$ 要呼吸.

上述命题可表示为:$\forall x(P(x) \rightarrow Q(x))$.

(4) 令 $P(x)$:$x$ 是学生;$Q(x)$:$x$ 要参加考试.

上述命题可表示为:$\forall x(P(x) \rightarrow Q(x))$.

(5) 令 $P(x)$:$x$ 是孩子;$Q(x)$:$x$ 是神童.

上述命题可表示为:$\exists x(P(x) \wedge Q(x))$.

(6) 令 $P(x)$:$x$ 是人;$Q(y)$:$y$ 是食物;$R(x, y)$:$x$ 对 $y$ 过敏.

上述命题可表示为:$\exists x \exists y(P(x) \wedge Q(y) \wedge R(x, y))$.

(7) 令 $P(x)$:$x$ 犯错误;$M(x)$:$x$ 为人.

上述命题可表示为:$\neg(\exists x(\neg P(x) \wedge M(x)))$.

(8) $a$:小明;$f(x)$:$x$ 的父亲;$P(x, y, z)$:$x$、$y$ 和 $z$ 一起打球.

上述命题可表示为:$P(a, f(a), f(f(a)))$.

### 14.5.3 解释

**定义 14-42** 在谓词公式中,假设部分公式形式为 $\forall xP(x)$ 或 $\exists xP(x)$.这里 $\forall$ 和 $\exists$ 后面所跟的 $x$ 叫作量词的**指导变元**,$P(x)$是量词的**作用域或辖域**.在作用域中 $x$ 的一切出现,都为 $x$ 在公式中的约束出现,在公式中除去约束变元以外出现的变元称作自由变元.自由变元是不受约束的变元.

例如,$\exists x \exists y(P(x, y) \wedge Q(x, z)) \vee \forall xP(x, y)$ 中,$\exists x$ 和 $\exists y$ 的作用域是 $P(x, y) \wedge Q(x, z)$,其中 $x$、$y$ 是约束变元,$z$ 是自由变元.$\forall x$ 的作用域为 $P(x, y)$,其中 $x$ 是约束变元,此时 $y$ 是自由变元.在整个公式中,$x$ 是约束出现的;$y$ 既是约束出现,又是自由出现的;$z$ 是自由出现的.

为了避免某变元既有约束出现又有自由出现,引起混乱,可对约束变元进行更名,使得一个变元在一个公式中,只能以一种形式出现,即呈自由出现,或呈约束出现.这一点主要基于 $\forall xP(x)$ 和 $\forall yP(y)$ 具有相同意义.

**更名规则:**

(1) 更名时需要更改变元符号的范围是量词中的指导变元,以及该量词辖域中此变元的所有约束出现处，而在公式的其余部分不变；

(2) 更名时所新取的符号一定没有在量词的辖域内出现过.

例如上例中 $\exists x \exists y(P(x, y) \wedge Q(x, z)) \vee \forall x P(x, y)$，即可根据上述规则改为 $\exists x \exists u(P(x, u) \wedge Q(x, z)) \vee \forall x P(x, y)$.

因此，在今后的公式中，每一个变元都只能以一种形式出现，如果不是，那就进行更名.

谓词公式只是一个符号串，经解释后才有具体的意义，才可以分辨真假.

**定义 14－43** 谓词公式 $G$ 的一个**解释** $I$ 由 4 部分构成.

(1) 非空个体域 $D$；

(2) $D$ 中一部分特定元素；

(3) $D$ 上一些特定的函数；

(4) $D$ 上一些特定的谓词.

**【例 14－49】** 已知解释如下：

(1) $D=\{2, 3\}$；

(2) $a=2 \in D$；

(3) 谓词 $P(x)$ 为 $P(2)=0$, $P(3)=1$, $Q(i, j)=1 \quad (i, j=2, 3)$；

求 $\forall x(P(x) \wedge Q(x, a))$.

**解：**

$$\begin{aligned}\text{原式}&=(P(2) \wedge Q(2, 2)) \wedge (P(3) \wedge Q(3, 2))\\&=(0 \wedge 1) \wedge (1 \wedge 1)=0 \wedge 1=0.\end{aligned}$$

**【例 14－50】** 已知解释如下：

(1) $D=\{2, 3, 4\}$；

(2) $a=2$, $b=3$；

(3) 函数 $f(x)$ 为：$f(2)=2$, $f(3)=3$, $f(4)=4$；

(4) 谓词 $F(x, y)$ 为：$F(i, j)=1 \quad (i=j)$；$F(i, j)=0 \quad (i \neq j)$；

$$G(2)=1, G(3)=G(4)=0.$$

求以下公式的真值：

① $\exists x F(x, f(a)) \wedge G(b)$； ② $F(a, b) \rightarrow \forall x G(f(x))$.

**解：**①

$$\begin{aligned}&\exists x F(x, f(a)) \wedge G(b)\\=&(F(2, f(a)) \vee F(3, f(a)) \vee F(4, f(a))) \wedge G(b)\\=&(F(2, f(2)) \vee F(3, f(2)) \vee F(4, f(2))) \wedge G(3)\\=&(F(2, 2) \vee F(3, 2) \vee F(4, 2)) \wedge G(3)\\=&0.\end{aligned}$$

②

$$\begin{aligned}&F(a, b) \rightarrow \forall x G(f(x))\\=&F(2, 3) \rightarrow (G(f(2)) \wedge G(f(3)) \wedge G(f(4)))\\=&F(2, 3) \rightarrow (G(2) \wedge G(3) \wedge G(4))\\=&0 \rightarrow (1 \wedge 0 \wedge 0)\\=&1.\end{aligned}$$

【例 14-51】 已知解释如下：

(1) 个体域 $D=\mathbf{N}$；

(2) $a=0$；

(3) 函数 $f(x, y)=x+y$, $g(x, y)=x\cdot y$；

(4) 谓词 $F(x, y)$ 为 $x=y$.

求以下公式的真值.

① $\forall x\exists y(F(f(x, a), y)\rightarrow F(f(y, a), x))$； ② $\forall xF(g(x, a), x)$.

解：

$$\begin{aligned}&\forall x\exists y(F(f(x, a), y)\rightarrow F(f(y, a), x))\\=&\forall x\exists y(x+a=y\rightarrow y+a=x)\\=&\forall x\exists y(x=y\rightarrow y=x)\end{aligned}$$

此命题为真.

②

$$\begin{aligned}&\forall xF(g(x, a), x)=\forall xF(x\cdot a, x)\\=&\forall x(a\cdot x=x)=\forall x(0\cdot x=x)\end{aligned}$$

此命题为假.

## 习题 14.5

1. 已知以下谓词的个体域均为{1, 2, 3}，试将以下各表达式的量词消去，写成与之等价的命题.

(1) $\forall xP(x)$；  (2) $\exists xP(x)$.

2. 将下列命题写成谓词公式.

(1) 有的人用左手写字；

(2) 有些人喜欢所有的花.

课外阅读材料

数理逻辑

# 第 15 章 CHAPTER 15

# 图论基础

数缺形时少直观，形少数时难入微.

——华罗庚

学习要求

- 了解图的基本概念，理解图形同构的定义与判定方法，掌握度的概念和求法；
- 了解无向图的连通性在现实生活中的应用，理解连通、割集的判定方法；
- 了解有向图连通的定义，理解无向图、有向图连通性的区别，掌握分图的求法；
- 掌握无向图关联矩阵、邻接矩阵的求法；
- 掌握有向图关联矩阵、邻接矩阵、可达性矩阵的求法；
- 掌握各种矩阵与图形间的互相转化；
- 掌握欧拉图（哈密顿图）的定义及相关概念，理解欧拉图（哈密顿图）的应用，掌握欧拉图的判定方法；
- 了解无向树（有向树）的定义，理解无向树（有向树）的应用，掌握无向树（有向树）的性质.

图论的知识在前一章介绍二元关系与数理逻辑时已经涉及了，如关系图.图是研究很多问题的非常有效的方法.从计算机的设计、系统之间信息的传输、程序软件的编制以及对信息结构的分析研究到信息的存储和检索等，理论和实践中都要在一定程度上借助于图这个工具，因此图论对学好、用好计算机，推动计算机科技的发展具有重要的现实意义.

# 15.1 图的基本概念

## 15.1.1 图论的起源和作用

图论最初起源于人们的日常生活和游戏，早在 18 世纪就已出现图论问题，著名的哥尼斯堡七桥问题就是其中之一.

**哥尼斯堡七桥问题**：相传哥尼斯堡城中有条河流，河中有两个岛，通过七座桥将岛与两岸相连，如图 15-1a 所示. 当时城中居民热衷于这样一个问题：游人从 $A$、$B$、$C$、$D$ 中的任一陆地出发，沿什么样的路线可以做到每座桥都通过一次且仅一次而最后返回原地？

著名数学家欧拉仔细研究了这个问题，他将四块陆地与七座桥的关系用一个抽象的图形来描述，如图 15-1b 所示. 其中四块陆地分别用四个点表示，而桥则用连接两个点的线表示. 于是问题就转变成：从图中任一点出发，通过每条边一次且仅一次而返回原来出发点的回路是否存在？ 在此基础上，欧拉找到了存在这样一条回路的充要条件，并推得七桥问题无解.

数学家小传

欧拉

欧拉的研究奠定了图论的基础，为现代图论的广泛应用开辟了道路. 因此，他被公认为"图论之父".

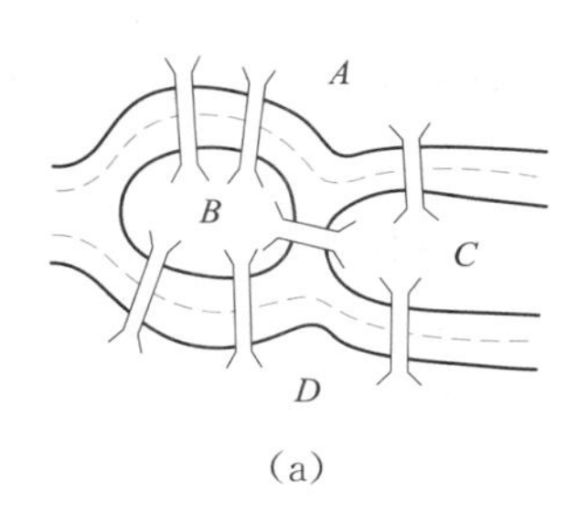


(a)

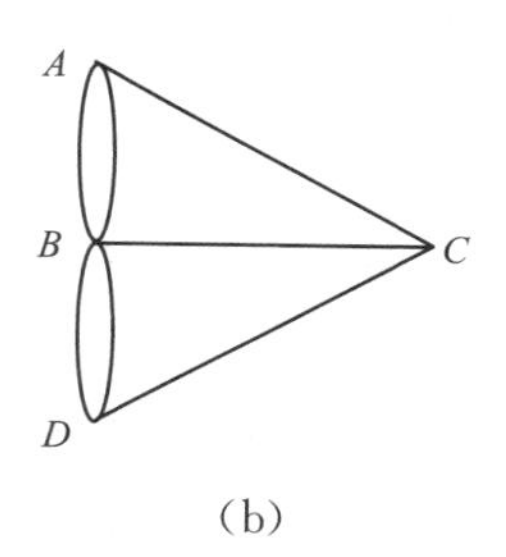


(b)

图 15-1

很多复杂的问题，用图论表示之后变得非常简单.

**【例 15-1】 拉姆齐问题**

在任意 6 人的聚会上，总有 3 人互相认识，或总有 3 人互相不认识，假设认识是相互的.

**解**：(1) 用 6 个点表示 6 个人，若某两人彼此认识，则相应的两点间用实线连接，若两人彼此不认识，则在相应的两点之间画一条虚线. 因此，任意两点之间若无实线，必有虚线，反之亦然. 于是，在图论中此命题可表达为：六个点的图形中一定存在一个实三角形，或存在一个虚三角形.

(2) 任取一点(如点 $A$),则在其余 5 点中,有 3 点与 $A$ 间有实线相连,或有三点与 $A$ 间有虚线相连,且两种情形必有一种成立.

若为第一种情形,假设 $A$ 与 $B$、$C$、$D$ 三点间有实线相连.考虑 $B$、$C$、$D$,若有两点之间用实线相连,则已构成一个实三角形,如图 15－2a 所示.若 $B$、$C$、$D$ 之间均用虚线连接,则 $B$、$C$、$D$ 已构成一虚三角形,如图 15－2b 所示.同理,对于第二种情况也成立.

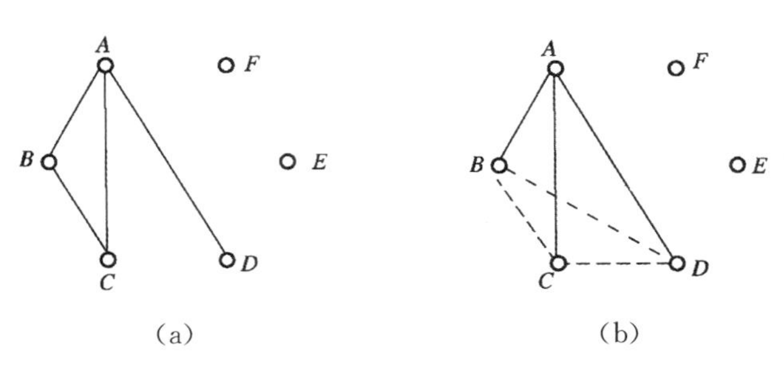


图 15－2

## 15.1.2 图的定义和表示

**定义 15－1** 图 $G$ 是由非空点集 $V=\{v_1, v_2, \cdots, v_n\}$ 和边集 $E=\{e_1, e_2, \cdots, e_m\}$ 两部分构成,其中每条边可用一个结点对表示,即

$$e_i=(v_{i_1}, v_{i_2})\text{(无向边)或 } e_i=\langle v_{i_1}, v_{i_2}\rangle\text{(有向边)} \quad (i=1, 2, \cdots, m).$$

这样的一个图 $G$ 记为 $G=\langle V, E\rangle$. 一个由 $n$ 个结点、$m$ 条边组成的图称为 $(n, m)$ 图.

图除了可用集合表示外,还可以用图形表示.结点也称为顶点,或简称点,在图形中用一圆圈表示;边也称为弧,用线段或曲线段表示.有时为了方便,常常不区分图与图形这两个概念.

后面会介绍,为了便于计算机处理,图还可以用**矩阵表示**.

例如有 4 个家庭 $v_1$, $v_2$, $v_3$, $v_4$,其中 $v_1$ 和 $v_2$, $v_1$ 和 $v_4$, $v_2$ 和 $v_3$, $v_2$ 和 $v_4$ 它们之间有亲戚关系.此事实可分别用集合和图形表示如下:

图 $G=\langle V, E\rangle$, 其中 $V=\{v_1, v_2, v_3, v_4\}$, $E=\{(v_1, v_2), (v_1, v_4), (v_2, v_3), (v_2, v_4)\}$, 如图 15－3a 所示.

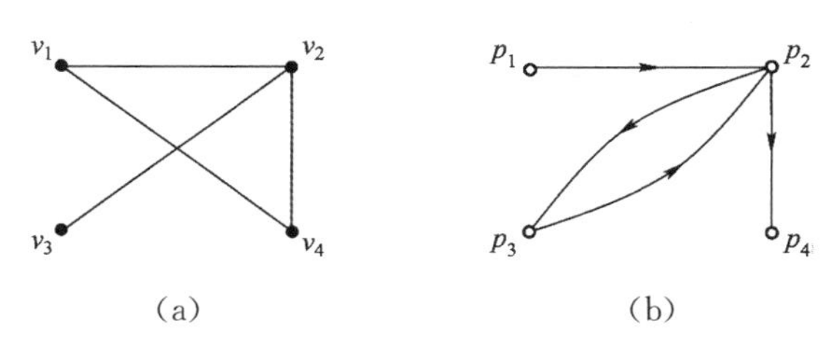


图 15－3

又如,有 4 门课程 $p_1$, $p_2$, $p_3$, $p_4$,它们在知识衔接上有一些先后学习的顺序关系,

$p_1$ 必须先于 $p_2$ 学习，$p_2$ 必须先于 $p_4$ 学习，$p_2$ 可以先于 $p_3$ 学习，$p_3$ 也可以先于 $p_2$ 学习.此事实可分别用集合和图形表示如下：

图 $D=\langle V, E\rangle$，其中 $V=\{p_1, p_2, p_3, p_4\}$，$E=\{\langle p_1, p_2\rangle, \langle p_2, p_4\rangle, \langle p_2, p_3\rangle, \langle p_3, p_2\rangle\}$，如图 15－3b 所示.

## 15.1.3 图和边的分类

**定义 15－2** 图中每条边均有方向，则称该图为**有向图**，称这些边为**有向边**.有向图通常用 $D$ 来表示.在有向边 $e_k=\langle v_i, v_j\rangle$ 中，第一个结点叫**起点**，第二个结点叫**终点**.没有方向的边称为无向边.在无向边 $e_k=(v_i, v_j)$ 中，左右两个结点位置可以交换而意义不变.每条边均是无向边的图叫**无向图**.

**定义 15－3** 既含有有向边又含有无向边的图叫**混合图**.在混合图中，每一条无向边都可以改成两条相向的有向边，可以纳入有向图中研究.

**定义 15－4** 若一条边连接同一个点，则称该边为**环**，允许有环的图称为**带环图**.在无向图中，若两条或两条以上的边都与同一对结点相连，则称这些边为**平行边**；而在有向图中，若两条或两条以上方向相同的有向边连接着同一对结点，也称这些边为**平行边**.允许有平行边的图称为**多重图**.例如，七桥问题中的图就是多重图.

**定义 15－5** 不含平行边的图叫**线图**.例如，关系图就是线图.既不包含环，又不包含平行边的图，叫**简单图**.若无特殊说明，本书中的图均为简单图.

**定义 15－6** 有时在一个图中，结点或边上还带有一些数字信息，如公交路线图、交通地图、一些地市间某种货物或资源的存量图等，这样的图叫**带权图**，其中边上的数字叫**边的权**，结点上的数字叫**点的权**.

## 15.1.4 图的相关概念与定理

**定义 15－7** 描述图中点与点，或边与边等同类概念之间的关系，可用**邻接**或**不邻接**；而描述点与边等异类概念之间的关系，则用**关联**或**不关联**.具体地说，若边为 $e_k=(v_i, v_j)$ 或 $e_k=\langle v_i, v_j\rangle$，则称边 $e_k$ 与结点 $v_i$ 和 $v_j$ 相**关联**，称结点 $v_i$ 与 $v_j$ 为**邻接**的（否则称为**不关联**或**不邻接**）.若干条边关联于同一个结点，则称这些边为**邻接**的.

**定义 15－8** 在无向图中，**结点 $v$ 的度数**就是与 $v$ 相关联的边的条数，记为 $\deg(v)$.在有向图中，以结点 $v$ 为起点的边的条数叫 $v$ 的**出度**，记为 $\overleftarrow{\deg}(v)$.以 $v$ 为终点的边的条数叫 $v$ 的**入度**，记为 $\overrightarrow{\deg}(v)$.而结点 $v$ 的入度与出度之和即为**结点 $v$ 的度数**，记为 $\deg(v)$.

微课

无向图的度和有向图的度

**定义 15－9** 一个含有 $n$ 个结点的图，如果各点的度数均为 $k$ $(0\leqslant k\leqslant n-1)$，则称为 $k$－**正则图**.任意图中，每条边均关联两个结点.于是，图中所有结点的度数之和为偶数，且必为边数的两倍.由此可得定理 15－1.

**定理 15－1（基本定理，握手定理）** 设图 $G=\langle V,E\rangle$ 是 $(n, m)$ 图，则有

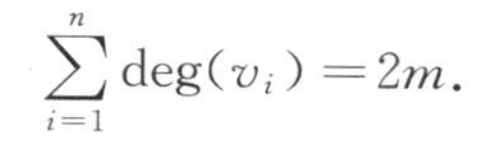

$$\sum_{i=1}^{n}\deg(v_i)=2m.$$

也就是说，图的各点度数之和是边数的两倍.之所以又叫握手定理，这就好比一群人握手，明明参与握手的两个人只握过一次手，但最后从每个人那里统计来的握手总次数，是参与握手人数的两倍.

**推论 15-1** 图中度数为奇数的结点个数，一定是偶数.

【例 15-2】 设图 $G=\langle V, E\rangle$ 是 $(n, m)$ 图，$\delta$、$\Delta$ 分别是图中结点的最小度数与最大度数，即 $\delta=\min\limits_{v\in V}\deg(v)$，$\Delta=\max\limits_{v\in V}\deg(v)$. 试证 $\delta\leqslant\dfrac{2m}{n}\leqslant\Delta$.

证：因为

$$n\cdot\delta\leqslant\sum_{i=1}^{n}\deg(v_i)\leqslant n\cdot\Delta,$$

而

$$\sum_{i=1}^{n}\deg(v_i)=2m.$$

所以

$$n\cdot\delta\leqslant 2m\leqslant n\cdot\Delta,$$

即

$$\delta\leqslant\frac{2m}{n}\leqslant\Delta.$$

**定义 15-10** 图 $G=\langle V, E\rangle$ 与 $G'=\langle V', E'\rangle$，如果有 $V'\subseteq V$ 且 $E'\subseteq E$，则称 $G'$ 是 $G$ 的**子图**.若 $G'$ 是 $G$ 的子图，并且 $V'=V$，则称 $G'$ 是 $G$ 的**生成子图**.若 $G'$ 是 $G$ 的子图，并且边集 $E'$ 继承了所有以 $V'$ 中的点为端点（即两端点均在 $V'$ 中）且属于原图 $G$ 中的所有边，则称 $G'$ 是 $G$ 的**导出子图**.

例如，如图 15-4 所示，图 b、图 c 都是图 a 的子图，图 b、图 c 还分别是图 a 的导出子图、生成子图.

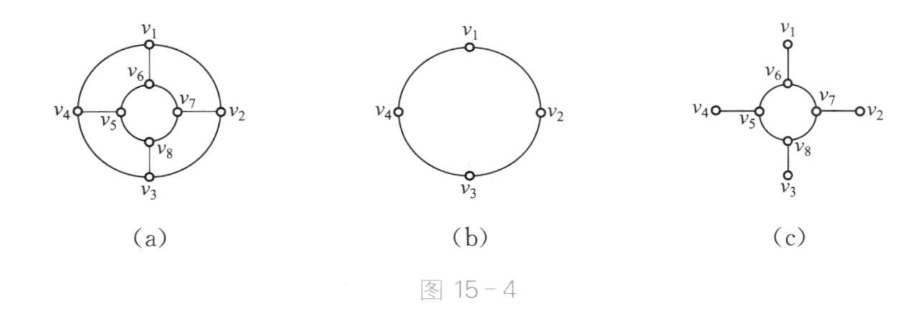


图 15-4

**定义 15-11** 一个图中，若某点不与任何边关联，则称此点为**孤立点**.一个图中可以没有边，但不能没有点.若图中所有点均为孤立点，则这种图称为**零图**.如图 15-5a 所示是四个结点的零图.只有一个点也构成图，称为**平凡图**，它是点数最少的零图.

**定义 15-12** 若一个无向图中任意两点之间都有边相连（在有向图中，任意两点间有两条相向的边），则这种特殊的图称为**无向（有向）完全图**.无向完全图简称**完全图**.

零图各点的度数均为 0.完全图各点的度数均为 $n-1$.

有 $n$ 个结点的无向完全图用 $K_n$ 表示，它有 $C_n^2=\dfrac{1}{2}n(n-1)$ 条边.$n$ 个结点的有向完全图有 $n(n-1)$ 条边.如图 15-5b、c 所示的图分别为 $K_4$ 和三个结点的有向完全图.

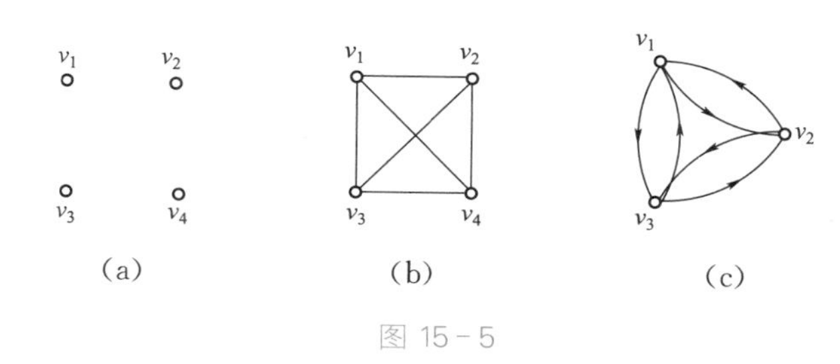


图 15-5

**定义 15-13** 设图 $G=\langle V, E\rangle$ 有 $n$ 个结点，在完全图 $K_n$ 中删去 $G$ 中的所有边（点不变）后剩下的 $K_n$ 的生成子图，称为 $G$ 的**补图**，记为 $\overline{G}$.

显然补图是相互的，即 $\overline{\overline{G}}=G$. 如图 15-6a、b 所示为互为补图.特别地，$K_n$ 的补图是 $n$ 个结点的零图.图 $G$ 和补图 $\overline{G}$ 之间是一一对应的，有时也借助 $\overline{G}$ 研究 $G$ 的性质.

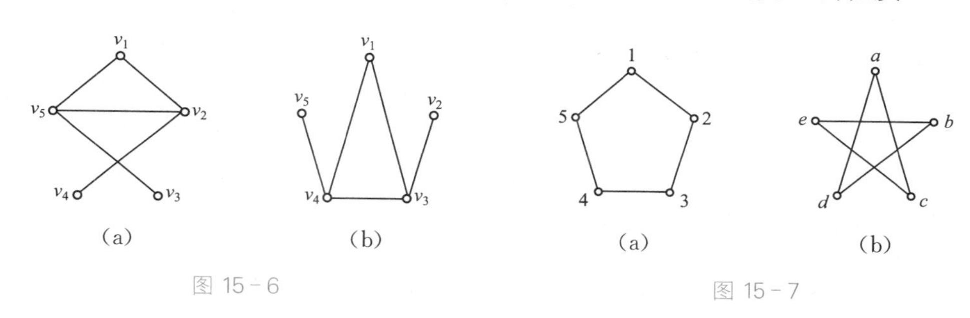


图 15-6　　图 15-7

## 15.1.5 图的同构

**定义 15-14** 设 $G=\langle V, E\rangle$ 与 $G'=\langle V', E'\rangle$ 是两个图，若在 $V$ 和 $V'$ 之间存在一一对应的函数（双射）$f$，使得 $(v_i, v_j)\in E$，当且仅当 $(f(v_i), f(v_j))\in E'$，则称 $G$ 和 $G'$ 是**同构的图**，记为 $G\cong G'$ 或 $G\sim G'$.

图的同构关系是图之间的一种等价关系.例如：如图 15-7a、b 所示的两个图同构.事实上，在两个图的点集之间存在一一对应的映射 $f$：$1\to a$，$2\to c$，$3\to e$，$4\to b$，$5\to d$.

两个图同构的必要条件：

（1）结点数相等；

（2）边数相等；

（3）度数相同的结点数相等.

互动练习

图的同构

但这不是充分条件，例如：如图 15-8 所示的 a、b 两图虽然满足以上三个条件，但是不同构.

两个同构的图，除了各点和各边的名字或符号可能不同外，本质上是一样的，可以把它们用完全相同的图形表示出来.因此，本书主要研究不同构的图.

一个图可以按照“点可随便挪，线是橡皮筋，点与线的关联不变”的规则进行变形，所得的图都是同构的.这种始终保持所得的图都是同构的操作，叫作图的**同构变形（操作）**.

例如，可用图的同构变形将如图 15－9 所示的图 a 变为图 b.

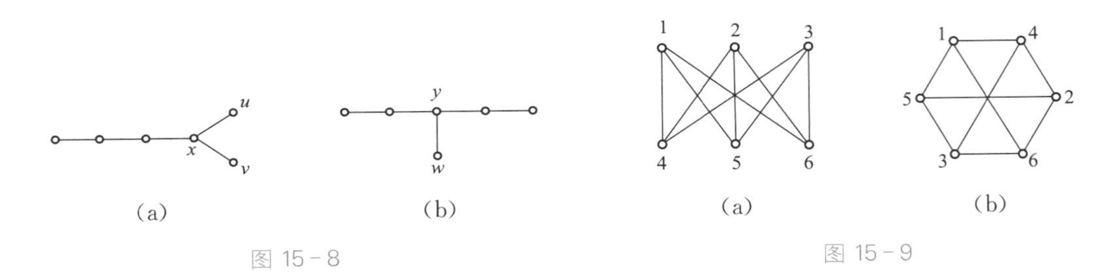

(a)　(b)

图 15－8

(a)　(b)

图 15－9

显然，图的同构变形是图与图之间的一种等价变换.

## 习题 15.1

1. 是否可以画出一个图，使各点的度数列如下？如可能，画一个符合条件的简单图；如不可能，说明原因.

(1) 2, 2, 2, 2, 2, 2;　(2) 1, 2, 3, 4, 5, 5;

(3) 1, 2, 3, 4, 4, 5;　(4) 3, 3, 3, 3, 3, 3.

2. 画出结点个数最少的无向图：

(1) 使它是 3－正则图；　(2) 使它是 5－正则图.

3. 画出如图 15－10 所示图形的补图，请问这两个图同构吗？

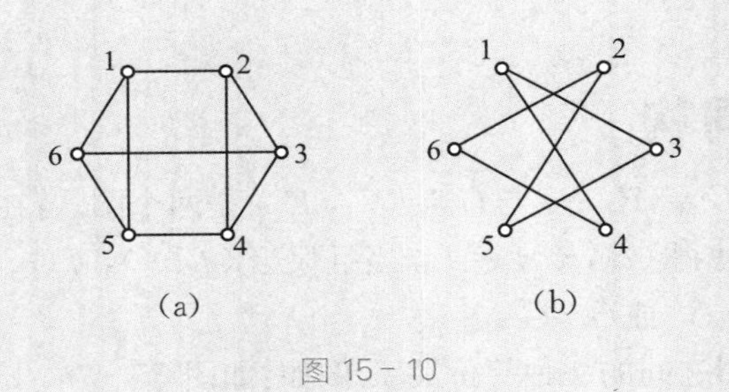

(a)　(b)

图 15－10

# 15.2 无向图的连通性

## 15.2.1 通道、迹和路

在图的各种性质中，最重要的一点就是图的连通性，几乎所有的重要定理都是在这个性质的基础上得到的.

一、点的连通性

**定义 15-15** 在无向图 $G=\langle V, E\rangle$ 中,设 $e_i$ 是关联结点 $v_{i-1}$ 和 $v_i$ 的边,一个关联点、边的交替序列 $v_0e_1v_1e_2\cdots e_lv_l$ 称为连接 $v_0$ 到 $v_l$ 的一条**通道**,简记为 $\Gamma=(v_0, v_1, \cdots, v_l)$. 通道中边的条数称为通道的长,记为 $|\Gamma|=l(l\geqslant 1)$,若 $v_0=v_l$,称之为闭通道;否则称为开通道.闭通道是通道的一种特殊情况.通道的点和边都允许重复,只要找到由一点到另一点的路线即可.

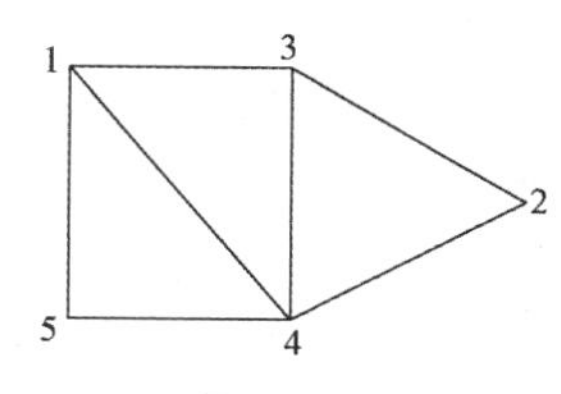


图 15-11

例如:如图 15-11 所示的通道(1, 3, 2, 4, 5, 1, 3)的长度是 6,是一条开通道,(1, 3, 2, 4, 5, 1)是一条闭通道.

**定义 15-16** 无重复边的通道称为迹.无重复边的闭通道则称为闭迹;否则,称为开迹.迹和闭迹也是通道的特殊情况.

**定义 15-17** 无重复点的通道称为路(起点与终点可以重复).无重复点的开通道称为开路.若一条长为 $n$ 的闭通道上的 $n$ 个点各不相同,且 $n\geqslant 3$,则称此闭通道为一条回路.

**【例 15-3】** 如图 15-12 所示,请问$(A, D, E)$、$(A, B, C, D, E)$、$(A, B, C, D, A, E)$、$(A, B, E, A)$、$(A, B, A)$属于上述概念中的哪一些?

**解**:$(A, D, E)$是开通道、开迹、开路;$(A, B, C, D, E)$是开通道、开迹、开路;$(A, B, C, D, A, E)$是开通道、开迹;$(A, B, E, A)$是闭通道、闭迹、回路;$(A, B, A)$是闭通道.由此可知路一定是迹,迹不一定是路,如图 15-13 所示.

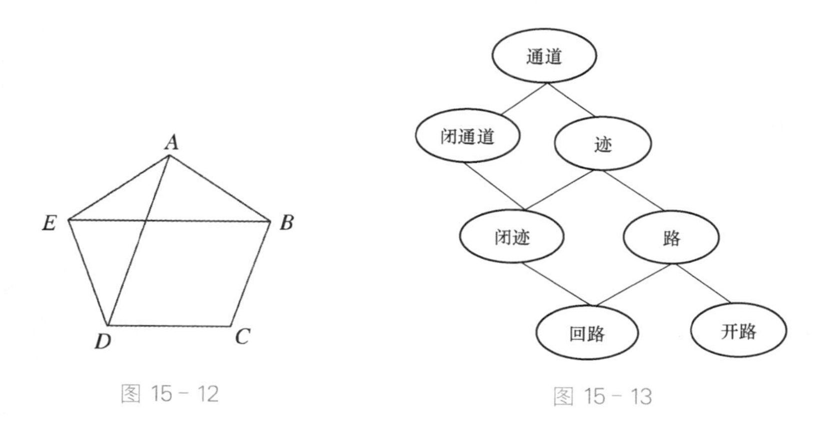


图 15-12　　图 15-13

**定理 15-2** 在一个具有 $n$ 个结点的图中,任一条开路的长度均不大于 $n-1$,任一条回路的长度均不大于 $n$.

## 15.2.2 无向图的连通性定义

连通既可以形容点与点的关系,也可以表达整个图形的性质.

**定义 15-18** $G=\langle V, E\rangle$ 是一个无向图,$u$、$v\in V$,$u\neq v$,若 $G$ 中存在一条从 $u$

到 $v$ 的通道，则称 $u$ 与 $v$ **可达**；否则，称 $u$ 与 $v$ **不可达**.图中任一点与其自身是可达的.特别地，当 $l=1$ 时，$u$ 与 $v$ 邻接，这时也称 $u$ 与 $v$ **可直达**.

**定义 15-19**　$G=\langle V, E\rangle$ 是一个无向图，$u$、$v\in V$，若 $u$ 与 $v$ 可达，称 $u$ 与 $v$ **连通**.若图中任两点连通，则称 $G$ 为**连通图**；否则，称 $G$ 为**非连通图**.

结点数 $n\geqslant 2$ 的无向图 $G$ 的结点之间的连通关系是结点集 $V$ 上的一个等价关系.此等价关系将 $V$ 唯一地划分成 $k$ $(k\geqslant 1)$ 个等价类 $V_1$, $V_2$, …, $V_k$.由它们导出的导出子图 $\langle V_1, E_1\rangle$, $\langle V_2, E_2\rangle$, …, $\langle V_k, E_k\rangle$ 称为 $G$ 的**连通分图**(**或连通分支**)，$k$ 称为连通分支数.连通分图是连通图.分别来自任意两个连通分图中的两点之间都不连通.特别地，连通图的连通分图只有一个，就是它自己.$n$ $(n\geqslant 2)$ 个结点的零图的连通分支数 $k=n$.

**【例 15-4】**　判断如图 15-14 所示图形是否为连通图，并找出其连通分图.

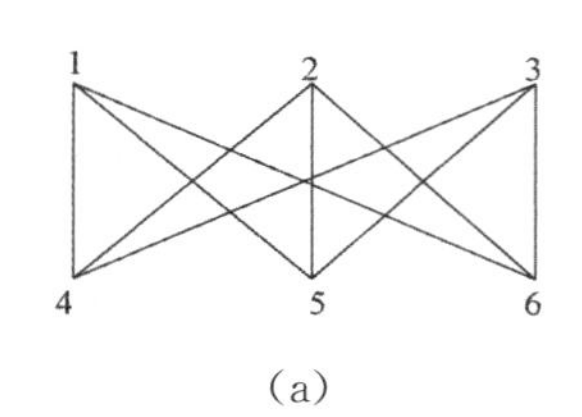

(a)

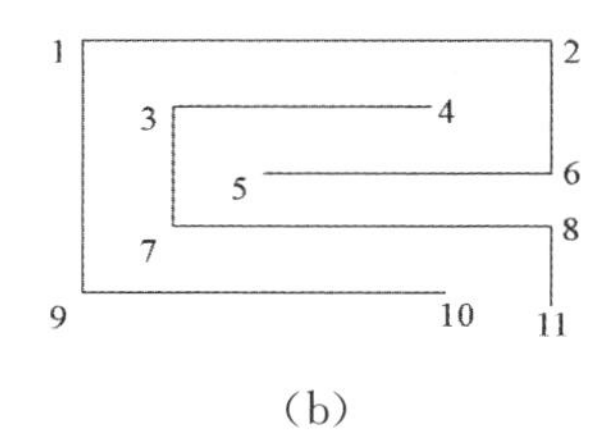

(b)

图 15-14

**解:** 如图 15-14a 所示图形是一张连通图，其连通分图为其本身；如图 15-14b 所示图形是一张非连通图，有两张连通分图，分别是由{5, 6, 2, 1, 9, 10}导出的导出子图，以及由{4, 3, 7, 8, 11}导出的导出子图.

**【例 15-5】**　旅行问题，如图 15-15 所示.

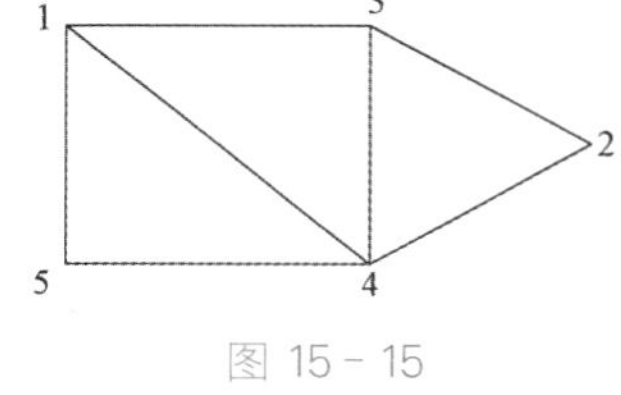

图 15-15

游人从 1 号城市出发，沿什么路线可以做到每一座城市游览一次而最后回到原处？

**解:** 沿着(1, 3, 2, 4, 5, 1)顺序游览即可.

**总结:** 一个图形做到连通是很简单的，但在现实问题中，往往需要寻找某一个图中具有某种特殊性质，或者满足某些特殊要求的通道，这就比较难做到了，有时甚至无法做到.

## 15.2.3　割点、割边与割集

**【例 15-6】**　如图 15-16 所示，能否通过去掉一条边，或者去掉一个点，使图变得不连通？

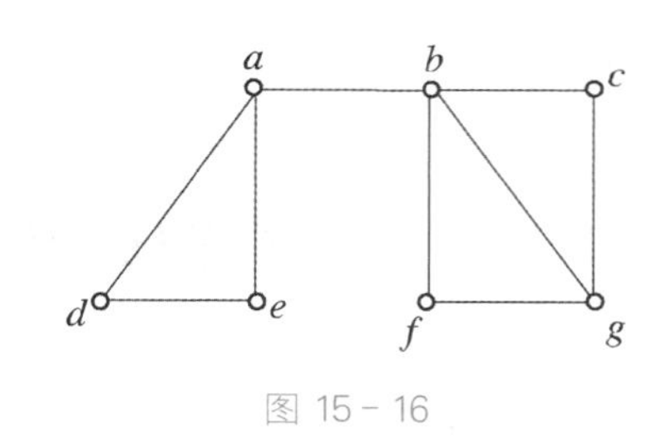

图 15-16

**解:** $(a, b)$ 这条边，或 $a$、$b$ 两点，对于这一图形的连通性来说具有特殊意义，去掉 $(a, b)$ 边或 $a$ 点或 $b$ 点，图将变得不连通.

**定义 15-20** 在无向连通图 $G$ 中：

(1) 如果去掉一个结点 $v$ 及与 $v$ 关联的边，图 $G$ 将不连通，则称结点 $v$ 为图的割点或关节点；

(2) 如果去掉一条边，图 $G$ 将不连通，则称这条边为图的割边或桥.

**定义 15-21** 在无向连通图 $G$ 中：

(1) $V$ 为 $G$ 中若干点的非空集合，$G$ 去掉 $V$ 及与 $V$ 相关联的边，则 $G$ 不连通，而去掉 $V$ 的任一真子集 $G$ 仍连通，则称 $V$ 为 $G$ 的一个点割集.

(2) $E$ 为 $G$ 中若干边的非空集合，$G$ 去掉 $E$ 则不连通，而去掉 $E$ 的任一真子集仍连通，则称 $E$ 为 $G$ 的一个边割集.

互动练习

割点、割边与割集

**定义 15-22** 在无向连通图 $G$ 中：

(1) 图 $G$ 的点连通度 $\kappa(G)$，是为了由 $G$ 产生一个非连通图或平凡图，而需从 $G$ 中去掉的最少的点数；

(2) 图 $G$ 的边连通度 $\lambda(G)$，是为了由 $G$ 产生一个非连通图或平凡图，而需从 $G$ 中去掉的最少的边数；

显然，当 $G$ 有割点时，$\kappa(G)=1$.当 $G$ 有割边时，$\lambda(G)=1$.当一个图不连通时，$\kappa(G)=\lambda(G)=0$. 一个图的点连通度或边连通度刻画了图的连通程度.

**定理 15-3** 在无向图 $G$ 中，有 $\kappa(G)\leqslant\lambda(G)\leqslant\delta(G)$，其中 $\delta(G)$ 是 $G$ 的最小度.

如图 15-16 所示中，$(a, b)$ 为割边，$a$、$b$ 均为割点，点连通度、边连通度以及最小度分别是 1、1、2.显然，一个图的点或边的连通度越小表明其连通程度越差，越大表明其连通程度越好.

## 习题 15.2

1. 如图 15-17a 所示，试求：

(1) 从 $a$ 到 $e$ 的所有迹及其长度；

(2) 从 $a$ 到 $e$ 的所有路及其长度；

(3) 所有回路.

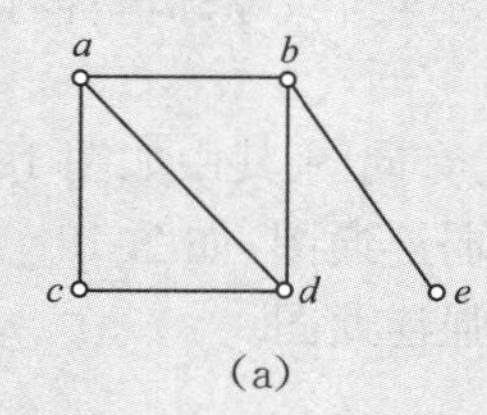

(a)

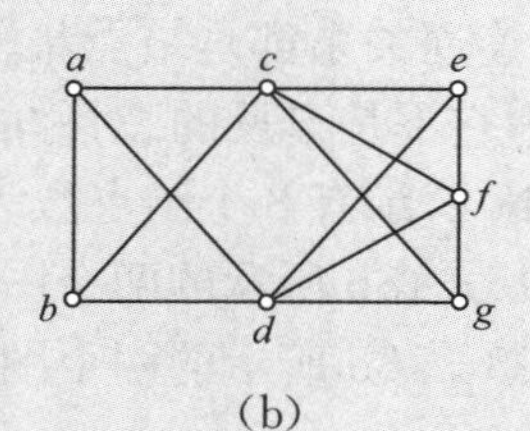

(b)

图 15-17

2. 求：(1)如图 15-17a 所示的割点、割边；(2)如图 15-17b 所示的点连通度与边连通度.

# 15.3 有向图的连通性

## 15.3.1 有向通道、有向迹、有向路

**定义 15－23** 在有向图 $D$ 中，一个由点和有向边组成的交替序列：$v_0$，$\langle v_0, v_1\rangle$，$v_1$，$\langle v_1, v_2\rangle$，…，$v_l$ 称为一条从 $v_0$ 到 $v_l$ 的长为 $l$ 的**有向通道**，简记为$(v_0, v_1, \cdots, v_l)$.

其余：**有向闭通道**、**有向迹**、**有向闭迹**和**有向路**等可完全类似于无向图中的相应概念定义.特别地，因为有向图中两个不同结点之间可以有一对相向的边，所以可能有长度为 2 的回路.这一点与无向图不同.

**定义 15－24** 无重复点的有向闭通道称为有向回路(起点与终点可以重复).

## 15.3.2 有向图的连通性定义

**定义 15－25** 在一个结点数≥2 的有向图 $D$ 中，两点 $u$，$v$(可以相同)之间若存在一条从 $u$ 到 $v$ 的有向通道，则称从 $\boldsymbol{u}$ **可达** $\boldsymbol{v}$.

**注意**：因为是有向通道，所以 $u$ 可达 $v$ 时，不一定有 $v$ 可达 $u$，即使两者都有，其两条有向通道也不一定相同.

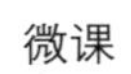

有向图连通性的判断

**定义 15－26** 一个结点数≥2 的有向图 $D=\langle V, E\rangle$，若忽略其边的方向后，得到的无向图是连通的，则称 $D$ 是**弱连通的**，否则称 $D$ 是**非连通的**.若对 $D$ 中任意两点 $u$ 和 $v$，都有 $u$ 可达 $v$，或者 $v$ 可达 $u$，则称 $D$ 是**单向连通的**.若对 $D$ 中任意两点 $u$ 和 $v$，都有 $u$ 可达 $v$，同时 $v$ 可达 $u$，则称 $D$ 是**强连通的**.

显然，$D$ 是强连通的必然说明 $D$ 是单向连通的；$D$ 是单向连通的必然说明 $D$ 是弱连通的，反之，皆不成立.

强连通关系和弱连通关系都是结点集 $V$ 上的等价关系.但单向连通关系不是结点集 $V$ 上的等价关系，因为它不是自反的、对称的.

例如：如图 15－18 所示有 8 个结点数为 3 的有向图.其中如图 15－18a 所示的两个图都是非连通图；如图 15－18b 所示的两个图都是弱连通图；如图 15－18c 所示的两个图都是单向连通图；如图 15－18d 所示的两个图都是强连通图.

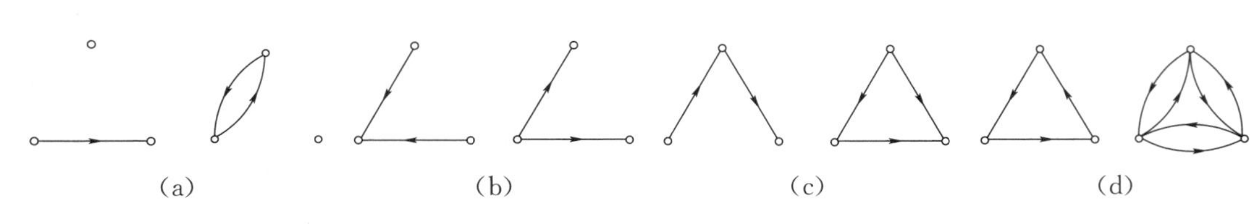


图 15－18

**定义 15 - 27** 在有向图 $D$ 中，具有极大强连通性的子图，称为 $D$ 的一个**强分图**；具有极大单向连通性的子图，称为 $D$ 的一个**单向分图**；具有极大弱连通性的子图，称为 $D$ 的一个**弱分图**.

各分图的定义中“极大”的含义是：对该子图再加入其他结点及其关联的边，便不再具有相应的连通性.

求出一个有向图 $D$ 的各个弱分图很容易.而要求出其各个单向分图和强分图，可以先在图中找出该分图的一部分，再向周围扩张并保持相应的连通性，直到不能添加点和边为止.

**【例 15 - 7】** 求如图 15 - 19 所示有向图的强分图、单向分图和弱分图.

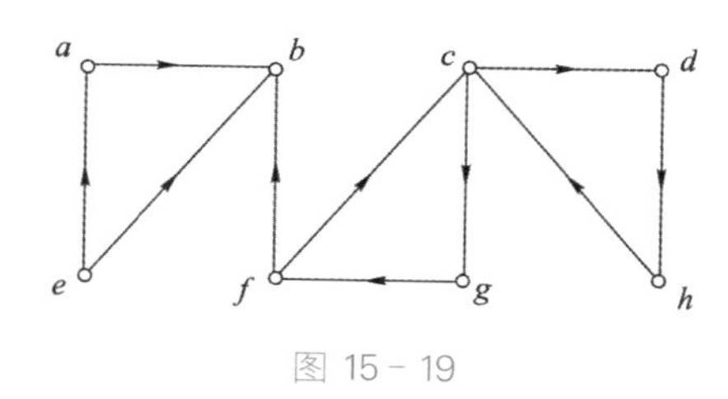


图 15 - 19

**解**：强分图有

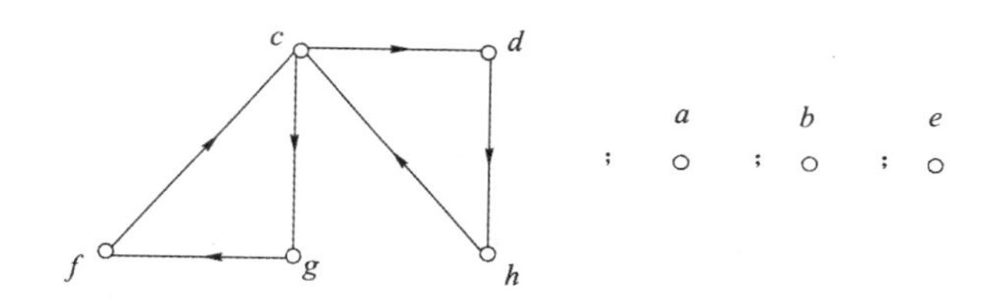


单向分图有

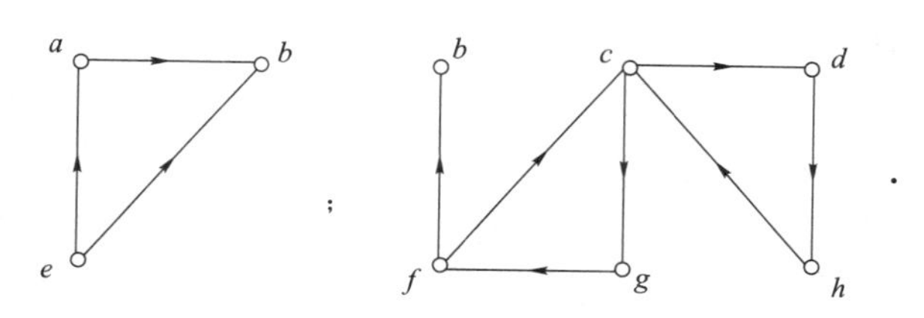


弱分图为其本身.

可见点集 $\{c, f, g, d, h\}$、$\{a\}$、$\{b\}$、$\{e\}$ 导出的导出子图是全部的强分图；点集 $\{c, f, g, d, h, b\}$、$\{a, b, e\}$ 导出的导出子图是全部的单向分图；而弱分图只有一个，就是自身.

**【例 15 - 8】** 求如图 15 - 20 所示有向图的强分图、单向分图和弱分图.

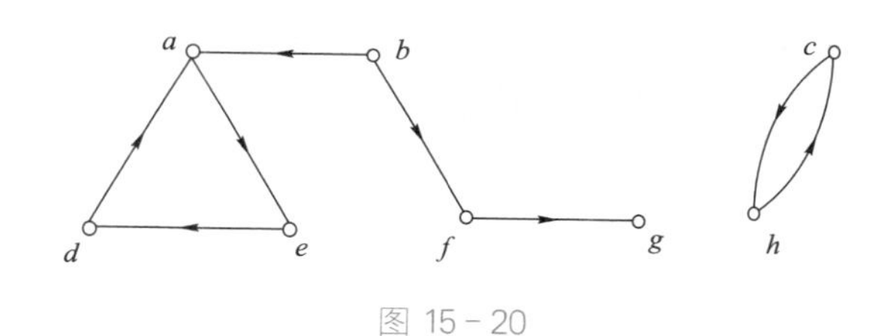


图 15 - 20

**解**：强分图

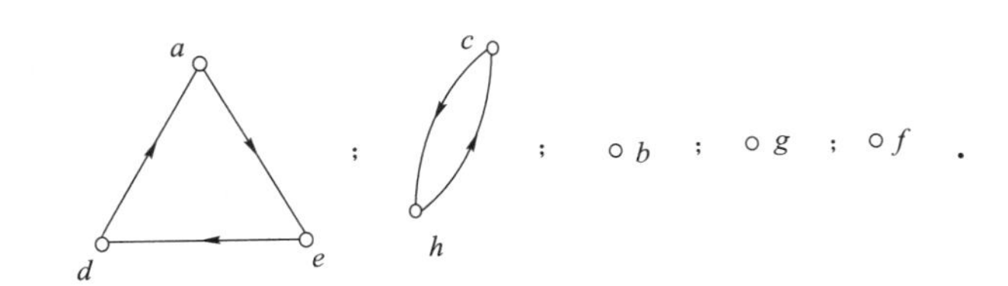


单向分图

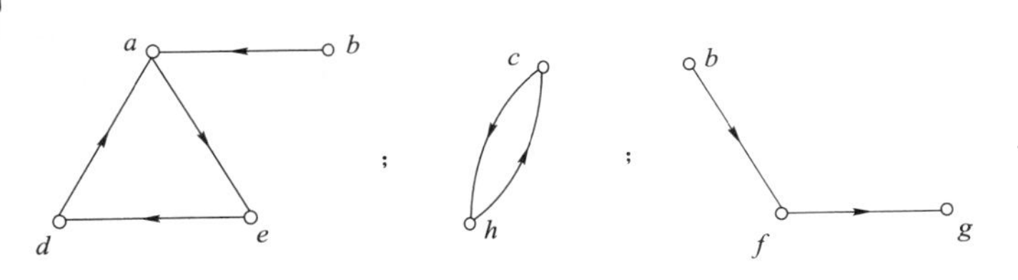


知识拓展

死锁状态的判断

弱分图

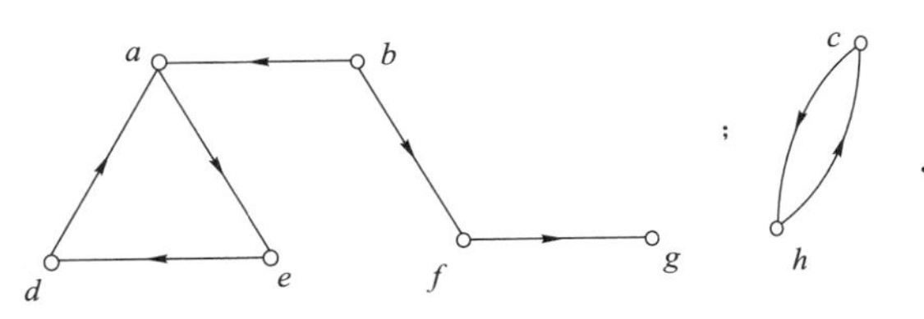


**定理 15－4** 有向图 $D$ 是强连通的$\Leftrightarrow D$ 中存在一条包含 $D$ 中所有结点的有向闭通道.

**证**：充分性.若 $D$ 是强连通的，则从 $D$ 中任一点 $v_1$ 出发可达另一点 $v_2$，再从 $v_2$ 可达 $v_3$，…，至最后一点 $v_n$，最后从 $v_n$ 可达 $v_1$.这就是一条包含了所有点的有向闭通道.

必要性.若 $D$ 中存在一条包含 $D$ 中所有结点的有向闭通道，则对 $D$ 中任意两点 $u$ 和 $v$，从 $u$ 出发沿该有向通道一定可达 $v$，因此 $D$ 是强连通的.

**定理 15－5** 有向图 $D$ 是单向连通的$\Leftrightarrow D$ 中存在一条包含 $D$ 中所有结点的有向路.

**定理 15－6** 有向图 $D$ 中，它的每个结点位于且只位于一个强分图中.

**定理 15－7** 有向图 $D$ 中，它的每条边位于且只位于一个单向分图中.

**定理 15－8** 有向图 $D$ 中，它的每个结点和每条边位于且只位于一个弱分图中.

## 习题 15.3

有三个有向图 $D_1$、$D_2$、$D_3$，它们的结点集都是$\{a, b, c, d, e\}$，而边集分别为：

(1) $\{\langle a, b\rangle, \langle b, c\rangle, \langle c, a\rangle, \langle a, d\rangle, \langle d, a\rangle, \langle d, e\rangle\}$；

(2) $\{\langle a, b\rangle, \langle b, c\rangle, \langle e, c\rangle, \langle e, d\rangle\}$；

(3) $\{\langle a, b\rangle, \langle b, a\rangle, \langle b, c\rangle, \langle c, d\rangle, \langle d, e\rangle, \langle e, a\rangle\}$.

试问：哪些是强连通、单向连通或弱连通？

# 15.4 无向图的矩阵表示

前面三节我们研究了图的集合表示和图形表示.图的集合表示便于从集合的角度,特别是通过集合的运算方式研究图,同时图的集合表示也是图的定义的最原始形式.但图的集合表示缺少直观性,太抽象,为了弥补图的集合表示和图形表示的不足,更是为了便于通过计算机处理图,人们也常用图的矩阵表示来研究图.对于无向图,一般使用点邻接矩阵和点边关联矩阵.

## 15.4.1 无向图的邻接矩阵及其性质

**定义 15-28** 设无向图 $G=\langle V, E\rangle$,其结点集 $V=\{v_1, v_2, \cdots, v_n\}$,若 $n$ 阶方阵 $\mathbf{A}=(a_{ij})_n$ 满足条件

$$a_{ij}=\begin{cases}1, & v_i \text{ 与 } v_j \text{ 邻接},\\ 0, & v_i \text{ 与 } v_j \text{ 不邻接},\end{cases}$$

则称 $\mathbf{A}$ 为图 $G$ 的**点邻接矩阵**,简称**邻接矩阵**.

一个图其实就是由结点以及结点间的邻接关系决定的.所以,图的邻接矩阵可以完全描述一个图.它与图的集合表示、图形表示等价,即给定一个邻接矩阵,就能够确定一个图.

**【例 15-9】** 如图 15-21 所示,写出图的邻接矩阵.

**解:** 邻接矩阵

$$\mathbf{A}=\begin{pmatrix}0&1&0&0\\1&0&1&1\\0&1&0&1\\0&1&1&0\end{pmatrix}.$$

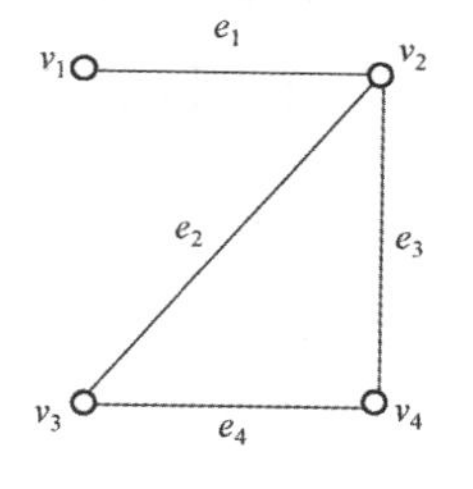


图 15-21

这一邻接矩阵具有很多特征,比如:因为这是一张简单图,所以主对角线上的元素全为 0;因为无向图中点的邻接关系是对称的,所以矩阵是对称的;第 $i$ 行中 1 的个数就是结点 $v_i$ 的度数 $\deg(v_i)$.所有的无向图的邻接矩阵都有这些特征.

$\mathbf{A}$ 依赖于点的排列顺序,但总可以通过交换某些行或某些列,使之相等,此时称这些邻接矩阵都是等价的.根据等价的邻接矩阵所作出来的图都是同构的.从此角度来说,图形与其邻接矩阵是一一对应的.

**定理 15-9** 若 $\mathbf{A}(G)$ 为图 $G$ 的邻接矩阵,则矩阵 $\mathbf{A}_k=(\mathbf{A}(G))^k \quad (k\in\mathbf{N})$ 中元素 $a_{ij}^{(k)}$ 表示从结点 $v_i$ 到结点 $v_j$ 的长度为 $k$ 的通道的条数.

**【例 15-10】** 如图 15-21 所示是 4 个城市间飞机通航的线路图，请用矩阵表示从城市 $v_i$ 到城市 $v_j$ 经一次转机的线路条数 $(i, j=1, 2, 3, 4)$.

**解：** 线路条数可通过 $\boldsymbol{A}_2=\boldsymbol{A}^2=\begin{pmatrix}1&0&1&1\\0&3&1&1\\1&1&2&1\\1&1&1&2\end{pmatrix}$ 表示.如 $a_{21}{}^{(2)}=0$ 表示从城市 $v_2$ 到城市 $v_1$，没有可以通过一次转机的线路；$a_{23}{}^{(2)}=1$ 表示从城市 $v_2$ 到城市 $v_3$，有一条经过一次转机的线路，通过图形可知，是$(v_2, v_4, v_3)$.

**【例 15-11】** 如图 15-21 所示，从 $v_3$ 到 $v_2$ 长为 3 的通道有几条?

**解：** $\boldsymbol{A}_3=\boldsymbol{A}^3=\begin{pmatrix}0&3&1&1\\3&2&4&4\\1&4&2&3\\1&4&3&2\end{pmatrix}$，得出从 $v_3$ 到 $v_2$ 长为 3 的通道共有 4 条，通过图形可知分别是$(v_3, v_2, v_3, v_2)$, $(v_3, v_2, v_1, v_2)$, $(v_3, v_4, v_3, v_2)$, $(v_3, v_2, v_4, v_2)$.

## 15.4.2 图的关联矩阵及其性质

微课

无向图的矩阵表示

**定义 15-29** 设无向图 $G=\langle V, E\rangle$，其结点集 $V=\{v_1, v_2, \cdots, v_n\}$，边集 $E=\{e_1, e_2, \cdots, e_m\}$.若 $n\times m$ 矩阵 $\boldsymbol{M}=(b_{ij})_{n\times m}$ 满足

$$b_{ij}=\begin{cases}1, & v_i \text{ 与 } e_j \text{ 关联},\\ 0, & v_i \text{ 与 } e_j \text{ 不关联},\end{cases}$$

则称 $\boldsymbol{M}$ 为图 $G$ 的**点边关联矩阵**，简称**关联矩阵**.

**【例 15-12】** 如图 15-21 所示，写出图的关联矩阵.

**解：** 关联矩阵

$$\boldsymbol{M}=\begin{pmatrix}1&0&0&0\\1&1&1&0\\0&1&0&1\\0&0&1&1\end{pmatrix}$$

观察上述矩阵，每列恰有两个元素非 0；每行元素之和为该点的度；全体元素之和为 $2m$.

**【例 15-13】** 如图 15-22 所示，写出图的邻接矩阵与关联矩阵.

**解：**

$$\boldsymbol{A}=\begin{pmatrix}0&0&1&1\\0&0&1&1\\1&1&0&1\\1&1&1&0\end{pmatrix};\ \boldsymbol{M}=\begin{pmatrix}1&1&0&0&0\\0&0&1&1&0\\1&0&1&0&1\\0&1&0&1&1\end{pmatrix}.$$

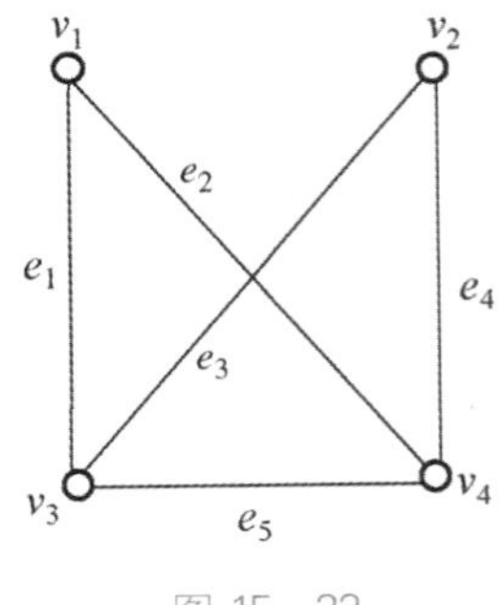


图 15-22

**思考**:如何求由 $v_3$ 到 $v_4$ 的长为 2 的通道条数?

由 $A^2(G)=\begin{pmatrix}2&2&1&1\\2&2&1&1\\1&1&3&2\\1&1&2&3\end{pmatrix}$ 可知,由 $v_3$ 到 $v_4$ 的长为 2 的通道共有 2 条,分别为 $(v_3, v_2, v_4)$, $(v_3, v_1, v_4)$.

**【例 15-14】** 如图 15-23 所示,写出图的邻接矩阵与关联矩阵.

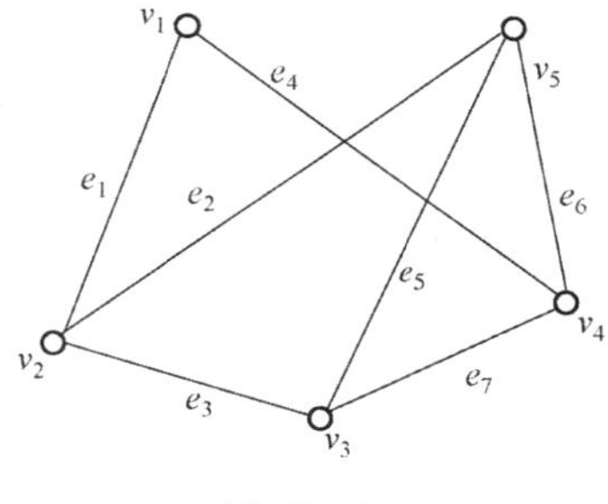

图 15-23

**解**:

$$A=\begin{pmatrix}0&1&0&1&0\\1&0&1&0&1\\0&1&0&1&1\\1&0&1&0&1\\0&1&1&1&0\end{pmatrix};\ M=\begin{pmatrix}1&0&0&1&0&0&0\\1&1&1&0&0&0&0\\0&0&1&0&1&0&1\\0&0&0&1&0&1&1\\0&1&0&0&1&1&0\end{pmatrix}.$$

**【例 15-15】** 已知图 $G=\langle V, E\rangle$,邻接矩阵为 $A=\begin{pmatrix}0&1&0&1\\1&0&0&1\\0&0&0&0\\1&1&0&0\end{pmatrix}$,则

(1) 求各个结点的度;

(2) 画出图 $G$;

(3) 求出关联矩阵.

**解**:(1) 设四个结点分别是 $v_1$, $v_2$, $v_3$, $v_4$,则 $\deg(v_1)=\deg(v_2)=\deg(v_4)=2$, $\deg(v_3)=0$;

(2) 该图形如图 15-24 所示;

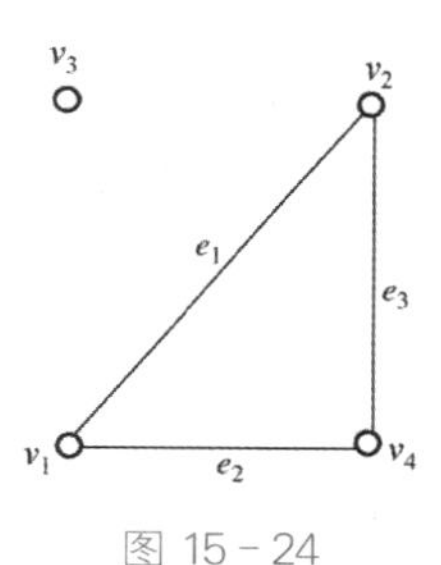

图 15-24

(3) 关联矩阵 $M=\begin{pmatrix}1&1&0\\1&0&1\\0&0&0\\0&1&1\end{pmatrix}$.

## 习题 15.4

1. 分别求出如图 15-21 所示图形中从 $v_1$ 到 $v_1$ 以及从 $v_1$ 到 $v_2$ 长度为 4 的所有闭通道和通道.

2. 写出如图 15-25 所示图形的邻接矩阵与关联矩阵.

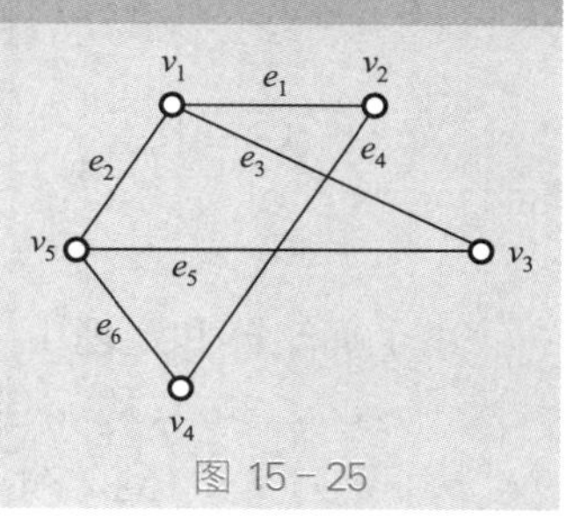

图 15-25

# 15.5 有向图的矩阵表示

## 15.5.1 有向图的邻接矩阵及其性质

微课

有向图的
矩阵表示

**定义 15－30** 设有向图 $D=\langle V, E\rangle$ 的结点集为 $V=\{v_1, v_2, \cdots, v_n\}$. 作图 $D$ 的 $n$ 阶方阵，记为 $\boldsymbol{A}(D)=(a_{ij})_n$，其中

$$a_{ij}=\begin{cases}1, & \langle v_i, v_j\rangle \in E, \\ 0, & \langle v_i, v_j\rangle \notin E,\end{cases}$$

则称 $\boldsymbol{A}(D)$ 为图 $D$ 的**邻接矩阵**.有向图 $D$ 的邻接矩阵可以完全确定一个图.

**【例 15－16】** 根据有向图(图 15－26)写出其邻接矩阵.

**解:** $\boldsymbol{A}=\begin{pmatrix}0 & 1 & 0 & 0 \\ 0 & 0 & 1 & 1 \\ 1 & 1 & 0 & 1 \\ 1 & 0 & 0 & 0\end{pmatrix}$

图 15－26

同样，根据有向图 $D$ 的邻接矩阵也可以画出该有向图.有向图的邻接矩阵的性质有：

(1) 第 $i$ 行中 1 的个数就是结点 $v_i$ 的出度 $\overleftarrow{\deg}(v_i)$；

(2) 第 $j$ 列中 1 的个数就是结点 $v_j$ 的入度 $\overrightarrow{\deg}(v_j)$.

由于有向图中的边是有方向的，故邻接矩阵不一定是对称矩阵，只有当两点间的边均成对出现时，矩阵才是对称的.当第 $i$ 行、第 $i$ 列的元素全为 0 时，对应的点 $v_i$ 才是孤立点.

与无向图的邻接矩阵类似，我们也可以通过有向图的邻接矩阵来研究有向图中两点之间的有向通道的条数.

**定理 15－10** 若 $\boldsymbol{A}(D)$ 是有向图 $D=\langle V, E\rangle$ 的邻接矩阵，则矩阵 $\boldsymbol{A}_k=(\boldsymbol{A}(D))^k (k\in \mathbf{N})$ 中元素 $a_{ij}{}^{(k)}$ 表示从结点 $v_i$ 到结点 $v_j$ 的长度为 $k$ 的有向通道的条数.

例如：如图 15－26 所示图形的邻接矩阵如上，则

$$\boldsymbol{A}^2=\begin{pmatrix}0 & 0 & 1 & 1 \\ 2 & 1 & 0 & 1 \\ 1 & 1 & 1 & 1 \\ 0 & 1 & 0 & 0\end{pmatrix}, \boldsymbol{A}^3=\begin{pmatrix}2 & 1 & 0 & 1 \\ 1 & 2 & 1 & 1 \\ 2 & 2 & 1 & 2 \\ 0 & 0 & 1 & 1\end{pmatrix}, \boldsymbol{A}^4=\begin{pmatrix}1 & 2 & 1 & 1 \\ 2 & 2 & 2 & 3 \\ 3 & 3 & 2 & 3 \\ 2 & 1 & 0 & 1\end{pmatrix}.$$

由上面矩阵和定理 15－10 可知，从 $v_2$ 到 $v_1$ 长度为 2 的有向通道有两条：$(v_2, v_3, v_1)$，$(v_2, v_4, v_1)$；从 $v_1$ 到 $v_1$ 的长度为 3 的有向闭通道有两条：$(v_1, v_2, v_3, v_1)$，$(v_1, v_2, v_4, v_1)$；从 $v_3$ 到 $v_4$ 长度为 4 的有向通道有三条：$(v_3, v_4, v_1, v_2, v_4)$，$(v_3, v_1,$

$v_2, v_3, v_4)$, $(v_3, v_2, v_3, v_2, v_4)$.

### 15.5.2 有向图的关联矩阵及其性质

**定义 15-31** 设有向图 $D=\langle V, E\rangle$ 的点集和边集已标定:

$$V=\{v_1, v_2, \cdots, v_n\}, E=\{e_1, e_2, \cdots, e_m\}.$$

作图 $D$ 的 $n\times m$ 矩阵,记为 $\boldsymbol{M}=(b_{ij})_{n\times m}$,其中

$$b_{ij}=\begin{cases}1, & v_i \text{ 是 } e_j \text{ 的起点(正关联)},\\ -1, & v_i \text{ 是 } e_j \text{ 的终点(负关联)},\\ 0, & v_i \text{ 与 } e_j \text{ 不关联(零关联)},\end{cases}$$

则称 $\boldsymbol{M}(D)$为图 $D$ 的**关联矩阵**.有向图 $D$ 的关联矩阵可以完全确定一个图.

**【例 15-17】** 如图 15-26 所示,写出图的关联矩阵.

**解:**关联矩阵

$$\boldsymbol{M}=\begin{pmatrix}1 & -1 & -1 & 0 & 0 & 0 & 0\\ -1 & 0 & 0 & 1 & 1 & -1 & 0\\ 0 & 0 & 1 & 0 & -1 & 1 & 1\\ 0 & 1 & 0 & -1 & 0 & 0 & -1\end{pmatrix}.$$

由上面的矩阵可以看出,有向图的关联矩阵具有下列性质:

(1) 第 $i$ 行中 1 的个数就是结点 $v_i$ 的出度$\overleftarrow{\deg}(v_i)$,$-1$ 的个数就是结点 $v_i$ 的入度$\overrightarrow{\deg}(v_i)$,1 和$-1$ 的个数和就是结点 $v_i$ 的度数 $\deg(v_i)$;

(2) 每一列中恰有一个 1 和一个$-1$(因为每边总关联两点);

(3) 矩阵中 1 的个数等于$-1$ 的个数等于有向图的边数.

**【例 15-18】** 如图 15-27 所示,写出有向图的邻接矩阵和关联矩阵.

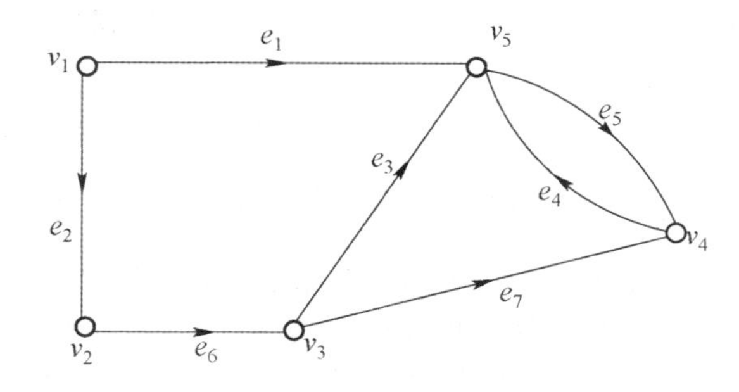


图 15-27

**解:** $\boldsymbol{A}=\begin{pmatrix}0 & 1 & 0 & 0 & 1\\ 0 & 0 & 1 & 0 & 0\\ 0 & 0 & 0 & 1 & 1\\ 0 & 0 & 0 & 0 & 1\\ 0 & 0 & 0 & 1 & 0\end{pmatrix}$; $\boldsymbol{M}=\begin{pmatrix}1 & 1 & 0 & 0 & 0 & 0 & 0\\ 0 & -1 & 0 & 0 & 0 & 1 & 0\\ 0 & 0 & 1 & 0 & 0 & -1 & 1\\ 0 & 0 & 0 & 1 & -1 & 0 & -1\\ -1 & 0 & -1 & -1 & 1 & 0 & 0\end{pmatrix}$.

【例 15－19】 如图 15－28 所示，写出有向图的邻接矩阵和关联矩阵.

**解：**

$$A=\begin{pmatrix}0&0&1&0\\1&0&1&0\\0&1&0&0\\0&1&1&0\end{pmatrix};\ M=\begin{pmatrix}-1&0&0&1&0&0\\1&-1&0&0&-1&1\\0&0&-1&-1&1&-1\\0&1&1&0&0&0\end{pmatrix}.$$

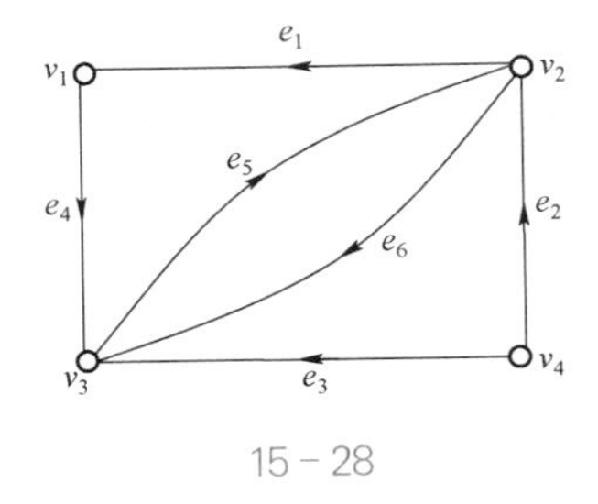


15－28

## 15.5.3 有向图的可达性矩阵及其求法

图(有向图和无向图)的可达性问题都可以通过同样的矩阵运算解决.但对于无向图，因为两点间的可达关系就是连通关系，且是双向的，故只需求出其各个连通分支，问题就迎刃而解了.本章仅就有向图的可达性矩阵及其求法进行讨论.

**定义 15－32** 设有向图 $D=\langle V,E\rangle$ 的结点集已标定：$V=\{v_1,v_2,\cdots,v_n\}$，作图 $D$ 的 $n$ 阶方阵，记为 $\boldsymbol{P}=(c_{ij})_{n\times n}$，其中

$$c_{ij}=\begin{cases}1, & \text{从 } v_i \text{ 可达 } v_j,\\0, & \text{其他情况},\end{cases}$$

则称 $\boldsymbol{P}$ 为图 $D$ 的**可达性矩阵**.

可达性矩阵不能确定一个图，只是反映了图中任意两点间是否从一点可达另一点的可达性关系.尽管如此，它仍具有十分重要的意义.

根据图形和可达性矩阵的定义写出有向图的可达性矩阵很困难.下面将介绍一种求有向图的可达性矩阵的算法.

先来定义一种特殊的运算：**布尔运算**.

定义(布尔运算)：若 $a,b\in\mathbf{N}$，则称

(1) 运算：$a(+)b=\begin{cases}1, & a+b\geqslant1,\\0, & a+b=0,\end{cases}$ 为**布尔和**(+)或**逻辑加**，(+)也常记为 ∨；

(2) 运算：$a(\times)b=\begin{cases}1, & a\times b\geqslant1,\\0, & a\times b=0,\end{cases}$ 为**布尔积**(×)或**逻辑乘**，(×)也常记为 ∧；

(3) 运算：$a^{(k)}=\underbrace{a(\times)a(\times)\cdots(\times)a}_{k\text{个}a}$ 为**布尔幂**$(k)$.

建立在布尔和与布尔积上的矩阵运算，称为**布尔矩阵运算**.

**定理 15－11** 有向图 $D$ 的可达性矩阵 $\boldsymbol{P}(D)=\boldsymbol{A}(+)\boldsymbol{A}^{(2)}(+)\cdots(+)\boldsymbol{A}^{(n)}$ 或者 $\boldsymbol{P}(D)=\boldsymbol{A}(+)\boldsymbol{A}^2(+)\cdots(+)\boldsymbol{A}^n$. 其中 $\boldsymbol{A}$ 为 $D$ 的邻接矩阵，$n$ 为 $D$ 的结点个数.

例如，如图 15－26 所示，由于各 $\boldsymbol{A}^k(k=1,2,3,4)$ 如前所述，各 $\boldsymbol{A}^{(k)}$(其中 $k=2,3,4$) 分别为

$$\boldsymbol{A}^{(2)}=\begin{pmatrix}0&0&1&1\\1&1&0&1\\1&1&1&1\\0&1&0&0\end{pmatrix},\ \boldsymbol{A}^{(3)}=\begin{pmatrix}1&1&0&1\\1&1&1&1\\1&1&1&1\\0&0&1&1\end{pmatrix},\ \boldsymbol{A}^{(4)}=\begin{pmatrix}1&1&1&1\\1&1&1&1\\1&1&1&1\\1&1&0&1\end{pmatrix}.$$

所以 $\boldsymbol{P}=\boldsymbol{A}(+)\boldsymbol{A}^{(2)}(+)\boldsymbol{A}^{(3)}(+)\boldsymbol{A}^{(4)}=\boldsymbol{A}(+)\boldsymbol{A}^{2}(+)\boldsymbol{A}^{3}(+)\boldsymbol{A}^{4}=\begin{pmatrix}1&1&1&1\\1&1&1&1\\1&1&1&1\\1&1&1&1\end{pmatrix}$.

由此可见,如图 15-26 所示的有向图 $D$ 是强连通图.

**习题 15.5**

写出如图 15-29 所示有向图的邻接矩阵,找出从 $v_1$ 到 $v_4$ 长度为 2 和 4 的所有通道,用计算出的 $\boldsymbol{A}^2$, $\boldsymbol{A}^3$ 和 $\boldsymbol{A}^4$ 来验证这结论.

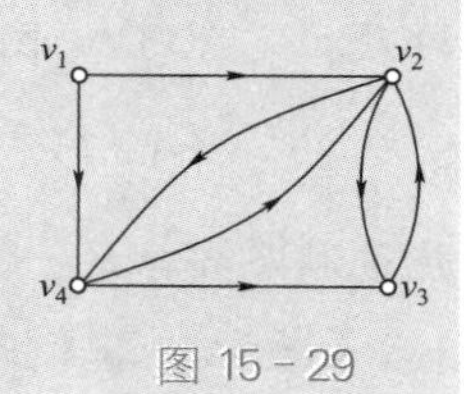

图 15-29

# 15.6 欧拉图与哈密顿图

## 15.6.1 欧拉图及其应用

**定义 15-33** 在一个无向图(也可以是无向多重图)中,包含了所有边的一条迹称为**欧拉迹**;包含了所有边的一条闭迹称为**欧拉闭迹**;具有欧拉闭迹的图称为**欧拉图**.

**定理 15-12(欧拉定理)** 非平凡无向图 $G$ 具有一条欧拉迹,当且仅当 $G$ 是连通的,且有零个或两个奇度数结点.当有两个奇度数结点时,它们是 $G$ 中每一条欧拉迹的两个端点.

**推论 15-2** 非平凡无向图为欧拉图,当且仅当 $G$ 连通,且所有结点度数均为偶数.

这是欧拉关于图论的第一个研究定理,给出了判断欧拉图的一个非常简单有效的方法.由此定理可知哥尼斯堡七桥问题是无解的.

一个图是否有欧拉迹,是一个实用性很强的问题.请看下面三个例子.

**【例 15-20】** 邮递员从邮局 $v_1$ 出发沿邮路投递信件,其邮路如图 15-30 所示.试问是否存在一条投递路线,使邮递员从邮局出发通过所有路线而不重复且最后回到邮局?

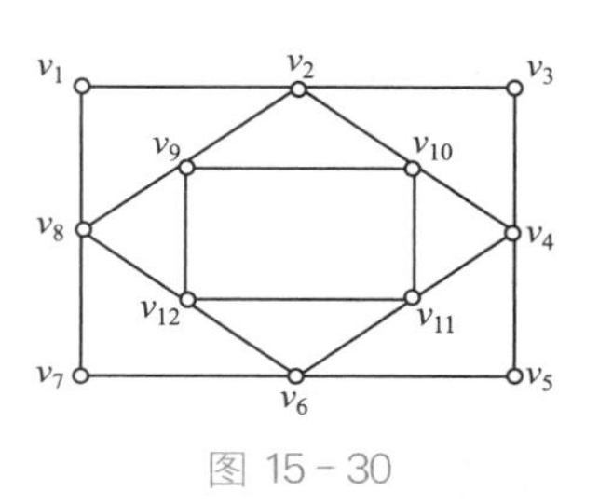

图 15-30

**解**:此问题就相当于求证此图是否为欧拉图.由于图中每个结点的度数均为偶数,由推论 15-2 知,这样的投递路线是存在的.例如

$(v_1, v_2, v_3, v_4, v_5, v_6, v_7, v_8, v_9, v_2, v_{10}, v_4, v_{11}, v_6, v_{12}, v_{11}, v_{10}, v_9, v_{12}, v_8, v_1)$

就是满足要求的一条投递路线，在此图中，欧拉闭迹不是唯一的.

**【例 15－21】** 洒水车从装水点 $A$ 出发执行洒水任务.城市街道如图 15－30 所示.试问是否存在一条洒水路线，使洒水车从点 $A$ 出发通过所有街道且不重复而最后回到车库 $B$.

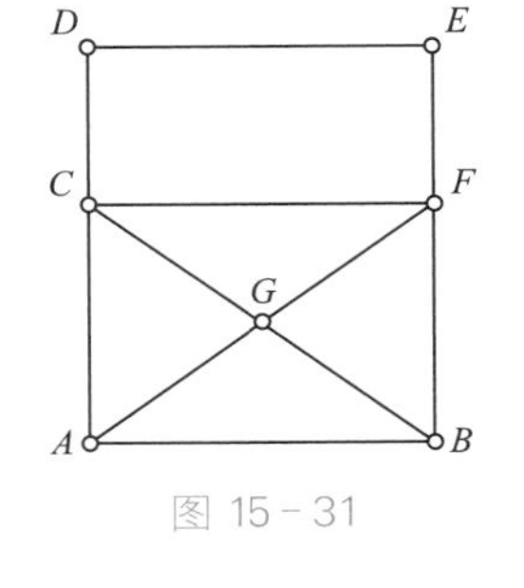

图 15－31

**解：** 此问题相当于问在图 15－31 中，是否存在一条从 $A$ 到 $B$ 的欧拉迹.由于此图是连通的且图中只有两个奇度数结点 $A$ 和 $B$，按欧拉定理可知此问题有解，例如

$$(A, C, D, E, F, C, G, F, B, G, A, B)$$

就是满足要求的一条欧拉迹.显然，这样的欧拉迹也不唯一.

**【例 15－22】** 有一种智力游戏叫一笔画问题，即在画图过程中要求笔尖一直不离开纸面且不重复地画过图中的每一条边.显然，可以一笔画的图当且仅当是欧拉图或有欧拉迹.试判定如图 15－32 所示的四个图是否可以一笔画？

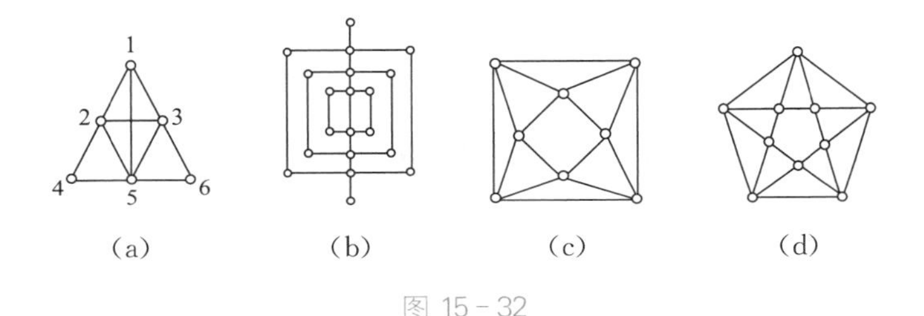

图 15－32

**解：** 如图 15－32a 所示的图连通且只有 1 和 5 两个奇度数结点，故存在从 1(或 5)一笔画到 5(或 1)的画法，例如(1, 2, 4, 5, 6, 3, 1, 5, 2, 3, 5).

如图 15－32b 所示的图中也有从上一笔画到下的欧拉迹.而如图 15－32c、d 所示的图均为欧拉图，存在以任一点为起点最后回到该点的一笔画.

对于有向图，我们有如下定义.

**定义 15－34** 在一个有向图中，包含了所有有向边的一条有向迹称为此有向图的一条**有向欧拉迹**；包含了所有有向边的一条有向闭迹称为此有向图的一条**有向欧拉闭迹**；具有有向欧拉闭迹的有向图称为**有向欧拉图**.

**定理 15－13** 一个有向图 $D$ 具有欧拉迹，当且仅当 $D$ 是弱连通的，且任一结点的入度等于出度，或有两个结点例外，这两个例外的结点中，一个入度比出度大 1(为终点)，另一个入度比出度小 1(为起点).

**推论 15－3** 一个有向图为欧拉图，当且仅当 $D$ 是弱连通的，且任一结点的入度等于出度.

例如：如图 15－33a 所示的图中不存在有向欧拉迹.如图 15－33b 所示的图中没有有向欧拉闭迹，但是可以找到有向欧拉开迹，如$(v_3, v_1, v_3, v_4, v_2, v_1, v_2)$.而如图 15－33c 所示的图是欧拉图，$(v_1, v_2, v_3, v_1, v_4, v_3, v_6, v_2, v_5, v_4, v_6, v_5, v_1)$是一条欧拉闭

迹，显然欧拉闭迹不唯一.

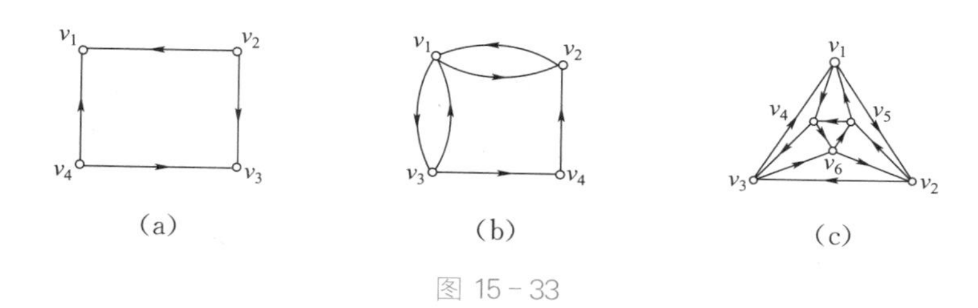


图 15 - 33

## 15.6.2 哈密顿图及其应用

图论中还有一种与欧拉图问题很相似的著名问题，叫哈密顿图问题.

**哈密顿图问题**也是起源于一种游戏.它由英国数学家哈密顿于 19 世纪提出，名叫周游世界.其内容是用一个正十二面体的 20 个顶点代表世界上的 20 个著名的大城市，如图 15 - 34a 所示，游玩的人沿正十二面体的棱，从一个城市出发，经过每个城市恰好一次，最后回到出发点.

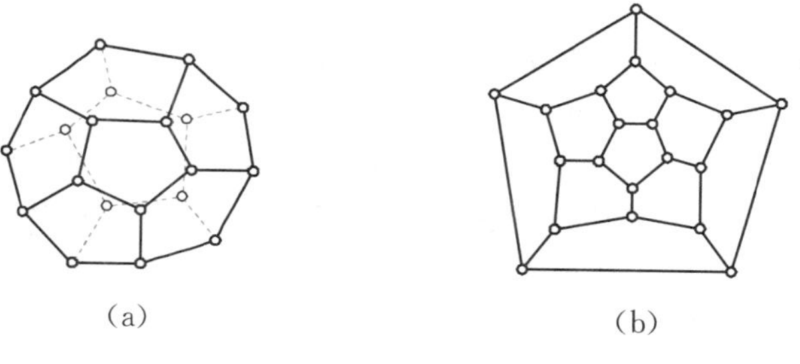


图 15 - 34

哈密顿图问题可以这样抽象：以正十二面体的顶点为结点，相应的棱为边，将正十二面体投射并画在平面上，如图 15 - 34b 所示，于是，游戏是要寻找一条通过图中每个结点一次且仅一次的回路.如果图中存在这样的回路，则称此图为哈密顿图，并称此类问题为哈密顿图问题.下面，**我们只限于在无向简单图中研究哈密顿图问题**.

**定义 15 - 35** 设 $G=\langle V, E\rangle$ 是无向简单图，若 $G$ 中存在通过每个结点一次的路，则称此路为**哈密顿路**；若 $G$ 中存在通过每个结点一次的回路，则称此回路为**哈密顿回路**；具有哈密顿回路的图叫**哈密顿图**.

例如：如图 15 - 34 所示就是哈密顿图，其中的哈密顿回路有若干条.显然，若一个图中有哈密顿回路，则必有哈密顿路，反之不然.

哈密顿图问题和欧拉图问题，都是遍历问题，但它们的研究目的不同.前者是要遍历图中的所有点，后者是要遍历图中的所有边.它们虽然很像，但两者研究的困难程度却大不相同.欧拉图问题已经被比较满意地解决了，而哈密顿图问题却是一个至今尚未解决的难题.在大多数情况下，人们还只能依据一些特殊情况下得到的充分条件或对个别图形采用尝试的方法来解决，没有找到一种简单有效的充分必要判定方法.

【例 15－23】 如图 15－35 所示，说明各图是否为哈密顿图，或哪个有哈密顿路？

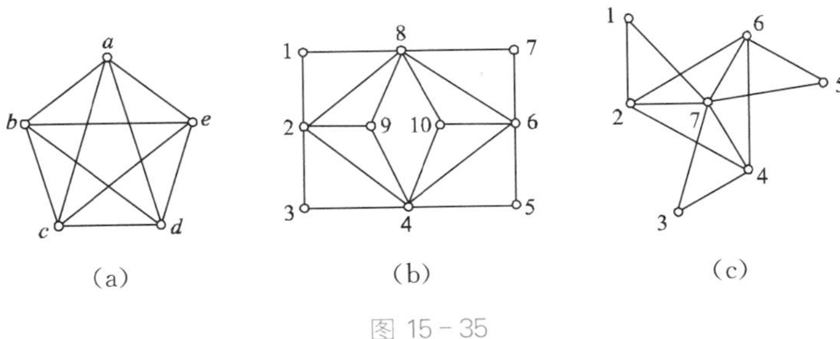


图 15－35

**解：** 如图 15－35a 所示的图有哈密顿回路，比如$(a, c, e, b, d, a)$，是哈密顿图，当然也有哈密顿路.

如图 15－35b 所示的图既没有哈密顿回路，也没有哈密顿路. 事实上，若有哈密顿路，则这种路必经过 1、3、5、7 各点，其关联的 8 条边中至多有一条不经过(否则，已有子序列构成回路，从而不再是路)；要使此路再包含 9、10 两点，则 2、4、6、8 四点必有其中一点再经过一次，这样此路上就有了重复的点，从而不再是路.

如图 15－35c 所示的图有哈密顿路，比如(1, 2, 7, 3, 4, 6, 5)，但没有哈密顿回路. 事实上，若有哈密顿回路，则此回路必经过(1, 2)，(1, 7)，(3, 4)，(3, 7)，(5, 6)，(5, 7). 于是，回路中经过 7 点会有三条边，这是不可能的.

【例 15－24】 有 7 个学生打算几天都在一个圆桌上共进晚餐，并且希望每次晚餐时，每个学生两边邻座的人都不相同，按照这样一种要求，他们在一起共进晚餐最多几天？

**解：** 以 7 个学生为结点，两人相邻而坐，视作这两点邻接. 所有可能的相邻而坐就是 7 个结点的完全图 $K_7$. 而 $K_7$ 的任一条哈密顿回路，就表示一次晚餐的就座方式. 两条哈密顿回路只要没有公共边，就表示对应的两次晚餐的就座中，每个人相邻就座者都不相同.

由于 $K_7$ 共有 $\dfrac{7(7-1)}{2}=21$ 条路，在 $K_7$ 中每条哈密顿回路的长度为 7，则没有公共边的哈密顿回路数目至多有 $\dfrac{21}{7}=3$ 条.

7 人的坐法，只由他们之间的相邻关系决定. 排成圆形时，仅与排列顺序有关. 因此对各种坐法，可认为一人的座位不变. 我们可将其设作 1 号，不妨放于圆心. 其余 6 人可均匀地放在圆周上，如图 15－36 所示. 于是，不同的哈密顿回路，可由圆周上不同编号经旋转而得到.

如果 7 个人标号为 1、2、3、4、5、6、7，则三天中排列情况如下：

1, 2, 3, 7, 4, 6, 5, 1;

1, 3, 4, 2, 5, 7, 6, 1;

1, 4, 5, 3, 6, 2, 7, 1.

故他们在一起共进晚餐最多 3 天.

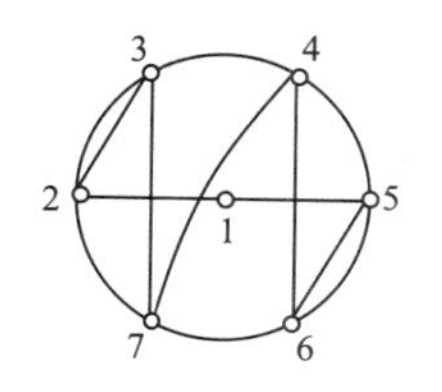

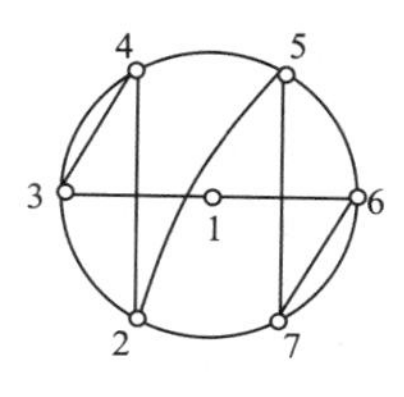

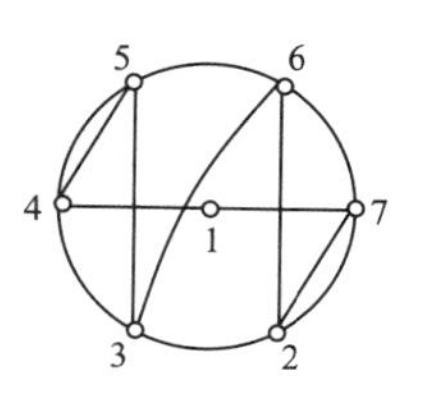


图 15-36

知识拓展

旅行商问题

## 习题 15.6

1. 如图 15-37 所示，判断哪些图是欧拉图？对不是欧拉图的至少要加多少条新边才能成为欧拉图？

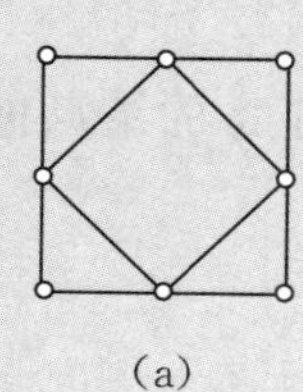
(a)

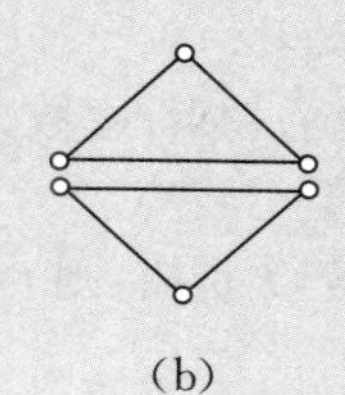
(b)

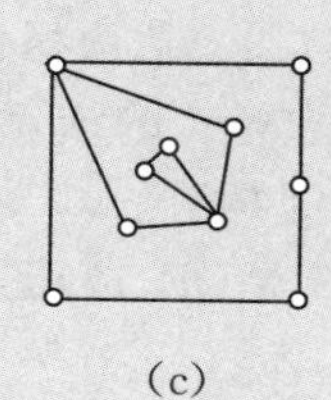
(c)

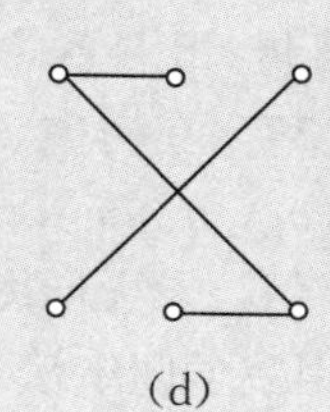
(d)

图 15-37

2. 画一个无向简单欧拉图，使它具有：

(1) 偶数个顶点，偶数条边.

(2) 奇数个顶点，奇数条边.

(3) 偶数个顶点，奇数条边.

(4) 奇数个顶点，偶数条边.

3. 画一个有向简单欧拉图，要求同第 2 题.

# 15.7 树

树是图论中边数最少的连通图，又是边数最多的无回路图，正是这种特殊性，在计算机科学中，树是一种被经常使用的数据结构.本节我们介绍树的一些基本概念、基本性质和简单应用.

## 15.7.1 无向树的概念与性质

**定义 15-36** 不包含回路的连通无向图称为**无向树**，简称**树**，记为 $T$.我们规定平凡图也是树，称为**平凡树**.每个连通分图都是树的非连通图称为**(森)林**.

显然，**树是简单图**.因此，在本节中，所讨论的图也都假定是简单图.

**【例 15-25】** 如图 15-38 所示，判断各图哪些是树？哪些不是树？哪些是林？

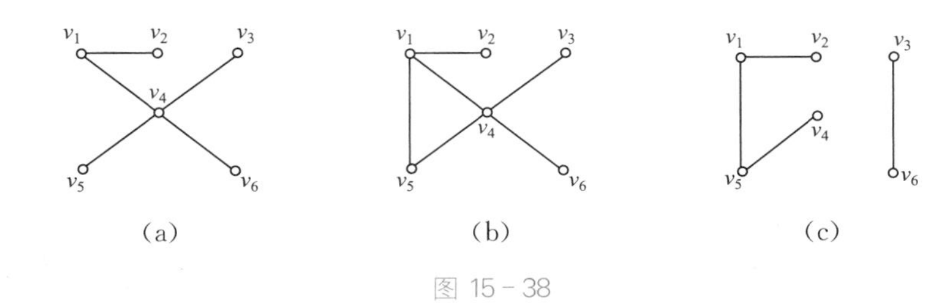


图 15-38

**解:** 图 a 是树；图 b 不是树；图 c 是两棵树的林.

**定义 15-37** 在树中，度数为 1 的结点称为**树叶**.度数大于 1 的结点称为**分支点**.如图 15-37a中，$v_2$，$v_3$，$v_5$，$v_6$ 是树叶，$v_1$，$v_4$ 是分支点.

**定理 15-14** 设无向图 $G$ 是$(n, m)$图.若 $G$ 是树，则 $m=n-1$.

**证:** 对 $n$ 用数学归纳法.

$n=1$ 时，是平凡图，定理成立.

而当 $n>1$ 时，设对所有的结点数为 $i$ $(1 \leqslant i < n)$ 的树，定理成立.

则当 $i=n$ 时，我们可先删去$(n, m)$树的一条边，因为树没有回路，每条边都是桥，所以图不再连通.这样可得到两棵树$(n_1, m_1)$和$(n_2, m_2)$，其中 $n_1$，$n_2 \geqslant 1$ 且 $n_1+n_2=n$.按归纳假设有 $m_1=n_1-1$ 和 $m_2=n_2-1$，于是：$m=m_1+m_2+1=(n_1-1)+(n_2-1)+1=n-1$.

**定理 15-15** 若无向图 $G$ 是$(n, m)$图，则下列各命题都可以作为树的定义(即彼此等价)：

(1) $G$ 连通且不包含回路；

(2) $G$ 中无回路，且 $m=n-1$；

(3) $G$ 是连通的，且 $m=n-1$；

(4) $G$ 中无回路，但 $G$ 中任意两个不相邻结点之间增加一条新边，就恰构成一条回路；

(5) $G$ 是连通的，但删去 $G$ 中任意一条边后，便不连通 $(n \geqslant 2)$；

(6) $G$ 中每一对结点之间有唯一一条路 $(n \geqslant 2)$.

**证:** 可采用循环论证的方法，即(1)⇒(2)⇒(3)⇒(4)⇒(5)⇒(6)⇒(1).具体做法要么是数学归纳法，要么是反证法.下面只证明(2)⇒(3).

用反证法：假设 $G$ 不连通，设 $G$ 有 $k$ 个连通分支 $G_1$，$G_2$，…，$G_k$ $(k \geqslant 2)$，其结点数分别为 $n_1$，$n_2$，…，$n_k$；边数分别为 $m_1$，$m_2$，…，$m_k$；且 $n=\sum_{i=1}^{k} n_i$，$m=\sum_{i=1}^{k} m_i$.由于 $G$ 中无回路，所以每个 $G_i$ $(i=1, 2, \cdots, k)$ 均为树，因此 $m_i=n_i-1$ $(i=1, 2, \cdots, k)$，于是

$$m=\sum_{i=1}^{k} m_i=\sum_{i=1}^{k}(n_i-1)=n-k<n-1$$

发现矛盾.所以 $G$ 是连通的,且 $m=n-1$.

**推论 15-4** 任意一棵非平凡树,至少有两片树叶.

**证法一:**因为任何$(n, m)$图的所有结点度数之和为 $2m$,对于非平凡树而言则必为 $2n-2$. 所以若存在某树其叶数少于 2,则由于“树叶数+分支点数$=n$”,从而分支点数至少为 $n-1$. 故此时树的度数之和必大于 $2n-2$,发现矛盾.从而命题得证.

**证法二:**对于非平凡树,因为树是连通的,所以树中各结点的度数均$\geqslant 1$.又设树中有 $k$ 个度数为 1 的结点(即 $k$ 片树叶),其余的结点的度数均$\geqslant 2$.于是

$$2m=\sum_{i=1}^{n}\deg(v_i)\geqslant k+2(n-k)=2n-k.$$

由于树中有 $m=n-1$,于是 $2(n-1)\geqslant 2n-k\Rightarrow k\geqslant 2$,这说明非平凡树中至少有两片树叶.

## 15.7.2 生成树及其求法

有些连通图,本身不是树,但它的某些子图是树.一个图可能有许多子图是树,其中重要的一类是生成树.

**定义 15-38** 设连通图 $G$ 为$(n, m)$图,若 $G$ 的某个生成子图是一棵树,则称该树为 $G$ 的一棵**生成树**,记为 $T_G$. $T_G$ 上的边称为 $T_G$ 的(树)**枝**;$G$ 中不在 $T_G$ 上的边称为 $T_G$ 的**弦**;$T_G$ 上的所有弦的集合称为 $T_G$ 的**补**(只有边,没有点,不是图).将 $T_G$ 的补中的一条弦 $e$ 加入到 $T_G$ 中,所得到的唯一的一条回路,称为由弦 $e$ 确定的相对于 $T_G$ 的一条基本回路,简称为弦 $e$ 确定的**基本回路**.

显然,$G$ 的每棵生成树均有 $n$ 个点,$n-1$ 条边,$m-n+1$ 条弦,也就有 $m-n+1$ 条基本回路.这就为我们求生成树提供了两种方法.

(1) 破圈法:每次去掉回路中的一条边,其去掉的边的总数为 $m-n+1$;

(2) 避圈法:每次选取 $G$ 中一条边,使该边与已选取的边不构成回路,选取的边的总数为 $n-1$.

**【例 15-26】** 找出如图 15-39a 所示图 $G$ 的一棵生成树,以及这棵生成树的所有弦与相对于这棵树的所有基本回路.

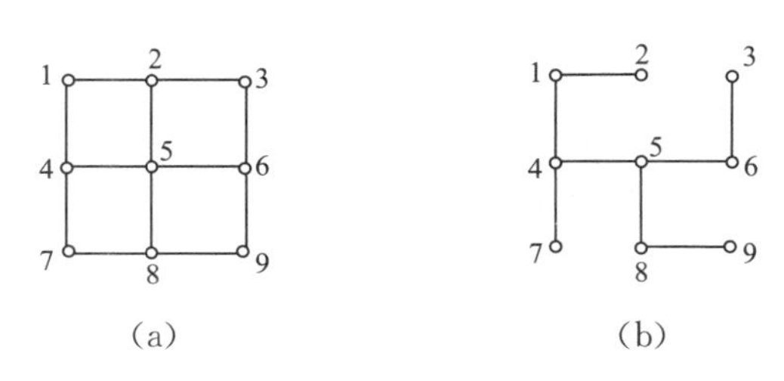


图 15-39

**解:**$G$ 的生成树存在,显然不唯一.用上面两种方法之一,可以找到图 $G$ 的一棵生成树

$T$,如图 15 - 39b 所示.

$T$ 有 4 条弦:(2, 5), (7, 8), (6, 9), (2, 3).

相对于 $T$ 的基本回路也有 4 条:(1, 2, 5, 4, 1), (4, 5, 8, 7, 4), (1, 2, 3, 6, 5, 4, 1)和(5, 6, 9, 8, 5).

**【例 15 - 27】** 证明:任一连通图 $G$ 至少有一棵生成树.

**证:**(1) 若 $G$ 无回路,则 $G$ 的生成树只有一棵,就是自身;

(2) 若 $G$ 中有回路 $C$,去掉 $C$ 中一条边,不影响 $G$ 的连通性.若 $G$ 中还有回路,就再去掉这个回路中的一条边,直到无回路且连通为止.最后得到包含 $G$ 中所有结点的不含回路且连通的 $G$ 的子图 $T$,$T$ 即为 $G$ 的一棵生成树.

综合(1)、(2),就证明了任一连通图 $G$ 至少有一棵生成树.

**注意:**当 $G$ 中有回路时,由于选择回路上的边有多种选法,所以形成的生成树是不唯一的.当生成树不唯一时,有些可能是同构的.

## 15.7.3 根树及其应用

**定义 15 - 39** 一个有向图,如果略去所有有向边的方向后所得到的无向图是一棵树,则称这个有向图为**有向树**.

**定义 15 - 40** 一棵非平凡的有向树,若有一个结点的入度为 0,其余结点的入度均为 1,则称此有向树为**根树**.入度为 0 的结点称为**树根**;出度为 0 的结点称为**树叶**;出度$\geqslant$1 的结点称为**分支点**.

例如,如图 15 - 40a 所示就是一棵根树,$R$ 为树根;$A$, $B$, $C$, $D$, $H$, $M$, $J$, $K$, $N$ 均为树叶;$R$, $F$, $G$, $E$, $I$ 为分支点.

在根树中,从树根到任意点 $v$ 的路的长度称为 $v$ 的**层数**.层数相同的点称为**在同一层上**.层数最大的点的层数称为**树高**.

通常画根树的图形时,总是将根画在最上面,然后按层数的大小,从上往下依次画,层数相同的点画在同一水平线上.例如,如图 15 - 40a 所示的根树,通常画成如图 15 - 40b 所示的样子,它的树高是 4.

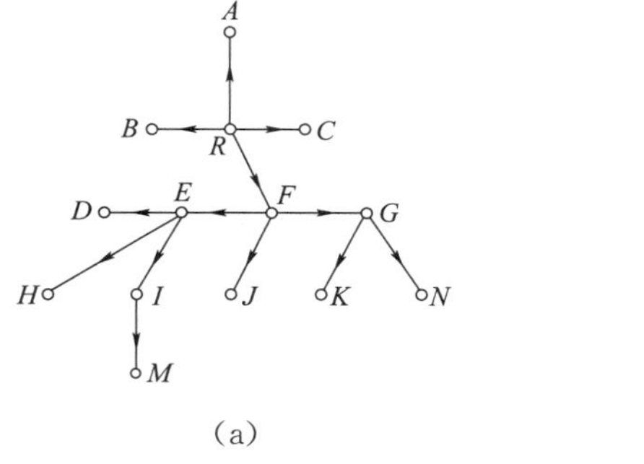


(a)

R
F
A B C
E
J
G
D H I K N
M

(b)

图 15 - 40

根树描述了一个离散的层次结构，它有许多性质，广泛应用在计算机科学之中. 下面给出根树在实际问题中的几个例子.

例如，可用根树表示家属关系.

设某祖宗 $a$ 生了两个儿子 $b$, $c$; $b$ 生了三个儿子 $d$, $e$, $f$; $c$ 生了两个儿子 $g$, $h$; 而 $d$ 与 $g$ 又分别生了两个儿子，它们分别为 $i$, $j$ 及 $k$, $l$. 这种家属关系可用如图 15－41a 所示的根树表示，它称为**家属树**.

顺便指出，家属关系中的术语均可平移至根树中来表示根树中结点间的关系.

例如，根树也可以用来描述命题公式. 如下列表达式

$$(P \to Q) \land (Q \to P) \lor (\neg P \land Q)$$

可用如图 15－41b 所示的根树表示. 这种方法在编译程序中处理代数表达式时经常被用到，其中所有的运算对象均处在树叶的位置，而所有的运算符则处于分支点的位置.

如图 15－41b 所示的根树中在同一层次上的结点次序不能任意改变，则这种特殊的根树，称为**有序树**.

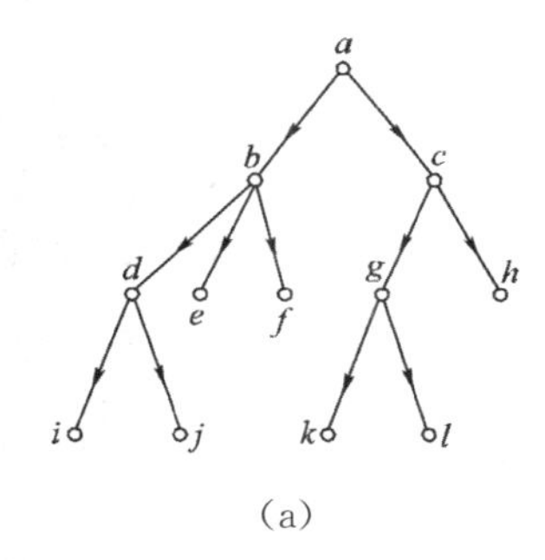


(a)

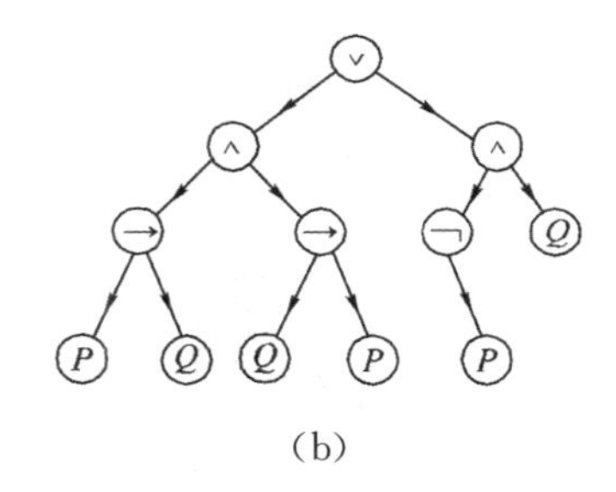


(b)

图 15－41

## 习题 15.7

1. 描述所有恰好有两片树叶的树的特征.

2. 一棵树有两个顶点的度数为 2，一个顶点的度数为 3，三个顶点的度数为 4，问它有几个度数为 1 的顶点?

3. 用有序树表示代数表达式: $\dfrac{(3x-5y)^4}{a(2b+c^2)}$，其中加、减、乘、除、乘方运算分别用符号“$+$”“$-$”“$\times$”“$\div$”“$\uparrow_k$”表示.

课外阅读材料

四色问题

# 参考答案

第 1 章习题答案

第 2 章习题答案

第 3 章习题答案

第 4 章习题答案

第 5 章习题答案

第 6 章习题答案

第 7 章习题答案

第 8 章习题答案

第 9 章习题答案

第 10 章习题答案

第 11 章习题答案

第 12 章习题答案

第 13 章习题答案

第 14 章习题答案

第 15 章习题答案

# 附　录

## 附录一　基本初等函数图像

## 附录二　数学分布图像

附表 1　泊松分布

附表 2　正态分布

附表 3　$t$ 分布

附表 4　卡方分布

## 附录三　MATLAB 基本知识与数学实验

MATLAB 基本知识

数学实验 1:函数图像描绘与极限求法

数学实验 2:导数及其应用

数学实验 3:计算不定积分与定积分

数学实验 4:求解常微分方程

数学实验 5:级数与泰勒展开

数学实验 6:多元函数微积分

数学实验 7:矩阵的初等运算与线性方程组的求解

数学实验 8:频率与概率

数学实验 9:概率分布与随机变量的数字特征

数学实验 10:数理统计初步

数学实验 11:最小生成树与最短路径

# 主要参考文献


[1] 同济大学数学科学学院.高等数学:上册[M].8版.北京:高等教育出版社,2023.
[2] 同济大学数学科学学院.高等数学:下册[M].8版.北京:高等教育出版社,2023.
[3] 盛祥耀.高等数学[M].4版.北京:高等教育出版社,2015.
[4] 华东师范大学数学科学学院.数学分析[M].5版.北京:高等教育出版社,2018.
[5] 同济大学数学科学学院.微积分[M].4版.北京:高等教育出版社,2021.
[6] 马儒宁,唐月红.工科数学分析[M].北京:机械工业出版社,2020.
[7] 赵伟良.高职工程数学[M].杭州:浙江大学出版社,2021.
[8] 俞正光.线性代数与解析几何[M].北京:清华大学出版社,1998.
[9] 张水利,张晓飞,屈聪.概率论与数理统计[M].北京:科学出版社,2023.
[10] 刘树利.计算机数学基础[M].3版.北京:高等教育出版社,2010.
[11] 左孝凌,李为鉴,刘永才.离散数学[M].上海:上海科学技术文献出版社,1988.

## 郑重声明